Fonctions de plusieurs variables réelles

Dany-Jack Mercier
& Ousseynou Nakoulima

Fonctions de plusieurs variables réelles

Exercices et problèmes corrigés pour la seconde année
de licence de mathématiques et la préparation aux concours
(CAPES, Agrégation...)

Publibook

Retrouvez l'ensemble de notre catalogue sur le site des éditions Publibook :

http://www.publibook.com

Éditions Publibook,
14, rue des Volontaires
75015 Paris – France
Tél : +33 (0)1 53 69 65 55

IDDN.FR.010.0104966.000.R.P.2005.035.40000

Cet ouvrage a fait l'objet d'une première publication aux Éditions Publibook en 2005

Table des matières

0.1 Avant-propos

Ce recueil d'exercices corrigés sur le thème des fonctions numériques de variables réelles présente la quasi totalité des exercices proposés en travaux dirigés d'un module de seconde année de licence mathématiques (module M4-Analyse du second semestre à l'Université des Antilles-Guyane durant les années 2002-03 et 2003-04) ainsi que les sujets de plus de 21 partiels ou examens donnés à cette occasion entre 1995 et 2004.

L'objectif principal de ce livre est de proposer à l'étudiant de licence comme au capétien ou à l'agrégatif, tout un ensemble d'exercices et de problèmes corrigés avec soin et suffisamment en détails pour permettre un véritable entraînement personnel. Le candidat aux concours de recrutement de l'Education Nationale (tant externes qu'internes) y trouvera le moyen de réviser des notions d'analyse ou de topologie utiles, voire essentielles, pour aborder les épreuves écrites (espaces vectoriels normés, limites, continuité, topologie des espaces métriques, connexité et compacité, différentiabilité, recherche d'extrémums, Théorème des fonctions implicites...).

Trouver la solution d'un exercice reste une condition nécessaire mais en aucun cas suffisante pour réussir son épreuve, quelle qu'elle soit. Une rédaction claire, rigoureuse et précise est attendue des candidats, et c'est bien évidemment la seule chose écrite qui sera considérée et interprétée par une note ! Bien rédiger et bien présenter sa copie sont des objectifs importants qu'il s'agit d'atteindre.
Cette dimension du travail écrit, à nos yeux essentielle, est parfois oubliée dans la notation des examens universitaires, tout en jouant un rôle primordial dans les concours. Ce livre répond aux exigences des concours et donne au lecteur l'occasion de s'entraîner à la rédaction.

C'est Ousseynou Nakoulima qui assurait les cours du module M4-Analyse pour les périodes citées. Le plan détaillé du cours se trouve à la Section 0.2 et correspond au découpage en chapitres que nous avons adopté.
Les énoncés des exercices des feuilles de TD ou des problèmes d'examens étaient proposés par O. Nakoulima ou construits en concertation entre les enseignants responsables de la formation. Je me suis chargé de la rédaction des solutions des exercices de ce recueil.

Profitez de cet outil et bonne préparation à tous !

Pointe-à-Pitre, le 9 mai 2005
D.-J. Mercier

---

[0]cmon0003 v1.02

Ce livre d'exercices est destiné aux étudiants de Licence de Mathématiques (2ème année), et d'une manière générale à tous ceux pour lesquels les Mathématiques sont aussi un outil plus qu'une fin en soi. Le livre est un recueil de sujets d'examen (contrôle continu, examen partiel, examen final) proposés en DEUG MIAS et MASS à l'Université des Antilles et de la Guyane et couvrant les années universitaires 1992 à 2004. Les sujets portent sur l'étude des fonctions de plusieurs variables.

Chaque sujet d'examen formé de 2, 3 ou 4 exercices est conçu pour obéir à trois considérations :

- illustrer et au besoin enrichir les notions introduites en cours ;

- vérifier la compréhension et la maîtrise de ces nouveaux savoirs ;

- tester la capacité d'appropriation de ces savoirs et donc de leur utilisation pour la résolution de problèmes mathématiques.

C'est dans ce contexte qu'il faut aborder chacun des exercices proposés après l'avoir situé dans l'un ou l'autre des trois cadres précédents. C'est dans ce contexte aussi qu'il faut considérer ce recueil d'exercices comme une illustration et une application par rapport au livre de cours en préparation.

Je tiens à remercier mon collègue Dany-Jack Mercier non seulement pour le plaisir que j'ai eu à enseigner avec lui le cours d'Analyse de fonctions de plusieurs variables, mais aussi surtout pour le corrigé minutieux et soigné de chacun des exercices proposés dans ce recueil.

Pointe à Pitre, le 9 mai 2005
O. Nakoulima

0.2 Plan du cours

Chapitre 1. Fonctions de plusieurs variables réelles (Les théorèmes de structure)

1. Généralités,

1.1 Fonctions et applications
1.2 Construction de fonctions (I) : Loi de composition
1.3 Construction de fonctions (II) : L'espace $\mathcal{F}(X, E)$

2. Suites de vecteurs de $\mathbb{R}^n$

2.1 Suites de points d'un ensemble
2.2 Sous-suites extraites ; l'espace $E^{\mathbb{N}}$

3. Fonctions numériques de plusieurs variables réelles

3.1 L'algèbre $\mathcal{F}(D, \mathbb{R})$ des fonctions réelles
3.2 Exemples modèles de fonctions numériques
3.3 Fonctions partielles ; fonctions dérivées partielles

4. Fonctions vectorielles de plusieurs variables réelles

4.1 Applications linéaires de $\mathbb{R}^m$ dans $\mathbb{R}^n$
4.2 Fonctions composantes d'une fonction de $\mathbb{R}^m$ dans $\mathbb{R}^n$
4.3 Fonctions d'un espace vectoriel de dimension finie à valeurs dans un espace vectoriel de dimension finie

Commentaires

§1. Il s'agit de mettre en place les premiers concepts, les premiers outils et les premières méthodes pour étudier une fonction de plusieurs variables, l'objectif étant de montrer que le point de vue développé permet plus tard d'analyser une fonction.

§2. Lorsque $X = \mathbb{N}$, l'espace $\mathcal{F}(\mathbb{N}, E) = E^{\mathbb{N}}$ est celui des suites de E. La notion de sous suite est essentielle : elle s'obtient par composition...

§3. Ici $D \subset \mathbb{R}^m$. A partir des seules fonctions de base que sont les constantes et les projections canoniques $p_j : x \mapsto x_j$ de $\mathbb{R}^m$ dans $\mathbb{R}$ d'une part, et à partir de la structure algébrique de $\mathcal{F}(D, \mathbb{R})$ d'autre part, on donne une série d'exemples de fonctions réelles qui serviront ensuite de modèles de référence pour analyser une fonction quelconque. On construit ainsi les fonctions monômes, les fonctions polynômes, les fonctions rationnelles et plus généralement la composée de ces fonctions avec toute la gamme des fonctions usuelles réelles de la variable réelle (fonctions trigonométriques, fonctions logarithmes, fonctions exponentielles, ...)

§4. On conviendra que la notation $f : \mathbb{R}^m \to \mathbb{R}^n$ équivaut à $f = (f_1, ..., f_n)$ avec $f_i : \mathbb{R}^m \to \mathbb{R}$, $i = 1, ..., n$. Il ne peut y avoir de confusion avec $x \in \mathbb{R}^m$

qui équivaut à $x = (x_1, ..., x_m)$ *avec* $x_j \in \mathbb{R}$. *Dans les exercices et problèmes le contexte devrait éviter toute ambiguïté.*

Chapitre 2. Convergence et continuité (Les deux notions fondamentales de l'Analyse)

<u>*Commentaires*</u>

La définition de distance sur un ensemble non vide quelconque ne pose aucune difficulté. Mieux ! l'exposé gagne en simplicité et donc en clarté. Faire l'impasse de la généralité et se limiter à définir la notion de distance sur $\mathbb{R}^m$

risque de masquer l'aspect topologique de la question. Par contre, 99% des exercices proposés auront $\mathbb{R}^m$ comme champ d'application.

$\mathbb{R}^m$ est présenté comme un exemple d'espace métrique qui retiendra toute notre attention en ce sens qu'il sera le modèle auquel sera confronté toutes les notions de topologie à venir.

Chapitre 3. Eléments de topologie dans $\mathbb{R}^m$ (Les théorèmes de comportement I)

1. Topologie dans un espace métrique

1.1 Voisinage d'un point ; ensemble ouvert, ensemble fermé
1.2 Intérieur, adhérence, frontière
1.3 Topologie et convergence (caractérisation des ensembles fermés)
1.4 Topologie et continuité, homéomorphisme

2. Compacité

2.1 Notion de compacité, propriétés
2.2 Théorèmes de compacité
2.3. Compacité et convergence
2.4 Compacité et continuité

3. Connexité

3.1 Notion de connexité, exemple modèle
3.2 Théorèmes de connexité
3.3 Connexité et continuité

<u>*Commentaires*</u>

Toutes les notions sont développées dans un espace métrique, cependant 99% des exercices proposés auront $\mathbb{R}^m$ comme champ d'application. Aucune difficulté théorique n'est et ne sera soulevée.

Chapitre 4. Calcul différentiel dans $\mathbb{R}^m$ (Les théorèmes de comportement II)

1. Différentiabilité

1.1 Application différentiable
1.2 Propriétés, expression de la différentielle en un point
1.3 Matrice jacobienne, fonctions de classe C^1

2. Propriétés des applications différentiables

2.1 Différentielles partielles, différentiabilité et dérivabilité
2.2 Fonctions composantes
2.3 Composition d'applications différentiables
2.4 Opérations algébriques

Commentaires

Dans ce chapitre,tout se passe dans $\mathbb{R}^m$. La régularité C^1 d'une fonction f est définie comme la régularité continue de f et de ses dérivées partielles premières. Les étudiants devront parfaitement maîtriser la notion de matrice jacobienne.

Les *§2 et §3 sont sans commentaires, sinon que la régularité C^k de f est définie comme la régularité continue de f et de toutes ses dérivées partielles d'ordre $\leq k$. Les hypothèses retenues pour les formules de Taylor ne sont pas optimales. Beaucoup s'en faut. L'objet ici est d'utiliser la matrice hessienne pour caractériser les extrémums d'une fonction réelle en général de classe C^∞.*

Commentaires

Il ne s'agit absolument pas de géométrie différentielle, mais plutôt d'un vocabulaire unificateur très commode puisque courbes et surfaces apparaitront comme exemples particuliers de sous-variétés. Une courbe (respectivement une surface) régulière est par définition une sous-variété de dimension 1 (respectivement de dimension 2).

Chapitre 6. Intégrales multiples

1. Intégrales doubles

1.1 Fonctions intégrables. Théorème de Fubini

1.2 Changement de variables

2. Intégrales triples

2.1 Fonctions intégrables

2.2 Calcul d'intégrales

Chapitre 1

Les théorèmes de structure

Exercice 1 *Préciser dans chacun des cas suivants la structure de la fonction considérée. Expliciter ensuite les n fonctions élémentaires usuelles (fonction polynôme, fonction rationelle, fonction racine carrée, fonction inverse, fonction logarithme népérien, fonctions trigonométriques...) qui participent à sa définition. On déterminera aussi dans chaque cas le domaine de définition de la fonction.*

$$a)\ f(x,y) = \frac{x+y}{x\sqrt{x-y}}\ ; \qquad b)\ f(x,y) = \ln(1+x-y)\ ;$$
$$c)\ f(x,y) = \sqrt{\sin(x^2+y^2)}\ ; \quad d)\ f(x,y) = (x+y)^2\cos(x-y)\ ;$$
$$e)\ f(x,y) = e^{-\frac{1}{x^2-y}} + (x^2+y^2) - \sqrt{xy}.$$

Exemple : Soit la fonction $f : \mathbb{R}^2 \to \mathbb{R}$, $(x,y) \mapsto f(x,y) = \sin(3x-y)$. *L'ensemble de définition de* f *est* $D = \mathbb{R}^2$. *La fonction* f *est une composée de deux fonctions : la fonction sinus par une fonction polynôme.*

Solution :

a) f est une fonction de $\mathbb{R}^2$ dans $\mathbb{R}$, définie dans le demi-plan $x > y$ privé de la droite $x = 0$. $f(x)$ apparaît comme un quotient d'une fonction polynomiale et du produit d'une fonction polynomiale par le radical d'une fonction polynomiale.

b) $f : \mathbb{R}^2 \to \mathbb{R}$ est la composée de la fonction logarithme népérien et d'une fonction polynomiale. Elle est définie dans le demi-plan $1 + x - y > 0$.

c) $f : \mathbb{R}^2 \to \mathbb{R}$ est la composée de la fonction radical, de la fonction sinus et de la fonction polynomiale $(x,y) \mapsto x^2 + y^2$. Elle est définie en tout point (x,y) tel que $\sin(x^2+y^2) \geq 0$. Comme

$$\sin(x^2+y^2) \geq 0 \Leftrightarrow \exists k \in \mathbb{N} \quad k2\pi \leq x^2+y^2 \leq \pi + k2\pi,$$

f est définie sur une réunion de couronnes.

d) La fonction $f : \mathbb{R}^2 \to \mathbb{R}$ est le produit d'une fonction polynomiale par le cosinus d'une autre fonction polynomiale. Elle est définie sur $\mathbb{R}^2$ en entier : c'est donc une application de $\mathbb{R}^2$ dans $\mathbb{R}$.

e) $f : \mathbb{R}^2 \to \mathbb{R}$ est la somme de trois fonctions : une exponentielle de l'inverse d'une fonction polynomiale, une fonction polynomiale, et le radical d'une fonction polynomiale. f est définie en tout point (x, y) du plan $\mathbb{R}^2$ vérifiant

$$x^2 - y \neq 0 \quad \text{et} \quad xy \geq 0,$$

autrement dit sur la réunion des deux quarts de plans

$$\{x \geq 0, y \geq 0\} \cup \{x \leq 0, y \leq 0\}$$

privée de la parabole d'équation $y = x^2$.

Exercice 2 *On considère les fonctions f et g définies par :*

$$\begin{aligned} f \quad &: \quad \mathbb{R}^2 \to \mathbb{R},\ (x,y) \mapsto f(x,y) = x^2 + y^2 \\ \textit{et} \quad g \quad &: \quad \mathbb{R}^2 \to \mathbb{R},\ (x,y) \mapsto g(x,y) = \sin \pi xy. \end{aligned}$$

1) Déterminer $f(\mathbb{R}^2)$ et $g(\mathbb{R}^2)$.

2) Dans le plan muni d'un repère orthonormal, représenter les ensembles $f^{-1}(\{1\})$, $f^{-1}(]-\infty, 1])$ et $f^{-1}([0, 1])$, puis les ensembles $g^{-1}(\{1\})$ et $g^{-1}([0, 1])$.

Solution :

1) • $f(x, y) = x^2 + y^2$ est toujours positif comme la somme de deux carrés, donc $f(\mathbb{R}^2) \subset \mathbb{R}_+$. L'inclusion réciproque est triviale, puisque n'importe quel réel positif t peut s'écrire sous la forme $t = x^2 + y^2$, par exemple en choisissant $(x, y) = (\sqrt{t}, 0)$. En conclusion $f(\mathbb{R}^2) = \mathbb{R}_+$.

• La fonction sinus prend ses valeurs dans l'intervalle $[-1, 1]$, par conséquent $g(\mathbb{R}^2) \subset [-1, 1]$. Réciproquement, si $t \in [-1, 1]$, il existe au moins un réel φ tel que $t = \sin \varphi$, et

$$\sin \pi xy = t \Leftrightarrow \sin \pi xy = \sin \varphi \Leftrightarrow \exists k \in \mathbb{Z} \quad \left\{ \begin{array}{l} \pi xy = \varphi + k2\pi \\ \text{ou} \\ \pi xy = \pi - \varphi + k2\pi. \end{array} \right.$$

Le couple $(x, y) = (\varphi, 1/\pi)$ est donc un antécédent de t par g, et l'on a prouvé l'inclusion $[-1, 1] \subset g(\mathbb{R}^2)$. Finalement $g(\mathbb{R}^2) = [-1, 1]$.

2) • Par définition

$$f^{-1}(\{1\}) = \{(x,y) \in \mathbb{R}^2 \,/\, f(x,y) = x^2 + y^2 = 1\},$$

et l'on reconnaît l'équation $x^2 + y^2 = 1$ du cercle $\mathcal{C}$ de rayon 1 et de centre l'origine O du repère.

• $f^{-1}(]-\infty, 1]) = \{(x,y) \in \mathbb{R}^2 \,/\, x^2 + y^2 \leq 1\}$ est le disque fermé de frontière $\mathcal{C}$.

• $f^{-1}([0,1]) = \{(x,y) \in \mathbb{R}^2 \,/\, 0 \leq x^2 + y^2 \leq 1\} = \mathcal{C}$ puisque la condition $0 \leq x^2 + y^2$ est "vide" (elle est toujours satisfaite), la somme de deux carrés étant toujours positive.

• $g^{-1}(\{1\}) = \{(x,y) \in \mathbb{R}^2 \,/\, \sin \pi xy = 1\}$ et

$$\sin \pi xy = 1 \Leftrightarrow \exists k \in \mathbb{Z} \quad \pi xy = \frac{\pi}{2} + k2\pi \Leftrightarrow \exists k \in \mathbb{Z} \quad xy = \frac{1}{2} + 2k.$$

L'image réciproque du singleton $\{1\}$ par g est donc la réunion d'une infinité d'hyperboles équilatères d'asymptotes les axes du repère : ce sont les hyperboles $\mathcal{H}_k$ $(k \in \mathbb{Z})$ d'équations

$$y = \frac{1+4k}{2x}.$$

On a dessiné ci-dessous à gauche les cinq hyperboles $\mathcal{H}_k$ pour $k = -2, -1, 0, 1, 2$.

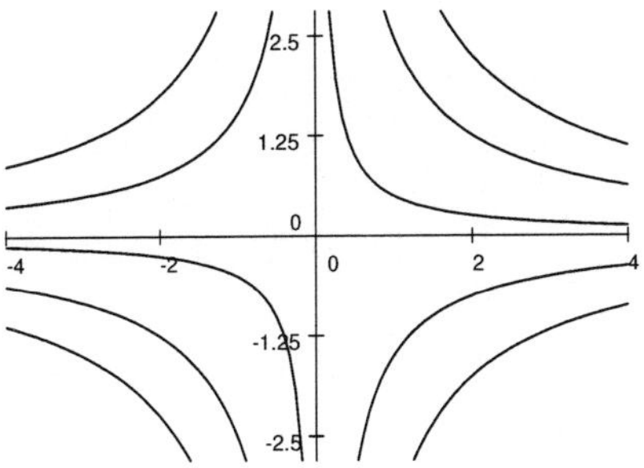

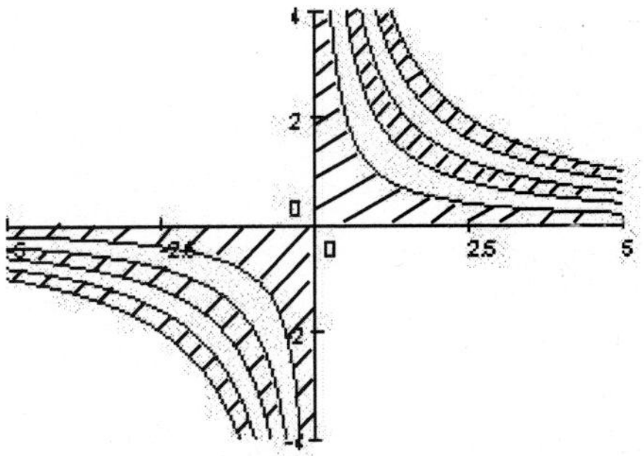

• Pour obtenir $g^{-1}([0,1]) = \{(x,y) \in \mathbb{R}^2 \,/\, \sin \pi xy \in [0,1]\}$, on remarque que

$$\begin{aligned} \sin \pi xy \in [0,1] \quad &\Leftrightarrow \quad \exists k \in \mathbb{Z} \quad k2\pi \leq \pi xy \leq \pi + k2\pi \\ &\Leftrightarrow \quad \exists k \in \mathbb{Z} \quad y \in \left[\frac{2k}{x}, \frac{2k+1}{x}\right] \end{aligned}$$

(pour établir ces équivalences, le lecteur pourra s'aider d'un cercle trigonométrique dessiné). Si $\mathcal{L}_k$ désigne l'hyperbole d'équation $y = k/x$, l'ensemble

$g^{-1}([0,1])$ apparaît comme la réunion, pour $k \in \mathbb{Z}$, des parties $\mathcal{O}_k$ du plan situées entre les hyperboles $\mathcal{L}_{2k}$ et $\mathcal{L}_{2k+1}$. La partie $\mathcal{O}_0 \cup \mathcal{O}_1 \cup \mathcal{O}_2$ a été hachurée dans le dessin ci-dessus.

Exercice 3 *Soient les ensembles A et B définis par*

$$\begin{aligned} A &= \{(x,y) \in \mathbb{R}^2 \;/\; x > 0, y > 0, x < y^2 - 1\} \\ \textit{et } B &= \{(x,y) \in \mathbb{R}^2 \mid |x| \leq 1, |x-y| < 1\}. \end{aligned}$$

Représenter et interpréter les ensembles A et B comme images réciproques ou intersection d'images réciproques de parties de $\mathbb{R}$ par des fonctions que l'on déterminera.

Solution :

On introduit par exemple les applications

$$p : \begin{array}{ccc} \mathbb{R}^2 & \to & \mathbb{R} \\ (x,y) & \mapsto & x \end{array} \qquad q : \begin{array}{ccc} \mathbb{R}^2 & \to & \mathbb{R} \\ (x,y) & \mapsto & y \end{array} \qquad f : \begin{array}{ccc} \mathbb{R}^2 & \to & \mathbb{R} \\ (x,y) & \mapsto & y^2 - 1 - x. \end{array}$$

Un point (x,y) de $\mathbb{R}^2$ appartient à A si et seulement si il vérifie simultanément $p(x,y) \in \mathbb{R}_+^*$, $q(x,y) \in \mathbb{R}_+^*$, et $f(x,y) \in \mathbb{R}_+^*$, par conséquent

$$A = p^{-1}(\mathbb{R}_+^*) \cap q^{-1}(\mathbb{R}_+^*) \cap f^{-1}(\mathbb{R}_+^*).$$

Si l'on note g et h les applications de $\mathbb{R}^2$ dans $\mathbb{R}$ définies par $g(x,y) = |x|$ et $h(x,y) = |x-y|$., on trouve de la même manière $B = g^{-1}([0,1]) \cap h^{-1}([0,1])$.

Exercice 4 *Déterminer lorsque cela a un sens les composées $g \circ f$ et $f \circ g$ des fonctions réelles des variables réelles f et g suivantes. On précisera dans chaque cas l'ensemble de définition des fonctions considérées.*

a) $f(x,y) = (x^2 + y, x - y^2)$ *et* $g(u,v) = (u, u+v)$.

b) $f(t) = (t^2 + 1, t - 1)$ *et* $g(u,v) = \dfrac{1}{u+v}$.

c) $f(x,y) = x^2 + 3y$ *et* $g(t) = t^2 - t$.

Solution :

a) Les fonctions f et g sont des applications de $\mathbb{R}^2$ dans $\mathbb{R}^2$, et les deux composées demandées ont un sens, et seront des applications de $\mathbb{R}^2$ dans $\mathbb{R}^2$.

Pour tout $(x, y) \in \mathbb{R}^2$,

$$\begin{aligned} g \circ f(x,y) &= g\left[f(x,y)\right] = g\left(x^2+y, x-y^2\right) = \left(x^2+y, x^2+y+x-y^2\right), \\ f \circ g(x,y) &= f\left[g(x,y)\right] = f\left(x, x+y\right) = \left(x^2+x+y, x-(x+y)^2\right). \end{aligned}$$

b) f est une application de $\mathbb{R}$ dans $\mathbb{R}^2$, et g est une fonction de $\mathbb{R}^2$ dans $\mathbb{R}$, définie sur $\mathbb{R}^2$ privé de la droite d'équation $u+v=0$. La fonction $g \circ f : \mathbb{R} \to \mathbb{R}$ est donc définie pour les seuls t vérifiant $t^2+t \neq 0$, autrement dit son ensemble de définition est $\mathbb{R}\setminus\{0,-1\}$. On a

$$\forall t \in \mathbb{R}\setminus\{0,-1\} \quad g \circ f\,(t) = g\left[f\,(t)\right] = g\left(t^2+1, t-1\right) = \frac{1}{t^2+t}.$$

La fonction $f \circ g : \mathbb{R}^2 \to \mathbb{R}^2$ est définie sur $D = \mathbb{R}^2\setminus\{(u,v)\ /\ u+v=0\}$ et

$$\forall (u,v) \in D\ f \circ g(u,v) = f\left[g(u,v)\right] = f\left(\frac{1}{u+v}\right) = (\frac{1}{(u+v)^2}+1, \frac{1}{u+v}-1).$$

c) f est une application de $\mathbb{R}$ dans $\mathbb{R}^2$, et g est une application de $\mathbb{R}$ dans $\mathbb{R}$, donc la composée $f \circ g$ n'est pas définie. L'application $g \circ f : \mathbb{R}^2 \to \mathbb{R}$ est définie par

$$\forall (x,y) \in \mathbb{R}^2 \quad g \circ f(x,y) = g\left(x^2+3y\right) = \left(x^2+3y\right)^2 - \left(x^2+3y\right).$$

Exercice 5 *On note p et q les projections canoniques $(x,y) \mapsto x$ de $\mathbb{R}^2$ sur $\mathbb{R}$, et $(x,y) \mapsto y$ de $\mathbb{R}^2$ sur $\mathbb{R}$. On note $\mathcal{F}(\mathbb{R}^2, \mathbb{R})$ l'algèbre des applications de $\mathbb{R}^2$ dans $\mathbb{R}$.*

1) Expliciter dans chacun des cas suivants la valeur $f(x,y)$ de la fonction f définie dans l'algèbre $\mathcal{F}(\mathbb{R}^2, \mathbb{R})$ par :

a) $f = -p^3 + 2pq + pq^4$,

b) $f = (2p-5q)^2 - 5$,

c) $f = 2p^3 + 6p^2q - 7pq$.

2) Exprimer les application suivantes en fonction des trois projections canoniques p, q, r de $\mathbb{R}^3$ sur $\mathbb{R}$:

$$\begin{aligned} a) \quad g(x,y,z) &= x^2y^5z - 5y^3z - \frac{2}{5}xy^2 - 4z^4, \\ b) \quad h(x,y,z) &= -xy^2z + x^2yz + 8yz^3 - 6. \end{aligned}$$

Solution :

1.a) On rappelle que $p^3(x,y) = (p \times p \times p)(x,y) = (p(x,y))^3 = x^3$. On trouve

$$\begin{aligned} f(x,y) &= -p^3(x,y) + 2p(x,y) \times q(x,y) + p(x,y) \times q^4(x,y) \\ &= -x^3 + 2xy + xy^3. \end{aligned}$$

1.b) Ici $f(x,y) = (2x - 5y)^2 - 5$.

1.c) On trouve $f(x,y) = 2x^3 + 6x^2y - 7xy$.

2.a) et b) C'est l'opération inverse. On obtient $g = p^2q^5r - 5q^3r - \frac{2}{5}pq^2 - 4r^4$ et $h = -pq^2r + p^2qr + 8qr^3 - 6$.

Exercice 6 *(partiel de mars 2004) On considère les ensembles*

$$\begin{aligned} A &= \{(x,y) \in \mathbb{R}^2 \mid x = 2t, y = 1 - 3t, t \in \mathbb{R}\}, \\ B &= \{(x,y) \in \mathbb{R}^2 \mid x = t\sqrt{t},\ y = t^3, t \in \mathbb{R}_+\}. \end{aligned}$$

1) Interpréter chacun de ces ensembles comme l'image directe dans $\mathbb{R}^n$ d'une partie de $\mathbb{R}^m$ par une fonction que l'on déterminera. On précisera dans chaque cas les valeurs de n et $m \in \mathbb{N}^*$.

2) Représenter ensuite dans le plan muni d'un repère orthonormal les ensembles considérés et en donner une interprétation géométrique.

3) Interpréter ces ensembles comme des graphes de fonctions de $\mathbb{R}^p$ dans $\mathbb{R}^q$.

4) Montrer que A (resp. B) est égal à l'ensemble C (resp. D) définis par :

$$\begin{aligned} C &= \{(x,y) \in \mathbb{R}^2 \,/\, x = -\tfrac{2}{3}t + \tfrac{2}{3}, y = t, t \in \mathbb{R}\}, \\ D &= \{(x,y) \in \mathbb{R}^2 \,/\, x = \sqrt{t}, y = t, t \in \mathbb{R}_+\}. \end{aligned}$$

5) Interpréter A et B comme l'image réciproque de 0 par une fonction que l'on déterminera.

Solution :

1) $A = f(\mathbb{R})$ et $B = g(\mathbb{R}_+)$ avec

$$f: \begin{array}{ccc} \mathbb{R} & \to & \mathbb{R}^2 \\ t & \mapsto & (2t, 1-3t) \end{array} \qquad g: \begin{array}{ccc} \mathbb{R}_+ & \to & \mathbb{R}^2 \\ t & \mapsto & (t\sqrt{t}, t^3). \end{array}$$

Dans les deux cas, $n = 2$ et $m = 1$.

2) Les équations paramétriques de A sont celles d'une droite passant par le point $(0,1)$ et de vecteur directeur $\overrightarrow{u}\,(2,-3)$. Si $(x,y) \in B$, $x^2 = t^3 = y$

mais aussi $x \geq 0$. Réciproquement, si $y = x^2$ et $x \geq 0$, il existe $t \in \mathbb{R}_+$ tel que $y = t^3$. Alors $y = x^2 = t^{3/2} = t\sqrt{t}$ et l'on obtient bien $(x, y) = (t\sqrt{t}, t^3) \in B$. On a démontré l'égalité $B = \{(x, y) \in \mathbb{R}^2 \mid y = x^2 \text{ et } x \geq 0\}$. La partie B est donc le morceau de la parabole d'équation $y = x^2$ situé dans le demi-plan $x \geq 0$.

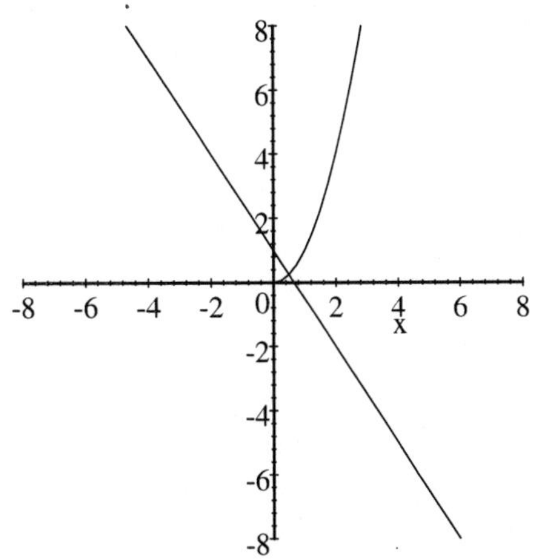

3) Une équation cartésienne de la droite A s'obtient en éliminant le paramètre t des équations paramétriques. On a

$$(\exists t \in \mathbb{R} \quad (x, y) = (2t, 1 - 3t)) \Rightarrow y = 1 - 3\frac{x}{2} \Rightarrow y = -\frac{3x}{2} + 1,$$

et la réciproque est triviale. Par ailleurs $B = \{(x, y) \in \mathbb{R}^2 \mid y = x^2 \text{ et } x \geq 0\}$. Ainsi A et B sont les graphes respectifs des fonctions h et i suivantes :

$$h: \begin{array}{ccc} \mathbb{R} & \to & \mathbb{R} \\ x & \mapsto & -\frac{3x}{2} + 1 \end{array} \qquad i: \begin{array}{ccc} \mathbb{R}_+ & \to & \mathbb{R} \\ x & \mapsto & x^2. \end{array}$$

4) L'ensemble C représente une droite d'équation cartésienne

$$x = -\frac{2}{3}y + \frac{2}{3}, \text{ ou encore } y = -\frac{3x}{2} + 1,$$

et l'on reconnaît l'équation cartésienne qui définit A. Donc $C = A$. Par ailleurs

$$\begin{aligned} (x, y) \in D \quad &\Leftrightarrow \quad \exists t \in \mathbb{R}_+ \quad \begin{cases} x = \sqrt{t} \\ y = t \end{cases} \\ &\Leftrightarrow \quad \exists t' \in \mathbb{R}_+ \quad \begin{cases} x = \sqrt{t'^3} = t'\sqrt{t'} \\ y = t'^3 \end{cases} \quad \Leftrightarrow (x, y) \in B. \end{aligned}$$

5) Les équations cartésiennes de A et B obtenues à la question 3) montrent que $A = \xi^{-1}(\{0\})$ et $B = \zeta^{-1}(\{0\})$ avec

$$\begin{array}{cccc} \xi : & \mathbb{R}^2 & \to & \mathbb{R} \\ & (x,y) & \mapsto & 3x+2y-2 \end{array} \qquad \begin{array}{cccc} \zeta : & \mathbb{R}_+^2 & \to & \mathbb{R} \\ & (x,y) & \mapsto & y-x^2. \blacksquare \end{array}$$

Exercice 7 *On considère les ensembles A et B définis par*

$$A = \{(x,y,z) \in \mathbb{R}^3 \,/\, \exists (u,v) \in \mathbb{R}^2 \; x = 2+u+2v, y = 2+2u+v, z = 1-u-v\},$$
$$B = \{(x,y,z) \in \mathbb{R}^3 \,/\, \exists (u,v) \in \mathbb{R}^2 \; x = 1+3u-v, y = 3+3u+v, z = 1-2u\}.$$

1) Interpréter A comme l'image directe dans $\mathbb{R}^n$ d'une partie de $\mathbb{R}^m$ par une fonction que l'on déterminera. On précisera les valeurs des entiers n et m.

2) Interpréter A comme l'image réciproque dans $\mathbb{R}^p$ de $0 \in \mathbb{R}$ par une fonction $f : \mathbb{R}^p \to \mathbb{R}$ que l'on déterminera.

3) Montrer que $A = B$.

Solution :

1) A est l'image de $\mathbb{R}^2$ par l'application

$$\begin{array}{cccc} f : & \mathbb{R}^2 & \to & \mathbb{R}^3 \\ & (u,v) & \mapsto & (2+u+2v, 2+2u+v, 1-u-v). \end{array}$$

2) Les équivalences suivantes

$$\begin{aligned} \exists (u,v) \in \mathbb{R}^2 \; \begin{cases} x = 2+u+2v \\ y = 2+2u+v \\ z = 1-u-v \end{cases} & \Leftrightarrow \exists (u,v) \in \mathbb{R}^2 \; \begin{cases} x = 2+u+2v \\ y+2z = 4-v \\ y+z = 3+u \end{cases} \\ & \Leftrightarrow \exists (u,v) \in \mathbb{R}^2 \; \begin{cases} x = 2+u+2v \\ v = 4-y-2z \\ u = y+z-3 \end{cases} \\ & \Leftrightarrow x = 2+(y+z-3)+2(4-y-2z) \\ & \Leftrightarrow x+y+3z = 7 \end{aligned}$$

montrent que A est l'image réciproque dans $\mathbb{R}^3$ de 0 par la fonction $g : \mathbb{R}^3 \to \mathbb{R}$ définie par $g(x,y,z) = x+y+3z-5$.

3) **Première méthode** : On montre directement les deux inclusions $A \subset B$ et $B \subset A$. Vérifions par exemple l'inclusion $B \subset A$. La démontrer revient à

prouver que, pour tout couple (u', v') de réels, il existe un couple (u, v) de réels tels que

$$(S)\quad \begin{cases} 1 + 3u' - v' = 2 + u + 2v \\ 3 + 3u' + v' = 2 + 2u + v \\ 1 - 2u' = 1 - u - v, \end{cases}$$

autrement dit démontrer que le système (S) d'inconnues u et v est compatible. Avec des calculs similaires à ceux effectués à la question 2, on obtient

$$(S) \Leftrightarrow \begin{cases} 1 + 3u' - v' = 2 + u + 2v \;\; (*) \\ v = u' - v' - 1 \\ u = u' + v' + 1, \end{cases} \qquad \Leftrightarrow \begin{cases} v = u' - v' - 1 \\ u = u' + v' + 1, \end{cases}$$

puisque la condition de compatibilité $(*)$ est vérifiée quel que soit le couple (u', v').

Seconde méthode : Les parties A et B sont donnés par des équations paramétriques que l'on reconnaît être celles de plans affines de $\mathbb{R}^3$. Il est facile de vérifier que tous les points $(x, y, z) = (1 + 3u - v, 3 + 3u + v, 1 - 2u)$ de B vérifient l'équation $x+y+3z = 7$ du plan A, ce qui prouve l'inclusion $B \subset A$, en fait l'égalité puisque A et B sont des sous-espaces affines de même dimension 2.

Exercice 8 *Pour chacune des fonctions suivantes :*

$$1) \quad f(x, y) = (x - y^2)e^{-xy}, \quad 2) \quad g(x, y) = \ln(x + \sqrt{x + y^2}),$$

a) Préciser l'ensemble de définition,
b) Calculer les dérivées partielles premières.

Solution :

1) f est une application de $\mathbb{R}^2$ dans $\mathbb{R}$ (elle est définie en tout point de $\mathbb{R}^2$), dérivable par rapport à chacune de ses variables, et

$$\frac{\partial f}{\partial x}(x, y) = e^{-xy} + (x - y^2)e^{-xy}(-y) = e^{-xy} - y(x - y^2)e^{-xy}$$

$$\frac{\partial f}{\partial y}(x, y) = (-2y)\, e^{-xy} + (x - y^2)e^{-xy}(-x) = \left(xy^2 - x^2 - 2y\right) e^{-xy}.$$

2) g est une fonction de $\mathbb{R}^2$ dans $\mathbb{R}$. L'ensemble D de définition de g est la partie de $\mathbb{R}^2$ d'équations

$$(S) \quad \begin{cases} x + y^2 \geq 0 \\ x + \sqrt{x + y^2} > 0. \end{cases}$$

On envisage 2 cas suivant le signe de x, pour écrire :

$$(S) \Leftrightarrow \left\{ \begin{array}{l} \left\{ \begin{array}{l} x > 0 \\ x + y^2 \geq 0 \end{array} \right. \Leftrightarrow x > 0 \\ \text{ou} \\ \left\{ \begin{array}{l} x \leq 0 \\ x + y^2 \geq 0 \\ \sqrt{x + y^2} > -x \end{array} \right. \Leftrightarrow \left\{ \begin{array}{l} x \leq 0 \\ x + y^2 \geq 0 \\ x + y^2 > x^2 \end{array} \right. \Leftrightarrow \left\{ \begin{array}{l} x \leq 0 \\ x + y^2 > x^2. \end{array} \right. \end{array} \right.$$

Comme

$$x + y^2 > x^2 \Leftrightarrow x^2 - x - y^2 < 0 \Leftrightarrow \left(x - \frac{1}{2}\right)^2 - y^2 - \frac{1}{4} < 0,$$

on aura

$$(S) \Leftrightarrow \left\{ \begin{array}{l} x > 0 \\ \text{ou} \\ \left\{ \begin{array}{l} x \leq 0 \\ \left(x - \frac{1}{2}\right)^2 - y^2 - \frac{1}{4} < 0. \end{array} \right. \end{array} \right.$$

Ainsi D apparaît comme la réunion du demi-plan $x > 0$ et d'une partie du plan $x \leq 0$ délimitée par l'hyperbole équilatère d'équation $(x - 1/2)^2 - y^2 = 1/4$. L'hyperbole est facile à tracer : son centre est $\Omega\,(1/2, 0)$, ses axes de symétrie sont parallèles aux axes de coordonnées, et ses asymptotes sont parallèles aux premières et secondes bissectrices d'équations $y = \pm x$. Dans le graphique suivant, D a été hachuré, la branche d'hyperbole n'est pas incluse dans D, ni l'axe Oy.

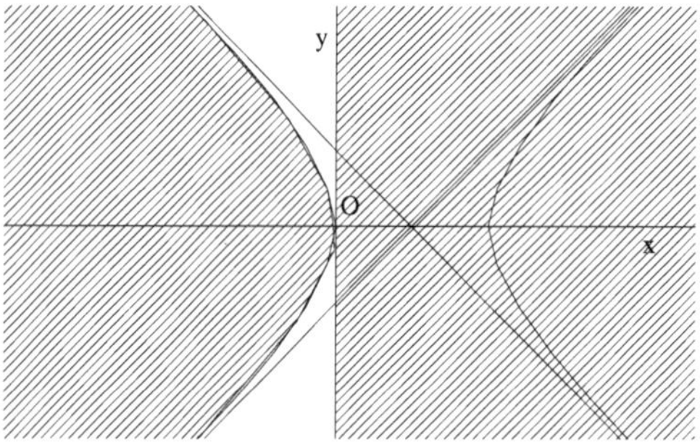

Exercice 9 *Préciser l'ensemble de définition D de la fonction*

$$f : \mathbb{R}^3 \to \mathbb{R}, (x, y, z) \mapsto f(x, y, z) = \arccos(x^2 - y + z^2).$$

Sur quel ensemble D' la fonction f admet-elle des dérivées partielles ? Calculer les dérivées partielles premières et secondes de f.

Solution :

La fonction arccos est définie sur $[-1,1]$, et dérivable sur $]-1,1[$, de dérivée

$$\arccos'(x) = \frac{-1}{\sqrt{1-x^2}}.$$

La fonction f sera donc définie en tout point (x,y,z) tel que

$$-1 \leq x^2 - y + z^2 \leq 1,$$

et dérivable en tout point (x,y,z) tel que $-1 < x^2 - y + z^2 < 1$. En un tel point (x,y,z) :

$$\frac{\partial f}{\partial x} = \frac{-1}{\sqrt{1-(x^2-y+z^2)^2}} \times 2x \ ; \quad \frac{\partial f}{\partial y} = \frac{1}{\sqrt{1-(x^2-y+z^2)^2}}$$

et

$$\frac{\partial f}{\partial z} = \frac{-1}{\sqrt{1-(x^2-y+z^2)^2}} \times 2z.$$

Calculons seulement la dérivée seconde $\frac{\partial^2 f}{\partial x \partial y}$, les autres calculs étant similiaires. On a

$$\begin{aligned}
\frac{\partial^2 f}{\partial x \partial y} &= \frac{\partial}{\partial x}\left(\left(1-(x^2-y+z^2)^2\right)^{-1/2}\right) \\
&= -\frac{1}{2}\left(1-(x^2-y+z^2)^2\right)^{-3/2} \times (-2)\left(x^2-y+z^2\right) \times 2x \\
&= 2x\left(1-(x^2-y+z^2)^2\right)^{-3/2}(x^2-y+z^2).
\end{aligned}$$

Chapitre 2

Convergence et continuité

2.1 Espaces métriques et espaces vectoriels normés

Exercice 10 *Soit l'application*

$$d : \mathbb{R} \times \mathbb{R} \to \mathbb{R}, (x, y) \longmapsto d(x, y) = \left|\frac{x}{1+|x|} - \frac{y}{1+|y|}\right|.$$

1) Montrer que d est une distance sur $\mathbb{R}$.

2) La distance d est-elle induite par une norme ?

3) On munit $\mathbb{R}$ de la distance d. Montrer que $\mathbb{R}$ est borné. Calculer son diamètre.

4) De façon plus générale, à toute bijection $f : \mathbb{R} \to I$ de $\mathbb{R}$ sur une partie I de $\mathbb{R}$, on associe l'application

$$\delta_f : \mathbb{R} \times \mathbb{R} \to \mathbb{R}, (x, y) \longmapsto \delta_f(x, y) = |f(x) - f(y)|.$$

a) Démontrer que δ_f est une distance sur $\mathbb{R}$.

b) Trouver une condition nécessaire et suffisante portant sur la fonction f pour que δ_f soit induite par une norme.

Solution :

1) L'application d est bien à valeurs dans $\mathbb{R}_+$. On doit vérifier les trois axiomes d'une distance.

(a) $\forall x, y \in \mathbb{R} \quad d(x, y) = d(y, x)$,
(b) $d(x, y) = 0 \Leftrightarrow x = y$,
(c) $\forall x, y, z \in \mathbb{R} \quad d(x, y) \leq d(x, z) + d(z, y)$.

La propriété a) est triviale. On a ensuite

$$d(x,y)=0 \Leftrightarrow \frac{x}{1+|x|}=\frac{y}{1+|y|}. \quad (*)$$

Si $x \geq 0$, alors $\frac{x}{1+|x|} \geq 0$ et les seuls réels y qui puissent vérifier $(*)$ seront positifs. Dans ce cas

$$(*) \Leftrightarrow \left\{ \begin{array}{c} y \geq 0 \\ \frac{x}{1+x}=\frac{y}{1+y} \end{array} \right. \Leftrightarrow \left\{ \begin{array}{c} y \geq 0 \\ x+xy=y+xy \end{array} \right. \Leftrightarrow x=y.$$

On raisonnerait de la même façon si $x<0$, et la propriété (b) est démontrée. Pour vérifier l'inégalité triangulaire (c), posons $f(x)=\frac{x}{1+|x|}$. On a

$$d(x,y) \leq d(x,z)+d(z,y) \Leftrightarrow |f(x)-f(y)| \leq |f(x)-f(z)|+|f(z)-f(y)|,$$

et l'assertion à droite de l'équivalence est triviale (il s'agit de l'inégalité triangulaire vérifiée par la valeur absolue, et appliquée en $f(x)$, $f(y)$ et $f(z)$).

2) Si d était induite par une norme $\| \ \|$, cette norme serait donnée par la formule

$$\|x\|=d(x,0)=\frac{x}{1+|x|},$$

et l'on aurait

$$\forall \lambda \in \mathbb{R} \quad \forall x \in \mathbb{R} \quad \|\lambda x\|=|\lambda| \ \|x\|,$$

autrement dit

$$\forall \lambda \in \mathbb{R} \quad \forall x \in \mathbb{R} \quad \frac{\lambda x}{1+|\lambda x|}=\frac{|\lambda| \, x}{1+|x|}.$$

C'est absurde, comme on le vérifie en prenant par exemple $\lambda=2$ et $x=1$.

3) ► Pour tout réel x,

$$d(x,0)=\frac{|x|}{1+|x|}<1$$

donc $\mathbb{R}$ est entièrement inclus dans la boule ouverte de centre 0 et de rayon 1. C'est donc un ensemble borné.

► Pour tous réels x et y,

$$d(x,y) \leq d(x,0)+d(0,y)<1+1=2,$$

donc le diamètre $\delta(\mathbb{R})$ de $\mathbb{R}$ est inférieur ou égal à 2. On étudie la fonction

$$f: \begin{array}{ccc} \mathbb{R} & \rightarrow & \mathbb{R} \\ x & \mapsto & \frac{x}{1+|x|} \end{array}$$

en envisageant deux cas : le cas où x est positif, et celui où x est négatif. Lorsque x est positif, f coïncide avec la fonction homographique $x \mapsto \frac{x}{1+x}$ dont le graphe est une hyperbole.d'asymptotes $x = -1$ et $y = 1$. Lorsque x est négatif, f coïncide avec la fonction homographique $x \mapsto \frac{x}{1-x}$ dont le graphe est encore une hyperbole d'asymptotes $x = 1$ et $y = -1$. La courbe représentative de f est donc formée de deux arcs d'hyperboles.

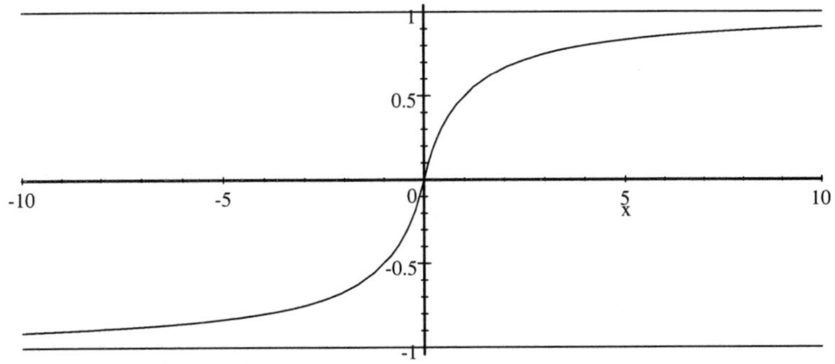

La fonction f est continue strictement croissante de $\mathbb{R}$ sur $]-1,1[$, et l'on a $\lim_{x\to+\infty} f(x) = 1$ et $\lim_{x\to-\infty} f(x) = -1$. Par conséquent, pour tout $\varepsilon > 0$, il existe x et y tels que $-1 < f(x) \leq -1+\varepsilon$ et $1-\varepsilon \leq f(y) < 1$. Pour ces éléments,

$$d(x,y) = f(y) - f(x) \geq (1-\varepsilon) + (1-\varepsilon) = 2 - 2\varepsilon$$

donc $\delta(\mathbb{R}) \geq 2 - 2\varepsilon$. Cela est vrai pour tout $\varepsilon > 0$, donc $\delta(\mathbb{R}) \geq 2$. Comme nous avons déjà démontré que $\delta(\mathbb{R}) \leq 2$, on peut conclure à $\delta(\mathbb{R}) = 2$.

4.a) L'application δ_f est à valeurs dans $\mathbb{R}_+$, et les trois axiomes d'une distance rappelés à la question 1 sont vérifiés. En effet

$$\delta_f(x,y) = |f(x) - f(y)| = |f(y) - f(x)| = \delta_f(y,x),$$

d'où (a). On a aussi

$$\delta_f(x,y) = 0 \Leftrightarrow |f(x) - f(y)| = 0 \Leftrightarrow f(x) = f(y) \Leftrightarrow x = y,$$

la dernière équivalence étant satisfaite puisque f est bijective. D'où (b). Et l'inégalité triangulaire (c) se vérifie comme à la question 1.

Remarque : Cette question nous permet d'obtenir rapidement toute une panoplie de distances sur la droite réelle, dont la distance d définie à la question 1. Il suffit de choisir $f(x) = x^3$, ou $f(x) = x^n$ où n désigne un entier naturel impair, ou encore $f(x) = e^x$. De façon plus originale, on peut choisir une fonction homographique, par exemple

$$f(x) = \frac{x+1}{x-5},$$

et la compléter en 5 en posant $f(5) = 1$.

4.b) Si δ_f provient d'une norme $\| \ \|$, alors $\delta_f(x,y) = \|x-y\|$ pour tous réels x, y, et nécessairement $\|x\| = \delta_f(x,0)$, et

$$\begin{cases} \forall \lambda \in \mathbb{R} \quad \forall x \in \mathbb{R} \quad \delta_f(\lambda x, 0) = \|\lambda x\| = |\lambda| \ \|x\| = |\lambda| \ \delta_f(x,0) \\ \forall x, y \in \mathbb{R} \quad \delta_f(x-y,0) = \|x-y\| = \delta_f(x,y), \end{cases}$$

soit

$$\begin{cases} \textbf{(P1)} \quad \forall \lambda \in \mathbb{R} \quad \forall x \in \mathbb{R} \quad \delta_f(\lambda x, 0) = |\lambda| \ \delta_f(x,0) \\ \textbf{(P2)} \quad \forall x, y \in \mathbb{R} \quad \delta_f(x-y,0) = \delta_f(x,y), \end{cases}$$

ou encore

$$\begin{cases} \textbf{(P1)} \quad \forall \lambda \in \mathbb{R} \quad \forall x \in \mathbb{R} \quad |f(\lambda x)| = |\lambda| \ |f(x)| \\ \textbf{(P2)} \quad \forall x, y \in \mathbb{R} \quad |f(x-y)| = |f(x) - f(y)|. \end{cases}$$

Les conditions **(P1)** et **(P2)** sont nécessaires. Ce sont en fait les conditions nécessaires et suffisantes recherchées. En effet, si **(P1)** et **(P2)** sont satisfaites, il est facile de voir que la fonction $x \mapsto \|x\| = \delta_f(x,0)$, à valeur dans $\mathbb{R}_+$, vérifie les quatre propriétés suivantes :

- $\forall x \in \mathbb{R} \quad \|x\| = 0 \Leftrightarrow x = 0$.

En effet,

$$\|x\| = 0 \Leftrightarrow \delta_f(x,0) = 0 \Leftrightarrow x = 0.$$

- $\forall x \in \mathbb{R} \quad \|\lambda x\| = |\lambda| \ \|x\|$ (Il s'agit de la propriété **(P1)**).

- $\forall x, y \in \mathbb{R} \quad \|x+y\| \leq \|x\| + \|y\|$.

En effet

$$\|x+y\| = \delta_f(x+y,0) \underset{\textbf{(P2)}}{=} \delta_f(x,-y) \leq \delta_f(x,0) + \delta_f(0,-y),$$

et puisque

$$\delta_f(0,-y) \underset{\textbf{(P1)}}{=} |-1| \ \delta_f(0,y) = \|y\|,$$

on obtient bien

$$\|x+y\| \leq \|x\| + \|y\|.$$

- $\forall x, y \in \mathbb{R} \quad \delta_f(x,y) = \|x-y\|$.

En effet

$$\delta_f(x,y) \underset{\textbf{(P2)}}{=} \delta_f(x-y,0) = \|x-y\|.$$

Exercice 11 *Soient $a > 0, b > 0$, et l'application $N : \mathbb{R}^2 \to \mathbb{R}$, définie par :*

$$\forall (x, y) \in \mathbb{R}^2 \quad N(x, y) = \sqrt{a^2x^2 + b^2y^2}.$$

1) Montrer que N est une norme sur $\mathbb{R}^2$.

2) Déterminer des réels $\alpha > 0$ et $\beta > 0$ tels que :

$$\forall (x, y) \in \mathbb{R}^2, \quad \alpha||(x, y)||_2 \leq N(x, y) \leq \beta||(x, y)||_2.$$

3) Représenter l'ensemble $E = \{(x, y) \in \mathbb{R}^2, N(x, y) \leq 1\}$.

Solution :

1) L'application N est bien définie (puisque $a^2x^2 + b^2y^2$ est toujours positif) et à valeurs dans $\mathbb{R}_+$. Posons $||\overrightarrow{u}|| = N(\overrightarrow{u})$ pour tout vecteur $\overrightarrow{u}$ de $\mathbb{R}^2$. Il s'agit maintenant de vérifier les trois axiomes d'une norme :

(a) $||\overrightarrow{u}|| = 0 \Leftrightarrow \overrightarrow{u} = 0$,
(b) $\forall \overrightarrow{u} \in \mathbb{R}^2 \quad \forall \lambda \in \mathbb{R} \quad ||\lambda \overrightarrow{u}|| = |\lambda| \, ||\overrightarrow{u}||$,
(c) $\forall \overrightarrow{u}, \overrightarrow{v} \in \mathbb{R}^2 \quad ||\overrightarrow{u} + \overrightarrow{v}|| \leq ||\overrightarrow{u}|| + ||\overrightarrow{v}||$ (inégalité triangulaire).

La propriété a) est triviale puisque si $\overrightarrow{u} = (x, y)$

$$\begin{aligned} N(\overrightarrow{u}) = 0 \quad &\Leftrightarrow \quad \sqrt{a^2x^2 + b^2y^2} = 0 \\ &\Leftrightarrow \quad a^2x^2 = b^2y^2 = 0 \\ &\Leftrightarrow \quad x = y = 0 \Leftrightarrow \overrightarrow{u} = 0. \end{aligned}$$

Si $(\overrightarrow{u}, \lambda) \in \mathbb{R}^2 \times \mathbb{R}$,

$$||\lambda \overrightarrow{u}|| = \sqrt{a^2 (\lambda x)^2 + b^2 (\lambda y)^2} = |\lambda| \sqrt{a^2x^2 + b^2y^2} = |\lambda| \, ||\overrightarrow{u}||,$$

d'où (b). Pour vérifier (c), posons $\varphi(\overrightarrow{u}) = (ax, by)$ dès que $\overrightarrow{u} = (x, y)$. L'application φ est linéaire de $\mathbb{R}^2$ dans $\mathbb{R}^2$, et l'on a

$$||\overrightarrow{u}|| = ||\varphi(\overrightarrow{u})||_2$$

où $||(x, y)||_2 = \sqrt{x^2 + y^2}$ désigne la norme usuelle euclidienne de $\overrightarrow{u}$ dans $\mathbb{R}^2$. Si $\overrightarrow{u} = (x, y)$ et $\overrightarrow{v} = (x', y')$,

$$\begin{aligned} ||\overrightarrow{u} + \overrightarrow{v}|| &= ||\varphi(\overrightarrow{u} + \overrightarrow{v})||_2 \\ &= ||\varphi(\overrightarrow{u}) + \varphi(\overrightarrow{v})||_2 \leq ||\varphi(\overrightarrow{u})||_2 + ||\varphi(\overrightarrow{v})||_2 = ||\overrightarrow{u}|| + ||\overrightarrow{v}||, \end{aligned}$$

et cela prouve (c).

2) Soient $M = \text{Sup}\,(a,b)$ et $m = \text{Inf}\,(a,b)$. Pour tout vecteur $\overrightarrow{u}$,

$$\begin{aligned} m||(x,y)||_2 = m\sqrt{x^2+y^2} &\leq ||\overrightarrow{u}|| = \sqrt{a^2x^2+b^2y^2} \\ &\leq M\sqrt{x^2+y^2} = M||(x,y)||_2. \end{aligned}$$

Ces normes sont donc équivalentes.

3) On a

$$\begin{aligned} (x,y) \in E &\Leftrightarrow \sqrt{a^2x^2+b^2y^2} \leq 1 \\ &\Leftrightarrow a^2x^2+b^2y^2 \leq 1 \\ &\Leftrightarrow \frac{x^2}{\frac{1}{a^2}} + \frac{y^2}{\frac{1}{b^2}} \leq 1. \end{aligned}$$

La boule E de centre 0 et de rayon 1 est donc l'intérieur d'une ellipse d'axes parallèles aux axes de coordonnées. Si $a = \frac{1}{5}$ et $b = \frac{1}{3}$, on obtient le dessin suivant :

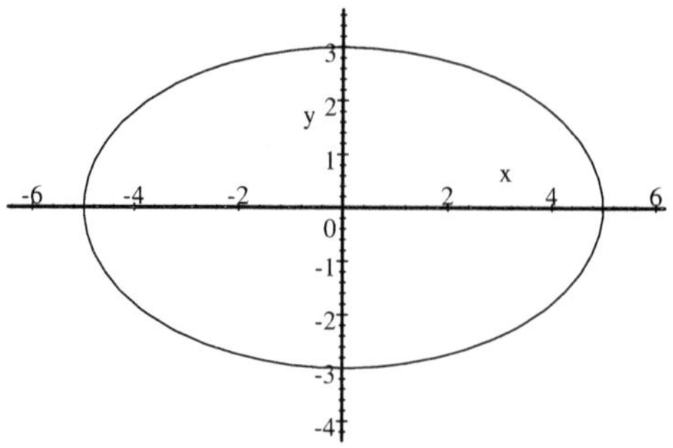

Exercice 12 *(Partiel d'avril 1998) On considère un ensemble E et une fonction d d'ensemble de départ E^2 et d'ensemble d'arrivée $\mathbb{R}$.*

1) Donner les différentes conditions que doit vérifier d pour que (E,d) soit un espace métrique.

2) Dans cette question, on définit d comme suit :

$$\begin{array}{rccl} \mathrm{d}: & \mathbb{R}^2 & \to & \mathbb{R} \\ & (x,y) & \mapsto & |\tan x - \tan y|. \end{array}$$

L'espace $(\mathbb{R}^2,\mathrm{d})$ est-il un espace métrique ? Peut-on trouver une partie E de $\mathbb{R}^2$ telle que (E,d) soit un espace métrique ? Justifier votre réponse.

Solution :

1) Une distance sur E est une application $\mathrm{d} : E^2 \to \mathbb{R}_+$ qui vérifie les trois axiomes :

a) $\forall x, y \in E \quad \mathrm{d}(x,y) = \mathrm{d}(y,x)$ (symétrie)

b) $\forall x, y \in E \quad \mathrm{d}(x,y) = 0 \Leftrightarrow x = y$ (séparation)

c) $\forall x, y, z \in E \quad \mathrm{d}(x,y) \leq \mathrm{d}(x,z) + \mathrm{d}(z,y)$ (inégalité triangulaire)

2) La fonction $\mathrm{d} : \mathbb{R}^2 \to \mathbb{R}$ proposée est bien à valeurs dans $\mathbb{R}_+$. Elle est définie dès que x n'est pas congru à $\pi/2$ modulo π, et vérifie les axiomes a) et c) puisque pour tous réels x, y, z n'appartenant pas à l'ensemble $\{\pi/2 + k\pi \,/\, k \in \mathbb{Z}\}$,

$$\mathrm{d}(x,y) = |\tan x - \tan y| = |\tan y - \tan x| = \mathrm{d}(y,x)$$

et

$$\mathrm{d}(x,y) = |\tan x - \tan y| \leq |\tan x - \tan z| + |\tan z - \tan y| \leq \mathrm{d}(x,z) + \mathrm{d}(z,y).$$

On a bien sûr l'implication $x = y \Rightarrow \mathrm{d}(x,y) = 0$, mais réciproquement

$$\mathrm{d}(x,y) = |\tan x - \tan y| = 0 \Rightarrow \tan x = \tan y$$

n'entraîne pas $x = y$, sauf si l'on décide de restreindre l'ensemble de départ en posant, par exemple, $E =]-\pi/2, \pi/2[$. Alors $(E, \mathrm{d}\,|_E)$ sera un espace métrique.

Exercice 13 *Les ensembles suivants sont-ils bornés ?*
a) $A_1 = \{(x,y) \in \mathbb{R}^2 \,/\, x^2 + 3xy \leq 1\}$, *c)* $A_3 = \{(x,y) \in \mathbb{R}^2 \,/\, x^2 + 4y^2 \leq 1\}$,
b) $A_2 = \{(x,y) \in \mathbb{R}^2 \,/\, |x - y| \leq 1\}$, *d)* $A_4 = \{(x,y) \in \mathbb{R}^2 \,/\, y^2 < x \leq 4 - y^2\}$.

Solution :

a) Pour tout x strictement positif, le point $\left(x, \dfrac{1 - x^2}{3x}\right)$ appartient à A_1. Comme x peut être choisi aussi grand qu'on le désire, cela montre que A_1 n'est pas borné.

b) On a

$$(x,y) \in A_2 \Leftrightarrow |x - y| \leq 1 \Leftrightarrow x - 1 \leq y \leq x + 1.$$

La partie A_2 est donc la bande délimitée par les deux droites parallèles d'équations $y = x \pm 1$. Ce n'est pas une partie bornée du plan (par exemple, tous les points (x,x) de la première bissectrice appartiennent à A_2).

c) La partie A_3 est bornée puisque

$$(x,y)\in A_3 \Leftrightarrow x^2+4y^2\leq 1 \Rightarrow \begin{cases} x^2\leq 1 \\ 4y^2\leq 1 \end{cases} \Rightarrow \begin{cases} |x|\leq 1 \\ |y|\leq 1/2. \end{cases}$$

Ces implications montrent que A_3 est incluse dans le rectangle

$$\{(x,y)\,/\ |x|\leq 1 \text{ et } |y|\leq 1/2\},$$

et les implications

$$(x,y)\in A_3 \Rightarrow \|(x,y)\|_2=\sqrt{x^2+y^2}\leq\sqrt{1+\frac{1}{4}}=\frac{\sqrt{5}}{2}$$

montrent que A_3 est incluse dans la boule de centre $(0,0)$ et de rayon $\sqrt{5}/2$ (pour la métrique euclidienne classique sur $\mathbb{R}^2$).

Remarque : On remarque que A_3 est l'intérieur de l'ellipse de centre $(0,0)$, d'axes les axes de coordonnées, et de demi-longueurs d'axes 1 (sur Ox) et $1/2$ (sur Oy). La plus grande distance entre deux points de A_3 est donc égale à la longueur du grand axe de l'ellipse, soit 2. Le diamètre $\operatorname{diam}(A_3)$ de A_3 est donc $\operatorname{diam}(A_3)=2$.

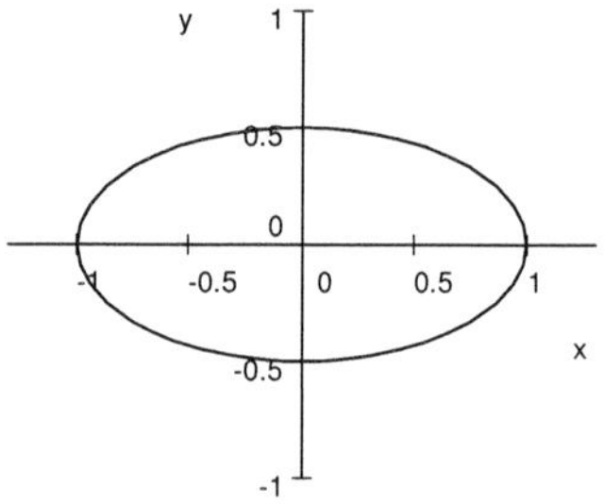

d) On a

$$(x,y)\in A_4 \Leftrightarrow \begin{cases} y^2<x\leq 4-y^2 \\ y^2\leq 4-y^2 \end{cases} \Rightarrow \begin{cases} 0<x\leq 4 \\ y^2\leq 2, \end{cases}$$

donc A_4 est bornée. Ici $(x,y)\in A_4$ entraîne $\|(x,y)\|_2\leq\sqrt{2+2}=2$, donc A_4 est incluse dans la boule de centre $(0,0)$ et de rayon 2.

Exercice 14 *Soit E la partie de $\mathbb{R}^2$ définie par*

$$E=\{(x,y)\in\mathbb{R}^2\,/\ f(x)\leq y\leq g(x),\ x\geq 1\},$$

où $f(x)=x^2$ et $g(x)=x^2e^{-1/x}+1$. Montrer que E est un sous-ensemble borné de $\mathbb{R}^2$.

Solution :

On a

$$(x,y) \in E \Rightarrow x^2 \leq x^2 e^{-1/x} + 1 \Rightarrow x^2(1 - e^{-1/x}) \leq 1. \quad (1)$$

Comme $\lim_{x\to+\infty} x^2(1 - e^{-1/x}) = +\infty$, il existe $A \geq 1$ tel que

$$x \geq A \Rightarrow x^2(1 - e^{-1/x}) \geq 2.$$

Si $x \geq A$, alors $x^2(1 - e^{-1/x}) \geq 2$ et l'inégalité (1) et fausse. Cela entraîne $(x,y) \notin E$. On a montré l'implication

$$x \geq A \Rightarrow (x,y) \notin E$$

autrement dit (en prenant la contraposée)

$$(x,y) \in E \Rightarrow x \leq A.$$

Ainsi

$$(x,y) \in E \Rightarrow 1 \leq x \leq A \text{ et } f(x) \leq y \leq g(x). \quad (2)$$

Les fonction f et g sont définies et continues sur $\mathbb{R}$, donc les images $f([1,A])$ et $g([1,A])$ de l'intervalle fermé borné $[1,A]$ sont des intervalles fermés bornés de $\mathbb{R}$. Il existe donc un réel M tel que $|f(x)| \leq M$ et $|g(x)| \leq M$ pour tout $x \in [1,A]$. L'implication (2) permet alors décrire

$$(x,y) \in E \Rightarrow 1 \leq x \leq A \text{ et } -M \leq y \leq M,$$

et cela prouve que E est incluse dans un pavé droit de $\mathbb{R}^2$, donc bornée.

Exercice 15 *Soit* $E = \{(x,y) \in \mathbb{R}^2 \,/\, -2 \leq x \leq 2,\ x^2 - 4 \leq y \leq -x^2 + 4\}$.

1) Représenter graphiquement E.

2) Montrer que E *est borné dans* $(\mathbb{R}^2, d_2)$.

3) Dans cette question, $\mathbb{R}^2$ *est muni de la distance euclidienne* d_2.

a) On considère les points $S_1(0,4)$ *et* $S_2(0,-4)$. *Vérifier que* S_1 *et* S_2 *appartiennent à* E, *puis calculer* $d_2(S_1,S_2)$.

b) Si $A(a,b)$ *et* $M(x,y)$ *désignent deux points quelconques de* E, *démontrer que* $(x-a)^2 \leq 2(x^2+a^2)$ *et* $|y-b| \leq 8-(x^2+a^2)$. *On pose*

$$f(x,a) = 2(x^2+a^2) + [8-(x^2+a^2)]^2.$$

Montrer les inégalités $d_2^2(A,M) \leq f(x,a) \leq 64$, *et en déduire le diamètre* $\delta_2(E)$ *de* E *pour la distance* d_2.

4) Dans cette question, $\mathbb{R}^2$ *est muni de la distance* d_1.

a) Soient les points $U_1(-1/2,-15/4)$ *et* $U_2(1/2,15/4)$. *Vérifier que* U_1 *et* U_2 *appartiennent à* E, *puis calculer la distance* $d_1(U_1,U_2)$.

b) Si $A(a,b)$ *et* $M(x,y)$ *désignent deux points quelconques de* E, *on pose* $g(x,a) = 8 + |x-a| - (x^2+a^2)$. *Montrer que*

$$d_1(A,M) \leq g(x,a) \leq \frac{17}{2}.$$

En déduire le diamètre $\delta_1(E)$ *de* E *pour la distance* d_1.

Solution :

1) E est la partie du plan délimitée par les deux paraboles d'équations :

$$y = x^2 - 4 \text{ et } y = -x^2 + 4.$$

Sur le dessin, on constate que E est bornée et que la plus grande distance d'un point M de E à l'origine O du repère est 4 (pour la norme euclidienne).

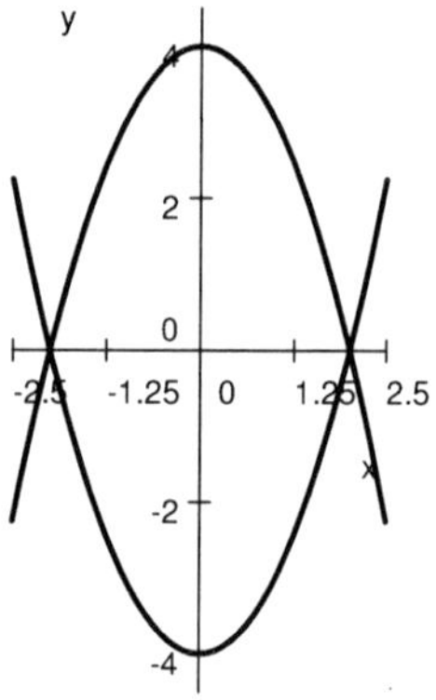

2) Si $M(x,y) \in E$,

$$\begin{aligned} d_2^2(O,M) = x^2 + y^2 &\leq x^2 + \left(x^2 - 4\right)^2 \\ &\leq 2x^2 + 16 - 8x^2 \leq 16 - 6x^2 \leq 16. \end{aligned}$$

3.a) S_1 et S_2 appartiennent à E puique ce sont les sommets des deux paraboles frontières de E. On trouve $d_2(S_1,S_2) = 8$.

3.b) On a

$$\begin{aligned} (x-a)^2 \leq 2(x^2+a^2) &\Leftrightarrow x^2 + a^2 - 2ax \leq 2(x^2+a^2) \\ &\Leftrightarrow 0 \leq x^2 + a^2 + 2ax \\ &\Leftrightarrow 0 \leq (x+a)^2 \end{aligned}$$

et la dernière inégalité écrite est toujours vérifiée. Cela prouve la première inégalité. Pour prouver la seconde, il suffit d'additionner les deux inégalités suivantes membre à membre :

$$\begin{cases} x^2 - 4 \leq y \leq -x^2 + 4 \\ a^2 - 4 \leq -b \leq -a^2 + 4. \end{cases}$$

On obtient $x^2 + a^2 - 8 \leq y - b \leq -x^2 - a^2 + 8$, soit $|y - b| \leq 8 - (x^2 + a^2)$ comme demandé. Par suite

$$d_2^2(A, M) = (x - a)^2 + (y - b)^2 \leq 2(x^2 + a^2) + [8 - (x^2 + a^2)]^2$$

et $d_2^2(A, M) \leq f(x, a)$. Il ne reste plus qu'à prouver que $f(x, a) \leq 64$. Posons $t = x^2 + a^2$. On a

$$f(x, a) = 2t + [8 - t]^2 = t^2 - 14t + 64 = t\,(t - 14) + 64. \qquad (\flat)$$

Comme $0 \leq t = x^2 + a^2 \leq 4 + 4 = 8$, le produit $t\,(t - 14)$ est négatif, et $(\flat)$ entraîne $f(x, a) \leq 64$. Finalement

$$\forall M, A \in E \quad d_2^2(A, M) \leq f(x, a) \leq 64$$

donc 64 majore le carré de la distance de deux points quelconques de E. Comme $64 = d_2^2(S_1, S_2)$, on en déduit que $\sqrt{64} = 8$ est la plus grande distance possible entre deux points de E. Par définition, il s'agit du diamètre de E pour la distance d_2, et l'on peut écrire $\delta_2(E) = 8$.

4.a) Si $(x, y) = (1/2, 15/4)$, alors $-2 \leq x \leq 2$ et

$$-\frac{15}{4} = x^2 - 4 \leq y = \frac{15}{4} \leq -x^2 + 4 = \frac{15}{4},$$

donc $U_2 \in E$ (U_2 est sur la frontière de E). La vérification est du même type pour U_1. On a

$$d_1(U_1, U_2) = \left|\frac{1}{2} - \left(-\frac{1}{2}\right)\right| + \left|\frac{15}{4} - \left(-\frac{15}{4}\right)\right| = \frac{17}{2}.$$

4.b) • En utilisant la question 3.b,

$$d_1(A, M) = |x - a| + |y - b| \leq |x - a| + 8 - (x^2 + a^2) = g(x, a).$$

• Il faut maintenant prouver l'inégalité

$$g(x, a) = 8 + |x - a| - (x^2 + a^2) \leq \frac{17}{2}. \qquad (\sharp)$$

On peut supposer que $x \geq a$ sans restreindre la généralité du problème (puisque $g(x, a) = g\,(a, x)$). Posons alors $t = x - a$.

$$\begin{aligned} (\sharp) \quad &\Leftrightarrow \quad t \leq \frac{1}{2} + (t + a)^2 + a^2 \\ &\Leftrightarrow \quad 0 \leq t^2 + (2a - 1)\,t + 2a^2 + \frac{1}{2}. \end{aligned}$$

La fonction polynomiale du second degré $\psi_a(t) = t^2 + (2a-1)t + 2a^2 + 1/2$ admet $\psi'(t) = 2t + 2a - 1$ pour fonction dérivée, et ψ' s'annule en $t = 1/2 - a$. La valeur minimale de $\psi_a(t)$ pour a fixé est donc

$$\psi_a\left(\frac{1}{2} - a\right) = a^2 + a + \frac{1}{4}.$$

La fonction trinôme $\xi(a) = a^2 + a + 1/4$ admet un minimum en $a = -1/2$, et ce minimum vaut $\xi(-1/2) = 0$. En conclusion, on obtient $0 \le \psi_a(t)$ quels que soient les réels a et t. Compte tenu des équivalences précédentes, cela montre que la majoration ($\sharp$) est vraie.

- Finalement $d_1(A, M) \le 17/2 = d_1(U_1, U_2)$ pour tout $A, M \in E$, donc

$$\delta_1(E) = \mathrm{Max}\left\{d_1(A, M)/A, M \in E\right\} = \frac{17}{2}.$$

2.2 Exemples d'espaces vectoriels normés

Exercice 16 *(partiel d'avril 0996) Montrer que pour tout* $(x, y) \in \mathbb{R}^2$ *on a*

$$\|(x,y)\|_1 \le 2\|(x,y)\|_\infty \le 2\|(x,y)\|_2 \le 2\sqrt{2}\|(x,y)\|_1.$$

Solution :

On a

$$\|(x,y)\|_1 = |x| + |y| \le 2 \times \mathrm{Max}(|x|, |y|) = 2\|(x,y)\|_\infty,$$

mais aussi

$$\|(x,y)\|_\infty = \mathrm{Max}(|x|, |y|) \le \sqrt{x^2 + y^2} = \|(x,y)\|_2.$$

Enfin, $|x| \le \|(x,y)\|_1$ et $|y| \le \|(x,y)\|_1$ entraînent $\sqrt{x^2+y^2} \le \sqrt{2\|(x,y)\|_1^2}$ soit

$$\|(x,y)\|_2 \le \sqrt{2}\|(x,y)\|_1.$$

On a bien montré

$$\|(x,y)\|_1 \le 2\|(x,y)\|_\infty \le 2\|(x,y)\|_2 \le 2\sqrt{2}\|(x,y)\|_1.$$

Remarque : Pour bien comprendre la majoration $\mathrm{Max}(|x|, |y|) \le \sqrt{x^2+y^2}$, on peut supposer $\mathrm{Max}(|x|, |y|) = |x|$ (quitte à recommencer de la même façon avec y à la place de x) pour l'écrire $|x| \le \sqrt{x^2+y^2}$ équivalente à l'inégalité triviale $x^2 \le x^2 + y^2$.

Exercice 17 *(partiel de mars 2004) Soit la fonction vectorielle* $f : \mathbb{R}^2 \longrightarrow \mathbb{R}^2$ *définie par* $f(x,y) = (x+y, x-y)$.

1) Justifier sans calcul que f *est linéaire.*

2) Calculer $\|f\|_1 = \operatorname{Sup}\{\|f(x,y)\|_1 \ / \ \|(x,y)\|_1 \leq 1\}$.

3) Calculer $N(f) = \operatorname{Sup}\{\|f(x,y)\|_1 \ / \ \|(x,y)\|_2 \leq 1\}$.

Solution :

1) f est linéaire car ses deux fonctions composantes sont des formes linéaires, à savoir $(x,y) \mapsto x+y$ et $(x,y) \mapsto x-y$.

2) Il s'agit de calculer $\|f\|_1 = \operatorname{Sup} A$ où

$$A = \{|x+y| + |x-y| \ / \ |x| + |y| \leq 1\}.$$

Puisque $|x+y| + |x-y|$ vaut 2 lorsque $(x,y) = (1,0)$, on a $2 \in A$. Comme par ailleurs

$$(x,y) \in A \Rightarrow |x| + |y| \leq 1 \Rightarrow |x+y| + |x-y| \leq 2\,(|x| + |y|) \leq 2,$$

2 est un majorant de A qui appartient à A, donc le maximum de A et $\|f\|_1 = 2$.

3) Calculons $N(f) = \operatorname{Sup} B$ où $B = \{|x+y| + |x-y| \ / \, x^2+y^2 \leq 1\}$. On remarque que $|x+y|+|x-y|$ vaut 2 lorsque $(x,y) = (1,0)$, donc $2 \in B$. Pour pouvoir conclure à $N(f) = 2$, il nous faut prouver que 2 est un majorant de B. On a

$$\begin{aligned} |x+y| + |x-y| \leq 2 &\Leftrightarrow (|x+y| + |x-y|)^2 \leq 4 \\ &\Leftrightarrow x^2+y^2+\left|x^2-y^2\right| \leq 2. \quad (\natural) \end{aligned}$$

Mais aussi

$$\begin{aligned} (x,y) \in B &\Rightarrow x^2+y^2 \leq 1 \\ &\Rightarrow x^2+y^2+\left|x^2-y^2\right| \leq x^2+y^2+\left(x^2+y^2\right) \leq 2 \\ &\Rightarrow (\natural). \end{aligned}$$

On a donc bien prouvé que

$$(x,y) \in B \Rightarrow (\natural) \Leftrightarrow |x+y| + |x-y| \leq 2. \ \blacksquare$$

Exercice 18 *(partiel d'avril 1996) On munit* $\mathbb{R}^2$ *de ses trois normes usuelles* $\|\ \|_1$, $\|\ \|_2$ *et* $\|\ \|_\infty$.

1) Soit $x \in \mathbb{R}$. *Calculer* $\left\|\left(x^2, x+2\right)\right\|_p$ *pour* $p \in \{1,2\}$.

2) Représenter le graphe de l'application

$$f: \begin{array}{ccc} \mathbb{R} & \to & \mathbb{R} \\ x & \mapsto & \left\|\left(x^2, x+2\right)\right\|_\infty \end{array}$$

dans le plan rapporté à un repère orthonormal.

Solution :

1) $\left\|\left(x^2, x+2\right)\right\|_1 = x^2 + |x+2|$ et $\left\|\left(x^2, x+2\right)\right\|_2 = \sqrt{x^4 + (x+2)^2}$.

2) Par définition $f(x) = \left\|\left(x^2, x+2\right)\right\|_\infty = \mathrm{Sup}\left(x^2, |x+2|\right)$. On a

$$\begin{aligned} x^2 \leq |x+2| &\Leftrightarrow x^4 \leq (x+2)^2 \Leftrightarrow x^4 - (x+2)^2 \leq 0 \\ &\Leftrightarrow \left(x^2 - x - 2\right)\left(x^2 + x + 2\right) \leq 0. \end{aligned}$$

Le trinôme $x^2 + x + 2$ est toujours positif puisque son discriminant est négatif. Le discriminant du trinôme $x^2 - x - 2$ est 9, donc celui-ci admet deux racines $\frac{1 \pm 3}{2}$, c'est-à-dire 2 et -1. La fonction $x \mapsto x^2 - x - 2$ est donc strictement positive à l'extérieur de l'intervalle $[-1, 2]$, nulle en -1 et en 2, et strictement négative à l'intérieur de $]-1, 2[$.

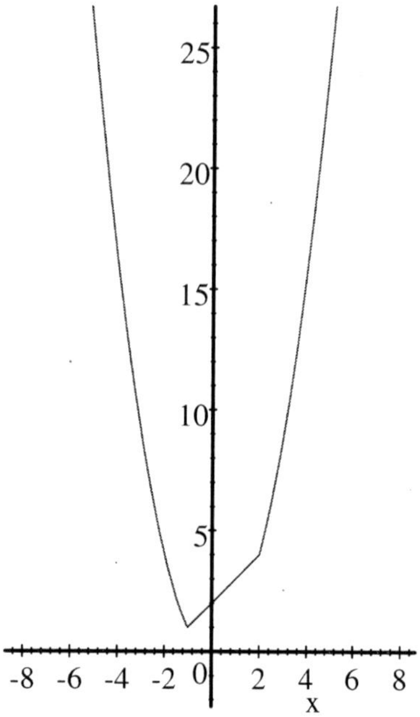

Ainsi

$$f(x) = \begin{cases} x^2 & \text{si} \quad x < -1, \\ x+2 & \text{si} \quad -1 \leq x \leq 2, \\ x^2 & \text{si} \quad 2 < x. \end{cases}$$

Le graphe de f est formé de deux morceaux d'une même parabole et d'un segment de droite. Il est continu.

Exercice 19 *(partiel de mars 2004) Soit l'application*

$$\begin{array}{rccc} N: & \mathbb{R}^2 & \longrightarrow & \mathbb{R} \\ & (x,y) & \longmapsto & N(x,y)=\sqrt{x^2+y^2+xy}. \end{array}$$

1) Montrer qu'il existe des réels $\alpha > 0$, *et* $\beta > 0$ *tels que :*

$$\forall (x,y) \in \mathbb{R}^2, \quad \alpha||(x,y)||_2 \leq N(x,y) \leq \beta||(x,y)||_2.$$

2) L'application N *est-elle une norme sur* $\mathbb{R}^2$ *?*

Solution :

Puisque

$$x^2+y^2+xy = \left(x+\frac{y}{2}\right)^2 + y^2 - \frac{y^2}{4} = \left(x+\frac{y}{2}\right)^2 + \frac{3}{4}y^2,$$

l'expression x^2+y^2+xy est toujours positive, et $N(x,y)$ est bien définie pour tout $(x,y) \in \mathbb{R}^2$.

1) Rappelons que l'on a toujours $|x| \leq \sqrt{x^2+y^2}$ et $|y| \leq \sqrt{x^2+y^2}$. Pour tout $(x,y) \in \mathbb{R}^2$, on en déduit

$$x^2+y^2+xy = \left|x^2+y^2+xy\right| \leq x^2+y^2+|xy| \leq 2\left(x^2+y^2\right)$$

d'où

$$N(x,y) \leq \sqrt{2}\sqrt{(x^2+y^2)} = \sqrt{2}||(x,y)||_2.$$

On peut prendre $\beta = \sqrt{2}$. Pour obtenir l'autre inégalité, on va écrire des équivalences.

$$\begin{aligned} \alpha||(x,y)||_2 \leq N(x,y) &\Leftrightarrow \alpha^2\left(x^2+y^2\right) \leq x^2+y^2+xy \\ &\Leftrightarrow \left(1-\alpha^2\right)\left(x^2+y^2\right)+xy \geq 0 \quad (\flat). \end{aligned}$$

Prenons $0 < \alpha < 1$, et posons $\phi = \left(1-\alpha^2\right)\left(x^2+y^2\right)+xy$. On a

$$\begin{aligned} \phi &= \left(1-\alpha^2\right)\left(x^2+\frac{xy}{1-\alpha^2}\right)+\left(1-\alpha^2\right)y^2 \\ &= \left(1-\alpha^2\right)\left[\left(x^2+\frac{y}{2\left(1-\alpha^2\right)}\right)^2 - \frac{y^2}{4\left(1-\alpha^2\right)^2}\right]+\left(1-\alpha^2\right)y^2 \\ &= \left(1-\alpha^2\right)\left(x^2+\frac{y}{2\left(1-\alpha^2\right)}\right)^2 - \frac{y^2}{4\left(1-\alpha^2\right)}+\left(1-\alpha^2\right)y^2 \\ &= \left(1-\alpha^2\right)\left(x^2+\frac{y}{2\left(1-\alpha^2\right)}\right)^2 + \xi\left(\alpha\right)y^2 \end{aligned}$$

en posant

$$\xi(\alpha) = \frac{4\alpha^4 - 8\alpha^2 + 3}{4(1-\alpha^2)}.$$

Le discriminant réduit du trinôme bicarré $4\alpha^4 - 8\alpha^2 + 3$ est $\Delta' = 4$, et les racines de $4X^2 - 8X + 3$ sont donc $1/2$ ou $3/2$. Ainsi $4\alpha^4 - 8\alpha^2 + 3$ demeure strictement positif dès que $\alpha \notin [1/2, 3/2]$. Il suffit de choisir α dans l'intervalle $]0, 1/2[$ pour que $\xi(\alpha)$ soit positif et que l'inégalité $(\flat)$ soit vérifiée, et par conséquent aussi la minoration $\alpha||(x,y)||_2 \leq N(x,y)$.

2) Si l'on note φ l'endomorphisme de $\mathbb{R}^2$ défini par $\varphi(x,y) = (x+\frac{y}{2}, \frac{\sqrt{3}}{2}y)$, on remarque que $N(x,y) = \|\varphi(x,y)\|_2$, ce qui permet de prouver très facilement que N est une norme. Tout d'abord $N : \mathbb{R}^2 \to \mathbb{R}_+$ est bien définie et à valeurs dans $\mathbb{R}_+$ puisque $x^2 + y^2 + xy$ est toujours positif et puisqu'un radical est toujours positif. Ensuite on vérifie les trois axiomes d'une norme.

- On a

$$\begin{aligned} N(x,y) = 0 &\Leftrightarrow \|\varphi(x,y)\|_2 = 0 \\ &\Leftrightarrow \varphi(x,y) = 0 \\ &\Leftrightarrow (x + \frac{y}{2}, \frac{\sqrt{3}}{2}y) = 0 \\ &\Leftrightarrow (x,y) = 0. \end{aligned}$$

- Pour tout $(x,y) \in \mathbb{R}^2$ et tout $\lambda \in \mathbb{R}$,

$$N(\lambda x, \lambda y) = \|\varphi(\lambda x, \lambda y)\|_2 = \|\lambda \varphi(x,y)\|_2 = |\lambda| \, \|\varphi(x,y)\|_2 = |\lambda| \, N(x,y).$$

- Inégalité triangulaire : pour tous $((x,y),(x',y')) \in \mathbb{R}^2 \times \mathbb{R}^2$,

$$\begin{aligned} N\left((x,y) + (x',y')\right) &= \left\|\varphi\left((x,y) + (x',y')\right)\right\|_2 \\ &= \left\|\varphi(x,y) + \varphi(x',y')\right\|_2 \quad \text{(linéarité de } \varphi) \\ &\leq \|\varphi(x,y)\|_2 + \left\|\varphi(x',y)'\right\|_2 \quad (\|\cdot\|_2 \text{ est une norme}) \\ &\leq N(x,y) + N(x',y'). \blacksquare \end{aligned}$$

Exercice 20 *(Partiel d'avril 1997) Soient A la matrice définie par* $A = \begin{pmatrix} 1 & 0 \\ 0 & 3 \end{pmatrix}$ *et $<,>$ le produit scalaire canonique sur $\mathbb{R}^2$. On considère la fonction numérique b définie sur $\mathbb{R}^2 \times \mathbb{R}^2$ en posant*

$$b(X,Y) = < A \begin{pmatrix} x_1 \\ x_2 \end{pmatrix}, \begin{pmatrix} y_1 \\ y_2 \end{pmatrix} >$$

lorsque $X = {}^t(x_1, x_2) \in \mathbb{R}^2$ *et* $Y = {}^t(y_1, y_2) \in \mathbb{R}^2$.

1) Calculer $b(X, Y)$ *dans les trois cas suivants :*

a) $X = {}^t(1, 1)$ *et* $Y = {}^t(-1, 1)$,
b) $X = {}^t(1, 0)$ *et* $Y = {}^t(-2, 1)$,
c) $X = {}^t(0, -1)$ *et* $Y = {}^t(3, 0)$.

2) Montrer que b définit un produit scalaire sur $\mathbb{R}^2$.

3) Donner l'expression de la norme $\|\|_b$ *associée à b et l'expression de la distance* d_b *induite par cette norme.*

4) La norme $\|\|_b$ *est-elle équivalente aux trois normes usuelles de* $\mathbb{R}^2$ *?*

5) Exprimer et représenter dans le plan (x_1, x_2) *la boule ouverte de centre l'origine et de rayon* 1.

Solution :

1) On a

$$b(X, Y) = < \begin{pmatrix} x_1 \\ 3x_2 \end{pmatrix}, \begin{pmatrix} y_1 \\ y_2 \end{pmatrix} > = x_1 y_1 + 3x_2 y_2$$

donc $b((1,1), (-1,1)) = 2$, $b((1,0), b(-2,1)) = -2$ et $b((0,-1), (3,0)) = 0$.

2) On vérifie que b est une forme bilinéaire définie positive. Elle est symétrique puisque pour tous vecteurs X, Y, $b(X, Y) = x_1 y_1 + 3x_2 y_2 = b(Y, X)$. Elle est bilinéaire à gauche (et donc bilinéaire compte tenu de la symétrie) puisque pour tous X, X', Y dans $\mathbb{R}^2$ et $\lambda \in \mathbb{R}$,

$$\begin{aligned} b(X + \lambda X', Y) &= (x_1 + \lambda x_1') y_1 + 3(x_2 + \lambda x_2') y_2 \\ &= (x_1 y_1 + 3x_2 y_2) + (x_1' y_1 + 3x_2' y_2) = b(X, Y) + \lambda b(X', Y). \end{aligned}$$

Enfin b est définie positive car $b(X, X) = x_1^2 + 3x_2^2 > 0$ pour tout X non nul.

3) On a $\|X\|_b = \sqrt{b(X, X)} = \sqrt{x_1^2 + 3x_2^2}$ et $d_b(X, Y) = \|X - Y\|_b$ pour tous vecteurs X et Y.

4) $\| \|_b$ est équivalente à chacune des trois normes usuelles de $\mathbb{R}^2$ puisque le cours montre que toutes les normes définies sur un espace vectoriel de dimension finie sont équivalentes entre elles. Vérifions-le directement :

• $\|X\|_b = \sqrt{x_1^2 + 3x_2^2} \leq 2\|X\|_\infty$ et $\|X\|_\infty \leq \|X\|_b$ prouvent que $\| \|_b$ est équivalente à $\|X\|_\infty$.

• $\|X\|_b = \sqrt{x_1^2 + 3x_2^2} \leq \sqrt{3x_1^2 + 3x_2^2} = \sqrt{3} \times \|X\|_2$ et $\|X\|_2 \leq \|X\|_b$ prouvent que $\| \|_b$ est équivalente à $\|X\|_2$.

• On a $\|X\|_b \leq 2\|X\|_\infty \leq 2\|X\|_1$, mais aussi

$$\|X\|_1 = |x_1| + |x_2| \leq 2\|X\|_\infty \leq \|X\|_b,$$

donc $\| \ \|_b$ est équivalente à $\|X\|_1$.

5) La boule ouverte $B(0,1) = \left\{(x_1, x_2) \in \mathbb{R}^2 \,/\, x_1^2 + 3x_2^2 \leq 1\right\}$ est l'intérieur d'une ellipse de centre l'origine et de grand axe de symétrie l'axe des x_1. L'ellipse coupe les axes en $(\pm 1, 0)$ et $(0, \pm 1/\sqrt{3})$. On a $/\sqrt{3} \simeq 0,577$.

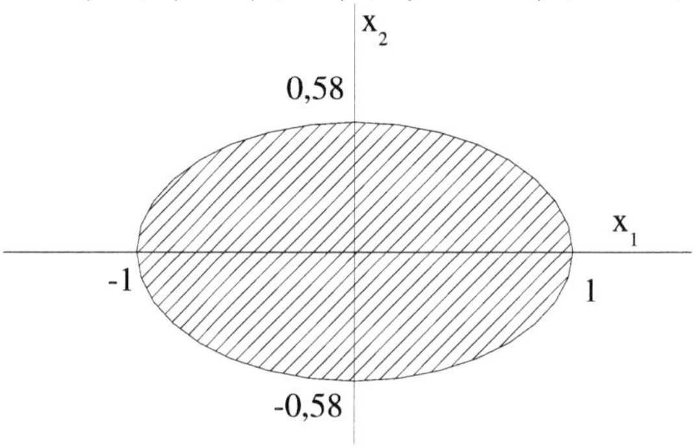

Exercice 21 *(Partiel d'avril 1999) Dans le plan rapporté au repère orthonormal $(O, \vec{i}, \vec{j})$, on considère la courbe paramétrée γ définie par*

$$\gamma : \mathbb{R} \to \mathbb{R}^2 \ ; \ t \mapsto \gamma(t) = (2 + \cos t, 1 + \sin t).$$

1) Déterminer géométriquement l'ensemble $\Gamma = \gamma(\mathbb{R})$ en prenant soin de justifier complètement toutes ses affirmations.

2) Soit (a, b) un point de $\mathbb{R}^2$ fixé. Pout $t \in \mathbb{R}$ et tout $p \in \{1, 2, \infty\}$, on pose $J_p(t) = \|(2 + \cos t, 1 + \sin t) - (a, b)\|_p$.

a) Donner une interprétation géométrique de $J_p(t)$. Calculer $J_p(t)$ pour $p = 1, 2, \infty$.

b) On prend $(a, b) = (1, -2)$. Soit $t_0 \in [0, \pi/2]$ tel que $\tan t_0 = 3$. Rechercher les extrémums relatifs de la fonction $J_2^2 : t \mapsto (J_2(t))^2$, puis donner une brève interprétation cinématique du phénomène observé.

Solution :

1) Si $(x, y) \in \Gamma$, il existe $t \in \mathbb{R}$ tel que $(x, y) = (2 + \cos t, 1 + \sin t)$ et l'on aura $(x-2)^2 + (y-1)^2 = 1$. Cela signifie que Γ est inclus dans le cercle C de centre $(2, 1)$ et de rayon 1. Réciproquement, si $(x, y) \in C$, alors $(x-2)^2 + (y-1)^2 = 1$ et le réel $x - 2$ appartient à l'intervalle $[-1, 1]$. Il existe alors un réel t tel que

$x - 2 = \cos t$, et l'on obtient $(y-1)^2 = 1 - \cos^2 t = \sin^2 t$ en remplaçant. Ainsi $y - 1 = \pm \sin t$. Si $y - 1 = \sin t$, on obtient bien $(x, y) = (2 + \cos t, 1 + \sin t)$ et cela prouve que $(x, y) \in \Gamma$. Si $y - 1 = -\sin t$, on écrit

$$(x, y) = (2 + \cos(-t), 1 + \sin(-t))$$

et cela prouve encore que $(x, y) \in \Gamma$. En conclusion $\Gamma = C$. La construction du cercle Γ ne pose aucun problème.

2.a) $J_p(t)$ représente la distance du point $M(t) = \gamma(t)$ au point $A = (a, b)$ pour la norme $\| \ \|_p$. On obtient

$$\begin{aligned} J_1(t) &= |2 + \cos t - a| + |1 + \sin t - b| \ ; \\ J_2(t) &= \sqrt{(2 + \cos t - a)^2 + (1 + \sin t - b)^2} \ ; \\ J_\infty(t) &= \operatorname{Max}(|2 + \cos t - a|, |1 + \sin t - b|) \, . \end{aligned}$$

2.b) On a $J_2^2(t) = (1 + \cos t)^2 + (3 + \sin t)^2 = 2\cos t + 6\sin t + 11$. La fonction J_2^2 est définie et dérivable sur tout $\mathbb{R}$ et $\left(J_2^2\right)'(t) = -2\sin t + 6\cos t$ s'annule si et seulement si $\tan t = 3$, autrement dit si $t = t_0 + k\pi$ (où $k \in \mathbb{Z}$). A la date t, le mobile se trouve au point $\gamma(t)$ et évolue sur le cercle C. Toujours à la date t, le carré de la distance du mobile $\gamma(t)$ au point $A = (1, -2)$, est $J_2^2(t)$.
Comme la fonction $\left(J_2^2\right)'(t)$ s'annule en changeant de signe en chacun des points $t_k = t_0 + k\pi$ (où $k \in \mathbb{Z}$), on peut affirmer que la plus grande et la plus petite distance entre le mobile $\gamma(t)$ et le point A sont $J_2(t_0)$ et $J_2(t_1)$. Ces extrémums sont obtenus pour les valeurs t_k ($k \in \mathbb{Z}$) du paramètre t qui représente le temps.

La calculatrice donne les valeurs approchées :
$J_2(t_0) = J_2(\arctan 3) = 4,1623$ et $J_2(t_1) = 2,1623$. La distance de A au cercle Γ est donc approximativement de $2,1623$ unités.

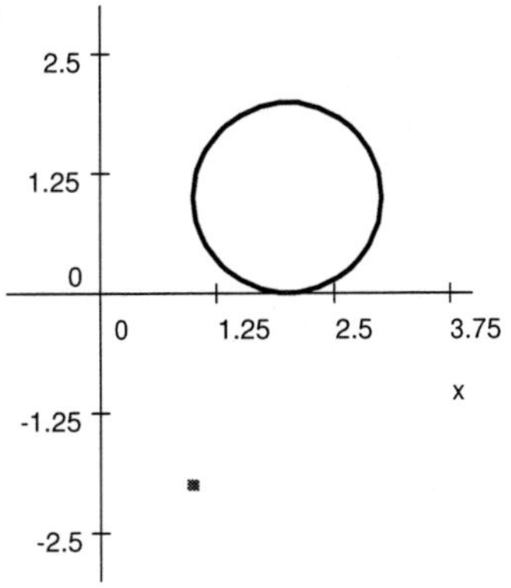

Exercice 22 *Soit* $\mathbb{K} = \mathbb{R}$ *ou* $\mathbb{C}$ *. Pour toute application linéaire* $A : \mathbb{K}^m \to \mathbb{K}^n$ *ou matrice* $n \times m$ *à coeficients dans* $\mathbb{K}$*, on pose*

$$N(A) = \operatorname{Sup}\{||A(x)|| \,/\, ||x|| \leq 1\},$$

où le symbole $||.||$ *désigne, suivant le contexte, une des normes sur* $\mathbb{K}^m$ *ou* $\mathbb{K}^n$.

1) Montrer que N *est une norme sur l'ensemble* $\mathcal{L}(\mathbb{K}^m, \mathbb{K}^n)$ *des applications linéaires de* $\mathbb{K}^m$ *sur* $\mathbb{K}^n$ *ou sur l'ensemble* $\mathcal{M}_{n\times m}(\mathbb{K})$ *des matrices à coefficients dans* $\mathbb{K}$.

2) $\mathbb{R}^2$ *est muni de la norme* $||.||_2$, *et* $\mathbb{R}$ *est muni de la norme* $|.|$. *Calculer la norme de l'application linéaire* $A : \mathbb{R}^2 \longrightarrow \mathbb{R}$; $(x,y) \longmapsto ax+by$ *où* a *et* b *sont deux réels avec* $(a,b) \neq (0,0)$.

3) Calculer la norme $N(A)$ *de la matrice* $A = \begin{pmatrix} a & b \\ c & d \end{pmatrix}$ *où* $\mathbb{R}^2$ *est muni de la norme* $||.||_1$. *Cette norme est notée* $N(A) = ||A||_1$.

4) Calculer la norme $N(A)$ *de la matrice* $A = \begin{pmatrix} a & b \\ c & d \end{pmatrix}$ *où* $\mathbb{R}^2$ *est muni de la norme* $||.||_\infty$. *Cette norme est notée* $N(A) = ||A||_\infty$.

Solution :

Notons $\overline{B}(0,1)$ la boule fermé de centre 0 et de rayon 1 dans $(\mathbb{K}^m, ||.||)$.

1) ▶ Il faut d'abord vérifier que l'application $N : \mathcal{L}(\mathbb{K}^m, \mathbb{K}^n) \to \mathbb{R}_+$ est bien définie. Pour cela, on prouve ci-dessous que la partie $\Lambda = \{||A(x)|| \,/\, ||x|| \leq 1\}$ est bornée. Etant majorée et manifestement incluse dans $\mathbb{R}_+$, Λ admet une borne supérieure dans $\mathbb{R}_+$, borne que nous noterons $N(A)$.

Vérifions donc que Λ est bornée. Soit $(e_1, ..., e_m)$ la base canonique de $\mathbb{K}^m$. Tout vecteur x de s'exprime sous la forme $x = \sum_{i=1}^m x_i e_i$ dans cette base, et

$$||A(x)|| = ||\sum_{i=1}^m x_i A(e_i)|| \leq \sum_{i=1}^m |x_i|\, ||A(e_i)|| \leq M\, ||x||_1$$

où l'on pose $M = \text{Sup}\{||A(e_i)|| \,/\, i = 1, ..., m\}$. Comme toutes les normes sur $\mathbb{K}^m$ sont équivalentes (cf. Exercice 57), il existe un réel β strictement positif tel que $||x||_1 \leq \beta\, ||x||$. Ainsi

$$\forall x \in \overline{B}(0,1) \quad ||A(x)|| \leq M\,\beta\, ||x|| \leq M\,\beta$$

comme désiré.

▶ Il faut ensuite vérifier que N satisfait les trois axiomes d'une norme. Le premier axiome est vérifié car

$$N(A) = 0 \Leftrightarrow \forall x \in \mathbb{K}^m \quad ||A(x)|| = 0 \Leftrightarrow \forall x \in \mathbb{K}^m \quad A(x) = 0 \Leftrightarrow A = 0.$$

Le second ne pose pas de problème, puisque si $\lambda \in \mathbb{K}$ et $A \in \mathcal{L}(\mathbb{K}^m, \mathbb{K}^n)$,

$$N(\lambda A) = \text{Sup}\{||\lambda A(x)|| \,/\, ||x|| \leq 1\} = |\lambda|\, \text{Sup}\{||A(x)|| \,/\, ||x|| \leq 1\} = |\lambda|\, N(A).$$

Il ne reste plus qu'à démontrer l'inégalité triangulaire.
Pour tous $A, B \in \mathcal{L}(\mathbb{K}^m, \mathbb{K}^n)$, il s'agit de prouver l'inégalité

$$N(A+B) \leq N(A) + N(B). \quad (\flat)$$

Pour tout $x \in \mathbb{K}^m$,

$$||(A+B)(x)|| = ||A(x) + B(x)|| \leq ||A(x)|| + ||B(x)|| \leq N(A) + N(B).$$

Ainsi

$$\forall x \in \mathbb{K}^m \quad ||(A+B)(x)|| \leq N(A) + N(B)$$

et la définition d'une borne supérieure d'une partie (comme étant le plus petit des majorants de cette partie) donne immédiatement ($\flat$).

2) • **Première méthode : Idée géométrique.**

On construit les lignes de niveau de la fonction $A : (x, y) \mapsto ax + by$. Ce sont des droites parallèles. La borne supérieure

$$N(A) = \text{Sup}\{|ax + by| \,/\, x^2 + y^2 \leq 1\}$$

sera atteinte lorsque (x, y) appartient au cercle d'équation $x^2 + y^2 = 1$ et à la perpendiculaire à la direction $ax + by = 0$, autrement dit lorsque

$$(x, y) = \pm \left(\frac{a}{\sqrt{a^2 + b^2}}, \frac{b}{\sqrt{a^2 + b^2}} \right).$$

Ainsi

$$N(A) = \left| A\left(\frac{a}{\sqrt{a^2 + b^2}}, \frac{b}{\sqrt{a^2 + b^2}} \right) \right| = \sqrt{a^2 + b^2}. \qquad (*)$$

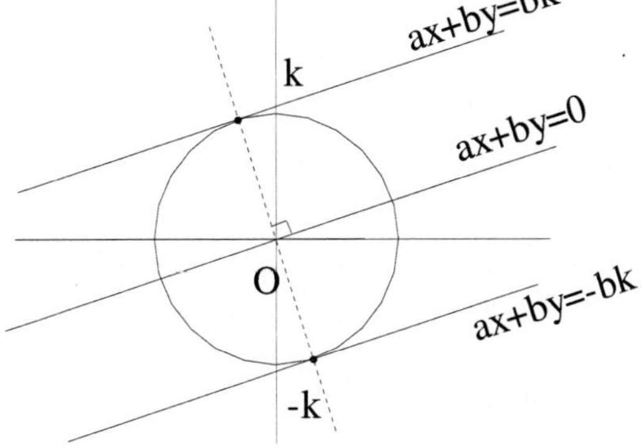

• **Deuxième méthode : Cauchy-Schwarz.**

Pour tout (x, y) tel que $x^2 + y^2 \leq 1$,

$$|A(x, y)| = |ax + by| \leq \sqrt{a^2 + b^2} \times \sqrt{x^2 + y^2} \leq \sqrt{a^2 + b^2}$$

donc $\sqrt{a^2 + b^2}$ est un majorant de Λ. Le calcul $(*)$ montre que $\sqrt{a^2 + b^2}$ appartient à Λ : c'est donc le plus petit des majorants de Λ (et c'est le plus grand élément Λ).

2) Il s'agit de calculer

$$N(A) = \text{Sup}\{|ax + by| + |cx + dy| \,/\, |x| + |y| \leq 1\}.$$

Idée : le lecteur pourra représenter la boule $|x| + |y| \leq 1$, tracer les deux droites d'équations $ax + by = 0$ et $cx + dy = 0$, puis essayer de repérer (comme dans la question précédente) sur quelles lignes de niveau se placer pour maximiser les deux termes $|ax + by|$ et $|cx + dy|$ (Indication : choisir des coefficients a, b, c, d non nuls et de signes "agréables", puis regarder ce qui se passe quand (x, y) varie dans la boule $|x| + |y| \leq 1$).

Les dessins nous incitent à montrer que

$$N(A) = \text{Sup}\{|a| + |c|, |b| + |d|\}.$$

Pour tout (x, y) tel que $|x| + |y| \leq 1$, on a

$$\begin{aligned} |ax + by| + |cx + dy| &\leq |ax| + |by| + |cx| + |dy| \\ &\leq (|a| + |c|)\,|x| + (|b| + |d|)\,|y| \\ &\leq (|a| + |c|)\,|x| + (|b| + |d|)\,(1 - |x|) \\ &\leq (|a| + |c| - |b| - |d|)\,|x| + |b| + |d|\,. \quad (\natural) \end{aligned}$$

La courbe représentative de la fonction $g : t \mapsto (|a| + |c| - |b| - |d|)\,t + |b| + |d|$ est une droite, donc tout point $g(t)$ est compris entre $g(0)$ et $g(1)$ lorsque t varie de 0 à 1. Autrement dit, le second membre de $(\natural)$ est compris entre $|b| + |d|$ et

$$(|a| + |c| - |b| - |d|) \times 1 + |b| + |d| = |a| + |c|\,,$$

donc dans tous les inférieur à $\text{Sup}\{|a| + |c|, |b| + |d|\}$. On vient de prouver que $\text{Sup}\{|a| + |c|, |b| + |d|\}$ est un majorant de $|ax + by| + |cx + dy|$ lorsque $|x| + |y| \leq 1$. C'est le plus petit, car il appartient à l'ensemble, comme on le vérifie en posant $f(x, y) = |ax + by| + |cx + dy|$ et en calculant

$$f(1, 0) = |a| + |c| \quad \text{et} \quad f(0, 1) = |b| + |d|.$$

3) On doit maintenant calculer $N(A) = \operatorname{Sup} \Lambda$ où

$$\Lambda = \{\operatorname{Sup}(|ax+by|, |cx+dy|) \ / \ \operatorname{Sup}(|x|, |y|) \leq 1\}.$$

Pout tout (x, y) tel que $\operatorname{Sup}(|x|, |y|) \leq 1$,

$$|ax+by| \leq |a| + |b| \quad \text{et} \quad |cx+dy| \leq |c| + |d|$$

donc $M = \operatorname{Sup}(|a|+|b|, |c|+|d|)$ est un majorant de Λ, et $N(A) \leq M \quad (\flat)$.

D'autre part, $|ax+by|$ vaut $|a|+|b|$ si $(x, y) = \left(\frac{a}{|a|}, \frac{b}{|a|}\right)$, donc

$$|a| + |b| \leq \operatorname{Sup}(|ax+by|, |cx+dy|) \leq N(A).$$

De même, comme $|cx+dy|$ vaut $|c|+|d|$ si $(x, y) = \left(\frac{c}{|c|}, \frac{d}{|d|}\right)$, on obtient $|c|+|d| \leq N(A)$. On trouve donc $M \leq N(A)$, ce qui, compte tenu de $(\flat)$, donne $M = N(A)$.

2.3 Fonctions bornées, conv. d'une suite de points

Exercice 23 *On considère les fonctions suivantes de $\mathbb{R}^n$ dans $\mathbb{R}^p$. Pour chacune d'elles, on demande de déterminer les entiers n et p, leur ensemble de définition et de préciser s'il s'agit d'une fonction bornée ou non. On justifiera complètement ses affirmations.*

a) $f(x, y) = (\arctan \sqrt{x-y}, \cos(x+y))$, *b)* $f(x, y) = \dfrac{x-y}{\sqrt{x^2+xy+y^2}}$,

c) $f(x, y) = \dfrac{xy^2}{x^3+y^3}$, *d)* $f(x, y, z) = (\dfrac{x+z}{y^2+1}, 6x^2 - \cos z, \dfrac{\ln(4-z^2)}{\sqrt{1-x^2}})$.

Solution :

a) Ici $n = p = 2$. La fonction arctan est définie sur tout $\mathbb{R}$ et à valeurs dans l'intervalle $]-\frac{\pi}{2}, \frac{\pi}{2}[$. La fonction $\sqrt{x-y}$ n'est définie que si $x - y > 0$. Enfin la fonction $(x, y) \mapsto \cos(x+y)$ est définie sur $\mathbb{R}^2$. Par conséquent l'ensemble D_f de définition de f est le demi-plan d'équation $x - y > 0$. Pour tout (x, y) appartenant à $\mathbb{R}^2$,

$$\left|\arctan \sqrt{x-y}\right| \leq \frac{\pi}{2} \quad \text{et} \quad |\cos(x+y)| \leq 1,$$

donc

$$|f(x, y)| = \sqrt{(\arctan \sqrt{x-y})^2 + (\cos(x+y))^2} \leq \sqrt{\frac{\pi^2}{4} + 1},$$

et f est bornée.

b) Ici $n = 2, p = 1$, et la fonction f est définie si et seulement si $x^2+xy+y^2 > 0$. Le discriminant du trinôme (en x) est $\Delta = -3y^2 \leq 0$, donc on envisage deux cas.

- Si $y \neq 0$, $\Delta < 0$ et le trinôme $x^2 + xy + y^2$ est toujours strictement positif.

- Si $y = 0$, le trinôme s'écrit x^2, est positif pour tout x et ne s'annule que si $x = 0$.

En conclusion $D_f = \mathbb{R}^2 \backslash \{(0,0)\}$.

On va vérifier que $|f(x,y)| \leq 2$ pour tout (x,y) appartenant à D_f, ce qui prouvera que f est bornée sur son ensemble de définition. On a :

$$\begin{aligned} |f(x,y)| \leq 2 \quad & \Leftrightarrow \quad |x-y| \leq 2\sqrt{x^2+xy+y^2} \\ & \Leftrightarrow \quad (x-y)^2 \leq 4\left(x^2+xy+y^2\right) \\ & \Leftrightarrow \quad 0 \leq 3x^2+6xy+3y^2, \end{aligned}$$

et cette dernière inégalité est triviale, puisque $3x^2+6xy+3y^2 = \left(x\sqrt{3}+y\sqrt{3}\right)^2$ est toujours positif.

c) Ici $n = 2$, $p = 1$ et $D_f = \{(x,y) \in \mathbb{R}^2 \,/\, x^3 + y^3 \neq 0\}$. Il s'agit maintenant de voir si f est bornée.

• *Recherche* : On peut être tenté de montrer que f est bornée sur chacune des parties

$$D_1 = D_f \cap \{(x,y) \in \mathbb{R}^2 \,/\, y = 0\}$$

et sur

$$D_2 = D_f \cap \{(x,y) \in \mathbb{R}^2 \,/\, y \neq 0\}.$$

Pour tout $(x,0) \in D_1$, $f(x,0) = 0$, donc f est bornée sur D_1. Pour tout $(x,y) \in D_2$, on peut écrire

$$f(x,y) = \frac{xy^2}{x^3+y^3} = \frac{\frac{x}{y}}{\left(\frac{x}{y}\right)^3+1} = g(t)$$

en posant

$$\begin{array}{rccc} g: & \mathbb{R}\backslash\{-1\} & \to & \mathbb{R} \\ & t & \mapsto & \frac{t}{t^3+1} \end{array}$$

et il suffirait de prouver que g est bornée pour conclure. Mais l'étude des variations de g contredit nos espoirs ! En effet, le graphe de g admet une asymptote verticale d'équation $t = -1$, autrement dit $x = -y$. Cela nous montre clairement le problème : si (x, y) s'approche d'un point $(x_0, -x_0)$ qui annule le dénominateur de f, la fonction $f(x, y)$ tend vers l'infini. On est maintenant persuadé que f n'est pas bornée, et l'on a glané une idée de contre-exemple...

• *Preuve :* Choisissons un réel x_0 strictement positif, puis considérons un petit ε positif et le point $(x_0, -x_0 + \varepsilon)$. On a

$$f(x_0, -x_0 + \varepsilon) = \frac{x_0 (\varepsilon - x_0)^2}{x_0^3 + (\varepsilon - x_0)^3}$$

donc

$$\lim_{\varepsilon \to 0} |f(x_0, -x_0 + \varepsilon)| = +\infty.$$

Cela prouve bien que f n'est pas bornée.

d) Ici $n = 3$, $p = 2$ et

$$\begin{aligned} D_f &= \{(x, y, z) \in \mathbb{R}^3 \,/\, 4 - z^2 > 0 \text{ et } 1 - x^2 > 0\} \\ &= \{(x, y, z) \in \mathbb{R}^3 \,/\, -2 < z < 2 \text{ et } -1 < x < 1\}. \end{aligned}$$

La fonction $f(x, y, z) = (\dfrac{x+z}{y^2+1}, 6x^2 - \cos z, \dfrac{\ln(4 - z^2)}{\sqrt{1 - x^2}})$ est bornée si et seulement si chacune de ses composantes est bornée. On a bien

$$\left|6x^2 - \cos z\right| \leq 6 + |\cos z| \leq 7,$$

mais il ne faut pas être trop optimiste : la troisième coordonnée pose problème. En effet, il suffit de fixer un z_0 dans $]-2, 2[$, par exemple $z_0 = 0$, pour que cette dernière coordonnée s'écrive $\frac{\ln 4}{\sqrt{1-x^2}}$ et tende vers l'infini lorsque x tend vers 1 (ce qui est autorisé puisque la seule condition sur x est $-1 < x < 1$). La fonction f n'est donc pas bornée sur son ensemble de définition.

Exercice 24 *Soit $f : \mathbb{R}^m \longrightarrow \mathbb{R}$; $x \longmapsto f(x)$ une fonction réelle de plusieurs variables réelles telle que, pour tout $A > 0$ la partie $D \cap \{x \in \mathbb{R}^m \,/\, \|x\| \geq A\}$ ne soit pas vide. On dit que f admet une limite à l'infini s'il existe un réel l tel que*

$$\forall \varepsilon > 0 \quad \exists A > 0 \quad \forall x \in D \quad \|x\| \geq A \Rightarrow |f(x) - l| \leq \varepsilon.$$

Dans ce cas, le réel l est unique et l'on note $\lim_{\|x\| \to +\infty} f(x) = l$. On dit que f admet une limite infinie à l'infini si

$$\forall L > 0 \quad \exists A > 0 \quad \forall x \in D \quad \|x\| \geq A \Rightarrow |f(x)| \geq L,$$

et dans ce cas on note $\lim_{||x||\to+\infty}|f(x)| = +\infty$.

Etudier la limite à l'infini des fonctions suivantes :

(a) $f : \mathbb{R}^2 \longrightarrow \mathbb{R}\ ;(x,y) \longmapsto \dfrac{1}{x^2+y}$,

(b) $g:\ \mathbb{R}^2 \longrightarrow \mathbb{R}\ ;(x,y) \longmapsto \dfrac{xy}{\sqrt{x^2+y^2}}$,

(c) $h : \mathbb{R}^2 \longrightarrow \mathbb{R}$ *définie par* $h(x,y) = \dfrac{x+y}{x}$ *si* $x \neq 0$ *et* $h(0,y) = 1$ *pour tout* $y \in \mathbb{R}$,

(d) $\varphi : \mathbb{R}^2 \longrightarrow \mathbb{R}\ ;(x,y) \longmapsto x^2 + 3y^4$.

Solution :

Notons $B(x,r)$ la boule ouverte de centre x et de rayon r.

(a) La fonction f, définie sur $D = \mathbb{R}^2 \backslash \{(x,y)\ /\ y = -x^2\}$, n'admet aucune limite finie ou infinie à l'infini car

$$\forall l \in \mathbb{R} \quad \forall A > 0 \quad \exists (x,y) \in D \cap \complement B(O,A) \quad f(x,y) = l.$$

Pour le voir, il suffit de choisir $(x,y) \in \complement B(O,A)$ tel que $y = -x^2 + 1/l$ (ce qui est possible puisque la parabole d'équation $y = -x^2 + 1/l$ possède deux branches infinies) et de vérifier que $f(x,y) = l$.

(b) Comme

$$g(x,x) = \frac{|x|}{\sqrt{2}}$$

tend vers $+\infty$ quand x tend vers $+\infty$, la seule limite possible de g à l'infini est $+\infty$. Mais si $x = 0$ et $y \neq 0$, on trouve $g(0,y) = 0$, et la seule limite possible de g à l'infini est 0. On peut donc affirmer que g n'admet pas de limite finie ou infinie à l'infini.

(c) On a certainement $\lim_{x\to+\infty} \dfrac{x+y}{x} = 1$ pour tout y fixé, et l'énoncé choisit $h(0,y) = 1$ pour tout $y \in \mathbb{R}$, aussi sommes-nous tenté de dire que h tend vers 1 à l'infini. Il n'en est rien puisque $h(x,x) = 2$ pour tout $x \in \mathbb{R}$.

(d) Si $M \geq 1$, on a

$$(|x| \geq M \text{ et } |y| \geq M) \Rightarrow \varphi(x,y) = x^2 + 3y^4 \geq M^2 + 3M^4 \geq 4M^2 \geq L$$

dès que l'on choisit $M \geq \sqrt{L}/2$. Comme $(|x| \geq M$ et $|y| \geq M)$ représente l'extérieur d'un carré de centre l'origine O de $\mathbb{R}^2$, et de côté $2M$, le disque de centre O et de rayon $M\sqrt{2}$ contient ce carré, et l'implication précédente permet d'écrire :

$$\|(x,y)\| \geq M\sqrt{2} \Rightarrow (|x| \geq M \text{ et } |y| \geq M) \Rightarrow \varphi(x,y) \geq L$$

dès que $M \geq \text{Sup}(1, \sqrt{L}/2)$. Cela prouve que φ tend vers l'infini à l'infini.

Exercice 25 *Soit f la fonction réelle définie sur $\mathbb{R}$ par*

$$f(x) = x \sin \frac{1}{x} \text{ si } x \neq 0 \quad \text{et } f(0) = 0.$$

1) Montrer soigneusement que f est continue sur $\mathbb{R}$, puis qu'elle est bornée sur $\mathbb{R}$.

2) Etudier la dérivabilité de f sur $\mathbb{R}$.

3) Déterminer les extrémums de f.

Solution :

1) ▶ Pout tout réel x non nul, $\left|x \sin \frac{1}{x}\right| \leq |x|$. Ainsi $f(x)$ sera inférieur à un nombre strictement positif ε donné à l'avance si et seulement si $|x| \leq \varepsilon$, et cela prouve que le limite de $f(x)$ existe quand x tend vers 0, et que

$$\lim_{x \to 0} f(x) = 0 = f(0).$$

La fonction f est donc continue en 0. Comme f est continue sur $\mathbb{R} \setminus \{0\}$ par application des théorèmes généraux, on déduit la continuité de f sur tout $\mathbb{R}$.

▶ La fonction f est bornée sur $\mathbb{R}$ puisqu'elle est continue sur $\mathbb{R} \setminus \{0\}$ et possède des limites finies en 0 et $\pm\infty$:

$$\lim_{x \to 0} f(x) = 0 \quad \text{et} \quad \lim_{x \to \pm\infty} |f(x)| = \lim_{h \to 0,\, h \neq 0} \left|\frac{\sin h}{h}\right| = 1.$$

En effet, les deux limites nous affirment l'existence de deux réels positifs a et b tels que

$$(|x| \geq b \Rightarrow |f(x) - 1| \leq 1 \Rightarrow |f(x)| \leq 2) \quad \text{et} \quad (|x| \leq a \Rightarrow |f(x)| \leq 1.)$$

Puisque f est continue sur l'intervalle fermé $[-b, b]$, f est bornée sur cet intervalle et il existe $M > 0$ tel que $|f(x)| \leq M$ pour tout x dans $[-b, b]$. En utilisant ces trois affirmations, on constate que $|f(x)| \leq \text{Max}(2, M)$ pour tout x appartenant à $\mathbb{R}$. Cela signifie que f est bornée sur $\mathbb{R}$.

On obtient la figure ci-contre où un compromis est trouvé pour tenter de rendre compte du comportement global de f (asymptote horizontale) et de son comportement local au voisinage de 0, où les distorsions d'affichage sont inévitables. On remarquera aussi les deux bissectrices d'équations $y = \pm x$ qui sont tangentes à la courbe en un nombre infini de points.

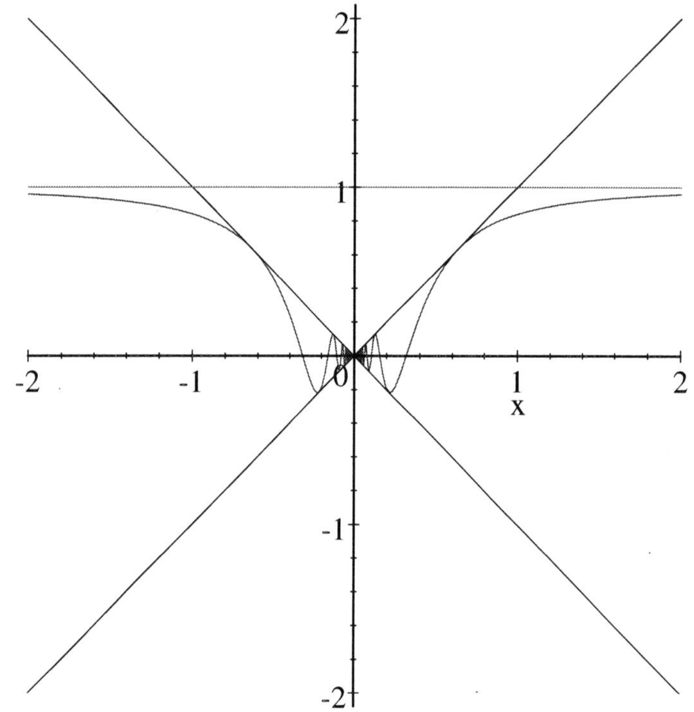

2) La fonction f est dérivable sur tout $\mathbb{R}$ par application des théorèmes généraux de dérivabilité. Si f était dérivable en 0, il existerait un réel l tel que

$$\lim_{x \to 0, x \neq 0} \frac{f(x) - f(0)}{x - 0} = l,$$

c'est-à-dire $\lim_{x \to 0, x \neq 0} \sin \frac{1}{x} = l$. Par composition des limites, on pourrait alors affirmer que $\lim_{k \to +\infty} \sin \frac{1}{x_k} = l$ pour toute suite $(x_k)_{k \in \mathbb{N}}$ de $\mathbb{R}^*$ tendant vers 0. C'est absurde puisque si l'on choisit x_k tel que $\frac{1}{x_k} = \frac{\pi}{2} + k2\pi$, on trouve $l = 1$, et si l'on prend x_k tel que $\frac{1}{x_k} = -\frac{\pi}{2} + k2\pi$, on obtient $l = -1$, contradiction. En conclusion f est dérivable sur $\mathbb{R}^*$ mais non en 0.

3) Tout d'abord 0 n'est pas un extrémum relatif de f. En effet, les suites $(u_k)_{k \in \mathbb{N}}$ et $(v_k)_{k \in \mathbb{N}}$ définies par $\frac{1}{u_k} = \frac{\pi}{2} + k2\pi$ et $\frac{1}{v_k} = -\frac{\pi}{2} + k2\pi$ tendent vers 0

quand k tend vers $+\infty$, et sont telles que $f(u_k) > 0$ et $f(v_k) > 0$ pour tout entier k. La fonction f étant paire, il reste seulement à préciser ses extrémums relatifs sur $]0, +\infty[$. Sur cet intervalle f est dérivable et $f'(x) = \sin\frac{1}{x} - \frac{1}{x}\cos\frac{1}{x}$, donc

$$f'(x) = 0 \Leftrightarrow \sin\frac{1}{x} - \frac{1}{x}\cos\frac{1}{x} = 0 \Leftrightarrow \tan\frac{1}{x} = \frac{1}{x},$$

la dernière équivalence étant justifiée car un réel x tel que $\cos\frac{1}{x} = 0$ n'annule jamais f' (puisqu'alors $\sin\frac{1}{x} \neq 0$). L'étude des variations de la fonction $x \mapsto \tan x - x$ sur chacun des intervalles $I_k :=]-\frac{\pi}{2} + k\pi, -\frac{\pi}{2} + (k+1)\pi[$ montre que l'équation $\tan X = X$ admet une unique solution X_k dans I_k. La dérivée f' s'annulera donc en changeant de signe en chaque point $x_k = \frac{1}{X_k}$, admettant à chaque fois un extrémum relatif en x_k. On remarque que $\lim_{x\to+\infty} x_k = 0$.

Exercice 26 *On munit $\mathbb{R}^2$ de la distance euclidienne d_2. Soit A le sous-ensemble de $\mathbb{R}^2$ défini par :*

$$A = \{(x, y) \in \mathbb{R}^2 |\ x^2 - 2x \leq y \leq 2x - x^2\}.$$

1) Représenter sommairement l'ensemble A.

2) Montrer que A est borné.

3) Vérifier que : $\forall (x, y) \in A, \quad y^2 \leq |y|$.

4) Calculer le diamètre de A.

Solution :

1) L'ensemble A est formé des points situés entre les paraboles $y = x^2 - 2x$ et $y = 2x - x^2$.

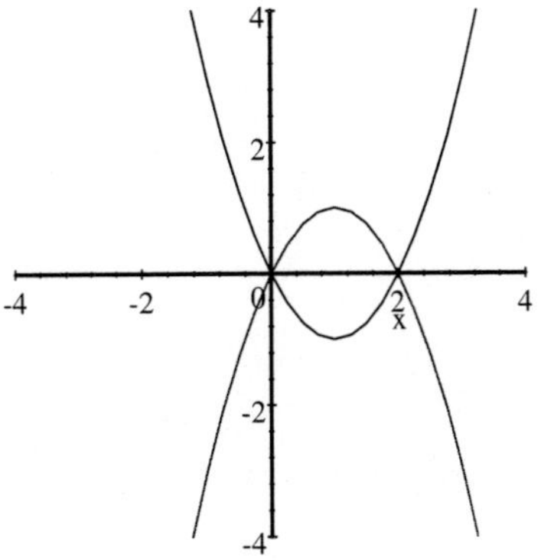

2) La figure montre bien que A est borné et nous donne une indication sur son diamètre. Si $(x,y) \in A$, $x^2 - 2x \leq 2x - x^2$ alors $x(x-2) \leq 0$, et cela équivaut à $0 \leq x \leq 2$. Ensuite $|y| \leq \mathrm{Sup}_{0 \leq x \leq 2}\left(\left|x^2 - 2x\right|\right) = 1$. Finalement $0 \leq x \leq 2$ et $|y| \leq 1$ pour tout $(x,y) \in A$, et cela prouve que A est borné.

3) Si $(x,y) \in A$, alors $|y| \leq 1$ et donc $y^2 \leq |y|$.

4) On remarque que A est inclus dans le disque fermée $D = \overline{B}((1,0),1)$ de centre $(1,0)$ et de rayon 1, par conséquent

$$\forall u, v \in A \quad d(u,v) \leq \mathrm{diam}(D) = 2.$$

Comme $(1,1)$ et $(1,-1)$ appartiennent à A et sont distants de 2, on conclut à $\mathrm{diam}(A) = 2$. ■

Exercice 27 *(partiel de mars 2004) Soit $(x_n)_n$ une suite de points de $\mathbb{R}$.*

1) Montrer que si $(x_n)_n$ est une suite de Cauchy, alors elle est bornée.

2) On suppose que la suite $(x_n)_n$ vérifie la propriété :

$$\exists k \in]0,1[\quad \forall n \in \mathbb{N} \quad |x_{n+1} - x_n| \leq k^n.$$

Montrer que $(x_n)_n$ est alors une suite de Cauchy de points de $\mathbb{R}$. Conclure.

3) Donner un exemple d'une suite de points $(x_n)_n$ de $\mathbb{R}$ bornée et d'une fonction continue $f : D \subset \mathbb{R} \to \mathbb{R}$ pour laquelle la suite des images $(f(x_n))_n$ n'est pas bornée.

4) Soit maintenant $g : \mathbb{R} \to \mathbb{R}$ une fonction lipschitzienne. Montrer que si la suite $(x_n)_n$ est bornée, il en est de même de la suite $(g(x_n))_n$.

Solution :

1) Par hypothèse

$$\forall \varepsilon > 0 \quad \exists N \in \mathbb{N} \quad n, p \geq N \Rightarrow |x_n - x_p| \leq \varepsilon.$$

En particulier, il existe $S \in \mathbb{N}$ tel que

$$n, p \geq S \Rightarrow |x_n - x_p| \leq 1,$$

donc

$$n \geq S \Rightarrow ||x_n| - |x_S|| \leq |x_n - x_S| \leq 1 \Rightarrow |x_n| \leq |x_S| + 1.$$

On aura donc $|x_n| \leq \mathrm{Max}(|x_0|, ..., |x_{S-1}|, |x_S| + 1)$ pour tout entier n, et cela signifie que la suite $(x_n)_{n \in \mathbb{N}}$ est bornée.

2) Si n et p sont deux entiers naturels tels que $n \geq p$,

$$\begin{aligned} |x_n - x_p| &\leq |x_n - x_{n-1}| + ... + |x_{p+1} - x_p| \\ &\leq k^{n-1} + ... + k^p = k^p \frac{1 - k^{n-p}}{1 - k} \leq \frac{k^p}{1 - k}. \end{aligned}$$

Puisque $k \in]0, 1[$, on a $\lim_{p \to +\infty} \frac{k^p}{1-k} = 0$ et pour tout $\varepsilon > 0$ il existe un entier N tel que

$$n \geq p \geq N \Rightarrow |x_n - x_p| \leq \frac{k^p}{1 - k} \leq \varepsilon.$$

On a montré l'affirmation

$$\forall \varepsilon > 0 \quad \exists N \in \mathbb{N} \quad n \geq p \geq N \Rightarrow |x_n - x_p| \leq \varepsilon,$$

ce qui signifie que $(x_n)_n$ est une suite de Cauchy de $\mathbb{R}$. Cette suite sera bornée d'après la question précédente.

3) Il suffit de choisir $x_n = \frac{1}{n}$ et $f(t) = \frac{1}{t}$ définie sur $\mathbb{R}^*$.

4) Par hypothèse, il existe un réel positif k tel que

$$\forall x, y \in \mathbb{R} \quad |g(x) - g(y)| \leq k |x - y|.$$

Il existe aussi un réel M tel que $|x_n| \leq M$ pour tout n. On aura

$$|g(x_n) - g(x_0)| \leq k |x_n - x_0| \leq k (|x_n| + |x_0|) \leq 2Mk$$

et à fortiori $||g(x_n)| - |g(x_0)|| \leq 2Mk$, d'où $|g(x_n)| \leq 2Mk + |g(x_0)|$ pour tout n. Puisque le réel $2Mk + |g(x_0)|$ est indépendant de n, cela prouve bien que la suite $(g(x_n))_{n \in \mathbb{N}}$ est bornée.

Exercice 28 *Soit f la fonction définie par*

$$f : \mathbb{R}^2 \to \mathbb{R}, \ (x, y) \mapsto f(x, y) = \frac{x + y}{y} \ \text{si } y \neq 0$$

et $f(x, 0) = 2$ pour tout x. La fonction f admet elle une limite au point $(2, 0)$? au point $(0, 0)$?

Solution :

Dans les deux cas, la seule limite possible est la valeur prise par f au point $(2, 0)$ ou $(0, 0)$, c'est-à-dire 2. On constate que

$$f(2 + h, 0 + h) = \frac{2 + 2h}{h} = \frac{2}{h} + 2$$

tend vers $+\infty$ quand h tend vers 0. La fonction f n'admet donc pas de limite au point $(2, 0)$. Elle n'admet pas plus de limite en $(0, 0)$ puisque

$$\lim_{y \to 0} f(-y, y) = \lim_{y \to 0} \frac{-y + y}{y} = 0 \neq 2 = f(0, 0). \blacksquare$$

2.4 Suites conv. dans un espace de dimension finie

Exercice 29 *(Examen de septembre 2000) Soit $(x_n)_{n\in\mathbb{N}}$ une suite monotone de nombres réels pour laquelle il existe une sous-suite extraite convergente. Montrer que la suite $(x_n)_{n\in\mathbb{N}}$ converge.*

Solution :

Supposons par exemple que la suite (x_n) soit croissante et que la suite extraite $(x_{n_k})_{k\in\mathbb{N}}$ converge. Dans ce cas $(x_{n_k})_{k\in\mathbb{N}}$ est bornée et il existe $M > 0$ tel que $x_{n_k} \leq M$ pour tout entier k. L'application φ de $\mathbb{N}$ dans $\mathbb{N}$ définie par $k \mapsto n_k$ est strictement croissante. Par récurrence, on en déduit $n_k \geq k$ pour tout $k \in \mathbb{N}$ (En effet $n_0 \geq 0$, et si l'on suppose $n_k \geq k$, la stricte croissance de φ entraîne $n_{k+1} > n_k \geq k$ soit $n_{k+1} \geq k+1$).
Comme (x_n) est croissante, pour tout $k \in \mathbb{N}$, on aura $x_k \leq x_{n_k} \leq M$, et cela prouve que (x_n) est majorée. Il suffit de rappeler que toute suite réelle croissante et majorée converge, pour conclure à la convergence de (x_n).

Exercice 30 ***Valeurs d'adhérence de suites***
Soit (E,d) un espace métrique, $(x_n)_{n\in\mathbb{N}}$ une suite de points de E et a un point de E.

1) Montrer que les propriétés suivantes sont équivalentes :

(i) a est la limite d'une sous-suite $(x_{\varphi(n)})_{n\in\mathbb{N}}$ extraite de la suite $(x_n)_{n\in\mathbb{N}}$,
(ii) $\forall\varepsilon > 0 \quad \forall N \in \mathbb{N} \quad \exists m \geq N \quad$ tel que $d(x_m, a) \leq \varepsilon$,
(iii) Pour tout $n \in \mathbb{N}$, l'élément a appartient à l'adhérence de l'ensemble $A_n = \{x_m \,/\, m \geq n\}$.

On dit que a est une valeur d'adhérence de la suite $(x_n)_{n\in\mathbb{N}}$ si l'une ou l'autre des trois conditions équivalentes (i), (ii) ou (iii) est satisfaite.

2) On prend $E = \mathbb{R}$. Trouver les valeurs d'adhérence des suites $(x_n)_{n\in\mathbb{N}}$ suivantes :

a) $x_n = (-1)^n$,
b) $x_n = (-1)^n + \varepsilon_n$ où $\lim_{n\to+\infty} \varepsilon_n = 0$,
c) $x_n = n^2$,
d) $x_n = 1/k$ si $n = 2k$ avec $k \neq 0$ et $x_n = k$ si $n = 2k+1$,
e) $x_n = \sin n\alpha\pi$ où $\alpha = p/q \in \mathbb{Q}$ avec p, q premiers entre eux.

3) Exprimer l'ensemble V des valeurs d'adhérence de la suite $(x_n)_{n\in\mathbb{N}}$ en fonction des ensembles $A_n = \{x_m \,/\, m \geq n\}$. Que peut-on en déduire sur V ?

4) Montrer que si une suite de Cauchy a une valeur d'adhérence, elle converge vers cette valeur d'adhérence.

Solution :

1) $(i) \Rightarrow (ii)$: On a par hypothèse

$$\forall \varepsilon > 0 \quad \exists N > 0 \quad n > N \Rightarrow d\left(x_{\varphi(n)}, a\right) < \varepsilon.$$

Si $\varepsilon > 0$ et $M > 0$ sont donnés, prenons $n > \max(M, N)$ et posons $m = \varphi(n)$. On aura simultanément $m = \varphi(n) \geq n > M$ et $d(x_m, a) < \varepsilon$. D'où (ii).

$(ii) \Rightarrow (i)$: Par hypothèse

$$\forall \varepsilon > 0 \quad \forall N \in \mathbb{N} \quad \exists m \geq N \quad d(x_m, a) \leq \varepsilon. \qquad (1)$$

On construit une sous-suite $(x_{\varphi(n)})_{n \in \mathbb{N}^*}$ par récurrence en choisissant $\varphi(1)$ tel que $d(x_{\varphi(1)}, a) \leq 1$, puis en supposant $x_{\varphi(1)}, \dots, x_{\varphi(n)}$ construits, et en expliquant comment obtenir $x_{\varphi(n+1)}$.
On applique (1) avec $\varepsilon = 1/(n+1)$ et $N = \varphi(n)$. Il existera $m \geq \varphi(n)$ tel que $d(x_m, a) \leq 1/(n+1)$, et l'on pose $\varphi(n+1) = m$. Par construction, la sous-suite $(x_{\varphi(n)})_{n \in \mathbb{N}}$ vérifie

$$\forall n \in \mathbb{N}^* \quad d(x_{\varphi(n)}, a) \leq \frac{1}{n},$$

ce qui signifie bien que $\lim_{n \to +\infty} x_{\varphi(n)} = a$.

$(ii) \Leftrightarrow (iii)$: On procède par équivalences :

$$\begin{aligned}
(iii) \quad & \Leftrightarrow \quad \forall n \in \mathbb{N} \quad a \in \overline{A}_n \\
& \Leftrightarrow \quad \forall n \in \mathbb{N} \quad \forall \varepsilon \in \mathbb{R}_+^* \quad \exists m \geq n \quad x_m \in B(a, \varepsilon) \\
& \Leftrightarrow \quad \forall \varepsilon \in \mathbb{R}_+^* \quad \forall n \in \mathbb{N} \quad \exists m \geq n \quad x_m \in B(a, \varepsilon) \\
& \Leftrightarrow \quad (ii).
\end{aligned}$$

2.a) Notons V l'ensemble des valeurs d'adhérences de (x_n). La suite (x_n) prend les deux seules valeurs ± 1 pour une infinité d'indices, donc $V = \{-1, 1\}$.

2.b) On trouve encore $V = \{-1, 1\}$.

2.c) Ici $\lim_{n \to +\infty} x_n = +\infty$ donc $V = \emptyset$.

2.d) La suite (x_n) est formée de deux sous-suites, l'une tendant vers $+\infty$, l'autre vers 0. On en déduit $V = \{0\}$.

2.e) La division euclidienne de np par $2q$ s'écrit $np = 2qb + r$ où $0 \leq r < 2q$. On a

$$x_n = \sin \frac{np\pi}{q} = \sin np\frac{2\pi}{2q} = \sin\left(b2\pi + r\frac{2\pi}{2q}\right) = \sin r\frac{2\pi}{2q}$$

et cela prouve que la suite $(x_n)_n$ prend une infinité de fois chacune des valeurs suivantes

$$0, \quad \sin\frac{2\pi}{2q}, \quad \sin 2\frac{2\pi}{2q},\dots, \quad \sin r\frac{2\pi}{2q},\dots, \quad \sin\left(2q-1\right)\frac{2\pi}{2q}.$$

Donc $V = \{\sin r\frac{\pi}{q} \,/\, 0 \leq r < 2q\}$ et $|V| \leq 2q$.

3) Il suffit d'utiliser la caractérisation d'une valeur d'adhérence d'une suite donnée au iii) de la question 1) pour écrire l'ensemble des valeurs d'adhérence V de la suite $(x_n)_n$ sous la forme $V = \bigcap_{n\in\mathbb{N}} \overline{A_n}$. L'ensemble V est donc un fermé comme intersection de fermés de $\mathbb{R}$.

4) Si a est une valeur d'adhérence de la suite de Cauchy $(x_n)_n$, on a

$$\forall\varepsilon > 0 \quad \forall M \in \mathbb{N} \quad \exists m \geq M \quad d(x_m, a) \leq \varepsilon \qquad (2)$$

et

$$\forall\varepsilon > 0 \quad \exists N \in \mathbb{N} \quad n, p \geq N \Rightarrow d(x_n, x_p) \leq \varepsilon. \qquad (3)$$

Pour $\varepsilon > 0$ donné, prenons N comme en (3) et choisissons $M = N$ en (2). Dans ce cas

$$n \geq N \Rightarrow d(x_n, a) \leq d(x_n, x_m) + d(x_m, a) \leq \varepsilon$$

donc $\lim_{n\to+\infty} x_n = a$.

Exercice 31 *(partiel d'avril 1996)*

1) Démontrer que $\mathbb{R}^2$ muni de la distance d_∞ induite par la norme $\|\ \|_\infty$ est complet.

2) Expliquer sans faire de calculs pourquoi $\mathbb{R}^2$ muni de l'une des deux autres distances d_1 ou d_∞ est complet.

Solution :

1) Si (u_n) désigne une suite de Cauchy de $(\mathbb{R}^2, \|\ \|_\infty)$, on a

$$\forall\varepsilon > 0 \quad \exists N \in \mathbb{N} \quad n, m \geq N \Rightarrow \|u_n - u_m\|_\infty \leq \varepsilon. \qquad (1)$$

Notons $u_n = (u_{n,1}, u_{n,2})$. Comme

$$\|u_n - u_m\|_\infty = \operatorname{Sup}\left(|u_{n,1} - u_{m,1}|, |u_{n,2} - u_{m,2}|\right),$$

(1) entraîne à fortiori pour tout $i \in \{1, 2\}$

$$\forall\varepsilon > 0 \quad \exists N \in \mathbb{N} \quad n, m \geq N \Rightarrow |u_{n,i} - u_{m,i}| \leq \varepsilon$$

et montre que la suite $(u_{n,i})_n$ est de Cauchy dans $\mathbb{R}$. Comme $\mathbb{R}$ est c
cette suite convergera vers un réel a_i. Ainsi $\lim_{n\to+\infty} u_{n,i} = a_i$ pour tout $i \in \{1,2\}$, et cela équivaut à la convergence de (u_n) vers (a_1, a_2) dans $\mathbb{R}^2$.

2) Si $\| \ \|$ désigne une norme quelconque sur $\mathbb{R}^2$, montrons que $(\mathbb{R}^2, \| \ \|)$ est complet. Toutes les normes sur $\mathbb{R}^2$ sont équivalentes, donc il existe deux réels a, b strictement positifs tels que

$$\forall M \in \mathbb{R}^2 \quad a \|M\|_\infty \leq \|M\| \leq b \|M\|_\infty .$$

Si (u_n) est une suite de Cauchy de $(\mathbb{R}^2, \| \ \|)$,

$$\forall \varepsilon > 0 \quad \exists N \in \mathbb{N} \quad n, m \geq N \Rightarrow \|u_n - u_m\| \leq \varepsilon$$

entraîne

$$\forall \varepsilon > 0 \quad \exists N \in \mathbb{N} \quad n, m \geq N \Rightarrow \|u_n - u_m\|_\infty \leq \frac{\varepsilon}{a}$$

de sorte que (u_n) soit encore une suite de Cauchy de $\left(\mathbb{R}^2, \| \ \|_\infty\right)$. La première question montre que la suite (u_n) est convergente.

2.5 Continuité

Exercice 32 *Etudier la continuité des fonctions de $\mathbb{R}^2$ dans $\mathbb{R}$ suivantes :*

$$\begin{aligned}
a)\quad f(x,y) &= \frac{(x+y)^2}{x^2+y^2} \text{ si } (x,y) \neq (0,0)\,,\ \text{et } f(0,0) = 0. \\
b)\quad g(x,y) &= \frac{x^3+y^3}{x^2+y^2} \text{ si } (x,y) \neq (0,0) \text{ et } g(0,0) = 0. \\
c)\quad h(x,y) &= \frac{xy^2}{x^2+y^2} \text{ si } (x,y) \neq (0,0) \text{ et } h(0,0) = 0. \\
d)\quad \varphi(x,y) &= \frac{x^3 y}{x^4+y^2} \text{ si } (x,y) \neq (0,0) \text{ et } \varphi(0,0) = 0.
\end{aligned}$$

Solution :

Toutes les fonctions proposées sont définies sur $\mathbb{R}^2$ et continues en tout point (x_0, y_0) de $\mathbb{R}^2 \backslash \{(0,0)\}$ comme quotient de deux fonctions polynomiales (donc continues) dont le dénominateur ne s'annule pas en (x_0, y_0). Il reste seulement à étudier la continuité en $(0,0)$.

a) Si f était continue en $(0,0)$, on aurait $\lim_{(x,y)\to(0,0)} f(x,y) = f(0,0) = 0$. Ce n'est pas le cas puisque $\lim_{x\to 0} f(x,x) = \lim_{x\to 0} \frac{4x^2}{2x^2} = 2 \neq 0$. Donc f n'est pas continue en $(0,0)$.

b) Cette fois-ci la fonction g sera continue en $(0,0)$. En effet, les majorations classiques $|x| \leq \sqrt{x^2+y^2}$ et $|y| \leq \sqrt{x^2+y^2}$ permettent d'écrire

$$|g(x,y)-g(0,0)| = \left|\frac{x^3+y^3}{x^2+y^2}\right| \leq \frac{|x|^3+|y|^3}{x^2+y^2} \leq \frac{2\left(x^2+y^2\right)^{\frac{3}{2}}}{x^2+y^2} = 2\sqrt{x^2+y^2}$$

de sorte que $|g(x,y)-g(0,0)| \leq \varepsilon$ dès que $\|(x,y)\|_2 = \sqrt{x^2+y^2} \leq \varepsilon/2$.

c) On obtient

$$|h(x,y)-h(0,0)| = \left|\frac{xy^2}{x^2+y^2}\right| \leq \frac{|x| \times |y|^2}{x^2+y^2} \leq \frac{\left(x^2+y^2\right)^{\frac{3}{2}}}{x^2+y^2} = \sqrt{x^2+y^2}$$

donc h est continue en $(0,0)$.

d) Les premiers essais consistent à faire tendre (x,y) tend vers $(0,0)$ en suivant certains itinéraires, et en guêtant le contre-exemple. Ici, cela ne fonctionne pas. Par exemple, si λ est un réel fixé et pour tout x non nul,

$$\varphi(x,\lambda x) = \frac{x^3(\lambda x)}{x^4+(\lambda x)^2} = \frac{\lambda x^2}{x^2+\lambda^2}$$

donc $\lim_{x\to 0} \varphi(x,\lambda x) = 0$. Il n'y a pas de contradiction. On vérifie aussi que

$$\lim_{x\to 0} \varphi\left(x,\lambda x^2\right) = \lim_{x\to 0} \frac{\lambda x}{1+\lambda^2} = 0.$$

Ces essais nous montrent néanmoins que 0 pourrait bien être la limite cherchée. Posons $x^2 = t$. On a

$$|\varphi(x,y)| = \frac{|x|^3|y|}{x^4+y^2} = \frac{t^{\frac{3}{2}}|y|}{t^2+y^2} \leq \frac{\left(t^2+y^2\right)^{\frac{3}{4}} \times \left(t^2+y^2\right)^{\frac{1}{2}}}{t^2+y^2} = \left(t^2+y^2\right)^{\frac{1}{4}}.$$

Comme $\lim_{(x,y)\to 0} \left(t^2+y^2\right)^{\frac{1}{4}} = 0$, l'inégalité précédente montre que

$$\lim_{(x,y)\to 0} \varphi(x,y) = 0$$

comme nous l'avions présenti.

Exercice 33 ***Limite de fonctions de deux variables***
Préciser le domaine de définition des fonctions suivantes, puis chercher leurs

limites éventuelles au point $(0,0)$. *Indiquer les fonctions que l'on peut prolonger par continuité.*

$$\begin{aligned} a)\quad f(x,y) &= \frac{e^{(x+y)}-1-x-y}{(x+y)^2}. \\ b)\quad f(x,y) &= \operatorname{cotan}(x^2+y^2)-\frac{1}{x^2+y^2}. \\ c)\quad f(x,y) &= \frac{\sqrt{x^2+y^2}+\ln(1-\sqrt{x^2+y^2})}{x^2+y^2}. \end{aligned}$$

Solution :

a) La fonction f est définie en tout point qui n'apprtient pas à la seconde bissectrice $x+y=0$. Au voisinage de 0,

$$e^h = 1+h+\frac{h^2}{2}+o\left(h^2\right)$$

donc

$$\frac{e^h-1-h}{h^2} = \frac{1}{2}+o\left(1\right).$$

Par composition des limites on déduit

$$\lim_{(x,y)\to(0,0)}\left(f(x,y)-\frac{1}{2}\right)=0.$$

La fonction f est donc prolongeable par continuité en $(0,0)$ si l'on choisit $f(0,0)=1/2$.

b) f est définie si et seulement si $x^2+y^2\neq k\pi$ où $k\in\mathbb{Z}$. Il s'agit détudier la limite de la fonction $g\left(h\right)=\operatorname{cotan} h-\frac{1}{h}$ quand h tend vers 0. Faisons un développement limité de g en 0.

$$\begin{aligned} \operatorname{cotan} h &= \frac{\cos h}{\sin h} \\ &= \frac{1+o\left(h\right)}{h+o\left(h^2\right)} \\ &= \frac{1}{h}\left(1+o\left(h\right)\right)\frac{1}{1+o\left(h\right)} = \frac{1}{h}\left(1+o\left(h\right)\right)\left(1+o\left(h\right)\right) = \frac{1}{h}\left(1+o\left(h\right)\right) \end{aligned}$$

donc $g\left(h\right)=o\left(1\right)$ tendra vers 0 quand h tend vers 0.

c) La fonction f est définie au point (x,y) si et seulement $\sqrt{x^2+y^2}<1$ et $x^2+y^2\neq 0$. L'ensemble de définition de f est donc la boule ouverte $B\left(\left(0,0\right),1\right)$ de centre $(0,0)$ et de rayon 1, à l'exception de l'origine $(0,0)$.

Cherchons le développement limité de la fonction $g(t) = \frac{t+\ln(1-t)}{t^2}$ en 0. On a

$$\ln(1+t) = t - \frac{t^2}{2} + \frac{t^3}{3} + o\left(t^3\right),$$

donc

$$\begin{aligned} g(t) &= \frac{t+\ln(1-t)}{t^2} \\ &= \frac{1}{t^2}\left(t + \left(-t - \frac{t^2}{2} - \frac{t^3}{3} + o\left(t^3\right)\right)\right) \\ &= -\frac{1}{2} - \frac{t}{3} + o(t) \end{aligned}$$

tend vers $-1/2$ lorsque t tend vers 0. La fonction f admet donc $-1/2$ comme limite quand t tend vers 0. En effet, écrire $\lim_{t\to 0} g(t) = -1/2$ revient à dire que

$$\forall \varepsilon > 0 \quad \exists \eta > 0 \quad |t| < \eta \Rightarrow \left| g(t) + \frac{1}{2} \right| < \varepsilon.$$

Cela permet d'écrire

$$\begin{aligned} \forall \varepsilon > 0 \quad \exists \eta > 0 \quad \left|\sqrt{x^2+y^2}\right| < \eta \quad &\Rightarrow \quad \left| g(\sqrt{x^2+y^2}) + \frac{1}{2} \right| < \varepsilon \\ &\Rightarrow \quad \left| f(x,y) + \frac{1}{2} \right| < \varepsilon, \end{aligned}$$

ce qui est exactement la traduction de $\lim_{(x,y)\to(0,0)} f(x,y) = -1/2$.

Exercice 34 *(Partiel d'avril 1998) Pour chacune des fonctions f_i de $\mathbb{R}^2$ dans $\mathbb{R}$ suivantes :*

$$1)\ f_1(x,y) = \frac{x^2-y^2}{x^2+y^2}, \quad 2)\ f_2(x,y) = \sin\left(\frac{x}{y}\right), \quad 3)\ f_3(x,y) = \frac{xy}{\sqrt{x^2+y^2}}.$$

a) Préciser l'ensemble de définition D_{f_i} de la fonction f_i,

b) Etudier l'existence d'une limite de f_i au point $(0,0)$ et la déterminer le cas échéant,

c) Préciser si oui ou non la fonction f_i est bornée, et justifier votre réponse.

Solution :

1) La fonction rationnelle f_1 est définie en tout point qui n'annule pas le dénominateur, donc $D_{f_1} = \mathbb{R}^2 \setminus \{(0,0)\}$. Puisque $f_1(x,0) = 1$ et $f_1(0,y) = -1$ pour tous réels non nuls x et y, les limites

$$\lim_{x\to 0} f_1(x,0) = 1 \quad \text{et} \quad \lim_{y\to 0} f_1(0,y) = -1$$

existent mais sont différentes. Ainsi f_1 n'admet pas de limite quand (x,y) tend vers $(0,0)$. L'inégalité triangulaire entraîne $\left|x^2 - y^2\right| \leq x^2 + y^2$ d'où

$$\forall (x,y) \in D_{f_1} \quad |f_1(x,y)| = \left|\frac{x^2 - y^2}{x^2 + y^2}\right| \leq \frac{x^2 + y^2}{x^2 + y^2} = 1,$$

et cela signifie que f_1 est bornée sur son ensemble de définition.

2) D_{f_2} est le plan $\mathbb{R}^2$ privé de la droite d'équation $y = 0$. Les deux limites

$$\lim_{y\to 0} f_2(0,y) = \lim_{y\to 0} \sin 0 = 0 \quad \text{et} \quad \lim_{x\to 0} f_2(\frac{\pi}{2}x, x) = \lim_{x\to 0} \sin\frac{\pi}{2} = 1$$

sont différentes donc f_2 n'admet pas de limite pour (x,y) tendant vers $(0,0)$. Enfin f_2 est bornée par 1 comme la fonction sinus.

3) On a $D_{f_3} = \mathbb{R}^2 \setminus \{(0,0)\}$. Comme $\text{Sup}(|x|, |y|) \leq \sqrt{x^2 + y^2} = \|(x,y)\|_2$,

$$\forall (x,y) \in D_{f_3} \ |f_3(x,y)| = \left|\frac{xy}{\sqrt{x^2 + y^2}}\right| = \frac{|xy|}{\sqrt{x^2 + y^2}} \leq \sqrt{x^2 + y^2} = \|(x,y)\|_2$$

et par conséquent $|f_3(x,y)| \leq \varepsilon$ dès que $\|(x,y)\|_2 \leq \varepsilon$. Cela montre que f_3 admet 0 pour limite lorsque (x,y) tend vers $(0,0)$. Enfin

$$\lim_{x\to+\infty} f_3(x,x) = \lim_{x\to+\infty} \frac{x^2}{|x|\sqrt{2}} = \lim_{x\to+\infty} \frac{|x|}{\sqrt{2}} = +\infty$$

montre que f_1 n'est pas bornée sur D_{f_3}.

Exercice 35 *(Partiel d'avril 1997) Soient α, β et k des réels strictement positifs. Soit f la fonction numérique définie sur $\Omega \subset \mathbb{R}^2$ par*

$$f(x,y) = \frac{x^\alpha y^\beta}{(x^2 + y^2)^k}.$$

1) Déterminer le domaine de définition Ω de f et montrer que c'est un ouvert de $\mathbb{R}^2$. (Indication : On distinguera quatre cas selon la nature du couple (α, β)).

2) a) Montrer que pour tout $(x, y) \in \Omega$,

$$|f(x,y)| \leq \frac{\|(x,y)\|_p^{\alpha+\beta}}{(x^2+y^2)^k}$$

où $\|\|_p$ ($p = 1, 2$ ou ∞) désigne l'une des trois normes usuelles de $\mathbb{R}^2$.

b) En déduire que si $\alpha + \beta > 2k$, alors $\lim_{(x,y)\to(0,0)} f(x,y) = 0$.

3) Si $\alpha + \beta = 2k$, montrer que la fonction f ne possède pas de limite au point $(0,0)$, mais que pour $(x, y) \in \Omega$, on a $0 \leq f(x,y) \leq 1$.

4) Si $\alpha + \beta < 2k$, montrer que la fonction f n'admet pas de limite au point $(0,0)$ et qu'elle n'est pas bornée au point $(0,0)$.

Solution :

1)

Si (α, β) appartient à :	**Ω est l'ensemble :**
$\mathbb{N} \times \mathbb{N}$	$\mathbb{R}^2 \setminus \{(0,0)\}$
$\mathbb{N} \times \mathbb{R}_+$	$\left\{(x,y) \in \mathbb{R}^2 \,/\, y > 0\right\}$
$\mathbb{R}_+ \times \mathbb{N}$	$\left\{(x,y) \in \mathbb{R}^2 \,/\, x > 0\right\}$
$\mathbb{R}_+ \times \mathbb{R}_+$	$\left\{(x,y) \in \mathbb{R}^2 \,/\, x > 0,\ y > 0\right\}$

$\mathbb{R}^2 \setminus \{(0,0)\}$ est ouvert comme le complémentaire du fermé $\{(0,0)\}$. Dans les trois derniers cas, l'ensemble Ω est un ouvert de $\mathbb{R}^2$ comme intersection d'images réciproques d'ouverts par des applications continues de $\mathbb{R}^2$ dans $\mathbb{R}$.

2.a) Comme $\sup(|x|, |y|) \leq \|(x,y)\|_p$ pour $p = 1$, 2 ou ∞, et comme $t \mapsto t^\alpha$ est croissante quand $\alpha \geq 0$,

$$\forall (x,y) \in \Omega \quad |f(x,y)| = \frac{|x|^\alpha |y|^\beta}{(x^2+y^2)^k} \leq \frac{\|(x,y)\|_p^{\alpha+\beta}}{(x^2+y^2)^k}.$$

2.b) Si $p = 2$

$$|f(x,y)| \leq \frac{\|(x,y)\|_2^{\alpha+\beta}}{(x^2+y^2)^k} = \|(x,y)\|_2^{\alpha+\beta-2k}$$

et $\lim_{(x,y)\to(0,0)} \|(x,y)\|_2^{\alpha+\beta-2k} = 0$ puisque $\alpha + \beta - 2k > 0$. Donc

$$\lim_{(x,y)\to(0,0)} f(x,y) = 0.$$

3) Si $\alpha + \beta = 2k$,

$$f(x,x) = \frac{x^{\alpha+\beta}}{(2x^2)^k} = \frac{1}{2^k} \quad \text{et} \quad f(x,0) = 0$$

donc f ne possède pas de limite au point $(0,0)$. Cependant si $(x,y) \in \Omega$,

$$0 \leq f(x,y) \leq \|(x,y)\|_2^{\alpha+\beta-2k} = 1.$$

4) Si $\alpha + \beta - 2k < 0$, la fonction $f(x,x) = \frac{1}{2^k} x^{\alpha+\beta-2k}$ tend vers $+\infty$ quand x tend vers 0 par valeurs positives. Cela prouve que f n'a pas de limite au point $(0,0)$ et n'est pas bornée au voisinage de ce point.

Exercice 36 *(partiel d'avril 1996) Soit f la fonction de $\mathbb{R}^2$ dans $\mathbb{R}$ définie par*

$$f(x,y) = \frac{x+y}{\sqrt{x^2+y^2}} \quad si \ (x,y) \neq (0,0) \quad et \quad f(0,0) = 0.$$

1) Etudier la continuité de f sur $\mathbb{R}^2$.

2) La fonction f est-elle bornée ? Justifier.

Solution :

1) Comme $x^2 + y^2 > 0$ pour tout $(x,y) \neq (0,0)$, f est définie sur $\mathbb{R}^2$, et continue sur $\mathbb{R}^2 \setminus \{(0,0)\}$ comme quotient de deux fonctions continues sur $\mathbb{R}^2 \setminus \{(0,0)\}$.
Si $x > 0$, $f(x,x) = \sqrt{2}$ donc $\lim_{x \to 0_+} f(x,x) = \sqrt{2} \neq 0$ et f n'est pas continue en $(0,0)$. Notons qu'aucun prolongement par continuité de f en $(0,0)$ n'est possible car $\lim_{x \to 0_-} f(x,x) = -\sqrt{2}$ est différent de $\sqrt{2}$.

2) f est bornée sur $\mathbb{R}^2$ puisque pour tout $(x,y) \in \mathbb{R}^2 \setminus \{(0,0)\}$

$$|f(x,y)| = \frac{|x+y|}{\sqrt{x^2+y^2}} \leq \frac{|x|+|y|}{\sqrt{x^2+y^2}} \leq \frac{2\sqrt{x^2+y^2}}{\sqrt{x^2+y^2}} = 2$$

et $f(0,0) = 0$.

Exercice 37 ***Uniforme continuité de** $x \mapsto x^2$*
On considère la fonction

$$\begin{array}{rccc} f: & [a,b] & \to & \mathbb{R} \\ & x & \mapsto & x^2 \end{array}$$

1) Soient $a, b \in \mathbb{R}$ avec $a < b$. Montrer que f est lipschitzienne, et donc uniformément continue, sur $[a, b]$.

2) La fonction f est-elle uniformément continue sur $\mathbb{R}$? On pourra raisonner par l'absurde.

Solution :

1) Pour tous $x, y \in [a, b]$,

$$|f(x) - f(y)| = \left|x^2 - y^2\right| = |x + y|\,|x - y| \leq 2\sup(|a|, |b|) \,.\, |x - y|,$$

donc f est lipschitzienne sur $[a, b]$, de rapport $2\sup(|a|, |b|)$. Comme conséquence $|f(x) - f(y)| \leq \varepsilon$ dès que $|x - y| \leq \varepsilon/(2\sup(|a|, |b|))$, et f est uniformément continue sur $[a, b]$.

2) Si f était uniformément continue sur $\mathbb{R}$, on aurait

$$\forall \varepsilon > 0 \quad \exists \eta > 0 \quad \forall x, y \in \mathbb{R} \quad |x - y| \leq \eta \Rightarrow \left|x^2 - y^2\right| \leq \varepsilon \qquad (1)$$

En prenant $y = x + 1/n$, cela implique

$$\forall \varepsilon > 0 \quad \exists N > 0 \quad \forall x \in \mathbb{R} \quad n \geq N \Rightarrow \left|x^2 - \left(x + \frac{1}{n}\right)^2\right| \leq \varepsilon \qquad (2)$$

Si $x > 0$,

$$\left|x^2 - \left(x + \frac{1}{n}\right)^2\right| \leq \varepsilon \Leftrightarrow \frac{2nx + 1}{n^2} \leq \varepsilon$$

et il suffit de prendre $x = n$ pour que (2) entraîne la propriété

$$\forall \varepsilon > 0 \quad \exists N > 0 \quad n \geq N \Rightarrow \frac{2n^2 + 1}{n^2} \leq \varepsilon$$

qui est manifestement fausse puisque $\lim_{n \to +\infty} \frac{2n^2+1}{n^2} = 2$.

Remarque : Une autre façon de le dire consiste à choisir $x = n$ et $y = n + \frac{1}{n}$. Comme

$$\left|x^2 - y^2\right| = 2 + \frac{1}{n^2} > 2$$

pour tout n, on obtient exactement le contraire de l'affirmation (1), à savoir :

$$\exists \varepsilon = 2 \quad \forall \eta > 0 \quad \exists (x, y) = \left(n, n + \frac{1}{n}\right) \quad |x - y| = \frac{1}{n} \leq \eta \quad \text{et} \quad \left|x^2 - y^2\right| > 2$$

(on choisit n tel que $1/n \leq \eta$).

Exercice 38 *Soit $f : E \to F$ uniformément continue sur E.*

1) Donner deux exemples de fonctions f non nulles et non toutes deux polynomiales.

2) Montrer que si $(x_n)_{n\in\mathbb{N}}$ est une suite de Cauchy de points de E alors $(f(x_n))_{n\in\mathbb{N}}$ est une suite de Cauchy de points de F.

Solution :

1) D'après un théorème du cours, toute fonction $f : [a, b] \to \mathbb{R}$ définie et continue sur un intervalle fermé borné de $\mathbb{R}$ et à valeurs dans $\mathbb{R}$ est uniformément continue sur cet intervalle. Par exemple, la fonction "racine carrée" $x \mapsto \sqrt{x}$ ou bien la fonction homographique $x \mapsto \frac{x+2}{x+6}$ seront continues et uniformément continues sur $[1, 3]$.

2) Notons indifféremment d la distance sur E ou sur F. Montrer que $(f(x_n))$ est une suite de Cauchy de F revient à prouver que :

$$\forall \varepsilon > 0 \quad \exists N > 0 \quad n, m \geq N \Rightarrow \mathrm{d}\left(f(x_n), f(x_m)\right) \leq \varepsilon. \qquad (*)$$

Donnons-nous donc un réel strictement positif ε, et cherchons à avoir

$$\mathrm{d}\left(f(x_n), f(x_m)\right) \leq \varepsilon.$$

L'uniforme continuité de f nous assure l'existence d'un réel strictement positif η tel que

$$\mathrm{d}\left(x_n, x_m\right) \leq \eta \Rightarrow \mathrm{d}\left(f(x_n), f(x_m)\right) \leq \varepsilon,$$

et le fait que $(x_n)_{n\in\mathbb{N}}$ soit déjà une suite de Cauchy de E nous donne un entier N tel que

$$n, m \geq N \Rightarrow \mathrm{d}\left(x_n, x_m\right) \leq \eta.$$

Il suffit de mettre les deux implications précédentes bout à bout pour obtenir l'implication $(*)$.

Exercice 39 *Soit la fonction*

$$\begin{array}{rccc} f: & \mathbb{R}^2 & \to & \mathbb{R} \\ & (x, y) & \mapsto & f(x, y) \end{array}$$

où

$$f(x, y) = \frac{xy^2}{x+y} \text{ si } x + y \neq 0 \text{ et } f(x, y) = 0 \text{ si } x + y = 0.$$

1) Comparer les dérivées partielles $\frac{\partial^2 f}{\partial x \partial y}(0, 0)$ et $\frac{\partial^2 f}{\partial y \partial x}(0, 0)$ si elles existent.

2) Soit $(x_0, y_0) \neq (0, 0)$ et tel que $x_0 + y_0 = 0$. Démontrer que f n'est pas continue en (x_0, y_0).

3) La fonction f est-elle continue en $(0, 0)$?

Solution :

1) Soit Δ la droite d'équation $x + y = 0$. L'étude des dérivées partielles de f ne fera intervenir que les valeurs de f en $(0,0)$ et en des points qui n'appartiennent pas à la seconde bissectrice Δ. On a

$$\frac{1}{x}\left(f(x,0) - f(0,0)\right) = 0$$

donc $\lim_{x\to 0} \frac{1}{x}\left(f(x,0) - f(0,0)\right) = 0$ et $\frac{\partial f}{\partial x}(0,0) = 0$. On vérifierait de même que $\frac{\partial f}{\partial y}(0,0) = 0$. Il faut maintenant voir si les limites suivantes existent :

$$\frac{\partial^2 f}{\partial x \partial y}(0,0) = \lim_{h\to 0} \frac{1}{h}\left(\frac{\partial f}{\partial y}(h,0) - \frac{\partial f}{\partial y}(0,0)\right) \quad (1)$$

$$\frac{\partial^2 f}{\partial y \partial x}(0,0) = \lim_{h\to 0} \frac{1}{h}\left(\frac{\partial f}{\partial x}(0,h) - \frac{\partial f}{\partial x}(0,0)\right). \quad (2)$$

On a

$$\frac{\partial f}{\partial y}(h,0) = \lim_{t\to 0} \frac{1}{t}\left(f(h,t) - f(h,0)\right) = \lim_{t\to 0} \frac{1}{t}\frac{ht^2}{h+t} = 0$$

et

$$\frac{\partial f}{\partial x}(0,h) = \lim_{t\to 0} \frac{1}{t}\left(f(t,h) - f(0,h)\right) = \lim_{t\to 0} \frac{1}{t}\frac{th^2}{t+h} = h.$$

En remplaçant dans (1) et (2), on trouve $\frac{\partial^2 f}{\partial x \partial y}(0,0) = 0$ et $\frac{\partial^2 f}{\partial y \partial x}(0,0) = 1$. On constate que les dérivées partielles $\frac{\partial^2 f}{\partial x \partial y}(0,0)$ et $\frac{\partial^2 f}{\partial y \partial x}(0,0)$ existent bien mais sont différentes.

2) Comme $f(x_0, y_0) = 0$,

$$\lim_{(x,y)\to(x_0,y_0)} f(x,y) = \frac{x_0 y_0^2}{x_0 + y_0} \neq f(x_0, y_0)$$

et f n'est pas continue en (x_0, y_0).

3) Posons $(x,y) = (\rho\cos\theta, \rho\sin\theta)$. On obtient

$$f(x,y) = \frac{\rho^2 \sin^2\theta\cos\theta}{\sin\theta + \cos\theta} = \frac{\rho^2 \sin^2\theta\cos\theta}{\sqrt{2}\sin(\theta + \pi/4)}$$

Il suffit de choisir $\theta = \rho^3 - \pi/4$ pour que

$$f(x,y) = \frac{\rho^2 \sin^2(\rho^3 - \pi/4)\cos(\rho^3 - \pi/4)}{\sqrt{2}\sin^3\rho} \sim \frac{1}{2\rho} \quad (3)$$

où l'équivalent est pris lorsque ρ tend vers 0. Comme $1/2\rho$ ne tend pas vers 0 quand ρ tend vers 0, $f(x,y)$ ne peut pas tendre vers $f(0,0)=0$ quand (x,y) tend vers $(0,0)$, et f n'est pas continue en $(0,0)$.

Remarque : On a donc utilisé des coordonnées polaires, et choisi θ en fonction de ρ afin d'obtenir une limite non nulle. Cette méthode fonctionne car nous avons toute latitude dans le choix de θ, la seule condition étant que ρ doit tendre vers 0.
L'absurdité provient du Théorème de composition des limites et d'un petit raisonnement par l'absurde : si l'on avait $\lim_{(x,y)\to(0,0)} f(x,y)=0$, par composition des limites on aurait

$$\lim_{\rho\to 0} f(x_\rho, y_\rho) = 0$$

en posant $x_\rho = \rho\cos(\rho^3 - \pi/4)$ et $y_\rho = \rho\sin(\rho^3 - \pi/4)$. L'équivalence (3) montre qu'il n'en est rien.

Exercice 40 *1) Soit A la fonction vectorielle de $\mathbb{R}^2$ sur $\mathbb{R}^3$ définie pour $(x,y)\in\mathbb{R}^2$ par $A(x,y)=(u,v,w)$ où*

$$\begin{cases} u = \frac{1}{2}x - \frac{2}{3}y \\ v = \frac{1}{4}x + \frac{1}{3}y \\ w = x. \end{cases}$$

a) Justifier sans calculs que A est linéaire.

b) Calculer $\|A(x,y)\|_2$. En déduire qu'il existe une constante k strictement positive telle que $\|A(x,y)\|_2 \le k\,\|(x,y)\|_2$.

c) Montrer que si B est une partie bornée de $\mathbb{R}^2$, son image $A(B)$ est bornée dans $\mathbb{R}^3$.

d) Montrer que A est lipschitzienne.

2) Montrer que toute application linéaire f de $\mathbb{R}^m$ dans $\mathbb{R}^n$ est lipschitzienne.

Solution :

1.a) L'application A est linéaire de $\mathbb{R}^2$ vers $\mathbb{R}^3$ puisque s'exprime analytiquement sous la forme

$$\begin{pmatrix} u \\ v \\ w \end{pmatrix} = \begin{pmatrix} \frac{1}{2} & -\frac{2}{3} \\ \frac{1}{4} & \frac{1}{3} \\ 1 & 0 \end{pmatrix} \begin{pmatrix} x \\ y \end{pmatrix}.$$

1.b)

$$\begin{aligned} \|A(x,y)\|_2 &= \sqrt{\left(\frac{1}{2}x - \frac{2}{3}y\right)^2 + \left(\frac{1}{4}x + \frac{1}{3}y\right)^2 + x^2} \\ &= \frac{1}{12}\sqrt{189x^2 + 80y^2 - 72xy}. \end{aligned}$$

Les majorations classiques $|x| \leq \sqrt{x^2+y^2}$ et $|y| \leq \sqrt{x^2+y^2}$ permettent d'écrire $-xy \leq |xy| \leq x^2+y^2$, d'où

$$\begin{aligned}\|A(x,y)\|_2^2 &= \frac{1}{144}\left(189x^2+80y^2-72xy\right)\\ &\leq \frac{1}{144}\left(189\left(x^2+y^2\right)+80\left(x^2+y^2\right)+72\left(x^2+y^2\right)\right)\\ &\leq \frac{341}{144}\left(x^2+y^2\right)\end{aligned}$$

soit

$$\|A(x,y)\|_2 \leq \frac{\sqrt{341}}{12}\|(x,y)\|_2 .$$

1.c) Si B est bornée, il existe $M>0$ tel que $\|(x,y)\|_2 \leq M$ pour tout $(x,y)\in B$. On en déduit $\|A(x,y)\|_2 \leq \frac{\sqrt{341}}{12}M$ pour tout $(x,y)\in B$, et cela signifie que A est bornée sur B.

1.d) La distance euclidienne étant $d\left((x,y),(x',y')\right) = \|(x,y)-(x',y')\|_2$, la question 1.b) et la linéarité de A permettent d'écrire

$$d\left(A(x,y),A(x',y')\right) \leq \frac{\sqrt{341}}{12}\left\|(x,y)-(x',y')\right\|_2 .$$

Cela prouve que A est lipschitzienne de constante $\frac{\sqrt{341}}{12}$.

2) Soit $M=(a_{ij})$ la matrice de f dans les bases canoniques $e=(e_1,...,e_m)$ au départ et $e'=(e'_1,...,e'_n)$ à l'arrivée. Notons $x=\sum_{i=1}^m x_ie_i$ et

$$x' = f(x) = \sum_{i=1}^n x_ie'_i.$$

On sait que $f(e_j)=\sum_{i=1}^m a_{ij}e'_i$ et que

$$f(x) = \sum_{j=1}^m x_jf(e_j) = \sum_{i=1}^m\left(\sum_{j=1}^m a_{ij}x_j\right)e'_i.$$

On retrouve les formules analytiques exprimant les coordonnées $(x'_1,...,x'_n)$ de l'image $x'=f(x)$ en fonction des coordonnées $(x_1,...,x_m)$ de x. Ce sont

$$\forall i\in\mathbb{N}_n \quad x'_i = \sum_{j=1}^m a_{ij}x_j.$$

Par suite

$$\|f(x)\|_2^2 = \sum_{i=1}^{n} x_i'^2 = \sum_{i=1}^{n} \left(\sum_{j=1}^{m} a_{ij} x_j \right)^2 \leq \sum_{i=1}^{n} \left(\sum_{j=1}^{m} |a_{ij}|\,|x_j| \right)^2.$$

Comme $|x_j| \leq \|x\|_2$ pour tout x, on obtient

$$\|f(x)\|_2^2 \leq \|x\|_2^2 \sum_{i=1}^{n} \left(\sum_{j=1}^{m} |a_{ij}| \right)^2,$$

soit $\|f(x)\|_2 \leq k\,\|x\|_2$ en posant

$$k = \sqrt{\sum_{i=1}^{n} \left(\sum_{j=1}^{m} |a_{ij}| \right)^2}.$$

2.6 Problèmes

Problème 1 *(Examen de juin 2000)*

1) Résoudre dans $\mathbb{R}$ l'inéquation

$$(E) \qquad \alpha^2 + \sqrt{3}\,|\alpha| - \frac{1}{4} < 0.$$

2) Le plan vectoriel $\mathbb{R}^2$ est muni de la norme euclidienn $\|.\|_2$ définie pour $(x, y) \in \mathbb{R}^2$ par

$$\|(x, y)\|_2 = \sqrt{x^2 + y^2}.$$

Soit $f : \mathbb{R}^2 \to \mathbb{R}^2$; $(x, y) \mapsto (u, v)$ avec $u = \alpha x + \frac{\sqrt{3}}{2} y$ et $v = \frac{\sqrt{3}}{2} x + \alpha y$ et où α est un réel fixé.

a) Montrer que l'application f est linéaire.

b) Calculer$\|f(x, y)\|_2$ et montrer que

$$\|f(x, y)\|_2 \leq k(\alpha)\,\|(x, y)\|_2 \qquad \text{avec } k(\alpha) = \sqrt{\alpha^2 + \sqrt{3}\,|\alpha| + \frac{3}{4}}.$$

En déduire que f est lipschitzienne.

c) Comment choisir le réel α pour avoir $0 \leq k(\alpha) < 1$?

3) Soit $(u_n)_{n \in \mathbb{N}}$ une suite de points de $\mathbb{R}^2$, $u_n = (x_n, y_n)$ définie par la relation de récurrence

$$\begin{cases} u_0 = (x_0, y_0) \text{ donné dans } \mathbb{R}^2, \\ u_{n+1} = f(u_n) \text{ pour tout } n, \end{cases}$$

où f est la fonction définie en 2).

a) Montrer que si la suite admet une limite (a,b), alors nécessairement $(a,b) = f(a,b)$.

b) Montrer que

$$\forall n \in \mathbb{N}^* \quad \|u_{n+1} - u_n\|_2 \leq [k(\alpha)]^n \|u_1 - u_0\|_2 .$$

En déduire que pour p et $q \in \mathbb{N}$ avec $p > q$ on a

$$\|u_p - u_q\|_2 \leq \left(\sum_{l=q}^{l=p-1} [k(\alpha)]^l \right) \|u_1 - u_0\|_2 .$$

4) On suppose α solution de l'équation (E). Montrer alors la suite $(u_n)_{n\in\mathbb{N}}$ est convergente et que sa limite (a,b) vérifie

$$\forall q \in \mathbb{N}^* \quad \|(a - x_q, b - y_q)\|_2 \leq \frac{1}{1-k(\alpha)} \|(x_1 - x_0, y_1 - y_0)\|_2 .$$

Solution :

1) Le réel $|\alpha|$ est solution de l'inéquation $P(x) = x^2 + \sqrt{3}x - \frac{1}{4} < 0$. Le discriminant de $P(x)$ est $\Delta = 4$, donc les racines de $P(x)$ seront $x = \frac{-\sqrt{3}\pm 2}{2}$ et

$$\begin{aligned}(E) \quad &\Leftrightarrow \quad \frac{-\sqrt{3}-2}{2} < |\alpha| < \frac{-\sqrt{3}+2}{2} \\ &\Leftrightarrow \quad 0 < |\alpha| < \frac{-\sqrt{3}+2}{2} = 1 - \frac{\sqrt{3}}{2} \\ &\Leftrightarrow \quad \frac{\sqrt{3}}{2} - 1 < \alpha < 1 - \frac{\sqrt{3}}{2}.\end{aligned}$$

2.a) La transcription matricielle de f est

$$\begin{pmatrix} x' \\ y' \end{pmatrix} = \begin{pmatrix} \alpha & \frac{\sqrt{3}}{2} \\ \frac{\sqrt{3}}{2} & \alpha \end{pmatrix} \begin{pmatrix} x \\ y \end{pmatrix}$$

et l'on reconnaît l'expression analytique d'une application linéaire de $\mathbb{R}^2$ de matrice $M = \begin{pmatrix} \alpha & \frac{\sqrt{3}}{2} \\ \frac{\sqrt{3}}{2} & \alpha \end{pmatrix}$ dans la base canonique.
On pourrait d'ailleurs facilement vérifier à la main que

$$f(\lambda \overrightarrow{u} + \overrightarrow{v}) = \lambda f(\overrightarrow{u}) + f(\overrightarrow{v})$$

pour tout réel λ et pour tous vecteurs $\overrightarrow{u}$ et $\overrightarrow{v}$.

2.b) On trouve

$$\begin{aligned}\|f(x,y)\|_2^2 &= \left(\alpha x+\frac{\sqrt{3}}{2}y\right)^2+\left(\frac{\sqrt{3}}{2}x+\alpha y\right)^2\\ &= \left(\alpha^2+\frac{3}{4}\right)\left(x^2+y^2\right)+2\alpha\sqrt{3}\,xy.\end{aligned}$$

Comme $xy \le |xy| \le \frac{1}{2}\left(x^2+y^2\right)$, on déduit

$$\|f(x,y)\|_2^2 \le \left(\alpha^2+\frac{3}{4}\right)\left(x^2+y^2\right)+\alpha\sqrt{3}\left(x^2+y^2\right)=k(\alpha)^2\|(x,y)\|_2^2$$

ce qui prouve que $\|f(x,y)\|_2 \le k(\alpha)\|(x,y)\|_2$. L'application f sera lipschitzienne puisqu'elle est linéaire. En effet

$$\left\|f(x-x',y-y')\right\|_2 \le k(\alpha)\left\|(x-x',y-y')\right\|_2$$

s'écrit aussi

$$\left\|f(x,y)-f(x',y')\right\|_2 \le k(\alpha)\left\|(x,y)-(x',y')\right\|_2$$

pour tous (x,y) et (x',y').

2.c) Compte tenu de 1) :

$$\begin{aligned}(0\le k(\alpha)<1) &\Leftrightarrow \alpha^2+\sqrt{3}|\alpha|+\frac{3}{4}<1 \Leftrightarrow \alpha^2+\sqrt{3}|\alpha|-\frac{1}{4}<0\\ &\Leftrightarrow \frac{\sqrt{3}}{2}-1<\alpha<1-\frac{\sqrt{3}}{2}\end{aligned}$$

3.a) Si $\lim u_n = l = (a,b)$, il suffit de passer à la limite dans l'équation $u_{n+1}=f(u_n)$ où f est continue (elle est lipschitzienne) pour obtenir $l=f(l)$.

3.b) On montre que l'inégalité proposée est vraie par récurrence sur n. L'inégalité est vraie si $n=1$ puisque

$$\|u_2-u_1\|_2=\|f(u_1)-f(u_0)\|_2 \le k(\alpha)\|u_1-u_0\|_2.$$

Si elle est vraie jusqu'au rang n, alors l'hypothèse récurrente permet d'écrire

$$\begin{aligned}\|u_{n+2}-u_{n+1}\|_2=\|f(u_{n+1})-f(u_n)\|_2 &\le k(\alpha)\|u_{n+1}-u_n\|_2\\ &\le [k(\alpha)]^{n+1}\|u_1-u_0\|_2,\end{aligned}$$

ce qui prouve la propriété au rang $n+1$.

En utilisant l'inégalité triangulaire, on peut maintenant écrire

$$\|u_p - u_q\|_2 \leq \left(\sum_{l=q}^{l=p-1} \|u_{l+1} - u_l\|_2 \right) \leq \left(\sum_{l=q}^{l=p-1} [k(\alpha)]^l \right) \|u_1 - u_0\|_2 .$$

4) Si α est solution de l'équation (E), alors $0 \leq k(\alpha) < 1$ et

$$\sum_{l=q}^{+\infty} [k(\alpha)]^l = \frac{[k(\alpha)]^q}{1 - k(\alpha)}.$$

La question précédente permet d'écrire

$$\|u_p - u_q\|_2 \leq \left(\sum_{l=q}^{+\infty} [k(\alpha)]^l \right) \|u_1 - u_0\|_2 = \frac{[k(\alpha)]^q}{1 - k(\alpha)} \|u_1 - u_0\|_2 .$$

Ici $\lim_{q \to +\infty} [k(\alpha)]^q = 0$ donc $\lim_{q \to +\infty} \frac{[k(\alpha)]^q}{1-k(\alpha)} \|u_1 - u_0\|_2 = 0$. Le nombre $\varepsilon > 0$ étant donné, on peut trouver $N \in \mathbb{N}$ tel que $p > q \geq N$ entraîne

$$\|u_p - u_q\|_2 \leq \varepsilon.$$

On vient de montrer que la suite (u_n) est de Cauchy, et comme $\mathbb{R}^2$ est complet, on déduit que la suite (u_n) est convergente vers un certain vecteur $l = (a, b)$. Il suffit maintenant de faire tendre p vers $+\infty$ dans l'inégalité

$$\|u_p - u_q\|_2 \leq \frac{1}{1 - k(\alpha)} \|u_1 - u_0\|_2$$

pour obtenir

$$\forall q \in \mathbb{N}^* \qquad \|(a - x_q, b - y_q)\|_2 \leq \frac{1}{1 - k(\alpha)} \|(x_1 - x_0, y_1 - y_0)\|_2 .$$

Chapitre 3

Eléments de topologie dans $\mathbb{R}^m$

3.1 Topologie dans un espace métrique

Exercice 41 ***La topologie d'un espace métrique***

Soit (E,d) un espace métrique. Si $x \in E$ et si r désigne un réel positif, on note $B(x,r)$ (resp. $\overline{B}(x,r)$) la boule ouverte (resp. fermée) de centre x et de rayon r.

1) On considère une boule ouverte $B(a,r)$. Montrer que pour tout x appartenant à $B(a,r)$, il existe au moins un réel strictement positif t tel que $B(x,t) \subset B(a,r)$. Le résultat est-il encore vrai si l'on remplace $B(a,r)$ par la boule fermée $\overline{B}(a,r)$?

2) On considère deux boules ouvertes $B(a,r)$ et $B(b,s)$.

a) Montrer que pour tout x appartenant à $B(a,r) \cap B(b,s)$, il existe au moins un réel $t > 0$ tel que $B(x,t) \subset B(a,r) \cap B(b,s)$.

b) Ecrire $B(a,r) \cap B(b,s)$ comme une réunion de boules ouvertes.

3) Le résultat énoncé en 2.a) reste-t-il vrai si l'on remplace les deux boules ouvertes par un nombre fini de boules ouvertes ? par un nombre infini de boules ouvertes ? Justifier les réponses.

4) Soit $\mathcal{O}$ l'ensemble de toutes les parties de E qui s'écrivent comme une réunion quelconque de boules ouvertes. Démontrer que $\mathcal{O}$ définit une topologie sur E (cette topologie est dite "associée" à l'espace métrique (E,d)).

Solution :

1) Posons $t = r - d(a,x)$. Pour tout $y \in B(x,t)$, l'inégalité triangulaire

permet d'écrire

$$d(a,y) \leq d(a,x) + d(x,y) < d(a,x) + (r - d(a,x)) = r,$$

d'où $y \in B(a,r)$. On a prouvé l'inclusion $B(x,t) \subset B(a,r)$.

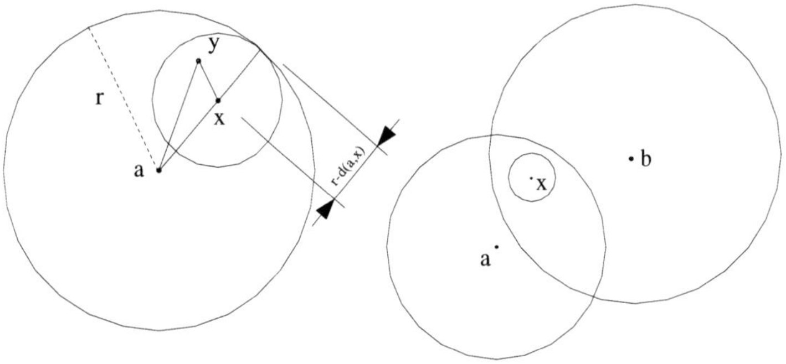

Le résultat est faux si l'on considère une boule fermée $\overline{B}(a,r)$. Par exemple, si $E = \mathbb{R}^2$ est muni de la distance euclidienne classique, le point $x = (1,0)$ appartient à la boule fermée $\overline{B}(O,1)$ de centre l'origine $O(0,0)$ et de rayon 1, mais il est impossible de trouver un réel $t > 0$ tel que $B(x,t) \subset \overline{B}(O,1)$. En effet, pour tout $t > 0$, le point de coordonnées $(1 + t/2, 0)$ appartient à $B(x,t)$ sans appartenir à $\overline{B}(O,1)$.

2.a) Choisissons $t = \text{Min}\{r - d(a,x), s - d(b,x)\}$. Le résultat de la première question, appliqué deux fois, montre que $B(x,t) \subset B(a,r) \cap B(b,s)$.

2.b) La question 2.a) montre qu'à chaque élément x de $B(a,r) \cap B(b,s)$ on peut associer un réel $t_x > 0$ tel que $B(x,t_x) \subset B(a,r) \cap B(b,s)$. On constate alors que

$$B(a,r) \cap B(b,s) = \bigcup_{x \in B(a,r) \cap B(b,s)} B(x,t_x).$$

3) Le résultat est toujours vrai si l'on considère un nombre fini n de boules ouvertes $B(a_i,r_i)$ $(1 \leq i \leq n)$. Il suffit de choisir

$$t = \text{Min}\{r_i - d(a_i,x) \, / \, 1 \leq i \leq n\}$$

pour obtenir

$$B(x,t) \subset \bigcap_{1 \leq i \leq n} B(a_i,r_i)$$

par application de la première question. Le résultat est faux avec un nombre infini de boules ouvertes : il suffit de considérer l'intersection

$$\bigcap_{n \in \mathbb{N}^*} B(O, \frac{1}{n}) = \{O\}$$

(dans $\mathbb{R}^2$) pour s'en persuader.

4) L'ensemble $\mathcal{O}$ contient E et l'ensemble vide. La réunion quelconque de parties de E qui, chacune, s'écrit comme une réunion de boules ouvertes, sera encore une réunion de boules ouvertes, donc appartiendra à $\mathcal{O}$. Enfin, si U et V appartiennent à $\mathcal{O}$, il existe des boules ouvertes B_i $(i \in I)$ et C_j $(j \in J)$ telles que $U = \bigcup_{i\in I} B_i$ et $V = \bigcup_{j\in J} C_j$. On obtient donc

$$U \cap V = \left(\bigcup_{i\in I} B_i\right) \bigcap \left(\bigcup_{j\in J} C_j\right) = \bigcup_{(i,j)\in I\times J} (B_i \cap C_j).$$

D'après la question 2.b), toutes les intersections $B_i \cap C_j$ de boules ouvertes s'écrivent comme des réunions de boules ouvertes. Il en sera donc de même de $U \cap V$.

Exercice 42 ***Intérieur et adhérence d'une partie***

Soient A et B deux parties d'un espace métrique (E, d).

1) Montrer l'inclusion $\overline{A \cap B} \subset \overline{A} \cap \overline{B}$. Donner ensuite un contre-exemple qui prouve que l'inclusion réciproque est fausse en général.

2) Montrer que $\overset{o}{A} \cup \overset{o}{B} \subset \overset{o}{\overbrace{A \cup B}}$. L'inclusion réciproque est-elle vraie ?

3) Montrer les égalités suivantes :

a) $\overset{o}{A} \cap \overset{o}{B} = \overset{o}{\overbrace{A \cap B}}$, *b)* $\overline{A} \cup \overline{B} = \overline{A \cup B}$, *c)* $\complement\overline{A} = \overset{o}{\complement A}$, *d)* $\complement\overset{o}{A} = \overline{\complement A}$.

Solution :

Remarque préliminaire : On travaille ici dans un espace métrique, mais toutes les propriétés proposées demeurent vraies dans un espace topologique quelconque, les preuves qui suivent pouvant encore être écrites en remplaçant les boules ouvertes de centre x par des voisinages ouverts de x.

1) Si $x \in \overline{A \cap B}$, toute boule ouverte $B(x, r)$ de centre x et de rayon $r > 0$ coupe $A \cap B$, donc à fortiori A, et B, et cela signifie que x appartient à $\overline{A}$, et à $\overline{B}$. On vient de prouver l'inclusion $\overline{A \cap B} \subset \overline{A} \cap \overline{B}$. L'inclusion réciproque est fausse en général. Par exemple, si $A =]0, 1[$ et $B =]1, 2[$, alors $\overline{A} \cap \overline{B} = \{1\}$ tandis que $\overline{A \cap B} = \varnothing$.

2) Posons $C = \overset{o}{\overbrace{A \cup B}}$. Si $x \in \overset{o}{A} \cup \overset{o}{B}$, alors $x \in \overset{o}{A}$ ou $x \in \overset{o}{B}$. Si par exemple $x \in \overset{o}{A}$, il existe un réels r strictement positif tel que $B(x, r) \subset A$. A fortiori

$B(x,r) \subset A \subset A \cup B$, et l'on peut affirmer que x appartient à C. On vient de prouver l'inclusion $\overset{o}{A} \cup \overset{o}{B} \subset C$. La réciproque est fausse : il suffit de choisir $A = [0,1]$ et $B = [1,2]$ pour avoir

$$\overset{o}{\overbrace{A \cup B}} =]0,2[\quad \text{et} \quad \overset{o}{A} \cup \overset{o}{B} =]0,1[\cup]1,2[=]0,2[\setminus \{1\}.$$

3.a)

$$\begin{aligned} x \in \overset{o}{\overbrace{A \cap B}} &\Leftrightarrow \exists \varepsilon > 0 \quad B(x,\varepsilon) \subset A \cap B \\ &\Leftrightarrow \exists r_A > 0 \quad \exists r_B > 0 \quad B(x,r_A) \subset A \text{ et } B(x,r_B) \subset B \qquad (*) \\ &\Leftrightarrow x \in \overset{o}{A} \cap \overset{o}{B}, \end{aligned}$$

l'un des sens de l'équivalence figurant à la ligne $(*)$ se montrant en prenant $\varepsilon = \text{Min}(r_A, r_B)$.

3.b) L'égalité provient des équivalences triviales

$$\begin{aligned} x \in \overline{A} \cup \overline{B} &\Leftrightarrow \forall r > 0 \quad B(x,r) \cap A \neq \varnothing \text{ ou } B(x,r) \cap B \neq \varnothing \\ &\Leftrightarrow \forall r > 0 \quad B(x,r) \cap (A \cup B) \neq \varnothing. \end{aligned}$$

3.c) On a

$$\begin{aligned} x \in \complement\overline{A} &\Leftrightarrow \neg(\forall r > 0 \quad B(x,r) \cap A \neq \varnothing) \\ &\Leftrightarrow \exists r > 0 \quad B(x,r) \cap A = \varnothing \\ &\Leftrightarrow \exists r > 0 \quad B(x,r) \subset \complement A \Leftrightarrow x \in \overset{o}{\complement A}. \end{aligned}$$

3.c) On a

$$\begin{aligned} x \in \complement\overset{o}{A} &\Leftrightarrow \neg(\exists r > 0 \quad B(x,r) \subset A) \\ &\Leftrightarrow \forall r > 0 \quad B(x,r) \cap \complement A = \varnothing \Leftrightarrow x \in \overline{\complement A}. \end{aligned}$$

Exercice 43 ***Frontière***

Soient A et B deux parties d'un espace topologique E.

1) Rappeler brièvement les définitions de l'intérieur $\overset{o}{A}$ de A, de l'adhérence $\overline{A}$ de A, de la frontière ∂A et de l'extérieur $\overset{\bullet}{A}$ de A.

2) Montrer que $A \subset B \Rightarrow \overset{o}{A} \subset \overset{o}{B}$ *et* $\overline{A} \subset \overline{B}$.

3) Comparer les frontières ∂A, $\partial \overline{A}$ *et* $\partial \overset{o}{A}$.

4) Montrer l'inclusion $\partial (A \cup B) \subset \partial A \cup \partial B$, *puis montrer que l'inclusion réciproque est fausse en général.*

Solution :

Si $x \in E$, notons $\mathcal{V}_O(x)$ la famille des voisinages ouverts de x. On rappelle qu'un voisinage ouvert de x est, par définition, un ouvert de E qui contient x.

1) Par définition, $\overset{o}{A} = \{x \in A \,/\, \exists U \in \mathcal{V}_O(x) \quad U \subset A\}$ est le plus grand ouvert inclus dans A, tandis que $\overline{A} = \{x \in A \,/\, \forall U \in \mathcal{V}_O(x) \quad U \cap A \neq \emptyset\}$ est le plus petit fermé contenant A. Par définition, la frontière de A est $\partial A = \overline{A} \backslash \overset{o}{A}$ et l'extérieur de A est

$$\overset{\bullet}{A} = \overset{o}{\widehat{\complement A}} = \complement \overline{A}.$$

Ainsi $E = \overline{A} \,\dot{\cup}\, \overset{\bullet}{A}$ et $\overline{A} = \partial A \,\dot{\cup}\, \overset{o}{A}$, ce qui permet d'écrire une partition de E :

$$E = \overset{o}{A} \,\dot{\cup}\, \partial A \,\dot{\cup}\, \overset{\bullet}{A}.$$

2) Si $A \subset B$, et si $x \in \overset{o}{A}$, il existe un ouvert U de E contenant x et inclus dans A. Cet ouvert sera à fortiori inclus dans B, donc $x \in \overset{o}{B}$. On a montré l'inclusion $\overset{o}{A} \subset \overset{o}{B}$.
Si $x \in \overline{A}$, tout ouvert U contenant x intercepte A, donc à fortiori B, et x appartiendra à $\overline{B}$. En conclusion $\overline{A} \subset \overline{B}$.

3) On a $\partial A = \overline{A} \backslash \overset{o}{A}$, $\partial \overline{A} = \overline{A} \backslash \overset{o}{\overline{A}}$ et $\partial \overset{o}{A} = \overline{\overset{o}{A}} \backslash \overset{o}{A}$. L'ensemble $\overline{A}$ est un fermé contenant $\overset{o}{A}$ donc contient $\overline{\overset{o}{A}}$ (le plus petit fermé contenant $\overset{o}{A}$). D'autre part, $\overset{o}{A}$ est un ouvert inclus dans $\overline{A}$, donc dans $\overset{o}{\overline{A}}$. On peut donc écrire

$$\begin{cases} \overline{\overset{o}{A}} \subset \overline{A} \\ \overset{o}{A} \subset \overset{o}{\overline{A}}, \end{cases}$$

ce qui entraîne

$$\begin{cases} \partial \overset{o}{A} \subset \partial A & (1) \\ \partial \overline{A} \subset \partial A. & (2) \end{cases}$$

Ces inclusions sont strictes en général comme le montrent les contre-exemples suivant lorsque $E = \mathbb{R}$:

$$A = [0,1] \cup \{2\} \Rightarrow \overline{\overset{o}{A}} = [0,1] \underset{\neq}{\subset} \overline{A} = [0,1] \cup \{2\},$$

$$A =]0,1[\cup]1,2[\Rightarrow \overset{o}{A} =]0,1[\cup]1,2[\underset{\neq}{\subset} \overset{o}{\overline{A}} =]0,2[.$$

4) • Prouver que $\partial(A \cup B) \subset \partial A \cup \partial B$ revient à prouver l'inclusion

$$\overline{A \cup B} \backslash \overbrace{A \cup B}^{o} \subset \left(\overline{A} \backslash \overset{o}{A}\right) \cup \left(\overline{B} \backslash \overset{o}{B}\right). \quad (*)$$

Soit $x \in \overline{A \cup B} \backslash \overbrace{A \cup B}^{o}$. Comme $\overline{A} \cup \overline{B}$ est un fermé contenant $A \cup B$, on aura

$$\overline{A \cup B} \subset \overline{A} \cup \overline{B}.$$

Ainsi x appartient à $\overline{A}$ ou à $\overline{B}$. Supposons par exemple que $x \in \overline{A}$.(le raisonnement étant identique dans l'autre cas). Si $x \in \overset{o}{A}$, alors $x \in \overset{o}{A} \subset \overbrace{A \cup B}^{o}$, et cela est absurde compte tenu de l'hypothèse $x \in \overline{A \cup B} \backslash \overbrace{A \cup B}^{o}$. Donc $x \in \overline{A} \backslash \overset{o}{A}$ et

$$x \in \left(\overline{A} \backslash \overset{o}{A}\right) \cup \left(\overline{B} \backslash \overset{o}{B}\right).$$

L'inclusion $(*)$ est démontrée.

• L'égalité entre $\partial(A \cup B)$ et $\partial A \cup \partial B$ est en général fausse, comme on le voit en prenant $E = \mathbb{R}$, $A =]0,1]$ et $B =]1,2[$. Dans ce cas $\partial(A \cup B) = \{0,2\}$ tandis que $\partial A \cup \partial B = \{0,1,2\}$.

Exercice 44 *Soit A une partie d'un espace métrique E.*

1) Déterminer l'intérieur $\overset{o}{A}$, l'adhérence $\overline{A}$ et la frontière ∂A de A lorsque :

a) $E = \mathbb{R}$ et $A =]0,1]$,
b) $E = \mathbb{R}$ et $A = \mathbb{R}_+^*$,
c) $E = \mathbb{R}$ et $A = \mathbb{Q}$,
d) $E = \mathbb{R}^2$ et $A = \{(x,y) \in \mathbb{R}^2 \,/\, x < 1 \text{ et } y \leq 1\}$,
e) $E = \mathbb{R}^2$ et $A = \{(x,y) \in \mathbb{R}^2 \,/\, y = x\}$,
f) $E = \mathbb{R}^2$ et $A = \{(x,y) \in \mathbb{R}^2 \,/\, -1 \leq x \leq 2,\ 0 < y \leq 2\}$.

2) Déterminer aussi les ensembles $\overset{o}{\overline{\mathbb{Q}}}$ et $\overline{\overset{o}{\mathbb{Q}}}$. L'égalité $\overset{o}{\overline{A}} = \overline{\overset{o}{A}}$ est-elle vraie en général ?

Solution :

Puisque $\partial A = \overline{A} \backslash \overset{o}{A}$, tout revient à déterminer $\overset{o}{A}$ et $\overline{A}$.

1.a) • Si $A =]0,1]$, tout point $x \in]0,1[$ est dans $\overset{o}{A}$ puisqu'il existe $\varepsilon > 0$ tel que $0 < x - \varepsilon < x + \varepsilon < 1$ (prendre $\varepsilon = \inf(x, 1-x)$). On voit sans peine que tout point x de $\mathbb{R} \backslash]0,1[$ n'est pas dans $\overset{o}{A}$, puisqu'alors n'importe quel intervalle de centre x n'est jamais inclus dans A. Par conséquent $\overset{o}{A} =]0,1[$.

• On a toujours $A \subset \overline{A}$. Le point 0 appartient à $\overline{A}$ puisque c'est la limite d'une suite de A, par exemple, la suite $(1/n)_{n \in \mathbb{N}^*}$. Ainsi $[0,1] \subset \overline{A}$. On vérifie facilement qu'aucun point x n'appartenant pas à $[0,1]$ appartient à l'adhérence de A. En effet, si $x \notin [0,1]$, ou bien $x < 0$, ou bien $x > 1$. Par exemple, si $x < 0$, l'intervalle ouvert $]x + x/2, x - x/2[$ de centre x ne coupe pas A, et par conséquent $x \notin \overline{A}$. En conclusion $\overline{A} = [0,1]$, et bien entendu

$$\partial A = \overline{A} \backslash \overset{o}{A} = \{0, 1\}.$$

1.b) Si $A = \mathbb{R}_+^*$, on procède comme en 1.a, et l'on trouve $\overset{o}{A} = \mathbb{R}_+^*$, $\overline{A} = \mathbb{R}_+$, et $\partial A = \{0\}$.

1.c) • On a $\overset{o}{\mathbb{Q}} = \emptyset$ sinon il existerait $x \in \mathbb{Q}$ tel que $]x - r, x + r[\subset \mathbb{Q}$ pour un réel $r > 0$ convenable. La suite (x_n) définie par

$$x_n = x + \frac{\sqrt{2}}{n}$$

tend vers x quand n tend vers $+\infty$, il existerait un entier naturel n tel que $x_n \in]x - r, x + r[\subset \mathbb{Q}$. Cela entraînerait $x + \sqrt{2}/n \in \mathbb{Q}$, d'où $\sqrt{2} \in \mathbb{Q}$, ce qui est absurde.

• $\overline{\mathbb{Q}} = \mathbb{R}$ autrement dit $\mathbb{Q}$ est dense dans $\mathbb{R}$. En effet, tout réel est limite d'une suite de rationnels. Pour le voir, on peut utiliser le résultat classique concernant les approximations décimales d'un nombre réel (ce résultat constitue la clé de la leçon de CAPES concernant les décimaux, cf. [10] § 1.3.2 ou [?] Théorème 40) :

Lemme : Si $x \in \mathbb{R}_+$, il existe une unique suite $(a_n)_n$ d'entiers naturels telle que

$$\forall n \in \mathbb{N} \quad a_0 + \frac{a_1}{10} + ... + \frac{a_n}{10^n} \leq x < a_0 + \frac{a_1}{10} + ... + \frac{a_n}{10^n} + \frac{1}{10^n} \quad (1)$$

et

$$\forall \in \mathbb{N}^* \quad a_i \in \{0, 1, ..., 9\}. \quad (2)$$

Les inégalités (1) permettent alors d'écrire

$$\lim_{n\to+\infty}\left(a_0+\frac{a_1}{10}+...+\frac{a_n}{10^n}\right)=x,$$

ce qui prouve que tout réel positif x est la limite d'une suite de nombres rationnels, autrement dit appartient à l'adhérence de $\mathbb{Q}$ (le cas où $x<0$ se ramène au précédent en considérant $-x$).

Contentons-nous ici de prouver l'existence et l'unicité d'une suite d'entiers $(a_n)_n$ satisfaisant (1). Si la suite (a_n) de $\mathbb{N}$ vérifie (1), alors $a_0\leq x<a_0+1$ donc $a_0=[x]$. Supposons maintenant que tous les termes $a_0,...,a_{n-1}$ aient été construits. La condition (1) équivaut successivement à

$$a_0 10^n+a_1 10^{n-1}+...+a_n\leq x10^n<a_0 10^n+a_1 10^{n-1}+...+a_n+1$$
$$a_n\leq x10^n-a_0 10^n-a_1 10^{n-1}-...-a_{n-1}10<a_n+1$$

soit à

$$a_n=\left[x10^n-a_0 10^n-a_1 10^{n-1}-...-a_{n-1}10\right],$$

et cette relation montre que la suite $(a_n)_{n\in\mathbb{N}}$ est parfaitement déterminée par récurrence.

• Bien entendu $\partial\mathbb{Q}=\overline{\mathbb{Q}}\backslash\overset{o}{\mathbb{Q}}=\mathbb{R}\backslash\emptyset=\mathbb{R}$.

1.d) • On peut déterminer $\overset{o}{A}$ en faisant un "test" en chaque point (x,y) de $\mathbb{R}^2$, le but du test étant de déterminer si la propriété

$$\exists r>0\quad B\left((x,y),r\right)\subset A\quad \mathbf{(P)}$$

est vraie ou non. Dans l'affirmative, (x,y) appartient à l'intérieur de A, dans la négative, (x,y) n'appartient pas à $\overset{o}{A}$. On envisage tous les cas (on pourra s'aider d'un dessin à main levée représentant A) :

► Si $x<1$ et $y<1$, il suffit de choisir $r<\text{Min}\,(1-x,1-y)$ pour obtenir $B\left((x,y),r\right)\subset A$. Dans ce cas (x,y) appartient à l'intérieur de A.

► Si $x\geq 1$, toute boule $B\left((x,y),r\right)$ centrée sur (x,y) n'est pas incluse dans A (le point $(x+r/2,y)$ n'appartient jamais à A), donc $(x,y)\notin\overset{o}{A}$.

► Si $y\geq 1$, toute boule $B\left((x,y),r\right)$ centrée sur (x,y) n'est pas incluse dans A (le point $(x,y+r/2)$ n'appartient jamais à A), donc $(x,y)\notin\overset{o}{A}$.

En conclusion

$$\overset{o}{A}=\left\{(x,y)\in\mathbb{R}^2\,/\,x<1\text{ et }y<1\right\}.$$

• Pour déterminer $\overline{A}$, on peut aussi effectuer un test en chaque point (x, y) de $\mathbb{R}^2$, pour savoir si

$$\forall r > 0 \quad B((x, y), r) \cap A \neq \varnothing \quad \textbf{(Q)}$$

ou non.

► On a toujours $A \subset \overline{A}$.

► Si $x = 1$ et $y \leq 1$, la boule $B((x, y), r)$ intercepte toujours A (par exemple, le point $(x - r/\sqrt{8}, y - r/\sqrt{8})$ appartient toujours à $B((x, y), r) \cap A$). Dans ce cas, $(x, y) \in \overline{A}$.

► Si $x > 1$, la boule $B((x, y), r)$ où $r = (x - 1)/2$ n'intercepte pas A, donc $(x, y) \notin \overline{A}$.

► Si $y > 1$, la boule $B((x, y), r)$ où $r = (y - 1)/2$ n'intercepte pas A, donc $(x, y) \notin \overline{A}$.

En conclusion

$$\overline{A} = \left\{(x, y) \in \mathbb{R}^2 \,/\, x \leq 1 \text{ et } y \leq 1\right\}$$

et

$$\partial A = \overline{A} \backslash \overset{o}{A} = \left\{(x, y) \in \mathbb{R}^2 \,/\, (x = 1 \text{ et } y \leq 1) \text{ ou } (x \leq 1 \text{ et } y = 1)\right\}.$$

1.e) La question ne présente pas de difficulté et peut être traitée en effectuant des tests comme en 1.d. On trouve $\overset{o}{A} = \varnothing$, $\overline{A} = A$, et $\partial A = A$.

1.f) On trouve

$$\begin{aligned} \overset{o}{A} &= \left\{(x, y) \in \mathbb{R}^2 \,/\, -1 < x < 2,\, 0 < y < 2\right\}, \\ \overline{A} &= \left\{(x, y) \in \mathbb{R}^2 \,/\, -1 \leq x \leq 2,\, 0 \leq y \leq 2\right\}, \end{aligned}$$

et $\partial A = \overline{A} \backslash \overset{o}{A}$.

2) En utilisant 1.c, on obtient $\overline{\overset{o}{\mathbb{Q}}} = \mathbb{R}$ et $\overset{o}{\overline{\mathbb{Q}}} = \varnothing$. L'égalité proposée est donc fausse en général.

Exercice 45 ***Frontière de la réunion***

Soient A et B deux parties d'un espace vectoriel normé E. On suppose que $\overline{A} \cap \overline{B} = \emptyset$. Démontrer que la frontière $\partial(A \cup B)$ est donnée par la formule $\partial(A \cup B) = \partial A \cup \partial B$, et cela de deux façons différentes :

a) En utilisant la définition de ∂A en fonction de l'adhérence $\overline{A}$ et de l'intérieur $\overset{o}{A}$ de A, à savoir $\partial A = \overline{A} \backslash \overset{o}{A}$,

b) En démontrant puis en employant la caractérisation "locale" des points de la frontière ∂A d'une partie A, à savoir

$$x \in \partial A \Leftrightarrow \forall V \in \mathcal{V}(x) \quad V \cap A \neq \emptyset \text{ et } V \cap \complement A \neq \emptyset.$$

Solution :

a) On a

$$\begin{aligned}
\partial(A \cup B) &= \overline{A \cup B} \backslash \overbrace{A \cup B}^{o} \\
&= \left(\overline{A} \cup \overline{B}\right) \cap \complement\left(\overbrace{A \cup B}^{o}\right) \\
&= \left(\overline{A} \cup \overline{B}\right) \cap \overline{\complement(A \cup B)} \\
&= \left(\overline{A} \cup \overline{B}\right) \cap \overline{\complement A \cap \complement B} = \left[\overline{A} \cap \overline{\complement A \cap \complement B}\right] \cup \left[\overline{B} \cap \overline{\complement A \cap \complement B}\right].
\end{aligned}$$

Lemme : Si $\overline{A} \cap \overline{B} = \emptyset$, alors $\overline{A} \cap \overline{\complement A \cap \complement B} = \overline{A} \cap \overline{\complement A} \cap \overline{\complement B}$.

Preuve du Lemme : L'inclusion $\overline{A} \cap \overline{\complement A \cap \complement B} \subset \overline{A} \cap \overline{\complement A} \cap \overline{\complement B}$ est triviale. Réciproquement, si $x \in \overline{A} \cap \overline{\complement A} \cap \overline{\complement B}$,

$$x \in \overline{A} \subset \complement \overline{B} = \overbrace{\complement B}^{o}$$

donc $\complement B$ est un voisinage de x. Pour tout voisinage V de x, $V \cap \complement B$ sera encore un voisinage de x, et l'hypothèse $x \in \overline{\complement A}$ permet d'écrire $(V \cap \complement B) \cap \complement A \neq \emptyset$, soit $x \in \overline{A} \cap \overline{\complement A \cap \complement B}$. ■

Le Lemme permet d'écrire

$$\partial(A \cup B) = \left[\overline{A} \cap \overline{\complement A} \cap \overline{\complement B}\right] \cup \left[\overline{B} \cap \overline{\complement A} \cap \overline{\complement B}\right] = \left[\partial A \cap \overline{\complement B}\right] \cup \left[\partial B \cap \overline{\complement A}\right].$$

Comme $\partial A \subset \overline{A} \subset \complement \overline{B}$ et $\partial B \subset \overline{B} \subset \complement \overline{A}$, on déduit bien $\partial(A \cup B) = \partial A \cup \partial B$.

b) On a bien

$$\begin{aligned}
x \in \partial A \quad &\Leftrightarrow \quad \begin{cases} x \in \overline{A} \\ x \notin \overset{o}{A} \end{cases} \Leftrightarrow \begin{cases} \forall V \in \mathcal{V}(x) \quad V \cap A \neq \emptyset \\ \neg(\exists V \in \mathcal{V}(x) \quad V \subset A) \end{cases} \\
&\Leftrightarrow \quad \begin{cases} \forall V \in \mathcal{V}(x) \quad V \cap A \neq \emptyset \\ \forall V \in \mathcal{V}(x) \quad V \cap \complement A \neq \emptyset. \end{cases}
\end{aligned}$$

Ainsi

$$\begin{aligned} x \in \partial(A \cup B) \quad &\Leftrightarrow \quad \forall V \in \mathcal{V}(x) \begin{cases} V \cap (A \cup B) \neq \emptyset \\ V \cap \complement(A \cup B) \neq \emptyset \end{cases} \\ &\Leftrightarrow \quad \forall V \in \mathcal{V}(x) \begin{cases} (V \cap A) \cup (V \cap B) \neq \emptyset \\ V \cap \complement A \cap \complement B \neq \emptyset \end{cases} \qquad (1) \end{aligned}$$

et tout revient à montrer l'équivalence entre (1) et (2) en posant

$$(2) \qquad x \in \partial A \cup \partial B.$$

Si (1) est vérifiée, de deux choses l'une. S'il existe $V_0 \in \mathcal{V}(x)$ tel que $V_0 \cap B = \emptyset$, alors pour tout voisinage $V \in \mathcal{V}(x)$ tel que $V \subset V_0$, on aura $V \cap A \neq \emptyset$. Par suite $V \cap A \neq \emptyset$ et $V \cap \complement A \neq \emptyset$ entraînent $x \in \partial A$ et (2) est vérifiée. Si $V \cap B \neq \emptyset$ pour tout voisinage V de x, (1) entraîne $V \cap B \neq \emptyset$ et $V \cap \complement B \neq \emptyset$, d'où $x \in \partial B$ et (2) est vérifiée. On a prouvé que l'implication (1) $\Rightarrow$ (2) était vraie dans tous les cas (ainsi l'inclusion $\partial(A \cup B) \subset \partial A \cup \partial B$ est-elle toujours vraie).

Montrons l'implication réciproque (2) $\Rightarrow$ (1). Si x vérifie (2), par exemple $x \in \partial A$ et l'on a

$$\forall V \in \mathcal{V}(x) \quad V \cap A \neq \emptyset \text{ et } V \cap \complement A \neq \emptyset. \quad (3)$$

La première assertion de (1) est donc trivialement vérifiée, et l'on aura prouvé l'implication si l'on montre l'implication

$$(3) \Rightarrow \forall V \in \mathcal{V}(x) \quad V \cap \complement A \cap \complement B \neq \emptyset.$$

Par l'absurde : si cette implication était fausse, il existerait un voisinage V_0 de x tel que

$$\begin{cases} V \cap \complement A \cap \complement B = \emptyset \\ V \cap \complement A \neq \emptyset, \end{cases} \quad \text{c'est-à-dire} \quad \begin{cases} V \cap \complement A \subset B \\ V \cap \complement A \neq \emptyset, \end{cases}$$

Rappelons que $x \in \partial A$. Il existe un entier n_0 tel que $B\left(x, \frac{1}{n_0}\right) \subset V$, et pour tout $n \geq n_0$, la boule ouverte $V_n := B\left(x, \frac{1}{n}\right)$ satisfait $V_n \cap \complement A \neq \emptyset$. Il existe donc z_n tel que

$$z_n \in V_n \cap \complement A \subset V \cap \complement A \subset B.$$

Comme $\lim z_n = x$ et $z_n \in B$ pour tout $n \geq n_0$, on en déduit $x \in \overline{B}$ donc $x \in \overline{A} \cap \overline{B}$, ce qui contredit l'hypothèse de l'énoncé. En conclusion l'implication (2) $\Rightarrow$ (1) est vraie.

Exercice 46 *(Examen de juin 2000) Soit* (E, d) *un espace métrique.*

1) A_1, A_2, ..., A_n *étant une suite finie d'ouverts de* E*, montrer que* $\bigcap_{i=1}^{i=n} A_i$ *est un ouvert de* E*.*

2) Donner un exemple d'une suite infinie d'ouverts distincts de $\mathbb{R}$ *dont l'intersection n'est pas un ouvert de* $\mathbb{R}$*.*

Solution :

1) Si x appartient à l'intersection $\bigcap_{i=1}^{i=n} A_i$ alors x appartient à chacun des A_i. Comme A_i est ouvert, il existe un réel strictement positif r_i tel que la boule ouverte $B(x, r_i)$ soit incluse dans A_i. Si l'on pose $r = \operatorname{Min}\{r_i \,/\, i \in \mathbb{N}_n\}$, on trouve

$$x \in B(x, r) \subset \bigcap_{i=1}^{i=n} A_i.$$

On a montré

$$\forall x \in \bigcap_{i=1}^{i=n} A_i \quad \exists r \in \mathbb{R}_+^* \quad B(x, r) \subset \bigcap_{i=1}^{i=n} A_i$$

ce qui traduit le fait que $\bigcap_{i=1}^{i=n} A_i$ est bien un ouvert de E.

2) On prend par exemple

$$\bigcap_{n \in \mathbb{N}^*} \left]1 - \frac{1}{n}, 2 + \frac{1}{n}\right[= [1, 2].$$

Exercice 47 *(Examen de juin 1998) Si* A *et* B *désignent deux parties non vides de* $\mathbb{R}^m$*, on note*

$$A + B = \{x \in \mathbb{R}^m \,/\, x = a + b \text{ avec } a \in A,\, b \in B\}.$$

Si $A = \{a\}$*, on note simplement* $\{a\} + B = a + B$*.*

1) Montrer que, si B *est un ouvert de* $\mathbb{R}^m$*, alors pour tout* $x \in \mathbb{R}^m$ *l'ensemble* $x + B$ *est un ouvert de* $\mathbb{R}^m$*. En déduire que pour toute partie* A *non vide de* $\mathbb{R}^m$ *l'ensemble* $A + B$ *est un ouvert de* $\mathbb{R}^m$*.*

2) On suppose que A *et* B *sont des compacts de* $\mathbb{R}^m$*. Montrer que* $A + B$ *est un compact de* $\mathbb{R}^m$ *(on pourra considérer une suite* $(x_n)_{n \in \mathbb{N}}$ *de points de* $A + B$*).*

Solution :

1) Soit $y \in x+B$. Il existe $b \in B$ tel que $y = x+b$, et puisque B est ouvert on peut trouver une boule ouverte $B(b,r)$ de centre b et de rayon r incluse dans B. Alors $B(y,r) \subset x+B$ comme on le vérifie en écrivant

$$\begin{aligned} z \in B(y,r) &\Rightarrow \|z-y\| < r \\ &\Rightarrow \|z-x-b\| < r \Rightarrow z-x \in B(b,r) \subset B \Rightarrow z \in x+B. \end{aligned}$$

On a montré que pour tout $y \in x+B$ il existe $r>0$ tel que $B(y,r) \subset x+B$, autrement dit $x+B$ est ouvert.
Si A est une partie non vide quelconque de $\mathbb{R}^m$, $A+B = \bigcup_{a\in A}(a+B)$ est ouvert comme réunion d'ouvert.

2) De toute suite $(x_n)_{n\in\mathbb{N}}$ de points de $A+B$ il faut être capable d'extraire une sous-suite convergente dans $A+B$. On peut toujours écrire $x_n = a_n + b_n$ avec $a_n \in A$ et $b_n \in B$. L'ensemble A étant compact il existe une sous-suite $(a_{n_k})_k$ de (a_n) qui converge vers un élément a de A. De même puisque B est compact il existe une sous-suite $\left(b_{n_{k_s}}\right)_s$ de $(b_{n_k})_k$ qui converge vers $b \in B$. On constate alors que la sous-suite $\left(a_{n_{k_s}} + b_{n_{k_s}}\right)_s$ de $(x_n)_n$ tend vers $a+b \in A+B$ et cela achève la preuve.

Exercice 48 *(partiel d'avril 1998)*
Soit f la fonction définie sur $D = \left\{(x,y) \in \mathbb{R}^2 \,/\, x \neq 0\right\}$ par :

$$\begin{aligned} f: \ \mathbb{R}^2 &\to \mathbb{R} \\ (x,y) &\mapsto \tfrac{x+\sqrt[3]{y}}{x}. \end{aligned}$$

1) Déterminer la plus grande partie A de D telle que la restriction $f|_A$ de f à A soit la fonction constamment égale à 2.

2) Quelle est la nature topologique de A ?

3) Déterminer l'adhérence $\overline{A}$, l'intérieur $\overset{o}{A}$, et la frontière ∂A de A.

4) Peut-on prolonger la fonction f pas continuité au point $(0,0)$?

Solution :

1)

$$\frac{x+\sqrt[3]{y}}{x} = 2 \Leftrightarrow \sqrt[3]{y} = x \Leftrightarrow y = x^3.$$

L'ensemble A cherché est la cubique $y = x^3$ privée du point $(0,0)$.

$$A = \left\{(x,y) \in \mathbb{R}^2 \,/\, x \neq 0 \text{ et } y = x^3\right\}.$$

2) Si $n \in \mathbb{N}^*$, la suite des points $M_n = (\frac{1}{n}, \frac{1}{n^3})$ est dans A et tend vers $(0,0)$ qui n'appartient pas à A, donc A n'est pas un fermé de $\mathbb{R}^2$. Il n'est pas ouvert puisque si $M = (x, x^3)$ appartient à A, toute boule $B(M,r)$ de centre M et de rayon $r > 0$ ne sera pas incluse dans A. Pour le voir, on peut par exemple considérer le point $(x, x^3 + \frac{r}{2})$ qui appartient à $B(M,r) \backslash A$ (et cela pour n'importe laquelle des trois normes usuelles sur $\mathbb{R}^2$).

3) On a prouvé ci-dessus que n'importe quelle boule ouverte de rayon strictement positif et centrée en un point de A "déborde" (i.e. n'est pas incluse dans A). Donc $\overset{o}{A} = \emptyset$. Posons $B = A \cup \{(0,0)\}$. On a $A \subset \overline{A}$ et $(0,0) \in \overline{A}$ (puisque $(0,0) = \lim(\frac{1}{n}, \frac{1}{n^3})$ et $(\frac{1}{n}, \frac{1}{n^3}) \in A$ pour tout n), donc $B \subset \overline{A}$. Pour montrer la réciproque, on peut noter que B est fermé comme l'image réciproque de 0 par la fonction continue

$$\begin{array}{rlcl} g: & \mathbb{R}^2 & \to & \mathbb{R} \\ & (x,y) & \mapsto & y - x^3. \end{array}$$

Comme $A \subset B$, et comme $\overline{A}$ est, par définition, le plus petit fermé de $\mathbb{R}^2$ contenant A, on obtient $\overline{A} \subset B$. En conclusion $\overline{A} = B$, et bien entendu $\partial A = \overline{A} \backslash \overset{o}{A} = B \backslash \emptyset = B$.

4) Les limites

$$\lim_{x \to 0} f(x,0) = 1 \quad \text{et} \quad \lim_{x \to 0} f_2(x, x^3) = \lim_{x \to 0} \frac{2x}{x} = 2$$

étant différentes, il est impossible de prolonger f par continuité au point $(0,0)$. ■

Exercice 49 *(Partiel d'avril 2000) Soit la fonction*

$$f : D \subset \mathbb{R}^2 \to \mathbb{R}, \quad (x,y) \mapsto \frac{x}{\sqrt{x} + \sqrt{y}}.$$

1) Déterminer l'ensemble de définition D de f.

2) L'ensemble D est-il ouvert ? est-il fermé ? Justifier soigneusement les réponses. Déterminer l'intérieur $\overset{o}{D}$ et l'adhérence $\overline{D}$ de D.

3) Montrer que pour tout $(x,y) \in D$ on a $\sqrt{x} + \sqrt{y} \geq \sqrt{x+y}$. Peut-on prolonger la fonction f par continuité sur l'adhérence $\overline{D}$ de D ?

Solution :

1) La fonction f est définie lorsque $x \geq 0$, $y \geq 0$ et $\sqrt{x} + \sqrt{y} \neq 0$. On a

$$\sqrt{x} + \sqrt{y} = 0 \Leftrightarrow \sqrt{x} = -\sqrt{y} = 0 \Leftrightarrow x = y = 0$$

de sorte que

$$D = \left\{(x,y) \in \mathbb{R}^2 \,/\, (x > 0 \text{ et } y \geq 0) \text{ ou } (x \geq 0 \text{ et } y > 0)\right\}.$$

L'ensemble D est le quart de plan fermé $\left\{(x,y) \in \mathbb{R}^2 \,/\, x \geq 0 \text{ et } y \geq 0\right\}$ privé de l'origine $(0,0)$.

2) • L'ensemble D n'est pas ouvert puisque le point $A\,(2,0)$ appartient à D bien que tout disque de centre A ne soit pas inclus dans D. En effet, si $\varepsilon > 0$ représente le rayon du disque ouvert $B\,(A,\varepsilon)$ centré en A, on a $\left(2,-\frac{\varepsilon}{2}\right) \in B\,(A,\varepsilon) \cap \complement D$ (voir figure ci-dessous).

• La suite $\left(\left(\frac{1}{n},0\right)\right)_{n\in\mathbb{N}^*}$ est dans D et converge vers l'origine $(0,0)$ qui n'appartient pas à D. Cela prouve que D n'est pas fermé.

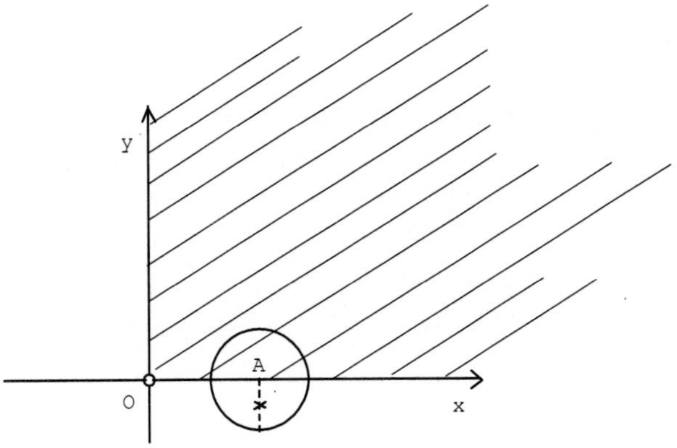

• Recherche de $\overset{o}{D}$: Le quart de plan ouvert $Q = \left\{(x,y) \in \mathbb{R}^2 \,/\, x > 0 \text{ et } y > 0\right\}$ est un ouvert (puisque c'est l'intersection des images réciproques de l'ouvert $\mathbb{R}_+^*$ par les applications continues $u\,(x,y) = x$ et $v\,(x,y) = y$) inclus dans D. par conséquent $Q \subset \overset{o}{D}$. Aucun des points de $\overset{o}{D}\backslash Q$ n'est à l'intérieur de D (pour le voir, il suffit d'introduire des boules de centre un point quelconque M situé sur l'une des demi-droites formant $\overset{o}{D}\backslash Q$, et de raisonner comme au premier alinéas de la question 2), par conséquent $\overset{o}{D} = Q$.

• Recherche de $\overline{D}$: L'adhérence $\overline{D}$ de D est l'ensemble des limites (x,y) des suites $((x_n,y_n))_n$ de D. En passant à la limite dans les inégalités $x_n \geq 0$ et $y_n \geq 0$ on obtient $x \geq 0$ et $y \geq 0$ d'où $\overline{D} \subset \overline{Q}$, où $\overline{Q}$ représente le quart de plan fermé$\left\{(x,y) \in \mathbb{R}^2 \,/\, x \geq 0 \text{ et } y \geq 0\right\}$. Par ailleurs, on a toujours $D \subset \overline{D}$, et le points $(0,0)$ appartient à $\overline{D}$ puisque c'est la limite de la suite $\left(\frac{1}{n},\frac{1}{n}\right)_n$

de D. On a donc montré l'inclusion réciproque $\overline{Q} = D \cup \{(0,0)\} \subset \overline{D}$, et l'on peut affirmer que $\overline{D} = \overline{Q}$.

3) On a

$$\begin{aligned}\sqrt{x} + \sqrt{y} \geq \sqrt{x+y} \quad &\Leftrightarrow \quad \left(\sqrt{x} + \sqrt{y}\right)^2 \geq \left(\sqrt{x+y}\right)^2 \\ &\Leftrightarrow \quad x + y + 2\sqrt{x}\sqrt{y} \geq x + y \\ &\Leftrightarrow \quad \sqrt{x}\sqrt{y} \geq 0\end{aligned}$$

et cette dernière égalité est trivialement vérifiée. On aura

$$|f(x,y)| = \left|\frac{x}{\sqrt{x} + \sqrt{y}}\right| \leq \frac{x}{\sqrt{x+y}} \leq \frac{x+y}{\sqrt{x+y}} \leq \sqrt{x+y}$$

donc $\lim_{(x,y)\to(0,0)} f(x,y) = 0$. On peut ainsi prolonger f par continuité en $(0,0)$ en posant $f(0,0) = 0$.

Exercice 50 *Soient $f : E \to F$ une application entre deux espaces métriques et $a \in E$. De façon générale, on note $\mathcal{V}(a)$ l'ensemble de tous les voisinages de a.*

1) Montrer que $\lim_{x\to a} f(x) = l$ si et seulement si

$$\forall V \in \mathcal{V}(l) \quad f^{-1}(V) \subset \mathcal{V}(a)$$

2) Montrer que $\lim_{x\to a} f(x) = l$ si et seulement si f transforme toute suite de points (a_n) tendant vers a en une suite de points $(f(a_n))$ tendant vers l.

3) Montrer que f admet une limite lorsque x tend vers a si et seulement si f transforme toute suite de points (a_n) tendant vers a en une suite convergente de F.

4) Montrer l'équivalence entre les assertions :

i) $f : E \to F$ est continue,
ii) L'image réciproque de tout ouvert par f est un ouvert,
iii) L'image réciproque de tout fermé par f est un fermé.

5) Montrer en exhibant un contre-exemple que l'image directe d'un ouvert (resp. d'un fermé) de E par une application continue n'est pas nécessairement un ouvert (resp. un fermé) de F.

Solution :

Rappelons que par définition $\lim_{x\to a} f(x) = l$ si et seulement si l'une des trois propriétés équivalentes suivantes est vraie :

$$\begin{array}{ll}(1) & \forall \varepsilon > 0 \quad \exists \eta > 0 \quad \mathrm{d}(x,a) < \eta \Rightarrow \mathrm{d}(f(x), l) < \varepsilon \\ (2) & \forall \varepsilon > 0 \quad \exists \eta > 0 \quad f(B(a,\eta)) \subset B(l,\varepsilon) \\ (3) & \forall V \in \mathcal{V}(l) \quad \exists U \in \mathcal{V}(a) \quad f(U) \subset V\end{array}$$

1) Si $\lim_{x \to a} f(x) = l$, alors pour tout $V \in \mathcal{V}(l)$ l'assertion (3) entraine

$$\exists U \in \mathcal{V}(a) \quad U \subset f^{-1}(f(U)) \subset f^{-1}(V)$$

et donc $f^{-1}(V)$ est un voisinage de a puisque contient le voisinage U de a. On a montré l'assertion

$$\forall V \in \mathcal{V}(l) \quad f^{-1}(V) \subset \mathcal{V}(a) \quad (4)$$

Réciproquement, si (4) a lieu, alors (3) est vrai avec $U = f^{-1}(V)$ puisqu'alors

$$f(U) = f\left(f^{-1}(V)\right) \subset V.$$

2) La condition est évidemment nécessaire comme on le voit en utilisant le Théorème de composition des limites : si $\lim_{x \to a} f(x) = l$ et si $\lim a_n = a$, alors $\lim f(a_n) = l$. Réciproquement, supposons qu'il existe $l \in F$ tel que, pour toute suite de points (a_n) tendant vers a, la suite $(f(a_n))$ tende vers l, et montrons que $\lim_{x \to a} f(x) = l$. Supposons par l'absurde que $\lim_{x \to a} f(x) \neq l$. Dans ce cas

$$\exists \varepsilon > 0 \quad \forall \eta > 0 \quad \exists x \in B(a,\eta) \quad f(x) \notin B(l,\varepsilon).$$

En particulier, pour $n \in \mathbb{N}^*$ et $\eta = 1/n$:

$$\forall n \in \mathbb{N}^* \quad \exists x_n \in B\left(a, \frac{1}{n}\right) \quad f(x_n) \notin B(l,\varepsilon).$$

Nous venons de construire une suite (x_n) de E qui converge vers a (en effet, $d(x_n, a) < 1/n$ pour tout n, et par conséquent $\lim_{n \to +\infty} d(x_n, a) = 0$) et telle que $(f(x_n))$ ne converge pas vers l (puisque $f(x_n) \notin B(l,\varepsilon)$ pour tout n). C'est absurde.

3) La nécessité de la condition se montre comme à la question 2). Réciproquement, supposons que f transforme toute suite de points (a_n) tendant vers a en une suite convergente de F, et montrons l'existence d'un élément l limite commune de toutes ces suites $(f(a_n))$. Cela nous permettra d'utiliser la question 2) et de conclure à $\lim_{x \to a} f(x) = l$.

Considérons deux suites (a_n) et (b_n) de limite a. Par hypothèse, $(f(a_n))$ converge vers un certain l, tandis que $(f(b_n))$ converge vers l'. Construisons une suite (c_n) en imbriquant les deux suites (a_n) et (b_n), par exemple en posant $c_{2n} = a_n$ et $c_{2n+1} = b_n$ pour tout n. La suite

$$(c_n) = (a_0, b_0, a_1, b_1, a_2, b_2, ..., a_n, b_n, ...)$$

obtenue tend vers a, et l'hypothèse nous assure que la suite

$$(f(c_n)) = (f(a_0), f(b_0), f(a_1), f(b_1), f(a_2), f(b_2), ..., f(a_n), f(b_n), ...)$$

converge vers un certain élément l''. Comme toute suite extraite d'une suite convergente converge vers la même limite, et comme $(f(a_n))$ et $(f(b_n))$ sont toutes deux extraites de $(f(c_n))$, on déduit $l = l' = l''$, et cela achève la preuve.

Remarque : Si F est complet, on peut énoncer

$$\left(\begin{array}{c} f \text{ admet une limite} \\ \text{quand } x \text{ tend vers } a \end{array}\right) \Leftrightarrow \left(\begin{array}{c} \text{Pour toute suite } (a_n) \text{ tendant vers } a, \\ (f(a_n)) \text{ est une suite de Cauchy.} \end{array}\right)$$

sans aucune référence aux limites en question.

4) i) $\Rightarrow$ ii) : Par définition $f : E \to F$ est continue si et seulement si elle est continue en tout point a de E. Autrement dit

$$\forall a \in E \quad \forall V \in \mathcal{V}(f(a)) \quad \exists U \in \mathcal{V}(a) \quad f(U) \subset V$$

ou encore en notant $\mathcal{V}_0(a)$ la famille des voisinages ouverts de a,

$$\forall a \in E \quad \forall V \in \mathcal{V}_0(f(a)) \quad \exists U \in \mathcal{V}_0(a) \quad f(U) \subset V$$

Soient W un ouvert de F et $a \in f^{-1}(W)$. $f(a) = b \in W$. La continuité de f en a montre l'existence d'un ouvert U contenant a tel que $f(U) \subset W$. Alors

$$a \in U \subset f^{-1}(W)$$

et $f^{-1}(W)$ sera ouvert.

ii) $\Rightarrow$ i) : Soit $a \in E$. Montrons que f est continue en a. Soit V un ouvert contenant $f(a)$. L'ensemble $f^{-1}(V)$ est ouvert par hypothèse et contient a, donc

$$\exists U = f^{-1}(V) \in \mathcal{V}_0(a) \quad f(U) \subset V$$

Cela signifie bien que f est continue en a.

ii) $\Rightarrow$ iii) : Si T est un fermé de F, alors $\complement f^{-1}(T) = f^{-1}(\complement T)$ sera ouvert comme l'image réciproque d'un ouvert de F. Par suite $f^{-1}(T)$ sera fermé.

iii) $\Rightarrow$ ii) : Si V est un ouvert de F, alors $\complement f^{-1}(V) = f^{-1}(\complement V)$ sera fermé comme l'image réciproque d'un fermé de F. Par suite $f^{-1}(T)$ sera ouvert.

5) On fera les graphes des fonctions ci-dessous pour bien comprendre le choix de ces contre-exemples. L'application

$$\begin{array}{rccc} f: & \mathbb{R}_+^* & \to & \mathbb{R} \\ & x & \mapsto & \frac{1}{x} \end{array}$$

est continue et transforme le fermé $[1, +\infty[$ de $\mathbb{R}_+^*$ en $]0, 1]$ qui n'est pas fermé dans $\mathbb{R}$.
L'application

$$\begin{array}{rccc} g: & \mathbb{R} & \to & \mathbb{R} \\ & x & \mapsto & x^2 \end{array}$$

est continue et transforme l'ouvert $]-1, +\infty[$ en $[0, +\infty[$ qui n'est pas ouvert dans $\mathbb{R}$.

3.2 Compacité

Exercice 51 *Les ensembles suivants :*

1) $A = \{(x, y) \in \mathbb{R}^2 \,/\, 1 \leq x \leq 2,\ 2 \leq y \leq 3\}$,
2) $B = \{(x, y, z) \in \mathbb{R}^3 \,/\, 1 \leq x \leq 2,\ 2 \leq y \leq 3\}$,
3) $C = \{(x, y) \in \mathbb{R}^2 \,/\, 1 \leq x^2 + 5y^2 \leq 7\}$,

- sont-ils fermés ? On justifiera soigneusement la réponse que l'on donnera au 1), et l'on donnera au moins une fois deux preuves différentes dans le cas où l'ensemble est fermé.

- sont-ils bornés ?

- sont-ils compacts ?

Solution :

D'après le cours, une partie de $\mathbb{R}^2$ est compacte si et seulement si elle est fermée et bornée. Répondre à la dernière question revient donc à répondre aux deux premières questions, et c'est ce que nous allons faire.

1) • A **est-il fermé ?** Les applications u, v, w, s de $\mathbb{R}^2$ vers $\mathbb{R}$ définies par $u(x, y) = 2 - x$, $v(x, y) = x - 1$, $w(x, y) = 3 - y$ et $s(x, y) = y - 2$ sont polynomiales, donc continues sur $\mathbb{R}^2$, et les images réciproques du fermé $\mathbb{R}_+$ par ces applications sont des fermés de $\mathbb{R}^2$. La partie

$$A = u^{-1}(\mathbb{R}_+) \cap v^{-1}(\mathbb{R}_+) \cap w^{-1}(\mathbb{R}_+) \cap s^{-1}(\mathbb{R}_+)$$

est donc fermée comme l'intersection d'un nombre fini de fermés.

Autre méthode : On peut vérifier que A est fermé en utilisant des suites. Il suffit de prouver que toute suite $\{(x_n, y_n)\}_{n\in\mathbb{N}}$ de A qui converge dans E, converge vers une limite l qui appartient encore à A. Posons $l = (l_1, l_2)$. Par hypothèse $\lim x_n = l_1$ et $\lim y_n = l_2$, et il suffit de passer à la limite dans les inégalités $1 \le x_n \le 2$ et $2 \le y_n \le 3$ pour obtenir $1 \le l_1 \le 2$ et $2 \le l_2 \le 3$, ce qui signifie bien que $l = (l_1, l_2)$ appartient à A.

• *A* **est-il borné ?** Oui, certainement, puisqu'il s'agit d'un pavé. Tout point (x, y) de A vérifie $|| (x, y) ||_1 = |x| + |y| \le 2 + 3 = 5$.

2) • *B* **est-il fermé ?** Oui, puisque le raisonnement fait en 1) convient encore.

• *B* **est-il borné ?** Sur ce point, toute similitude avec la première question est à exclure, puisqu'ici z peut prendre absolument n'importe quelle valeur réelle. Ainsi $(1, 2, z)$ appartient à B quel que soit $z \in \mathbb{R}$, et $|| (1, 2, z) ||_1 = 3+|z|$ peut être rendu supérieur à n'importe quel nombre réel donné à l'avance. B n'est pas borné.

3) • *C* **est-il fermé ?** Oui, car C est l'intersection des deux fermés $f^{-1}(\mathbb{R}_+)$ et $g^{-1}(\mathbb{R}_+)$, images réciproques du fermé $\mathbb{R}_+$ par les applications continues f et g de $\mathbb{R}^2$ dans $\mathbb{R}$ définies par $f(x, y) = x^2 + 5y^2 - 1$ et $g(x, y) = 7 - x^2 - 5y^2$.

• *C* **est-il borné ?** Les coordonnées de n'importe quel point (x, y) de C vérifie $x^2 \le 7$ et $5y^2 \le 7$, c'est-à-dire $|x| \le \sqrt{7}$ et $|y| \le \sqrt{7}/\sqrt{5}$, de sorte que l'on ait

$$\forall (x, y) \in C \quad || (x, y) ||_1 = |x| + |y| \le \sqrt{7} + \sqrt{\frac{7}{5}}.$$

Ainsi C est borné.

Exercice 52 *Parmi les parties suivantes de $\mathbb{R}^2$, pouvez-vous repérer celles qui sont compactes ? Justifiez soigneusement vos réponses.*

1) $A = \{(x, y) \in \mathbb{R}^2 \,/\, x \le y \le 2x + 1,\ y \ge 3x^2 + 2x - 1\}$,

2) $B = \{(x, y) \in \mathbb{R}^2 \,/\, y^2 \le 5x + 3,\ x \ge 0 \text{ et } xy \le 1 + 2x\}$,

3) $C = \{(x, y) \in \mathbb{R}^2 \,/\, 1 \le x \le 5,\ \frac{x^2}{4} \le 1 + \frac{y^2}{7}\}$.

Solution :

On sait qu'une partie de $\mathbb{R}^2$ est compacte si et seulement si elle est fermée et bornée. En raisonnant comme dans l'Exercice 51, on montre que toutes les parties A, B et C proposées ici sont fermées. Savoir si elles sont compactes revient donc maintenant à savoir si elles sont bornées.

1) De $3x^2 + 2x - 1 \leq y \leq 2x + 1$ on déduit $3x^2 \leq 2$ donc $|x| \leq \sqrt{2/3}$. Par suite

$$-\sqrt{\frac{2}{3}} \leq x \leq y \leq 2x + 1 \leq 2\sqrt{\frac{2}{3}} + 1, \text{ et } |y| \leq 2\sqrt{\frac{2}{3}} + 1.$$

Tout point (x, y) de A vérifie donc $\|(x, y)\|_1 = |x| + |y| \leq 3\sqrt{2/3} + 1$, et A est borné, comme on le vérifie en dessinant A.

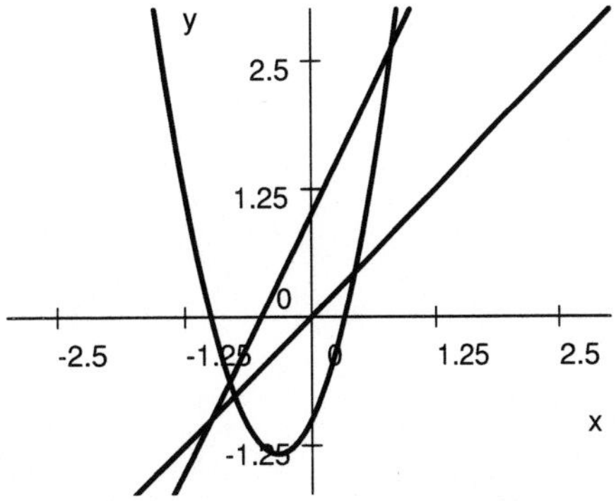

2) Pour tout entier naturel n, le point $M_n(n, 1)$ appartient à B puisque

$$1^2 \leq 5n + 3, \quad n \geq 0 \quad \text{et} \quad n \leq 1 + 2n.$$

Comme $\|(n, 1)\|_2 = \sqrt{n^2 + 1}$ tend vers $+\infty$ quand n tend vers $+\infty$, la partie B n'est pas bornée (et donc n'est pas compacte).

3) Les points W_y de coordonnées $(2, y)$ appartiennent tous à C quel que soit le réel y, donc C n'est pas borné. Dans le cas contraire, il existerait un réel M tel que $\|(2, y)\|_2 = \sqrt{4 + y^2} \leq M$ pour tout $y \geq 0$, ce qui est absurde puisque $\lim_{y \to +\infty} \sqrt{4 + y^2} = +\infty$.

Exercice 53 *E et F désignent deux espaces métriques, $f : E \to F$ est une application continue de E vers F et K est un compact de E. Montrer que $f(K)$ est un compact de F.*

Solution :

La partie $f(K)$ de l'espace métrique F est compacte si et seulement de toute suite (y_n) de $f(K)$ on peut extraire une sous-suite convergente dans $f(K)$. Par hypothèse, pour tout entier n, il existe $x_n \in K$ tel que $y_n = f(x_n)$. Comme (x_n) est une suite du compact K, il est possible de trouver une sous-suite $(x_{n_k})_k$ convergente vers un élément l de K. La continuité de f montre alors que la suite $(f(x_{n_k}))_k = (y_{n_k})_k$ converge vers $f(l)$, et bien entendu $f(l)$ appartient à $f(K)$.

Exercice 54 *(Partiel d'avril 1998) Soit A la partie de $\mathbb{R}^2$ définie par*

$$A = \left\{(x,y) \in \mathbb{R}^2 \,/\, x \geq 0,\ xy \leq 1 \text{ et } |x-y| \leq 2\right\}.$$

1) Réprésenter dans le plan rapporté à un repère orthonormal l'ensemble A en prenant comme unité de longueur 3 cm.

2) Interpréter A comme :

a) intersection de quatre images réciproques de l'intervalle $]-\infty, 0]$ par quatre fonctions f_1, f_2, f_3 et f_4.

b) intersection de quatre images réciproques de quatre intervalles de $\mathbb{R}$ par 3 fonctions homogènes h_1, h_2 et h_3 dont on précisera le degré d'homogénéïté.

3) Montrer que si $(x,y) \in A$, alors $x^2 - 2x - 1 \leq 0$.

4) En déduire que pour tout $(x,y) \in A$ les majorations suivantes sont vraies :

a) $\|(x,y)\|_1 \leq 2(2+\sqrt{2})$;

b) $\|(x,y)\|_2 \leq 2\sqrt{2}(2+\sqrt{2})$;

c) $\|(x,y)\|_\infty \leq 3+\sqrt{2}$.

5) Quelle propriété de l'ensemble A est mise en évidence dans la question précédente ? Donner trois interprétations géométriques de cette propriété.

6) L'ensemble A est-il compact ?

Solution :

1) A est l'intérieur de la figure $ABCD$ délimitée par trois segments et un arc de la parabole $y = \frac{1}{x}$, frontières comprises.

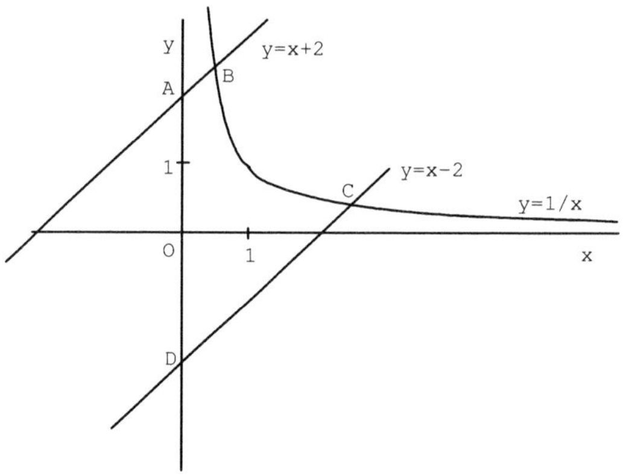

2.a) Les fonctions continues sur $\mathbb{R}^2$:

$$f_1 : \begin{array}{ccc} \mathbb{R}^2 & \to & \mathbb{R} \\ (x,y) & \mapsto & -x \end{array} \quad f_2 : \begin{array}{ccc} \mathbb{R}^2 & \to & \mathbb{R} \\ (x,y) & \mapsto & xy-1 \end{array}$$

et

$$f_3 : \begin{array}{ccc} \mathbb{R}^2 & \to & \mathbb{R} \\ (x,y) & \mapsto & x-y-2 \end{array} \quad f_4 : \begin{array}{ccc} \mathbb{R}^2 & \to & \mathbb{R} \\ (x,y) & \mapsto & -x+y-2 \end{array}$$

sont telles que $A = \bigcap_{1\leq i\leq 4} f_i^{-1}(]-\infty, 0])$.

2.b) On définit les fonctions homogènes de degrés respectifs 1, 2 et 1 suivantes :

$$h_1 : \begin{array}{ccc} \mathbb{R}^2 & \to & \mathbb{R} \\ x & \mapsto & x \end{array} \quad h_2 : \begin{array}{ccc} \mathbb{R}^2 & \to & \mathbb{R} \\ x & \mapsto & xy \end{array} \quad h_3 : \begin{array}{ccc} \mathbb{R}^2 & \to & \mathbb{R} \\ x & \mapsto & x-y \end{array}$$

pour écrire $A = h_1^{-1}([0,+\infty[) \cap h_2^{-1}(]-\infty,1]) \cap h_3^{-1}(]-\infty,2]) \cap h_3^{-1}([-2,+\infty[)$.

3) Si $(x,y) \in A$ et si $x \neq 0$, alors $x-2 \leq y \leq \frac{1}{x}$ entraîne $x^2-2x-1 \leq 0$. Si $x=0$, l'inégalité est triviale, par conséquent $x^2-2x-1 \leq 0$ pour tout $(x,y) \in A$. Cela entraîne $1-\sqrt{2} \leq x \leq 1+\sqrt{2}$ en calculant les racines du trinôme x^2-2x-1, soit $0 \leq x \leq 1+\sqrt{2}$.

4) Si $(x,y) \in A$, alors la question précédente donne $|x| \leq 1+\sqrt{2}$, et donc aussi

$$-2 \leq x-2 \leq y \leq x+2 \leq 3+\sqrt{2} \Rightarrow |y| \leq 3+\sqrt{2}$$

d'où

$$\|(x,y)\|_1 = |x|+|y| \leq (1+\sqrt{2})+(3+\sqrt{2}) = 2(2+\sqrt{2}).$$

On aura ensuite

$$\|(x,y)\|_2 = \sqrt{x^2+y^2} \leq \sqrt{2}\,\|(x,y)\|_1 \leq 2\sqrt{2}(2+\sqrt{2})$$

et

$$\|(x,y)\|_\infty = \mathrm{Sup}\,(|x|,|y|) \leq \mathrm{Sup}(1+\sqrt{2}, 3+\sqrt{2}) = 3+\sqrt{2}.$$

5) La question précédente prouve trois fois que A est bornée. Cette partie A a été successivement incluse dans un carré aux côtés parallèles aux bissectrices (on voit un losange qui est en fait un carré...) pour la norme $\|\|_1$, un disque pour la norme $\|\|_2$, et un carré aux côtés parallèles aux axes de coordonnées pour la norme $\|\|_\infty$.

6) A est borné d'après la question 5), et c'est un fermé comme intersection de quatre images réciproques d'intervalles fermés de $\mathbb{R}$ par des applications continues (cf. question 2). L'ensemble A est donc un compact de $\mathbb{R}^2$ (on rappelle que dans un espace $\mathbb{R}^n$, une partie A est compacte si et seulement si elle est fermée bornée).

Exercice 55 *(examen de juin 1996)*

1) (E, d) étant un espace métrique, soient x un élément de E et $(x_n)_{n\in\mathbb{N}}$ une suite d'éléments de E telle que $\lim_{n\to+\infty} x_n = x$. On pose

$$K = \{x_n \in E \,/\, n \in \mathbb{N}\} \cup \{x\}.$$

Montrer, en utilisant la définition, que le complémentaire $\complement K$ de K dans E est un ouvert de E. Prouver ensuite que $\complement K$ est borné.

2) On considère une application $f : \mathbb{R}^m \to \mathbb{R}^n$ dont la restriction à n'importe quel sous-ensemble compact de $\mathbb{R}^m$ est continue. Montrer que f est continue sur $\mathbb{R}^m$.

Solution :

1) • Soit $y \in \complement K$. Comme $\mathrm{d}(x, y) > 0$ et $\lim\limits_{n\to+\infty} x_n = x$, il existe N tel que

$$n \geq N \Rightarrow x_n \in B\left(x, \frac{\mathrm{d}(x, y)}{2}\right)$$

et si l'on choisit $r = \mathrm{Min}(\mathrm{d}(x_0, y)/2, ..., \mathrm{d}(x_{n-1}, y)/2, \mathrm{d}(x, y)/2)$, on aura $r > 0$ et $B(y, r) \cap K = \emptyset$, soit $B(y, r) \subset \complement K$. Cela prouve que $\complement K$ est ouvert.

Remarque : Donnons ici une justification détaillée de l'assertion

$$B(y, r) \cap K = \emptyset.$$

Pour cela, considérons un élément z de la boule ouverte $B(y, r)$, et raisonnons par l'absurde en supposant que $z = x$ ou bien qu'il existe n tel que $z = x_n$. On envisage deux cas :

a) Si $z = x_n$ avec $n < N$, $\mathrm{d}(y; x_n) < r \leq \mathrm{d}(y; x_n)/2$, absurde.

b) Si $z = x_n$ avec $n \geq N$, ou si $z = x$, alors

$$\mathrm{d}(y; x) \leq \mathrm{d}(y; x_n) + \mathrm{d}(x_n, x) < r + \frac{\mathrm{d}(x, y)}{2} \leq \mathrm{d}(x, y),$$

ce qui est absurde.

• Soit $\varepsilon > 0$ fixé. Il existe N tel que

$$n \geq N \Rightarrow x_n \in B(x, \varepsilon)$$

donc pour tout $z \in K$, on a $d(x, z) \leq \mathrm{Max}(\varepsilon, d(x, x_0), ..., d(x, x_{n-1})) := \varepsilon'$, autrement dit K est inclus dans la boule fermée $\overline{B}(z, \varepsilon')$. Cela signifie que K est borné.

2) Montrer que f est continue sur $\mathbb{R}^m$ revient à montrer que pour tout a appartenant à $\mathbb{R}^m$, et pour toute suite (x_n) tendant vers a, la suite $(f(x_n))$ tend vers $f(a)$. Soit donc $a \in \mathbb{R}^m$, et (x_n) tendant vers a. La partie $K = \{x_n \in E \,/\, n \in \mathbb{N}\} \cup \{a\}$ est fermée bornée dans $\mathbb{R}^m$ d'après la première question, donc est compacte, et $f|_K$ sera continue par hypothèse. Cela s'écrit :

$$\forall \varepsilon \in \mathbb{R}_+^* \quad \exists \eta \in \mathbb{R}_+^* \quad d(x,a) \leq \eta \text{ et } x \in K \Rightarrow d(f(x), f(a)) \leq \varepsilon.$$

Comme $\lim_{n \to +\infty} x_n = a$, il existe N tel que

$$n \geq N \Rightarrow d(x_n, a) \leq \eta$$

et donc

$$\forall \varepsilon \in \mathbb{R}_+^* \quad n \geq N \Rightarrow d(f(x_n), f(a)) \leq \varepsilon$$

ce qui traduit exactement l'affirmation $\lim_{n \to +\infty} f(x_n) = f(a)$.

Exercice 56 *(Examen de septembre 2000)*

1) On considère une suite finie $K_1, \ldots, K_p$ de compacts distincts de $\mathbb{R}^n$. Montrer que la réunion $K_1 \cup \ldots \cup K_p$ est un compact de $\mathbb{R}^n$.

2) Donner deux exemples de suites infinies de compacts distincts de $\mathbb{R}$ pour lesquelles :

a) dans un cas la réunion de ces compacts est fermée, mais non bornée,

b) dans l'autre cas la réunion est bornée mais non fermée.

On justifiera avec soin dans chaque cas les calculs effectués pour trouver la réunion demandée.

Solution :

1) Une partie de $\mathbb{R}^n$ est compacte si et seulement si elle est fermée et bornée. Chacun des ensembles K_i est donc fermé et borné. La réunion finie de fermés est encore un fermé, donc $\bigcup_{i=1}^p K_i$ est un fermé de $\mathbb{R}^n$. Chacun des K_i est borné, donc pour chaque indice i il existe un réel positif M_i tels que K_i soit inclus dans la boule fermée $B(0, M_i)$ de centre 0 et de rayon M_i. Dans ce cas

$$\bigcup_{i=1}^{p} K_i \subset B(0, \mathrm{Max}_{i=1,\ldots,p}(M_i))$$

et $\bigcup_{i=1}^p K_i$ est borné. En conclusion, la réunion $\bigcup_{i=1}^p K_i$ est un fermé borné de $\mathbb{R}^n$, donc un compact de $\mathbb{R}^n$.

2.a) On prend $K_i = [i, i+1]$ pour $i \in \mathbb{N}$. Dans ce cas $\bigcup_{i=0}^{\infty} K_i = [0, +\infty[$ est fermé mais n'est pas borné.

2.b) Si $K_i = \left[\frac{1}{i}, 1 - \frac{1}{i}\right]$ pour $i \in \mathbb{N}\backslash \{0, 1\}$, alors $\bigcup_{i=2}^{\infty} K_i =]0, 1[$ est borné sans être fermé.

Exercice 57 ***Normes équivalentes***

1) On considère deux normes $\| \|_1$ et $\| \|_2$ sur un espace vectoriel E. On dit que ces deux normes sont équivalentes (resp. topologiquement équivalentes) s'il existe deux réels strictement positifs α et β tels que pour tout $x \in E$,

$$\alpha \|x\|_2 \leq \|x\|_1 \leq \beta \|x\|_2 \quad (E)$$

(resp. si les espaces métriques définis à partir de ces normes ont la même topologie). Montrer que deux normes sont équivalentes si et seulement si elles sont topologiquement équivalentes.

2) On considère les trois normes usuelles $\| \|_1$, $\| \|_2$, $\| \|_\infty$ sur $\mathbb{R}^n$.

a) Calculer $\|(1, 5, -3)\|_p$ pour $p \in \{1, 2, \infty\}$.

b) Montrer que les les trois normes usuelles de $\mathbb{R}^n$ sont équivalentes.

c) Donner un autre exemple de norme sur $\mathbb{R}^n$.

3) Montrer que toutes les normes d'un espace vectoriel de dimension finie sont équivalentes.

Solution :

1) Notons $\mathcal{T}_i$ la topologie (c'est-à-dire la famille des ouverts de E) associée à la norme $\|x\|_i$. Le résultat provient du lemme suivant appliqué deux fois :

Lemme 1 : Il existe un réel $\alpha > 0$ tel que $\alpha \|x\|_2 \leq \|x\|_1$ pour tout $x \in E$ si et seulement si la topologie $\mathcal{T}_1$ est plus fine que la topologie $\mathcal{T}_2$.

preuve du lemme : $\mathcal{T}_2 \subset \mathcal{T}_1$ si, et seulement si, l'application

$$Id : \begin{array}{ccc} (E, \mathcal{T}_1) & \rightarrow & (E, \mathcal{T}_2) \\ x & \mapsto & x \end{array}$$

est continue. L'application identique Id étant linéaire, elle sera continue si et seulement si il existe une constante M telle que $\|Id(x)\|_2 \leq M \|x\|_1$. ■

Remarque : L'un des sens du lemme ci-dessus peut se montrer ainsi : si $\alpha \|x\|_2 \leq \|x\|_1$, alors

$$\alpha \|x - x_0\|_2 \leq \|x - x_0\|_1 \leq r \Rightarrow \|x - x_0\|_2 \leq \frac{r}{\alpha}$$

soit $B_1(x_0, r) \subset B_2\left(x_0, \frac{r}{\alpha}\right)$, ou encore

$$\forall r > 0 \quad B_1(x_0, \alpha r) \subset B_2(x_0, r)$$

Si U est un ouvert de $\mathcal{T}_2$, pour tout $x_0 \in U$ il existe $r > 0$ tel que $B_2(x_0, r) \subset U$ et donc à fortiori tel que $B_1(x_0, \alpha r) \subset U$. Cela prouve que U est encore un ouvert de $\mathcal{T}_1$, et l'on a montré que la topologie $\mathcal{T}_1$ était plus fine que la topologie $\mathcal{T}_2$.

2.a) $\|(1,5,-3)\|_1 = |1| + |5| + |-3| = 9$,
$\|(1,5,-3)\|_2 = \sqrt{1^2 + 5^2 + (-3)^2} = \sqrt{35}$,
$\|(1,5,-3)\|_\infty = \mathrm{Sup}(|1|, |5|, |-3|) = 5$.

2.b) Soit $x = (x_1, ..., x_n) \in \mathbb{R}^n$. On a

$$\|x\|_1 = \sum_{i=1}^{n} |x_i| \leq n \|x\|_\infty \quad \text{et} \quad \|x\|_2 = \sqrt{\sum_{i=1}^{n} x_i^2} \leq \sqrt{n \|x\|_\infty^2} = \sqrt{n}\, \|x\|_\infty .$$

Pour conclure, il ne reste plus qu'à majorer $\|x\|_\infty$ par chacune des normes $\|x\|_1$ et $\|x\|_2$. On a

$$\|x\|_\infty = \mathrm{Sup}(|x_1|, ..., |x_n|) \leq \|x\|_1$$

et $\|x\|_\infty^2 \leq \sum_{i=1}^n x_i^2$ donc $\|x\|_\infty \leq \|x\|_2$.

2.c) On vérifie que $\|(x,y)\| = \sqrt{x^2 + dy^2}$ est une norme dès que $d > 0$. Seule l'inégalité triangulaire n'est pas triviale. On a

$$\|(x,y) + (x', y')\| \leq \|(x,y)\| + \|(x', y')\|$$

si et seulement si

$$\sqrt{(x + x')^2 + d(y + y')^2} \leq \sqrt{x^2 + dy^2} + \sqrt{x'^2 + dy'^2}$$

ou encore, en élevant au carré

$$xx' + dyy' \leq \sqrt{x^2 + dy^2}\sqrt{x'^2 + dy'^2}$$

et en élevant encore au carré

$$2xx'yy' \leq x'^2 y^2 + x^2 y'^2$$

ce qui n'est autre que l'identité $0 \leq (x'y - xy')^2$.

Remarque : D'autres normes peuvent être proposées, telles

$$\|x\| = \alpha \|x\|_1 + \beta \|x\|_2 \text{ ou encore } \|x\| = \left(\sum_{i=1}^{n} |x_i|^\alpha\right)^{\frac{1}{\alpha}} \quad \text{avec } \alpha, \beta \in \mathbb{R}_+^*.$$

3) Soit E de dimension n et $(e_1, ..., e_n)$ une base de E. Vu la transitivité de la relation d'équivalence des normes, tout revient à prouver que n'importe quelle norme $\|\|$ est équivalente à la norme usuelle $\|\|_1$.

• Montrons que l'application

$$\begin{array}{rccc} f: & (E, \|\|_1) & \to & \mathbb{R} \\ & x & \mapsto & \|x\| \end{array}$$

est continue de $(E, \|\|_1)$ sur $\mathbb{R}$. Si $a = (a_1, ..., a_n)$ et $x = (x_1, ..., x_n)$ dans la base $(e_1, ..., e_n)$, soit $\varepsilon > 0$. D'après l'inégalité triangulaire

$$|\|x\| - \|a\|| < \|x - a\|$$

donc $|\|x\| - \|a\|| < \varepsilon$ est assuré dès que

$$\|x - a\| = \left\| \sum_{i=1}^{n} (x_i - a_i) e_i \right\| < \varepsilon,$$

donc aussi dès que

$$\sum_{i=1}^{n} |x_i - a_i| \|e_i\| < \varepsilon.$$

Si l'on pose $M = \text{Sup}_{i \in \mathbb{N}_n} (\|e_i\|)$, cette dernière inégalité est entrainée par

$$M \|x - a\|_1 = M \sum_{i=1}^{n} |x_i - a_i| < \varepsilon,$$

soit par $\|x - a\|_1 < \varepsilon / M$. Finalement, on a prouvé l'assertion

$$\forall \varepsilon > 0 \quad \exists \eta = \frac{\varepsilon}{M} > 0 \quad \|x - a\|_1 < \eta \Rightarrow |\|x\| - \|a\|| < \varepsilon.$$

• f est continue sur $S^{n-1} = \{x \in E / \|x\|_1 = 1\}$. La sphère S^{n-1} est compacte puisque fermée (c'est l'image réciproque du fermé $\{1\}$ par $x \mapsto \|x\|_1$ continue sur $(E, \|\|_1)$) et bornée. L'image d'un compact par une application continue est compacte, donc $f\left(S^{n-1}\right)$ est un compact de $\mathbb{R}$, autrement dit un fermé borné. Par conséquent les borne inférieures et supérieures de

$f\left(S^{n-1}\right)$ appartiennent à $f\left(S^{n-1}\right)$ et l'on peut introduire $\alpha = \operatorname{Min} f\left(S^{n-1}\right)$ et $\beta = \operatorname{Max} f\left(S^{n-1}\right)$ pour avoir

$$\forall x \in S^{n-1} \quad \alpha \leq f(x) = \|x\| \leq \beta.$$

Comme pour tout $x \in E \backslash \{0\}$, $x / \|x\|_1 \in S^{n-1}$, on déduit

$$\forall x \in E \quad \alpha \leq \left\| \frac{x}{\|x\|_1} \right\| \leq \beta,$$

soit

$$\forall x \in E \backslash \{0\} \quad \alpha \|x\|_1 \leq \|x\| \leq \beta \|x\|_1 .$$

Cela est encore vrai si $x = 0$, et l'on a bien prouvé que les normes $\| \; \|_1$ et $\| \; \|$ sont équivalentes.

3.3 Connexité

Exercice 58 *1) Représenter les ensembles A et B suivants :*

$$A = \left\{(x, y) \in \mathbb{R}^2 \,/\, x^2 + y^2 - 2x = 0 \text{ et } y \geq 0\right\},$$
$$B = \left\{(x, y) \in \mathbb{R}^2 \,/\, (x-2)^2 - y = 0 \text{ et } 2 \leq x \leq 4\right\},$$

puis démontrer qu'ils sont fermés dans $\mathbb{R}^2$.

2) On appelle chemin dans $\mathbb{R}^2$ toute application continue φ d'un intervalle fermé borné $[a, b]$ de $\mathbb{R}$ dans $\mathbb{R}^2$ (avec $a < b$). L'image $\varphi([a, b])$ de $[a, b]$ par φ est appelée support du chemin φ.

a) Montrer que les ensembles A et B sont les supports de deux chemins φ et ψ.

b) En déduire que les parties A et B sont à la fois connexes et compactes.

Solution :

1) On a

$$x^2 + y^2 - 2x = 0 \Leftrightarrow (x-1)^2 + y^2 = 1$$

de sorte que A soit le demi-cercle de centre $(1, 0)$ et de rayon 1 inclus dans le demi-plan $y \geq 0$. L'équation $y = (x-2)^2$ est celle d'une parabole de sommet $(2, 0)$ et tournant sa concavité vers les y positifs. B est la partie de cette parabole située dans la bande de frontière les droites $x = 2$ et $x = 4$.

L'ensemble A est fermé comme intersection des images réciproques des deux fermés $\{0\}$ et $[0, +\infty[$ de l'ensemble $\mathbb{R}$ par les applications continues respectives $f(x, y) = x^2 + y^2 - 2x$ et $g(x, y) = y$ de $\mathbb{R}^2$ dans $\mathbb{R}$. De même B est fermé comme intersection des images réciproques des fermés$\{0\}$ et $[2,4]$ par les applications continues $h(x,y) = (x-2)^2 - y$ et $w(x,y) = x$ de $\mathbb{R}^2$ dans $\mathbb{R}$.

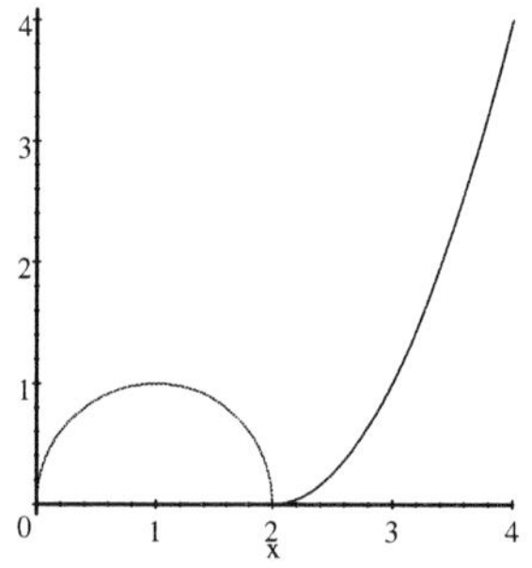

2.a)

$$(x,y) \in A \Leftrightarrow \begin{cases} y \geq 0 \\ y = \pm\sqrt{2x-x^2} \\ 2x - x^2 \geq 0 \end{cases} \Leftrightarrow \begin{cases} y = \sqrt{2x-x^2} \\ 0 \leq x \leq 2 \end{cases}$$

montre que $A = \varphi([0,2])$ où φ est le chemin continu

$$\begin{array}{cccc} \varphi : & [0,2] & \rightarrow & \mathbb{R}^2 \\ & t & \mapsto & \left(t, \sqrt{2t-t^2}\right). \end{array}$$

Quand à B, on utilise

$$\begin{array}{cccc} \psi : & [2,4] & \rightarrow & \mathbb{R}^2 \\ & t & \mapsto & \left(t, (t-2)^2\right). \end{array}$$

2.b) $[0,2]$ est compact car fermé borné dans $\mathbb{R}$, et A sera compact comme l'image du compact $[0,2]$ par l'application continue φ. Les connexes de $\mathbb{R}$ sont les intervalles, donc $[0,2]$ est connexe. On sait que l'image d'un connexe par une application continue est encore connexe, donc $A = \varphi([0,2])$ sera connexe. On recommencerait de la même manière avec B et ψ.

Exercice 59 ***Généralités sur les connexes, connexes de*** $\mathbb{R}$

Soit E un espace topologique.

1) Quand dit-on que E est connexe ? On rappelera les trois définitions équivalentes de la connexité vues en cours.

2) a) Démontrer que E est connexe si et seulement si toute application continue f de E dans l'ensemble discret $\{0,1\}$ est constante.

b) En déduire que l'image d'un connexe par une application continue est connexe.

3) Soit F un espace topologique séparé. Soit A une partie de E. On note $\overline{A}$ l'adhérence de A. On suppose que f et g sont deux applications continues de $\overline{A}$ dans F, et que

$$\forall x \in A \quad f(x) = g(x).$$

Montrer que f et g coïncident sur $\overline{A}$ en entier (c'est le principe de l'unicité du prolongement continu sur l'adhérence de A). On donnera une preuve dans le cas général où E est un espace topologique, puis une alternative à cette preuve lorsque E est un espace métrique.

4) Utiliser les questions 2) et 3) pour démontrer que, si A désigne une partie connexe de l'espace topologique E, toute partie B de E vérifiant $A \subset B \subset \overline{A}$ est connexe. En particulier, on a démontré que l'adhérence $\overline{A}$ d'un connexe est connexe.

5) a) Montrer qu'une partie B non vide ouverte et fermée de $\mathbb{R}$ n'est ni majorée, ni minorée.

b) En déduire que $\mathbb{R}$ est connexe.

c) Montrer que tout intervalle ouvert non vide de $\mathbb{R}$ est homéomorphe à $\mathbb{R}$.

d) En déduire que tout intervalle ouvert de $\mathbb{R}$ est connexe.

e) Montrer que tout intervalle de $\mathbb{R}$ est connexe.

6) Montrer que tout connexe de $\mathbb{R}$ est un intervalle de $\mathbb{R}$.

Solution :

1) On vérifie que les trois propriétés suivantes sont équivalentes :

i) Il n'existe pas de partition de E en deux ouverts (autrement dit, on ne peut pas écrire E comme la réunion $E = U \cup V$ de deux ouverts non vides et disjoints U et V),

ii) Il n'existe pas de partition de E en deux fermés,

iii) Les seules parties de E à la fois ouvertes et fermées sont $\emptyset$ et E.

Un espace topologique E est **connexe** si l'une de ces propriétés est vérifiée.

2.a) Si E est connexe et si $f : E \to \{0, 1\}$ est continue, l'image réciproque $f^{-1}(\{0\})$ est à la fois ouverte (image réciproque d'un ouvert par une application continue) et fermée (complémentaire de l'ouvert $f^{-1}(\{1\})$), donc $f^{-1}(\{0\}) = \emptyset$ ou $f^{-1}(\{0\}) = E$, et l'application f sera constante.
Réciproquement, si E n'est pas connexe, il existe une partition de E en deux ouverts, disons $E = U \cup V$. On définit l'application $f : E \to \{0, 1\}$ en posant

$f(x) = 0$ si $x \in U$, et $f(x) = 1$ si $x \in V$. L'application f est continue car l'image réciproque de l'un quelconque des quatre seuls ouverts $\emptyset$, $\{0\}$, $\{1\}$, $\{0,1\}$ de $\{0,1\}$ est un ouvert.

2.b) Soient E connexe et $f : E \to F$ continue. Si $g : f(E) \to \{0,1\}$ est continue, alors l'application $g \circ f : I \to \{0,1\}$ est continue, et la connexité de E montre que $g \circ f$ est constante. Il en est nécessairement de même pour g.

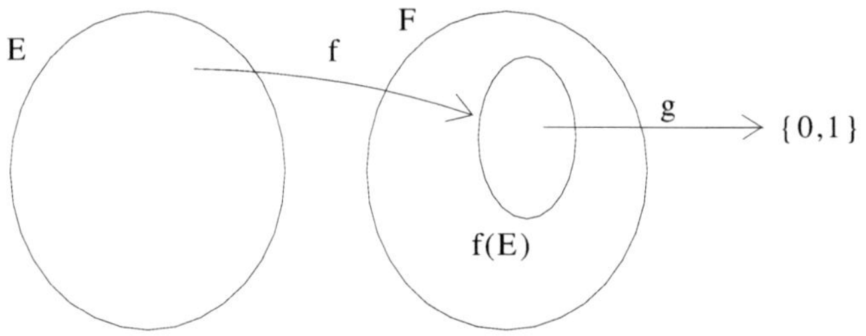

3) • **Cas général où E est un espace topologique.**
Supposons par l'absurde qu'il existe $x \in \overline{A} \backslash A$ tel que $f(x) = l$, $g(x) = l'$ et $l \neq l'$. Comme F est séparé, il existe des voisinages ouverts disjoints V et V' de l et l'. Par continuité de f et g en x, il existe des voisinages ouverts U et U' de x tels que $f(U \cap A) \subset V$ et $g(U' \cap A) \subset V'$. Par conséquent

$$f(U \cap A) \cap g(U' \cap A) = \emptyset,$$

et à fortiori $f(U \cap U' \cap A) \cap g(U \cap U' \cap A) = \emptyset$. ($\natural$)
Mais $U \cap U'$ est un voisinage de x dans E, donc intercepte A (puisque par hypothèse $x \in \overline{A}$). Si z désigne un élément de $U \cap U' \cap A$, $f(z) = g(z)$ appartiendra à $f(U \cap U' \cap A) \cap g(U \cap U' \cap A)$, ce qui contredit ($\natural$).

• **Cas où E est un espace métrique.**
Si E est un espace métrique, un point x appartient à l'adhérence $\overline{A}$ si et seulement si c'est la limite d'une suite (x_n) de points de A. Soit $x \in \overline{A}$ et (x_n) une suite de points de A telle que $\lim x_n = x$. Par hypothèse, f et g sont continues sur $\overline{A}$, donc $\lim f(x_n) = f(x)$ et $\lim g(x_n) = g(x)$. Puisque $f(x_n) = g(x_n)$ pour tout n, on déduit bien $f(x) = g(x)$.

4) Toute application continue $f : B \to \{0,1\}$ induit par restriction une application continue de A dans $\{0,1\}$. Comme A est connexe, l'application f est constante sur A, et donc aussi sur B par unicité du prolongement de f à B (question précédente). Il suffit d'appliquer la caractérisation de la connexité donnée à la question 2.a pour conclure.

5.a) Supposons par l'absurde que B soit une partie non vide de $\mathbb{R}$ ouverte, fermée et majorée. D'après le Théorème de la borne supérieure, B possède une borne supérieure $M = \operatorname{Sup} B$, et l'on a

$$\begin{cases} M \in B \text{ car } B \text{ est fermé,} \\ \exists \varepsilon > 0 \quad]M-\varepsilon, M+\varepsilon[\subset B \text{ car } B \text{ est ouvert.} \end{cases}$$

Dans ce cas, $M + \varepsilon/2$ est un réel strictement supérieur à M qui appartient à B, ce qui est absurde.

5.b) Supposons par l'absurde que $\mathbb{R}$ ne soit pas connexe. Dans ce cas, il existe une partie B ouverte et fermée de $\mathbb{R}$ distincte de $\emptyset$ et de $\mathbb{R}$. Notons c un réel qui n'appartient pas à B. D'après la question 5.a, B n'est ni majorée, ni minorée, et en particulier l'ensemble $B_+ = B \cap [c, +\infty[$ n'est pas vide. Mais B_+ est fermé comme l'intersection de deux fermés, ouvert comme intersection de deux ouverts (en effet $B = A \cap]c, +\infty[$ d'après le choix de c), non vide et minoré par c, et cela contredit le résultat de la question 5.a.

5.c) On peut vérifier que l'application

$$\begin{array}{rccc} f: & \mathbb{R} & \to &]-1,1[\\ & x & \mapsto & \dfrac{x}{1+|x|} \end{array}$$

est un homéomorphisme de $\mathbb{R}$ sur $]-1,1[$. Si l'on préfère, on peut utiliser la fonction tangente hyperbolique $\operatorname{th} : \mathbb{R} \to]-1,1[$ qui constitue aussi un bon homéomorphisme de $\mathbb{R}$ sur $]-1,1[$. Si $]a,b[$ désigne un intervalle ouvert borné quelconque (non vide) de $\mathbb{R}$, l'application affine

$$\begin{array}{rccc} g_{a,b}: &]-1,1[& \to &]a,b[\\ & x & \mapsto & \dfrac{b-a}{2}(x+1)+a \end{array}$$

représente un excellent homéomorphisme de $]-1,1[$ sur $]a,b[$, et par composition, l'application $g_{a,b} \circ f$ nous fournit un homéomorphisme de $\mathbb{R}$ sur $]a,b[$. Pour conclure, il ne nous reste plus qu'à envisager le cas des intervalles ouverts non bornés.
La translation

$$\begin{array}{rccc} t_c: &]c,+\infty[& \to & \mathbb{R}_+^* \\ & x & \mapsto & x-c \end{array}$$

et l'application affine

$$\begin{array}{rccc} s_c: &]-\infty,c[& \to & \mathbb{R}_+^* \\ & x & \mapsto & c-x \end{array}$$

sont de bons homéomorphismes de $]c,+\infty[$ et $]-\infty,c[$ sur $\mathbb{R}_+^*$. Et $\mathbb{R}_+^*$ est homéomorphe à $\mathbb{R}$ tout entier comme on le voit en considérant l'application logarithme népérien $\ln : \mathbb{R}_+^* \to \mathbb{R}$.

Remarque : L'application tangente

$$\begin{array}{rccc} \tan: &]-\frac{\pi}{2},\frac{\pi}{2}[& \to & \mathbb{R} \\ & x & \mapsto & \tan x \end{array}$$

définit un homéomorphisme de $]-\pi/2,\pi/2[$ sur $\mathbb{R}$ que l'on peut utiliser pour démontrer que les intervalles ouverts bornés non vides quelconques $]a,b[$ sont homéomorphes à $\mathbb{R}$.

5.d) Tout intervalle ouvert non vide de $\mathbb{R}$ est homéomorphe à $\mathbb{R}$, donc connexe comme $\mathbb{R}$ (questions 2.b. et 5.b). Et l'ensemble vide est trivialement connexe.

5.e) Si l'intervalle I est vide ou un singleton, il est trivialement connexe. Sinon, l'intérieur $\overset{o}{I}$ de I est un intervalle ouvert non vide, donc un connexe d'après la question 5.d. Puisque $\overset{o}{I} \subset I \subset \overline{I}$, la question 4) montre que I est connexe.

6) Soit I un connexe de $\mathbb{R}$. Prouver que I est un intervalle revient à prouver que

$$\forall x,y \in I \text{ avec } x<y \quad]x,y[\subset I.$$

Raisonnons par l'absurde, et supposons qu'il existe deux éléments x et y de I tels que $x<y$ et tels que l'intervalle $]x,y[$ ne soit pas inclus dans I. Il existe alors un réel c tel que $x<c<y$ et $c\notin I$. Mais alors

$$I=(I\cap]-\infty,c[)\cup(I\cap]c,+\infty[)$$

apparaît comme la réunion disjointe de deux ouverts non vides, en contradiction avec l'hypothèse de connexité de I.

Exercice 60 ***Connexité, Connexité par arcs, ensembles convexes***

Soit E un espace métrique. On dit que E est connexe par arcs si pour tout couple de points (x,y) de E il existe une application continue $\gamma:[0,1]\to E$ telle que $\gamma(0)=x$ et $\gamma(1)=y$. On dit alors que γ est un chemin continu joignant x et y.

1) Soit m un entier naturel non nul. Soient x et y deux points de $\mathbb{R}^m$. On appelle segment d'extrémités x et y, et l'on note $[x,y]$, l'ensemble

$$[x,y]=\{z\in\mathbb{R}^m \,/\, \exists t\in[0,1] \text{ tel que } z=(1-t)x+ty\}.$$

On dit qu'une partie A de $\mathbb{R}^m$ est convexe si pour tout couple (x,y) de points de A le segment $[x,y]$ est inclus dans A. Montrer que tout convexe de $\mathbb{R}^m$ est *connexe par arcs.*

2) Montrer que $\mathbb{R}^m$ est connexe par arcs.

3) Les ensembles suivants sont-ils convexes ? Sont-ils connexes par arcs ?

a) $A = \{(x,y) \in \mathbb{R}^2 \,/\, x = y\}$, $\complement A$ *= complémentaire de A dans* $\mathbb{R}^2$ *;*

b) $B = \{(x,y) \in \mathbb{R}^2 \,/\, x^2 + y^2 = r^2\}$ *avec* $r > 0$, $\complement B$ *;*

c) $C = \{(x,y) \in \mathbb{R}^2 \,/\, x^2 + y^2 \leq r^2\}$ *avec* $r > 0$, $\complement C$ *;*

d) G_f *= graphe d'une application continue* $f : [a,b] \subset \mathbb{R} \to \mathbb{R}$.

4) Soit A une partie non vide de $\mathbb{R}^m$ connexe par arcs et soit $a \in A$ un point fixé. Pour tout x appartenant à A, il existe au moins un chemin continu $\gamma_x : [0,1] \to A$ joignant a et x. Montrer que $A = \bigcup_{x \in A} \gamma_x([0,1])$, puis en déduire que A est connexe.

5) Réciproquement, soit A une partie non vide de $\mathbb{R}^m$ connexe. A est-il connexe par arcs ?

6) Soit A un ouvert de $\mathbb{R}^m$. Montrer que A est connexe si et seulement si il est connexe par arcs.

Solution :

1) Si A est une partie convexe de $\mathbb{R}^m$, pour tous points x et y de A, le chemin

$$\begin{array}{rccc} \gamma : & [0,1] & \to & A \\ & t & \mapsto & (1-t)x + ty \end{array}$$

est continu d'extrémités $\gamma(0) = x$ et $\gamma(1) = y$. Cela prouve que A est connexe par arcs.

2) L'espace $\mathbb{R}^m$ est trivialement convexe, donc connexe par arcs d'après la question précédente.

3.a) A est la première bissectrice de $\mathbb{R}^2$. C'est une droite, donc une partie convexe (tout segment $[MN]$ d'extrémités M et N appartenant à la droite A sera entièrement inclus dans A) et à fortiori une partie connexe par arcs. Le complémentaire $\complement A$ de A n'est pas connexe par arcs (et à fortiori n'est pas convexe). Pour le voir, il faut rappeler le Théorème de passage des douanes :

> **Théorème** : Si A est une partie d'un espace topologique E, d'intérieur $\overset{o}{A}$, d'extérieur $\overset{\bullet}{A}$ et de frontière ∂A, tout chemin continu de E dont les extrémités appartiennent l'une à l'intérieur $\overset{o}{A}$ de A, l'autre à l'extérieur $\overset{\bullet}{A}$ de A, coupe la frontière ∂A en au moins un point.

Preuve du Théorème : Si $\gamma : [0,1] \to E$ désigne un chemin continu vérifiant les conditions du Théorème, l'image $\gamma([0,1])$ de γ est un espace topologique connexe comme l'image du connexe $[0,1]$ par une application continue. On raisonne par l'absurde. Si l'on avait $\gamma([0,1]) \cap \partial A = \varnothing$, la partie connexe $\gamma([0,1])$ s'écrirait comme la réunion disjointe

$$\gamma([0,1]) = \left(\gamma([0,1]) \cap \overset{o}{A}\right) \bigsqcup \left(\gamma([0,1]) \cap \overset{\bullet}{A}\right)$$

de deux ouverts non vides, ce qui est impossible.

3.b) Le cercle B de centre $O = (0,0)$ et de rayon r n'est pas convexe puisqu'une corde $[MN]$ du cercle n'est pas incluse dans celui-ci dès que M est distinct de N. Par contre B est connexe par arcs. Pour le voir, il suffit de considérer une paramétrisation

$$\begin{cases} x = r\cos t \\ y = r\sin t \end{cases}$$

de B, de nous donner deux points quelconques $M = (r\cos t_M, r\sin t_M)$ et $N = (r\cos t_N, r\sin t_N)$ sur B, et de constater que

$$\begin{array}{rccc} \gamma : & [0,1] & \to & A \\ & t & \mapsto & (r\cos((1-t)t_M + tt_N), r\sin((1-t)t_M + tt_N)) \end{array}$$

est un chemin continue d'extrémités M et N qui "reste dans B".

Le complémentaire $\complement B$ de B n'est pas connexe par arcs en vertu du Théorème de passage des douanes rappelé précédemment.

3.c) Ici, C est le disque fermé de centre $O = (0,0)$ et de rayon r. C'est une partie convexe de $\mathbb{R}^2$. On peut considérer qu'il s'agit là d'une propriété classique d'un disque dans $\mathbb{R}^2$, mais il est toujours bon de savoir en présenter une preuve. Rapportons le plan à un repère orthonormal direct d'origine O, et introduisons les affixes des points de $\mathbb{R}^2$ dans ce repère. Deux points quelconques M et N du disque C admettrons des affixes de la forme αe^{it_M} et βe^{it_N} avec $0 \leq \alpha \leq r$ et $0 \leq \beta \leq r$. Pour tout point T de $[MN]$, il existe $t \in [0,1]$ tel que l'affixe de T soit $z = (1-t)\alpha e^{it_M} + t\beta e^{it_N}$, et il suffit de constater que

$$|z| \leq |(1-t)\alpha| + |t\beta| \leq r$$

pour pouvoir affirmer que T appartient à C. Ainsi n'importe quel segment $[MN]$ d'extrémités appartenant à C reste inclus dans C, et cela montre que C est convexe.

Le complémentaire $\complement C$ n'est certainement pas convexe puisque le segment d'extrémités d'affixes $r+1$ et $r-1$ contient l'origine O du repère, et que O appartient à C. Néanmoins $\complement C$ est connexe par arcs. La construction d'un chemin continu reliant deux points M et N de $\complement C$ d'affixes respectives αe^{it_M} et βe^{it_N} avec $\alpha > r$ et $\beta > r$ ne pose pas de problème bien grave. On peut par exemple supposer $\alpha > \beta$, nommer S le point d'intersection de la demi-droite $[ON)$ et du cercle $\mathcal{C}$ de centre O et de rayon α, puis mettre bout à bout les deux chemins continus formés l'un par l'arc de cercle $\mathcal{C}$ d'extrémités M et S, l'autre par le segment $[SN]$. C'est ce qui est symbolisé sur la figure ci-dessous.

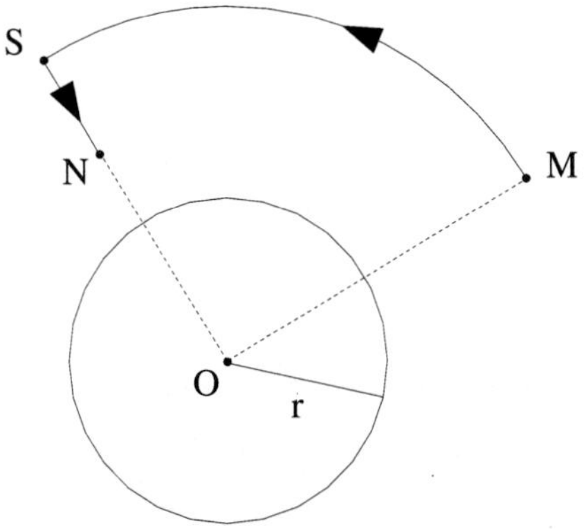

De façon plus précise, on vérifie que l'affixe de S est αe^{it_N}, et que le chemin $\gamma : [0,1] \to \complement C$ qui à t fait correspondre le point $\gamma(t)$ d'affixe $z(t)$ défini par

$$z(t) = \begin{cases} (1-2t)\alpha e^{it_M} + 2t\alpha e^{it_N} & \text{si } t \in \left[0, \frac{1}{2}\right] \\ (2-2t)\alpha e^{it_N} + (2t-1)\,\beta e^{it_N} & \text{si } t \in \left[\frac{1}{2}, 1\right], \end{cases}$$

est continu et relie M à N.

3.d) Deux points $M(t_M, f(t_M))$ et $N(t_N, f(t_N))$ de G_f sont reliés par le chemin continu

$$\begin{array}{rccc} \gamma : & [0,1] & \to & G_f \\ & t & \mapsto & ((1-t)t_M + tt_N, f[(1-t)t_M + tt_N]), \end{array}$$

donc G_f est connexe par arcs. Enfin G_f sera convexe si et seulement si f est une fonction affine.

4) Par hypothèse $\bigcup_{x\in A} \gamma_x([0,1]) \subset A$. Réciproquement, si $z \in A$, z apparaît comme une extrémité du chemin γ_z, donc appartient à $\gamma_z([0,1])$, et à fortiori à la réunion $\bigcup_{x\in A} \gamma_x([0,1])$.
Chacune des parties $\gamma_x([0,1])$ est convexe comme l'image du convexe $[0,1]$ par l'application continue γ_x. L'ensemble

$$A = \bigcup_{x\in A} \gamma_x([0,1])$$

sera alors convexe comme réunion de convexes d'intersection non vide. En effet, l'intersection $\bigcap_{x\in A}\gamma_x([0,1])$ contient l'origine a de tous les chemins γ_x.

5) Non, et nous allons exhiber un contre-exemple dans $\mathbb{R}^2$. Pour tout entier naturel n impair, posons

$$A_n = \left\{(x,n)\ /\ \frac{1}{n+1} \le x \le \frac{1}{n}\right\} \cup$$
$$\left\{\left(\frac{1}{m}, y\right)\ /\ m = n \text{ ou } n+1, \text{ et } 0 \le y \le n\right\} \cup \left\{(x,0)\ /\ \frac{1}{n+2} \le x \le \frac{1}{n+1}\right\}.$$

On définit les ensembles

$$A = \bigcup_{n \text{ impair}} A_n \quad \text{et} \quad B = D_+ \cup A,$$

où D_+ désigne la demi-droite d'équations $x = 0$ et $y \ge 0$. Cet ensemble est dessiné en trait plein sur la figure ci-dessous.

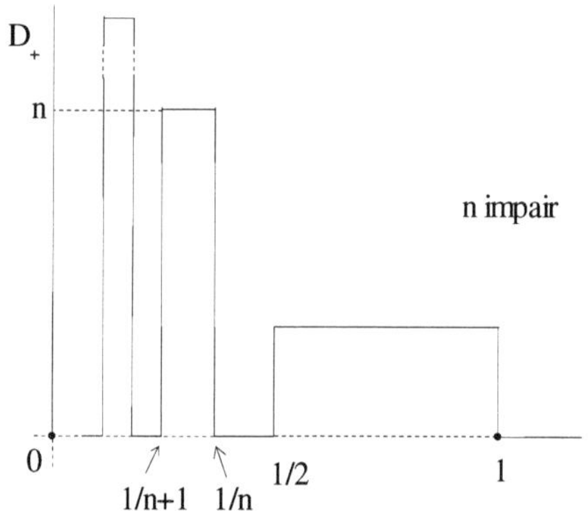

La partie A est connexe par arcs, donc connexe. Puisque tout point $(0,y)$ de la demi-droite D_+ est la limite d'une suite de points qui appartiennent à A à partir d'un certain rang, à savoir

$$(0,y) = \lim_{m\to+\infty}\left(\frac{1}{2}\left(\frac{1}{2m+1} + \frac{1}{2m+2}\right), y\right),$$

on a $D_+ \subset \overline{A}$, donc $A \subset B \subset \overline{A}$. Puisque A est connexe, cela prouve que B est connexe.

Montrons maintenant que B n'est pas connexe par arc. Raisonnons par l'absurde, et supposons qu'il existe un chemin continu $f : [0,1] \to B$ tel que $f(0) = (0,0)$ et $f(1) = (1,0)$. L'image $f([0,1])$ compacte, donc il existe un réel $M > 0$ tel que l'ordonnée de n'importe quel point de $f([0,1])$ soit inférieure à M. Notons $p : \mathbb{R}^2 \to \mathbb{R}$ la première projection qui à (x,y) fait

correspondre $p(x,y) = x$. L'application p est continue, et $p \circ f([0,1])$ sera un intervalle compact de $\mathbb{R}$. Puisque cet intervalle contient 0 et 1, tout en étant contenu dans $[0,1]$, on aura $p \circ f([0,1]) = [0,1]$.
Soit N un entier impair tel que $N > M$. Soit $x \in]0,1]$ tel que

$$\frac{1}{N+1} < x < \frac{1}{N} < \frac{1}{M}.$$

Puisque $p \circ f([0,1]) = [0,1]$, il existe y tel que $(x,y) \in f([0,1])$, et l'on a $y \leq M$ par définition de M. Mais le choix

$$\frac{1}{N+1} < x < \frac{1}{N}$$

impose d'avoir $y = 1/(1/N) = N > M$, ce qui est absurde.

6) D'après la question 4, tout connexe par arc est connexe. Envisageons la réciproque. Supposons que A soit un ouvert connexe de $\mathbb{R}^m$, et montrons que A est connexe par arcs. Soit a un point quelconque de A. Notons Λ la partie de A formée de tous les points x pour lesquels il existe un chemin continu γ_x dans A d'extrémités $a = \gamma_x(0)$ et $x = \gamma_x(1)$. Montrer que A est connexe par arcs revient à prouver que $\Lambda = A$.
Cela se fait en vérifiant que Λ est un ouvert-fermé non vide de A, ce qui entraîne $\Lambda = A$ puisque A est connexe.

Vérifions donc que :

- Λ n'est pas vide : il contient a.

- Λ est un ouvert de A. Si $x \in \Lambda \subset A$, le fait que A soit ouvert nous permet de trouver un réel $r > 0$ tel que la boule ouverte $B(x,r)$ de centre x et de rayon r soit entièrement incluse dans A. Pour tout $y \in B(x,r)$, le rayon $[xy]$ est inclus dans $B(x,r)$, donc aussi dans A, et l'adjonction du chemin $[xy]$ au chemin γ_x constitue un nouveau chemin continu d'extrémités a et y entièrement contenu dans A. On vient de prouver que $y \in \Lambda$, et puisque cela est vrai pour n'importe quel y de $B(x,r)$, que $B(x,r) \subset \Lambda$. Ainsi

$$\forall x \in \Lambda \quad \exists r > 0 \quad B(x,r) \subset \Lambda,$$

et cela prouve que Λ est ouvert.

- Λ est fermé dans A. On montre que $\complement_A \Lambda$ est un ouvert de A en utilisant le même type d'argument que précédemment. Si $x \in \complement_A \Lambda$, alors x ne peut en aucun cas être l'extrémité d'un chemin débutant en a. Si $B(x,r)$ désigne une boule ouverte incluse dans A (il en existe au moins une puisque A est ouvert), aucun des points y de $B(x,r)$ ne peut être l'extrémité d'un chemin γ_y débutant en a (autrement la mise bout à bout des chemins γ_y et $[yx]$ constituerait un chemin reliant a à x, absurde), et $B(x,r) \subset \complement_A \Lambda$. On a montré

$$\forall x \in \complement_A \Lambda \quad \exists r > 0 \quad B(x,r) \subset \complement_A \Lambda,$$

autrement dit que $\complement_A \Lambda$ est un ouvert de A.

Exercice 61 *(Examen de juin 1999) On considère l'ensemble*

$$C = \{(x,y,z) \in \mathbb{R}^3 \,/\, 1 \leq x \leq 2,\ y = x^2,\ z = 0\}.$$

Interpréter C comme l'image de l'intervalle $[0,1]$ de $\mathbb{R}$ par une application γ de $[0,1]$ dans $\mathbb{R}^3$. En déduire que C est un connexe compact de $\mathbb{R}^3$.

Solution :

L'ensemble C est l'image de $[0,1]$ par l'application

$$\begin{array}{cccc} \gamma & [0,1] & \to & \mathbb{R}^3 \\ & t & \mapsto & \left(1+t, (1+t)^2, 0\right). \end{array}$$

Cette application γ est continue sur $[0,1]$ puisque toutes ses fonctions composantes sont polynomiales. L'ensemble C sera donc connexe comme l'image du connexe $[0,1]$ par l'application continue γ, et borné puisque

$$\forall (x,y,z) \in C \quad \|(x,y,z)\|_2^2 = x^2 + y^2 + z^2 = x^2 + x^4 \leq 2^2 + 2^4 = 4 + 16 = 20.$$

Il est fermé puisqu'il s'écrit comme l'intersection de trois fermés de $\mathbb{R}^3$, à savoir :

$$C = f^{-1}([1,2]) \cap g^{-1}(0) \cap h^{-1}(0)$$

où

$$\begin{array}{llll} f: & \mathbb{R}^3 & \to & \mathbb{R} \\ & (x,y,z) & \mapsto & x \end{array} ; \quad \begin{array}{llll} g: & \mathbb{R}^3 & \to & \mathbb{R} \\ & (x,y,z) & \mapsto & x^2 - y \end{array} ; \quad \begin{array}{llll} h: & \mathbb{R}^3 & \to & \mathbb{R} \\ & (x,y,z) & \mapsto & z. \end{array}$$

Les ensembles $f^{-1}([1,2])$, $g^{-1}(0)$ et $h^{-1}(0)$ sont bien fermés puisque ce sont des images réciproques de fermés par des applications continues. En conclusion C est un fermé borné, c'est-à-dire un compact de $\mathbb{R}^3$.

Exercice 62 *(Examen de septembre 1999) On considère les parties suivantes de* $\mathbb{R}^2$ *:*

$$A = \{(x, y) \mid x = 0, \ -1 \leq y \leq 1\} \text{ et } B = \{(x, y) \mid x > 0, \ y = \sin \frac{1}{x}\}.$$

1) Interpréter A *comme l'image directe dans* $\mathbb{R}^2$ *d'un intervalle de* $\mathbb{R}$ *par une application continue* φ*. En déduire que* A *est compacte et connexe.*

2) Montrer que B *est connexe. L'ensemble* B *est-il compact ?*

3) Montrer que la réunion $A \cup B$ *est connexe.*

Solution :

1) L'ensemble A est l'image de l'intervalle fermé $[-1, 1]$ par l'application continue $\varphi : \mathbb{R} \to \mathbb{R}^2$ définie par $\varphi(t) = (0, t)$. Ainsi A est compacte et connexe comme l'image de l'intervalle $[-1, 1]$ compacte et connexe par une application continue.

2) De la même façon, B est connexe comme l'image du connexe $\mathbb{R}_+^*$ par l'application continue $\psi : \mathbb{R} \to \mathbb{R}^2$ définie par $\psi(t) = (t, \sin 1/t)$. Par contre B n'est pas compacte puisque non bornée. En effet $\|(t, \sin 1/t)\|_2^2 \geq t^2$ et $\lim_{t \to +\infty} t^2 = +\infty$.

3) Posons $C = A \cup B$. On va montrer que $\overline{B} = C$, ce qui permettra de conclure en appliquant le Théorème du cours suivant lequel, si B et connexe et si $B \subset U \subset \overline{B}$, alors U est connexe.

Si $(x, y) \in \overline{B}$, il existe une suite (x_n, y_n) de B telle que $\lim (x_n, y_n) = (x, y)$, et donc $\lim x_n = x$ et $\lim y_n = \lim \sin \frac{1}{x_n} = y$. Comme $x_n > 0$ pour tout n, on aura $x \geq 0$. De deux choses l'une :

- Si $x > 0$, alors $y = \lim \sin 1/x_n = \sin 1/x$, et donc $(x, y) = (x, \sin 1/x) \in B$.

- Si $x = 0$, on peut seulement affirmer que $(x, y) = (0, y)$ avec $-1 \leq y \leq 1$, autrement dit que $(x, y) \in A$.

On vient de montrer l'inclusion $\overline{B} \subset C$. Il s'agit maintenant de prouver l'inclusion réciproque $C = A \cup B \subset \overline{B}$. Comme on a toujours $B \subset \overline{B}$, tout revient à montrer que $A \subset \overline{B}$. Si $(0, y) \in A$ (avec $y \in [-1, 1]$), il existe un réel α tel que $y = \sin \alpha$. Comme

$$\frac{1}{x_k} = \alpha + k2\pi \Leftrightarrow x_k = \frac{1}{\alpha + k2\pi},$$

la suite $(x_k, \sin 1/x_k) = (x_k, \alpha)$ est formée d'éléments de B et tend vers $(0, y)$ lorsque que k tend vers $+\infty$. Ainsi $(0, y) \in \overline{B}$ et $A \subset \overline{B}$ comme annoncé.

Exercice 63 *(Partiel d'avril 2000) Soit la fonction $f : D \subset \mathbb{R}^2 \to \mathbb{R}$ définie pour $(x, y) \in D$ par*

$$f(x,y) = \frac{\ln(1+x-y) - x + y}{x^2 + y^2 - 2xy}.$$

1) Déterminer et représenter dans le plan rapporté à un repère orthonormal l'ensemble de définition D de f.

2) Montrer que D est un ouvert de $\mathbb{R}^2$. D est-il borné ?

3) Rappeler la définition d'un ensemble connexe et donner deux autres formulations équivalentes. L'ensemble D est-il connexe ?

4) La fonction f admet-elle un prolongement par continuité sur la droite $y = x$?

Solution :

1) On a

$$\begin{aligned} D &= \{(x,y) \,/\, 1+x-y > 0 \text{ et } x^2+y^2-2xy \neq 0\} \\ &= \{(x,y) \,/\, 1+x-y > 0 \text{ et } x-y \neq 0\}. \end{aligned}$$

L'ensemble D est donc égal au demi-plan $P : y < x + 1$ privé de la droite Δ d'équation $y = x$ (et parallèle à la frontière du demi-plan).
L'ensemble D est la partie non hachurée de la figure ci-dessous privée de la première bissectrice $y = x$ et de la frontière $y = x + 1$.

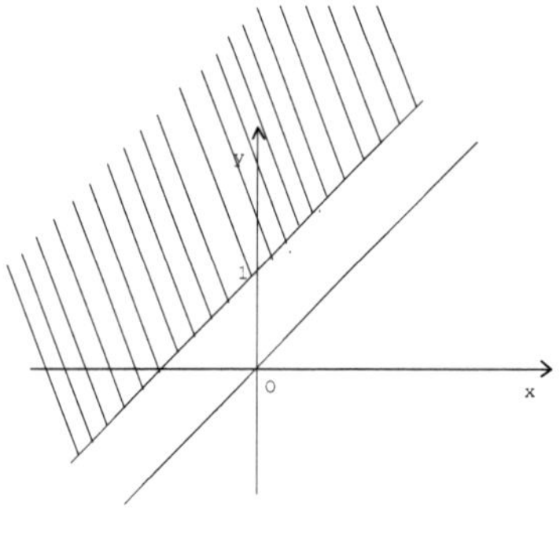

2) • Les applications

$$u : \begin{array}{ccc} \mathbb{R}^2 & \to & \mathbb{R} \\ (x,y) & \mapsto & 1+x-y \end{array} \quad \text{et} \quad v : \begin{array}{ccc} \mathbb{R}^2 & \to & \mathbb{R} \\ (x,y) & \mapsto & y-x \end{array}$$

sont polynomiales, donc continues sur $\mathbb{R}^2$.

Les ensembles $u^{-1}\left(\mathbb{R}_+^*\right)$ et $v^{-1}(\mathbb{R}\setminus\{0\})$ seront ouverts comme images réciproques d'ouverts par des applications continues, et il suffit de voir que $D = u^{-1}\left(\mathbb{R}_+^*\right) \cap v^{-1}(\mathbb{R}\setminus\{0\})$ pour pouvoir affirmer que D est ouvert comme intersection de deux ouverts.

• L'ensemble D n'est pas borné car contient par exemple la droite $y = x - 1$.

3) Un connexe Ω est un espace topologique dont les seules parties à la fois ouvertes et fermées sont $\emptyset$ et lui-même. Cela revient à dire qu'il n'existe aucune partition de Ω en deux ouverts (resp. en deux fermés). Une autre façon de caractériser les espaces connexes consiste à dire que toute application $f : \Omega \to \{0,1\}$ est contante, l'ensemble d'arrivée $\{0,1\}$ étant bien entendu muni de la topologie discrète.

L'ensemble D n'est pas connexe puisque c'est la réunion disjointe des deux ouverts non vides

$$U = \{(x,y) \, / \, x < y < x+1\} \quad \text{et} \quad V = \{(x,y) \, / \, y < x\}.$$

4) Plaçons-nous en un point (x_0, x_0) de Δ. Lorsque (x,y) tend vers (x_0,x_0), la quantité $t = x - y$ tend vers 0. Si l'on montre que la limite $\lim_{t\to 0} \frac{\ln(1+t)-t}{t^2}$ existe et vaut l, on aura alors $\lim_{(x,y)\to(0,0)} f(x,y) = l$ par composition de limite, et il suffira de poser $f((x_0,x_0)) = l$ pour prolonger f par continuïté en (x_0,x_0).

De $\frac{1}{1+t} = 1 - t + o(t)$ on déduit $\ln(1+t) = t - \frac{t^2}{2} + o\left(t^2\right)$, puis

$$g(t) = \frac{\ln(1+t) - t}{t^2} = \frac{-\frac{t^2}{2} + o\left(t^2\right)}{t^2} = -\frac{1}{2} + o(1).$$

Ainsi $\lim_{t\to 0} g(t) = -1/2$ quel que soit x_0. On peut donc prolonger f par continuïté sur Δ en posant $f(x_0,x_0) = -1/2$ pour tout $x_0 \in \mathbb{R}$.

Exercice 64 *Soit C un cercle de $\mathbb{R}^2$.*

1) Montrer que toute fonction numérique f non constante et continue sur C, atteint sa borne supérieure M et sa borne inférieure m. En déduire que f prend au moins deux fois n'importe quelle valeur réelle y vérifiant $m < y < M$.

2) Utiliser le résultat précédent pour démontrer qu'il n'existe pas d'homéomorphisme de C sur une partie de $\mathbb{R}$.

Solution :

1) L'image $\operatorname{Im} f$ du compact et connexe C par l'application continue f est un compact et connexe de $\mathbb{R}$, c'est-à-dire un intervalle fermé borné de $\mathbb{R}$. Ainsi $\operatorname{Im} f = [m, M]$.

Soit $y \in \mathbb{R}$ tel que $m < y < M$. Il existe $A \in C$ tel que $y = f(A)$ et il s'agit de montrer que le point y est atteint au moins deux fois par f. Identifions les points de $\mathbb{R}^2$ à leurs affixes relativement à un repère orthonormal d'origine le centre du cercle C, et tel que l'affixe a de A soit un réel strictement positif. La fonction

$$g: \begin{array}{ccc} [0, 2\pi[& \to & \mathbb{R}^2 \\ t & \mapsto & ae^{it} \end{array}$$

est bijective et continue. Notons $h = f \circ g : [0, 2\pi[\to \mathbb{R}$ comme dans le dessin ci-dessous.

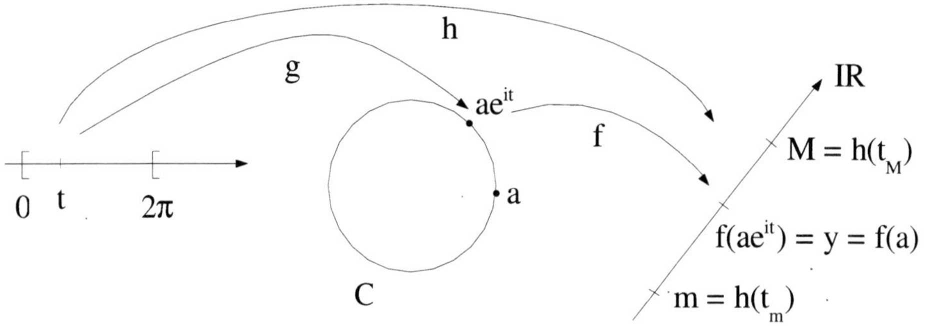

Comme $m \in \operatorname{Im} f$ et $M \in \operatorname{Im} f$, il existe x_m et x_M tels que $f(x_m) = m$ et $f(x_M) = M$. Il existe aussi t_m et t_M appartenant à $]0, 2\pi[$, tels que $g(t_m) = x_m$ et $g(t_M) = x_M$. Alors

$$h(t_m) = m\,; \quad h(t_M) = M\,; \quad t_m, t_M \in]0, 2\pi[\,; \quad m < y < M.$$

Le théorème des valeurs intermédiaires montre l'existence d'un réel t_y situé entre t_m et t_M, tel que $y = h(t_y) = f(g(t_y))$, et $g(t_y) \neq a$ (dans le cas contraire, $g(t_y) = a = g(0)$ entraînerait $t_y = 0$, ce qui est absurde). En conclusion $y = f(a) = f(g(t_y))$ avec $a \neq g(t_y)$.

2) Si un tel homéomorphisme $f : C \to \mathbb{R}$ existait, f serait injective et l'on vient de voir qu'il n'en est rien.

Exercice 65 *1) Vérifier que*

$$(1) \left\{ \begin{array}{l} x(t) = \pm a \operatorname{ch} t \\ y(t) = b \operatorname{sh} t \quad \text{où } t \in \mathbb{R}, \end{array} \right. \quad \text{et } (2) \left\{ \begin{array}{l} x(t) = \pm a \frac{1+u^2}{1-u^2} \\ y(t) = b \frac{2u}{1-u^2} \quad \text{où } u \in]-1, 1[, \end{array} \right.$$

définissent deux paramétrisations possibles de l'hyperbole $\mathcal{H}$ d'équation

$$\frac{x^2}{a^2} - \frac{y^2}{b^2} = 1$$

dans un repère orthonormal donné du plan.

2) On est gêné par la présence du symbole $\pm$ dans les paramétrisations précédentes. Est-il possible de trouver un paramétrage $t \mapsto (x(t), y(t))$ de l'hyperbole $\mathcal{H}$ toute entière où x et y sont des fonctions continues définies sur un seul intervalle I de $\mathbb{R}$? Justifier votre réponse.

Solution :

1) • Si (x, y) vérifie $\frac{x^2}{a^2} - \frac{y^2}{b^2} = 1$, il existe un réel t tel que $y = b \operatorname{sh} t$, et

$$x^2 = a^2(1 + \operatorname{sh}^2 t) = a^2 \operatorname{ch}^2 t.$$

Dans ce cas $x = \pm a \operatorname{ch} t$, et tout point de $\mathcal{H}$ s'écrit bien sous la forme (1). Réciproquement, tout point (x, y) pour lequel il existe un paramètre t vérifiant le système (1), satisfait trivialement l'équation $\frac{x^2}{a^2} - \frac{y^2}{b^2} = 1$ de $\mathcal{H}$.

• Il suffit d'exprimer $\operatorname{ch} t$ et $\operatorname{sh} t$ en fonction de $u = \operatorname{th}(t/2)$ et de remplacer dans (1) pour obtenir (2). Lorsque t décrit $\mathbb{R}$, $u = \operatorname{th}(t/2)$ décrit l'intervalle $]-1, 1[$.

2) Dans la paramétrisation (1), une des branches de l'hyperbole est décrite en choisissant $x(t) = a \operatorname{ch} t$, et l'autre branche est obtenue pour $x(t) = -a \operatorname{ch} t$. Il est impossible de trouver une représentation paramétrique $t \mapsto (x(t), y(t))$ de $\mathcal{H}$ à l'aide de fonctions continues définies sur un seul intervalle I de $\mathbb{R}$. Dans le cas contraire l'image de l'intervalle I par l'application continue

$$f : t \mapsto (x(t), y(t))$$

serait connexe bien que l'hyperbole $\mathcal{H}$ ne le soit pas.

Remarque : L'hyperbole $\mathcal{H} : \frac{x^2}{a^2} - \frac{y^2}{b^2} = 1$ n'est pas connexe. Pour le voir, il suffit de noter P_+ (resp. P_-) le demi-plan ouvert d'équation $x > 0$ (resp. $x < 0$) et d'écrire $\mathcal{H} = \mathcal{H}_+ \cup \mathcal{H}_-$ où $\mathcal{H}_+ = \mathcal{H} \cap P_+$ et $\mathcal{H}_- = \mathcal{H} \cap P_-$ apparaissent comme deux ouverts non vides de l'espace topologique $\mathcal{H}$ (pour la topologie induite).
Les branches $\mathcal{H}_+$ et $\mathcal{H}_-$ sont des ouverts de $\mathcal{H}$ puisque ce sont des traces, sur $\mathcal{H}$, d'ouverts de l'espace métrique $\mathbb{R}^2$. Et $\mathcal{H}$, qui apparaît comme la réunion de deux ouverts non vides $\mathcal{H}_+$ et $\mathcal{H}_-$, n'est pas connexe.

Exercice 66 ***Une partie connexe mais non connexe par arcs***
Soit A le sous-ensemble de $\mathbb{R}^2$ défini par

$$A = \left\{ (x, \sin \frac{1}{x}) \in \mathbb{R}^2 \,/\, x \in \mathbb{R}_+^* \right\}.$$

1) Représenter A sur un dessin.

2) Montrer que $\overline{A} = A \cup \{(0, y) \ / \ -1 \leq y \leq 1\}$, puis que A et $\overline{A}$ sont connexes.

3) Démontrer que $\overline{A}$ n'est pas connexe par arcs.

Solution :

1) La fonction $f(x) = \sin \frac{1}{x}$ est définie et dérivable sur $\mathbb{R}^*$. Elle est impaire, donc il suffit de l'étudier sur $\mathbb{R}_+^*$. On a $f'(x) = -\frac{1}{x^2} \cos \frac{1}{x}$ donc

$$\begin{aligned} f'(x) \geq 0 \quad &\Leftrightarrow \quad \cos \frac{1}{x} \leq 0 \Leftrightarrow \frac{\pi}{2} + k2\pi \leq \frac{1}{x} \leq \frac{3\pi}{2} + k2\pi \\ &\Leftrightarrow \quad \frac{1}{\frac{3\pi}{2} + k2\pi} \leq x \leq \frac{1}{\frac{\pi}{2} + k2\pi}. \end{aligned}$$

On remarque que $f'(x) < 0$ dès que $x > \frac{2}{\pi}$, et que $\lim_{x \to +\infty} f(x) = 0$. La fonction f n'admet pas de limite en 0 puisque

$$\begin{cases} \sin \frac{1}{u_k} = 1 & \text{dès que } u_k = \frac{1}{\frac{\pi}{2} + k2\pi} \\ \sin \frac{1}{v_k} = -1 & \text{dès que } v_k = \frac{1}{\frac{3\pi}{2} + k2\pi}, \end{cases}$$

avec $\lim u_k = \lim v_k = 0$. On peut dessiner l'allure de la courbe représentative de f (on a $\frac{2}{\pi} \simeq 0,64$) :

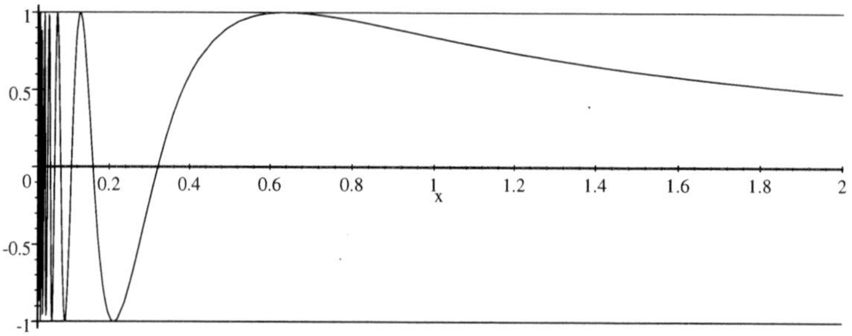

2) L'application $f : \mathbb{R}_+^* \to \mathbb{R}$ est continue sur tout $\mathbb{R}_+^*$, et $A = g(\mathbb{R}_+^*)$, image du connexe $\mathbb{R}_+^*$ par l'application continue $g(x) = (x, f(x))$, sera connexe. L'adhérence d'un connexe étant connexe, on a aussi montré que $\overline{A}$ était connexe.

Cherchons maintenant l'adhérence de A. Si $(x, y) \in \overline{A}$, il existe une suite (x_n, y_n) de A telle que $\lim (x_n, y_n) = (x, y)$, et donc

$$\lim x_n = x \quad \text{et} \quad \lim y_n = \lim \sin \frac{1}{x_n} = y.$$

Comme $x_n > 0$ pour tout n, on aura $x \geq 0$. Si $x > 0$, alors

$$y = \lim \sin \frac{1}{x_n} = \sin \frac{1}{x},$$

et donc $(x, y) = \left(x, \sin \frac{1}{x}\right) \in A$. Si par contre $x = 0$, on peut seulement affirmer que $(x, y) = (0, y)$ avec $-1 \leq y \leq 1$. Réciproquement, $(x, y) \in A$ entraîne à fortiori $(x, y) \in \overline{A}$. Supposons ensuite que $(x, y) = (0, y)$ avec $-1 \leq y \leq 1$. Alors $y = \sin \alpha$ pour un α convenable, et l'on remarque que

$$\frac{1}{x_k} = \alpha + k2\pi \Leftrightarrow x_k = \frac{1}{\alpha + k2\pi}.$$

La suite $\left(x_k, \sin \frac{1}{x_k}\right) = (x_k, \alpha)$ de A tend ainsi vers $(0, y)$ lorsque k tend vers $+\infty$, ce qui prouve que $(0, y) \in \overline{A}$. Finalement $\overline{A} = A \cup \{(0, y) \;/\; -1 \leq y \leq 1\}$.

3) Supposons par l'absurde qu'il existe un chemin continu $\varphi : [0, 1] \to \overline{A}$ tel que $\varphi(0) = (0, 0)$ et $\varphi(1) = (1/\pi, 0)$.

▶ On peut toujours supposer que $\varphi(t) = (0, 0)$ équivaut à $t = 0$, quitte à prendre un sous-chemin de φ. En effet, la partie $T = \{t \in [0, 1] \;/\; \varphi(t) = (0, 0)\}$ est non vide (elle contient 0) et majorée par 1, donc admet une borne supérieure $\operatorname{Sup} T = t_0$. Elle est fermée (comme l'image réciproque du fermé $\{(0, 0)\}$ par φ continue) donc $t_0 \in T$. Il suffit de troquer $\varphi : [0, 1] \to \overline{A}$ pour le sous-chemin $\varphi|_{[t_0,1]} : [t_0, 1] \to \overline{A}$.

▶ Ainsi

$$\varphi(t) = (0, 0) \Leftrightarrow t = 0$$

et pour tout $t \in]0, 1]$, il existe $u(t)$ tel que $\varphi(t) = (u(t), \sin \frac{1}{u(t)})$. Par hypothèse

$$\lim_{t \to 0_+} \varphi(t) = \lim_{t \to 0_+} (u(t), \sin \frac{1}{u(t)}) = (0, 0),$$

onc $\lim_{t \to 0_+} u(t) = 0$ et $\lim_{t \to 0_+} \frac{1}{u(t)} = 0$, ce qui est absurde.

Exercice 67 ***Le peigne***

Pour tout entier naturel non nul n on pose

$$D_n = \{(\frac{1}{n}, y) \in \mathbb{R}^2 \,/\, 0 \leq y \leq 1\}$$

puis $D = \left(\bigcup_{n \in \mathbb{N}^*} D_n\right) \cup \left\{(x, 0) \in \mathbb{R}^2 \,/\, 0 \leq x \leq 1\right\}$. L'adhérence $\overline{D}$ de D est appelée le peigne.

1) Montrer que $\overline{D} = D \cup \{(0,y) \in \mathbb{R}^2 \,/\, 0 \leq y \leq 1\}$ *et dessiner sommairement l'ensemble* $\overline{D}$.

2) Montrer que D *et* $\overline{D}$ *sont des connexes de* $\mathbb{R}^2$.

3) On appelle "continu" toute partie du plan simultanément connexe et compacte. La partie D *(resp.* $\overline{D}$*) est-elle un continu ?*

Solution :

1) Posons $E = D \cup \{(0,y) \in \mathbb{R}^2 \,/\, 0 \leq y \leq 1\}$.

• **Première solution** : On dessine D et l'on fait plusieurs tests pour déterminer si un point (x,y) appartient ou non à $\overline{D}$. On vérifie facilement que tout point (x,y) n'appartenant pas à E n'est pas dans $\overline{D}$. Pour le voir, il suffit de voir que l'on peut toujours construire une boule ouverte de centre (x,y) qui ne coupe pas D. Ainsi $\complement E \subset \complement \overline{D}$, autrement dit $\overline{D} \subset E$.

On a toujours $D \subset \overline{D}$. Pour conclure à l'inclusion réciproque $E \subset \overline{D}$, et donc à l'égalité, il suffit maintenant de prouver que tous les points $(0,y)$ tels que $0 \leq y \leq 1$ appartiennent à $\overline{D}$. Pour cela, on constate que, si B est une boule de centre $(0,y)$ et de rayon ε, alors $(\frac{1}{n}, y) \in B \cap D$ dès que $n > \frac{1}{\varepsilon}$, soit $(0,y) \in \overline{D}$.

• **Deuxième solution** : On utilise des suites, l'adhérence de D étant formé des points (x,y) limites d'une suite $((x_n,y_n))_n$ de D, ce que l'on écrit

$$\overline{D} = \{(x,y) \,/\, \exists\, (x_n,y_n) \in D \quad \lim\,(x_n,y_n) = (x,y)\}\,.$$

Ici

$$(x_n,y_n) = \begin{cases} (\frac{1}{m_n}, y_n) & \text{avec } m_n \in \mathbb{N}^* \text{ et } 0 \leq y_n \leq 1, \\ \text{ou} & \\ (x_n, 0) & \text{avec } 0 \leq x_n \leq 1. \end{cases}$$

On envisage deux cas :

a) Si pour tout N il existe $n > N$ tel que $y_n \neq 0$, alors, quitte à prendre une sous-suite de (x_n,y_n), on peut supposer que

$$\forall n \quad (x_n,y_n) = (\frac{1}{m_n}, y_n).$$

Ici $\lim(1/m_n) = x$ et $m_n \in \mathbb{N}^*$ pour tout n, donc $x \in \overline{S}$ où $S = \{1/n \,/\, n \in \mathbb{N}^*\}$. Comme $\overline{S} = S \cup \{0\}$, on déduit

$$x = \frac{1}{n} \text{ ou } x = 0$$

soit $(x, y) = (1/n, y)$ ou $(0, y)$ avec $0 \leq y \leq 1$. Dans ce cas $(x, y) \in E$.

b) Sinon il existe N tel que $n > N$ entraîne $y_n = 0$. Alors $(x_n, y_n) = (x_n, 0)$ tend vers $(x, 0)$ tel que $0 \leq x \leq 1$ par passage à la limite dans $0 \leq x_n \leq 1$. Dans ce cas $(x, y) \in D \subset E$.

L'étude des cas a) et b) montre l'inclusion $\overline{D} \subset E$. La preuve de l'inclusion réciproque $E \subset \overline{D}$ est facile : il suffit de remarquer que $D \subset \overline{D}$ et que tout point $(0, y)$ (avec $0 \leq y \leq 1$) est la limite d'une suite de points (x_n, y_n) du peigne, à savoir $(0, y) = \lim(\frac{1}{n}, y)$, donc appartient à $\overline{D}$.

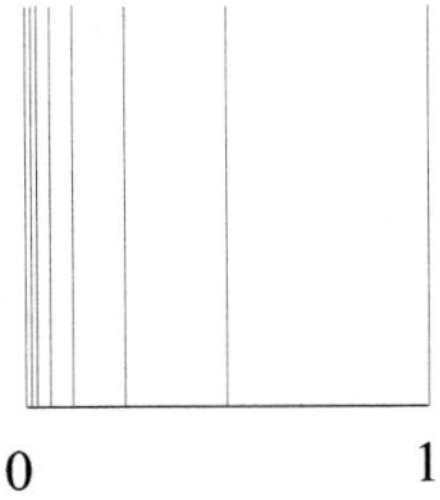

2) On peut relier deux points quelconques de D à l'aide d'un chemin continu en suivant les dents du peigne, donc D est connexe par arcs, donc à fortiori connexe. Et l'adhérence $\overline{D}$ d'un connexe est connexe d'après un résultat connu.

3) D n'est pas fermé puisque $\overline{D} \neq D$, donc D n'est pas un fermé borné de $\mathbb{R}^2$, i.e. un compact de $\mathbb{R}^2$. Par contre $\overline{D}$ est compact (c'est un fermé borné) donc un connexe compact, c'est-à-dire un continu de $\mathbb{R}^2$.

3.4 Problèmes

Problème 2 *(Partiel d'avril 1999)*
Soit $A = \{(x, y) \in \mathbb{R}^2 \,/\, x > 0$ *et* $\frac{1}{x} \leq y \leq 2 - x^2\}$. *Le but de l'exercice est d'étudier quelques propriétés de l'ensemble A.*

1) Représenter l'ensemble A dans le plan muni d'un repère orthonormal $(O, \vec{i}, \vec{j})$ *(on prendra une unité de 4 cm sur chacun des axes du repère).*

2) Interpréter A comme l'intersection de trois images réciproques des deux intervalles $]0, +\infty[$ *et* $[0, +\infty[$ *par trois fonctions polynomiales que l'on déterminera.*

3) Montrer que l'ensemble A est borné.

4) a) Soit φ *la fonction réelle de la variable réelle x définie sur* $\mathbb{R}$ *par*

$$\varphi(x) = x^3 - 2x + 1$$

pour tout $x \in \mathbb{R}$. Donner sous forme de tableau le signe de φ.

b) Si $(x, y) \in A$, montrer que

$$\frac{-1+\sqrt{5}}{2} \leq x \leq 1 \text{ et } 1 \leq y \leq \frac{1+\sqrt{5}}{2}.$$

5) On note $\delta_\infty(A)$ le diamètre de A pour la norme $\| \|_\infty$. Rappeler la définition de $\delta_\infty(A)$ et calculer-le.

6) Soient $((x_n, y_n))_n$ une suite de points de A convergente dans $\mathbb{R}^2$ vers un point (a, b). Montrer que $(a, b) \in A$.

Solution :

1) L'ensemble A est formé des points du demi-plan d'équation $x > 0$ situés entre l'hyperbole $y = \frac{1}{x}$ et la parabole $y = 2 - x^2$.

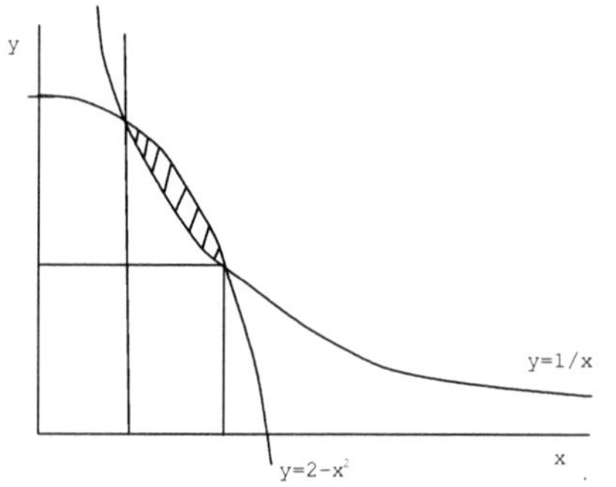

2) En posant $f(x, y) = x$, $g(x, y) = y - 1/x$ et $h(x, y) = 2 - x^2 - y$, on obtient

$$A = f^{-1}(]0, +\infty[) \cap g^{-1}([0, +\infty[) \cap h^{-1}([0, +\infty[).$$

3) Si $(x, y) \in A$, alors $0 \leq 1/x \leq y \leq 2 - x^2 \leq 2$ donc $y^2 \leq 4$. On a aussi

$$\frac{1}{x} \leq 2 - x^2 \Rightarrow x^3 - 2x + 1 \leq 0 \Rightarrow x^3 - 2x \leq 0 \Rightarrow x^2 \leq 2,$$

et par conséquent $\|(x, y)\|_2 = \sqrt{x^2 + y^2} \leq \sqrt{2+4} = \sqrt{6}$ pour tout $(x, y) \in A$. Cela prouve que A est borné.

4.a) Comme $\varphi(1) = 0$, il existe $\alpha \in \mathbb{R}$ tel que

$$\varphi(x) = x^3 - 2x + 1 = (x-1)\left(x^2 + \alpha x - 1\right).$$

En égalant les termes en x, on trouve $-\alpha - 1 = -2$ donc $\alpha = 1$ et

$$\varphi(x) = (x-1)\left(x^2 + x - 1\right).$$

Par suite

$$\varphi(x) = 0 \Leftrightarrow x = 1 \text{ ou } \frac{-1 \pm \sqrt{5}}{2}.$$

Les racines positives de $\varphi(x)$ sont donc $\frac{-1+\sqrt{5}}{2}$ et 1. Le tableau de signe de φ sera

x	$-\infty$	$\frac{-1-\sqrt{5}}{2}$		$\frac{-1+\sqrt{5}}{2}$		1	$+\infty$
φ	$-$	0	$+$	0	$-$	0	$+$

4.b) Dans le demi-plan $x > 0$, l'hyperbole $y = \frac{1}{x}$ et la parabole $y = 2 - x^2$ se coupent en (x, y) tels que $\frac{1}{x} = 2 - x^2$, ce qui équivaut à

$$\varphi(x) = x^3 - 2x + 1 = 0.$$

Les deux points d'intersection de ces courbes seront donc

$$U = \left(\frac{-1+\sqrt{5}}{2}, \frac{2}{-1+\sqrt{5}}\right) = \left(\frac{-1+\sqrt{5}}{2}, \frac{1+\sqrt{5}}{2}\right) \quad \text{et} \quad V = (1,1).$$

Si $(x, y) \in A$, alors $\frac{1}{x} \leq 2 - x^2$ donc $\varphi(x) \leq 0$. Le tableau de signes de la question précédente montre que $\frac{-1+\sqrt{5}}{2} \leq x \leq 1$, et ce dernier encadrement entraîne

$$1 \leq \frac{1}{x} \leq y \leq 2 - x^2 \leq 2 - \left(\frac{-1+\sqrt{5}}{2}\right)^2 = \frac{1+\sqrt{5}}{2}$$

soit $1 \leq y \leq \frac{1+\sqrt{5}}{2}$.

5) Par définition

$$\delta_\infty(A) = \text{Sup}\left\{\left\|(x,y) - (x',y')\right\|_\infty / (x,y) \in A \text{ et } (x',y') \in A\right\}.$$

Comme U et V appartiennent à A, on aura

$$\begin{aligned} \delta_\infty(A) \geq UV &= \text{Sup}\left(\left|1 - \frac{-1+\sqrt{5}}{2}\right|, \left|1 - \frac{1+\sqrt{5}}{2}\right|\right) \\ &= \text{Sup}\left(\frac{3-\sqrt{5}}{2}, \frac{\sqrt{5}-1}{2}\right) = \frac{\sqrt{5}-1}{2}. \end{aligned}$$

En fait cette valeur est égale au diamètre $\delta_\infty(A)$ puisque pour tous $M = (x, y)$ et $N = (x', y')$ appartenant à A les inégalités de la question 4.b) permettent d'écrire

$$MN = \text{Sup}\left(|x - x'|, |y - y'|\right) \leq \text{Sup}\left(1 - \frac{-1+\sqrt{5}}{2}, \frac{1+\sqrt{5}}{2} - 1\right),$$

soit

$$MN \leq \frac{\sqrt{5}-1}{2}.$$

En conclusion $\delta_\infty(A) = UV = \frac{\sqrt{5}-1}{2}$.

6) Il suffit de vérifier que la partie A est compacte dans $\mathbb{R}^2$, i.e. que c'est un fermé borné. Elle est bornée par la question 3), et fermée comme l'intersection des images réciproques des fermés $]0,+\infty[$ et $[0,+\infty[$ par les applications continues f, g et h de la question 1).

Problème 3 *Soit le sous-ensemble*

$$E = \{(x, y) \in \mathbb{R}^2 \,/\, f(x) \leq y \leq g(x), x \geq 1\}$$

de $\mathbb{R}^2$ *où* $f(x) = x^2$ *et* $g(x) = x^2 e^{-\frac{1}{x}} + 1$.

1) a) Etudier la fonction $h = g - f$ *sur* $[1, +\infty[$ *(on sera amené à calculer* h', h'' *et* h'''*).*

b) Montrer que E *est un sous ensemble non vide compact de* $\mathbb{R}^2$.

2) On considère la suite $(a_n)_{n\in\mathbb{N}^*}$ *d'éléments de* $\mathbb{R}_+^*$ *définie par récurrence en posant* $a_1 = 1$ *puis* $a_{n+1}^2 = g(a_n)$ *pour tout* n *supérieur ou égal à* 1. *On pose alors* $u_n = (a_n, g(a_n))$ *pour tout* $n \in \mathbb{N}^*$, *définissant ainsi une suite d'éléments de* $\mathbb{R}^2$.

a) Montrer par récurrence que u_n *appartient à* E *pour tout* $n \geq 1$.

b) Montrer que la suite $(a_n)_{n\in\mathbb{N}^*}$ *est convergente.*

c) Montrer que la suite $(u_n)_{n\in\mathbb{N}^*}$ *est convergente et préciser sa limite.*

Solution :

1.a) La fonction $h(x) = x^2 e^{-\frac{1}{x}} + 1 - x^2$ est de classe C^∞ sur $[1, +\infty[$ et un calcul donne

$$h'(x) = (2x+1)\, e^{-\frac{1}{x}} - 2x;\ h''(x) = \left(2 + \frac{2}{x} + \frac{1}{x^2}\right) e^{-\frac{1}{x}} - 2;\ h'''(x) = \frac{1}{x^4} e^{-\frac{1}{x}}.$$

pour tout $x \geq 1$. Ainsi $h'''(x) > 0$ pour tout x dans $[1, +\infty[$, donc h'' est strictement croissante sur cet intervalle. Comme $h''(1) = 5e^{-1} - 2 \simeq -0,16$ et $\lim_{x\to+\infty} h''(x) = 0_-$, la fonction h'' sera strictement négative sur $[1, +\infty[$. On obtient les tableaux de variations :

x	1		$+\infty$
h'''	e^{-1}	$+$	
h''	$5e^{-1} - 2$	$\nearrow$	0_-

x	1		$+\infty$
h''	$5e^{-1}-2$	$-$	
h'	$3e^{-1}-2$	$\searrow$	-1

Puisque $h'(1) = 3e^{-1} - 2 \simeq -0,90 < 0$, $h'(x)$ sera toujours strictement négatif sur $[1, +\infty[$ et la fonction h sera strictement décroissante sur cet intervalle. Comme $h(1) = e^{-1} > 0$ et $\lim_{x\to+\infty} h(x) = -\infty$ (en effet, $h(x) = x^2\left(e^{-\frac{1}{x}} - 1\right) + 1$ et $x^2\left(e^{-\frac{1}{x}} - 1\right)$ est équivalent à $x^2 \times \left(-\frac{1}{x}\right)$ lorsque x tend vers $+\infty$), il existera un unique réel $x_0 > 1$ tel que $h(x_0) = 0$, et le tableau de variation de h sera :

x	1		x_0		$+\infty$
h'		$-$		$-$	
h	e^{-1}	$\searrow$	0	$\searrow$	$-\infty$

Remarques : Dans le second tableau de variations, on lit

$$\lim_{x\to+\infty} h'(x) = -1.$$

En effet, $h'(x) = 2x\left(e^{-\frac{1}{x}} - 1\right) + e^{-\frac{1}{x}}$ où $\lim_{x\to+\infty} e^{-\frac{1}{x}} = 1$ et où $2x\left(e^{-\frac{1}{x}} - 1\right)$ est équivalent à $2x \times \left(-\frac{1}{x}\right)$ au voisinage de $+\infty$, donc tend vers -2 lorsque x tend vers $+\infty$.

Les graphes des fonctions f et g sont dessinés ci-dessous et une lecture graphique donnc $x_0 \simeq 1,8$.

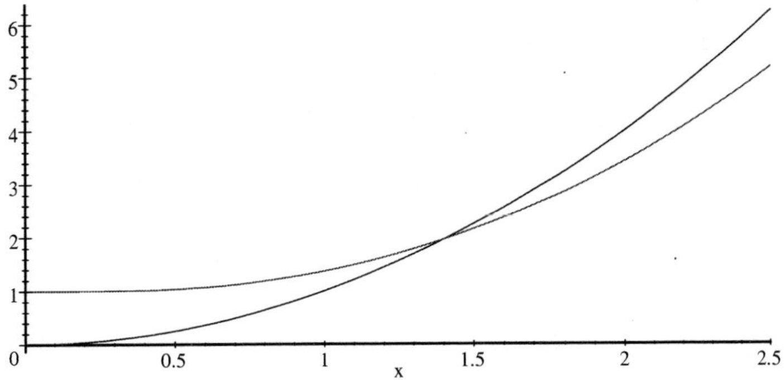

1.b) Le tableau de variation de h montre qu'il n'existe aucun réel y tel que $f(x) \leq y \leq g(x)$ dès que $x > x_0$. Par suite E est inclus dans la bande $\{(x,y) \in \mathbb{R}^2 /\ 1 \leq x \leq x_0 + 1\}$. Comme f et g sont continues sur le compact $[1, x_0 + 1]$, elles atteignent leurs bornes supérieures et inférieures sur ce compact, et l'on peut définir $M = \mathrm{Max}_{x\in[1,x_0+1]}\, g(x)$ et $m = \mathrm{Min}_{x\in[1,x_0+1]}\, f(x)$. Alors E est inclus dans le pavé

$$P = \{(x,y) \in \mathbb{R}^2 / 1 \leq x \leq x_0 + 1 \text{ et } m \leq y \leq M\},$$

donc borné.
Par ailleurs E est fermé comme l'intersection d'images réciproques de fermés de $\mathbb{R}$ par des applications continues de $\mathbb{R}^2$ dans $\mathbb{R}$ (on a effet $E = F_1 \cap F_2 \cap F_3$ avec $F_1 = u^{-1}(\mathbb{R}_-)$, $F_2 = v^{-1}(\mathbb{R}_+)$, $F_3 = w^{-1}(\mathbb{R}_+)$, $u(x,y) = f(x) - y$, $v(x,y) = g(x) - y$, et $w(x,y) = x - 1$). L'ensemble E est donc un fermé borné de $\mathbb{R}^2$, c'est-à-dire un compact de $\mathbb{R}^2$. Il n'est pas vide car contient le point $(x_0, f(x_0)) = (x_0, x_0^2))$.

2.a) Montrer que $u_n = (a_n, g(a_n))$ appartient à E pour tout $n \in \mathbb{N}^*$ revient à vérifier que

$$\begin{cases} f(a_n) \leq g(a_n) & (1) \\ a_n \geq 1 & (2) \end{cases}$$

pour tout $n \in \mathbb{N}^*$. On a bien $a_1 \geq 1$ et

$$a_n = \sqrt{g(a_{n-1})} = \sqrt{a_{n-1}^2 e^{-1/a_{n-1}^2} + 1} \geq 1$$

pour tout $n \geq 2$, d'où (2). D'autre part

$$(1) \Leftrightarrow a_n^2 \leq a_n^2 e^{-1/a_n} + 1 \quad (1')$$

et il s'agit de prouver $(1')$ par récurrence. La relation $(1')$ est triviale si $n = 1$. Si $(1')$ est vérifiée au rang n, montrons-là au rang $n+1$. On a

$$\begin{aligned} a_{n+1}^2 \leq a_{n+1}^2 e^{-1/a_{n+1}} + 1 &\Leftrightarrow g(a_n) \leq g(a_n) e^{-1/\sqrt{g(a_n)}} + 1 \\ &\Leftrightarrow a_n^2 e^{-\frac{1}{a_n}} \leq \left(a_n^2 e^{-\frac{1}{a_n}} + 1\right) e^{-1/\sqrt{g(a_n)}} \quad (1'') \end{aligned}$$

et l'hypothèse récurrente donne $a_n^2 e^{-\frac{1}{a_n}} \leq \left(a_n^2 e^{-1/a_n} + 1\right) e^{-1/a_n}$, de sorte que $(1'')$ soit vérifiée si l'on prouve l'inégalité

$$e^{-\frac{1}{a_n}} \leq e^{-1/\sqrt{g(a_n)}}.$$

Cette dernière inégalité provient encore de l'hypothèse récurrente, puisque

$$e^{-1/a_n} \leq e^{-1/\sqrt{g(a_n)}} \Leftrightarrow \frac{1}{a_n} \geq \frac{1}{\sqrt{g(a_n)}} \Leftrightarrow a_n^2 e^{-1/a_n} + 1 \geq a_n^2 \Leftrightarrow (1'),$$

2.b) La suite $(a_n)_{n \in \mathbb{N}^*}$ est croissante puisque

$$a_n \leq a_{n+1} \Leftrightarrow a_n^2 \leq a_{n+1}^2 \Leftrightarrow f(a_n) \leq g(a_n) \Leftrightarrow (1).$$

Elle est aussi majorée puisque la question précédente montre que $(a_n, g(a_n))$ appartient au compact E pour tout $n \in \mathbb{N}^*$. Ce compact étant borné, la suite

(a_n) sera nécessairement bornée (on peut aussi rappeler que $E \subset P$ de sorte que $1 \leq a_n \leq x_0 + 1$ pour tout n). Finalement, la suite (a_n) est une suite réelle croissante majorée, donc converge vers sa borne supérieure (Théorème de la borne supérieure dans $\mathbb{R}$).

Si l désigne la limite de la suite (a_n), il suffit de passer à la limite dans l'égalité $a_{n+1}^2 = g(a_n)$ et d'utiliser la continuité de g pour obtenir $l^2 = g(l)$. Ainsi $f(l) = g(l)$ et $l = x_0$. En conclusion $\lim a_n = x_0$.

2.c) La fonction g est continue et $\lim a_n = x_0$, donc $\lim g(a_n) = g(x_0)$. La suite $u_n = (a_n, g(a_n))$ convergera donc vers $(x_0, g(x_0))$ lorsque n tend vers $+\infty$.

Problème 4 ***Roues de Reuleaux*** *(d'après le CAPES externe 1983, 2ème épreuve)*

Le plan affine euclidien est muni de la topologie usuelle. On appelle roue de diamètre 1 *toute partie convexe fermée Ω du plan dont le projeté orthogonal sur n'importe quelle droite est un segment de longueur* 1. *La frontière Δ d'un demi-plan fermé contenant Ω est dite droite d'appui de Ω si, et seulement si, l'intersection $\Delta \cap \Omega$ n'est pas vide.*

Dans toutes les questions suivantes, sauf la dernière, la partie Ω désigne une roue quelconque de diamètre 1. *On rappelle que la frontière $\partial\Omega$ de Ω est par définition l'ensemble des points M du plan pour lesquels tout disque de centre M et de rayon strictement positif coupe à la fois Ω et son complémentaire $\complement\Omega$.*

1) Montrer que la distance entre deux points de Ω est inférieure ou égale à 1 *et que Ω est bornée.*

2) Vérifier que Ω admet exactement deux droites d'appui parallèles dans n'importe quelles directions.

3) Montrer que la distance $\mathrm{d}(\Delta, \Delta')$ *entre deux droites d'appui Δ et Δ' parallèles est* 1. *En déduire :*

(A1) que la droite qui joint deux points de Ω situés sur deux droites d'appui parallèles est perpendiculaire à ces deux droites.

(A2) qu'une droite d'appui de Ω rencontre Ω en un seul point.

4) Démontrer que l'intérieur d'une roue de diamètre 1 *n'est pas vide.*

5) Soit A un point du plan.

a) Montrer l'existence d'un point B de Ω tel que pour tout $M \in \Omega$ l'on ait $AM \leq AB$.

b) Démontrer que la droite Δ passant par B et perpendiculaire à (AB)

est une droite d'appui.

c) Montrer que $A \in \partial\Omega$ si et seulement si il existe une droite d'appui Δ telle que $A \in \Omega \cap \Delta$.

6) Si Δ est une droite d'appui on note $\mathcal{P}_\Delta$ le demi-plan fermé de frontière Δ contenant Ω. Montrer que Ω est égal à l'intersection de tous ces demi-plans.

7) Soit ABC un triangle équilatéral de côtés de longueur 1. On appelle roue de Reuleaux et l'on notera $\mathcal{R}$ l'intersection des trois disques fermés de rayon 1 et de centres respectifs A, B et C. On suppose que Ω est une roue de diamètre 1 contenant les points A, B et C.

a) Prouver que $\Omega \subset \mathcal{R}$.

b) On se place dans un repère orthonormal $(A, \overrightarrow{i}, \overrightarrow{j})$ d'origine A et dans lequel $B(1/2, \sqrt{3}/2)$ et $C(-1/2, \sqrt{3}/2)$. Démontrer que toute droite Δ_θ d'équation $y = x\tan\theta$ avec $-\pi/6 \leq \theta \leq \pi/6$ est une droite d'appui de Ω. En déduire que $\mathcal{R} \subset \Omega$.

c) Dire succintement pourquoi ce qui précède montre aussi que $\mathcal{R}$ est une roue de diamètre 1. Conclure.

Solution :

1) S'il existait deux points M et N de Ω tels que $MN > 1$, la projection de Ω sur la droite (MN) donnerait un segment plus long que l'unité. On a donc $MN \leq 1$ pour tous points M, N de Ω, et cela entraîne que la partie Ω est bornée. En effet, si $O \in \Omega$, on a $OM \leq 1$ pour tout $M \in \Omega$.

2) Fixons une droite Δ_0 et cherchons les droites d'appui de Ω parallèles à Δ_0.

► Soient D une droite perpendiculaire à Δ_0 et p la projection orthogonale sur D. Par hypothèse, $p(\Omega)$ est un segment de longueur 1, et il sera fermé (en effet, Ω est un fermé borné du plan, donc un compact, et son image par l'application continue p sera encore un compact de D). On peut donc poser $p(\Omega) = [ab]$ avec $ab = 1$. On a $\Omega \subset p^{-1}([ab])$ où $p^{-1}([ab])$ est la bande du plan située entre les deux droites parallèles $\Delta_1 = p^{-1}(a)$ et $\Delta_2 = p^{-1}(b)$. Comme $p(\Omega) = [ab]$, il existe deux points A et B de Ω tels que $A \in \Delta_1$ et $B \in \Delta_2$. Alors Δ_1 (et de la même manière Δ_2) sera une droite d'appui de Ω parallèle à Δ_0. En effet :

- $A \in \Delta_1 \cap \Omega$,

- $\Omega \subset p^{-1}([ab]) \subset p^{-1}([ab))$ montre que Ω est inclus dans le demi-plan fermé $p^{-1}([ab))$ de frontière Δ_1.

► Une droite Δ parallèles à Δ_0 et distinctes de Δ_1 et Δ_2 ne sera jamais une droite d'appui de Ω, simplement parce que $p(\Delta) \subset D\backslash\{a,b\}$, et que :

- $\Delta \cap \Omega = \varnothing$ si $p(\Delta) \subset D\backslash[ab]$,
- aucun des demi-plans fermés de frontière Δ ne contient Ω si $p(\Delta) \subset]ab[$.

3) • Conservons les notations de la question 2). La distance entre les droites d'appui $\Delta_1 = p^{-1}(a)$ et $\Delta_2 = p^{-1}(b)$ parallèles à Δ_0 est $\mathrm{d}(\Delta, \Delta') = ab = 1$.

• Soient $A \in \Delta_1 \cap \Omega$ et $B \in \Delta_2 \cap \Omega$. Soit A' le projeté orthogonal de A sur Δ_2. Si M est un point de Δ_2 différent de A', le Théorème de Pythagore montre que $AM > AA' = 1$, et cela prouve que M n'appartient pas à Ω (d'après la question 1). Ainsi $\Delta_2 \cap \Omega \subset \{A'\}$, et puisque $B \in \Delta_2 \cap \Omega$, on obtient $B = A'$ et $\Delta_2 \cap \Omega = \{B\}$. Cela prouve les assertions (A1) et (A2).

4) Prenons deux droites d'appui Δ et Δ' parallèles. Soient D et D' deux autres droites d'appui parallèles et perpendiculaires à Δ comme dans la figure ci-dessous. Notons

$$\Delta \cap \Omega = \{A\}, \quad \Delta' \cap \Omega = \{A'\}, \quad D \cap \Omega = \{B\}, \quad \text{et } D' \cap \Omega = \{B'\}.$$

D'après les questions précédentes le quadrilatère $ABA'B'$ possède des diagonales $[AA']$, $[BB']$ perpendiculaires et de longueur 1. Les points A, B, A' ne sont pas alignés (sinon $B \in (AA')$ et (AA') devient une droite d'appui de Ω qui coupe Ω en au moins deux points distincts A et A', ce qui est absurde) et définissent un triangle non aplati ABA' dont les sommets appartiennent à Ω. Comme Ω est convexe, l'intérieur de ce triangle sera entièrement inclus dans Ω, et $\overset{o}{\Omega}$ ne sera pas vide.

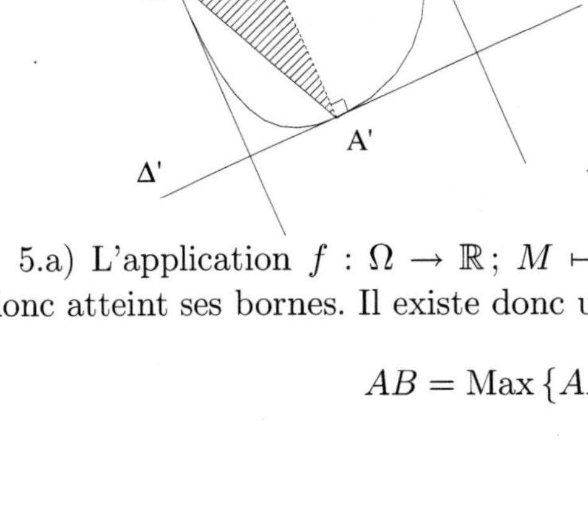

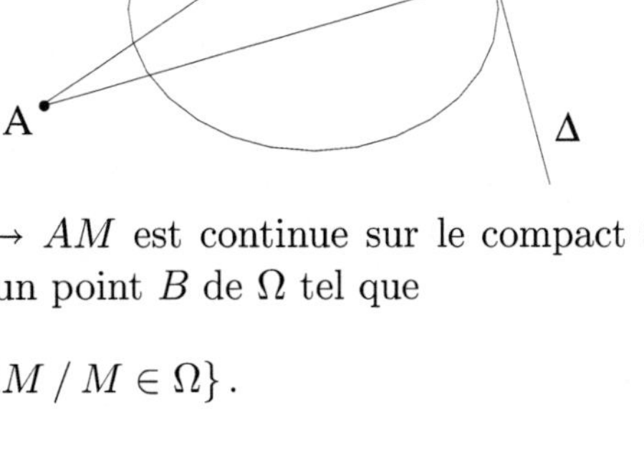

5.a) L'application $f : \Omega \to \mathbb{R}$; $M \mapsto AM$ est continue sur le compact Ω donc atteint ses bornes. Il existe donc un point B de Ω tel que

$$AB = \operatorname{Max}\{AM \,/\, M \in \Omega\}.$$

5.b) L'intersection $\Delta \cap \Omega$ contient B et tout point distinct de B situé dans le demi-plan ouvert $\mathcal{P}$ de frontière Δ ne contenant pas A n'est pas dans Ω. En effet, si $M \in \mathcal{P}$ le segment $[AM]$ coupe Δ en N et $AM > AN \geq AB$ (on notera que l'inégalité $AN \geq AB$ est une conséquence du Théorème de Pythagore). L'inégalité $AM > AB$ prouve bien que M n'appartient pas à Ω.

5.c) $(\Leftarrow)$: Si $A \in \Omega \cap \Delta$ où Δ est une droite d'appui, tout disque de centre A coupera Ω (par exemple en A) et $\complement\Omega$ (plus précisément, le demi-plan ouvert de frontière Δ ne contenant pas Ω), donc $A \in \partial\Omega$.

$(\Rightarrow)$: Si A appartient à $\partial\Omega$, notons B le point de Ω tel que $AB \geq AM$ pour tout $M \in \Omega$. On sait que $\Delta = B + (AB)^\perp$ est la droite d'appui passant par B et on appelle $\Delta' = B' + (AB)^\perp$ la seconde droite d'appui dans la même direction. On a $A \in [BB']$ et $A \neq B$ (sinon $AB \geq AM$ pour tout $M \in \Omega$, absurde). Si $A \neq B'$, alors $A \in]BB'[$. Les deux droites d'appui D et D' perpendiculaires à Δ coupent Ω respectivement en C et C', et $BCB'C'$ est un quadrilatère inclus dans Ω dont l'intérieur contient A, donc $A \in \overset{o}{\Omega}$, ce qui est absurde. En conclusion $A = B'$ et Δ' est une droite d'appui qui contient A.

6) L'inclusion $\Omega \subset \bigcap_\Delta \mathcal{P}_\Delta$ est évidente. Réciproquement, si $M \notin \Omega$, soit $C \in \Omega$ tel que $\mathrm{d}(M, \Omega) = MC$. Alors $\Delta = C + (MC)^\perp$ est une droite d'appui et $M \notin \mathcal{P}_\Delta$. En effet, s'il existait un point A de Ω situé dans le demi-plan ouvert de frontière Δ et contenant M, on aurait $[CA] \subset \Omega$ par convexité. Dans ce cas l'un des points de $[CA]$ serait plus proche de M que le point C (en effet le cercle $\mathcal{C}(M, MC)$ recoupe la demi-droite $[CA)$ en C' tel que $]CC'[$ soit inclus dans l'intérieur du disque de frontière $\mathcal{C}(M, MC)$. Il suffit de prendre W dans $]CC'[\cap]CA[$ pour obtenir $WM < CM$), ce qui est absurde.

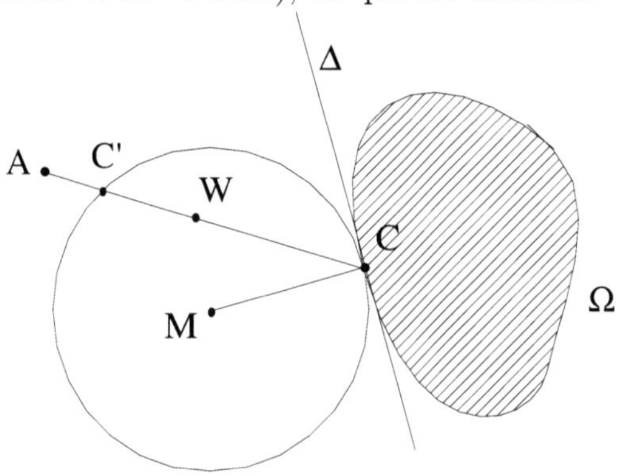

Remarque : Dans la démonstration précédente, il s'agit de bien comprendre que l'égalité $\Omega = \bigcap_\Delta \mathcal{P}_\Delta$ provient des deux affirmations (démontrées) suivantes :

- $\Omega \subset \bigcap_\Delta \mathcal{P}_\Delta$,
- $M \notin \Omega \Rightarrow (\exists \Delta$ droite d'appui $M \notin \mathcal{P}_\Delta)$.

En effet, la seconde affirmation s'écrit $(M \notin \Omega \Rightarrow M \notin \bigcap_\Delta \mathcal{P}_\Delta)$ et la contraposée de cette dernière implication s'écrit

$$M \in \bigcap_\Delta \mathcal{P}_\Delta \Rightarrow M \in \Omega,$$

ce qui équivaut à l'inclusion réciproque $\bigcap_\Delta \mathcal{P}_\Delta \subset \Omega$.

7.a) Si la roue Ω existe la distance d'un point M de Ω à l'un quelconque des points A, B, C doit être inférieure ou égale à 1, donc $\Omega \subset \mathcal{R}$.

7.b) • Une droite Δ_θ $(-\pi/6 \leq \theta \leq \pi/6)$ passe toujours par le point A de Ω. Montrer que Δ_θ est une droite d'appui de Ω revient donc à montrer que Ω est inclus dans le demi-plan fermé $\mathcal{P}_{\Delta_\theta}$ de frontière Δ_θ contenant les points B et C. Une équation de $\mathcal{P}_{\Delta_\theta}$ est $y - x\tan\theta \geq 0$. Pour tout $M(x, y) \in \Omega$ on a $BM \leq 1$ et $CM \leq 1$, soit

$$\left(x - \frac{1}{2}\right)^2 + \left(y - \frac{\sqrt{3}}{2}\right)^2 \leq 1 \text{ et } \left(x + \frac{1}{2}\right)^2 + \left(y - \frac{\sqrt{3}}{2}\right)^2 \leq 1.$$

Cela donne

$$\begin{cases} x^2 + y^2 - x - y\sqrt{3} \leq 0 & (1) \\ x^2 + y^2 + x - y\sqrt{3} \leq 0 & (2) \end{cases}$$

et cela entraîne $y - x\tan\theta \geq 0$ pour tout $-\pi/6 \leq \theta \leq \pi/6$.
En effet, $-\pi/6 \leq \theta \leq \pi/6$ entraîne $-1/\sqrt{3} \leq \tan\theta \leq 1/\sqrt{3}$, et l'on envisage deux cas :

▷ Si $x \geq 0$, l'inégalité (2) permet d'écrire

$$y - x\tan\theta \geq y - \frac{1}{\sqrt{3}}x \geq \frac{x^2 + y^2}{\sqrt{3}} \geq 0.$$

▷ Si $x \leq 0$, (1) entraîne

$$y - x\tan\theta \geq y + \frac{1}{\sqrt{3}}x \geq \frac{x^2 + y^2}{\sqrt{3}} \geq 0.$$

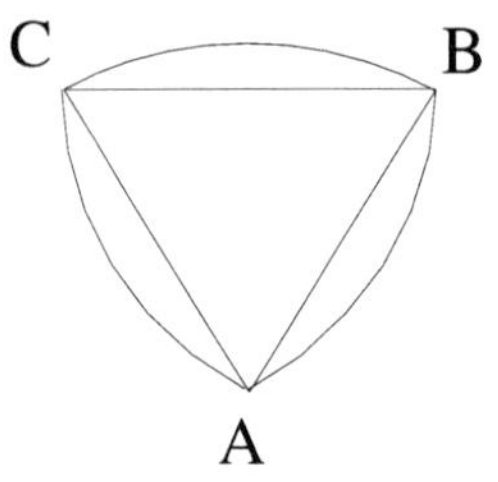

Roue de Reuleaux

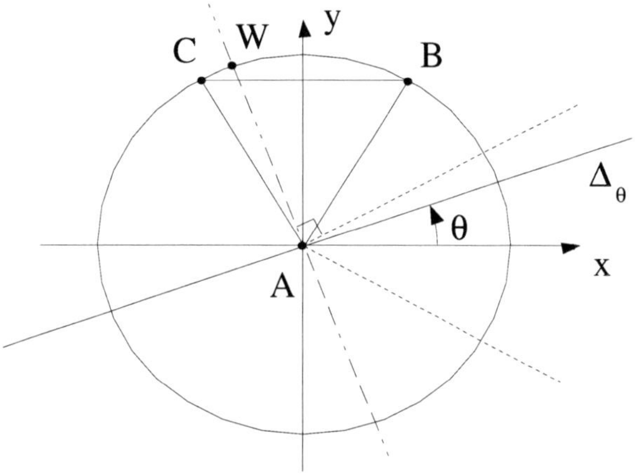

• Déduisons l'inclusion $\mathcal{R} \subset \Omega$ Le secteur circulaire ABC du cercle $\mathcal{C}$ de centre A et de rayon $AB = 1$ est entièrement inclus dans Ω. En effet, tout point W de l'arc $\widehat{BC}$ définit une droite (WA) perpendiculaire à un droite Δ_θ d'équation $y = x \tan\theta$ pour un certain angle $-\pi/6 \leq \theta \leq \pi/6$. D'après ce qui précède, A est un point d'appui de Δ_θ sur Ω. La deuxième droite d'appui Δ'_θ parallèle à Δ_θ coupera Ω en un point situé sur $[AW)$ et à une distance 1 de A, c'est-à-dire en W, et donc $W \in \Omega$.

Si tous les points W de l'arc $\widehat{BC}$ appartiennent à Ω, la convexité de Ω montre qu'il en sera de même de tous les points du secteur circulaire ABC du cercle $\mathcal{C}$. En recommençant avec B ou C à la place de A, on constate alors que la roue de Reuleaux $\mathcal{R}$ est toute entière incluse dans Ω.

7.c) Les questions 7.a et 7.b précédentes montrent que, s'il existe une roue Ω de diamètre 1 contenant les sommets A, B, C d'un triangle équilatéral, alors cette roue est la roue de Reuleaux $\mathcal{R}$.
Il est facile de vérifier que $\mathcal{R}$ est bien une roue de diamètre 1. En effet, on vient de voir que toutes les droites d'appui de $\mathcal{R}$ sont les droites Δ_θ issues de A, B, C et leurs parallèles Δ'_θ introduites dans la question 7.b. Ces droites parcourent toutes les directions possibles dans le plan avec $\Delta_\theta // \Delta'_\theta$ et $\mathrm{d}(\Delta_\theta, \Delta'_\theta) = 1$, et par conséquent les projetés de $\mathcal{R}$ sur n'importe quelle direction seront bien des segments de longueur 1.

Problème 5 ***Squelettes d'un carré, d'un disque et d'un triangle***
(d'après le CAPES externe 1996, 2ème épreuve)

Soit Π *un plan affine euclidien muni d'un repère orthonormal* $(O, \overrightarrow{i}, \overrightarrow{j})$. *On notera* d *la distance sur* Π. *Si* $\mathcal{R}$ *est un sous-ensemble non vide de* Π *et* M *un point de* Π, *on notera* $d(M, \mathcal{R})$ *la distance de* M *à* $\mathcal{R}$, *définie par*

$$d(M, \mathcal{R}) = \operatorname*{Inf}_{N \in \mathcal{R}} d(M, N).$$

Etant donné un point M *de* Π *et un réel positif* r, *on notera* $\overline{B}(M; r)$ *le disque fermé de centre* M *et de rayon* r, *et* $C(M; r)$ *le cercle de centre* M *et de rayon* r. *Si* r *est strictement positif, on notera* $B(M; r)$ *le disque ouvert de centre* M *et de rayon* r. *Etant donné deux points* A *et* B *de* Π, *on note* $[AB]$ *le segment d'extrémités* A *et* B *et on note* $]AB[$ *ce segment privé de ses extrémités.*

La frontière d'un sous-ensemble $\mathcal{R}$ *de* Π *sera notée* $\partial\mathcal{R}$ *: on rappelle qu'un point* M *appartient à* $\partial\mathcal{R}$ *si et seulement si tout disque ouvert de centre* M *contient au moins un point appartenant à* $\mathcal{R}$ *et au moins un point n'appartenant pas à* $\mathcal{R}$. *On a en particulier*

$$\partial\overline{B}(M; r) = \partial B(M; r) = C(M; r).$$

Soit $\mathcal{R}$ *un sous-ensemble borné non vide de* Π. *Pour tout point* M *de* Π, *on notera* $n(M)$, *avec éventuellement* $n(M) = \infty$, *le nombre des points* T *de* $\partial\mathcal{R}$ *tels que* $d(M, \partial\mathcal{R}) = d(M, T)$. *On appellera squelette de* $\mathcal{R}$, *et on notera* $sq(\mathcal{R})$, *le sous-ensemble des points* M *de* $\mathcal{R}$ *tels que* $n(M) > 2$.

1. ***Squelette d'un carré.*** *Dans cette question on désigne par* $\mathcal{R}$ *l'ensemble des points* M *du plan* Π *dont les coordonnées* (x, y) *dans le repère* $(O, \overrightarrow{i}, \overrightarrow{j})$ *vérifient* $|x| < 1$ *et* $|y| < 1$. *On note* A, B, C *et* D *les points de coordonnées respectives* $(1, 1)$, $(-1, 1)$, $(-1, -1)$ *et* $(1, -1)$.

1.1. Démontrer que $\partial\mathcal{R}$ *est la réunion des quatre segments* $[AB]$, $[BC]$, $[CD]$ *et* $[DA]$.

1.2. Démontrer que si un point M *de coordonnées* (x, y) *est intérieur au triangle* OAD, *on a alors* $d(M, \partial\mathcal{R}) = 1 - x$ *et* $n(M) = 1$.

1.3. Démontrer que si un point M *de coordonnées* (x, y) *appartient à* $]O, A[$, *on a alors* $d(M, \partial\mathcal{R}) = 1 - x = 1 - y$ *et* $n(M) = 2$.

1.4. Calculer $n(O)$.

1.5. Démontrer que $sq(\mathcal{R}) =]AC[\cup]BD[$.

1.6. Démontrer que le squelette de l'intérieur d'un carré est la réunion de ses diagonales, sommets non compris.

2. ***Squelette d'un disque.*** *Dans cette question on désigne par* $\mathcal{R}$ *le disque ouvert* $B(A; r)$.

2.1. Démontrer que si un point M *appartient à* $\mathcal{R}$ *et est différent de* A, *on a alors* $n(M) = 1$.

2.2. Calculer $n(A)$.

3. ***Squelette d'un triangle.*** *Soient A, B et C trois points non alignés du plan Π. Un point du plan sera repéré par ses coordonnées barycentriques (α, β, γ) relativement aux points A, B et C, normalisées par $\alpha + \beta + \gamma = 1$. Dans cette question, on désigne par $\mathcal{R}$ l'ensemble des points intérieurs au triangle ABC, c'est-à-dire l'ensemble des points de coordonnées barycentriques strictement positives. On notera $a = d(B,C)$, $b = d(C,A)$, $c = d(A,B)$ et S l'aire du triangle. On admet que $\partial\mathcal{R} = [AB] \cup [BC] \cup [CA]$.*

3.1. Soit M un point de $\mathcal{R}$ de coordonnées barycentriques (α, β, γ) relativement aux points A, B et C. Exprimer la distance de M à la droite (BC) en fonction de a, α et S.

3.2. En déduire les coordonnées barycentriques du point I, centre du cercle inscrit dans le triangle ABC.

3.3. Démontrer qu'un point M appartient à l'intérieur du triangle IBC si et seulement si

$$\frac{\alpha}{a} < \mathrm{Min}\left(\frac{\beta}{b}, \frac{\gamma}{c}\right).$$

3.4. Démontrer que, si M appartient à l'intérieur du triangle IBC, le produit scalaire $\overrightarrow{BM}.\overrightarrow{BC}$ est strictement positif. En déduire que

$$d(M, [BC]) = d(M, (BC))$$

et que $n(M) = 1$.

3.5. Décrire le squelette de $\mathcal{R}$.

Solution :

1.1. Par définition

$$\partial\mathcal{R} = \{M \in \Pi \,/\, \forall r > 0 \quad B(M,r) \cap \mathcal{R} \neq \emptyset \quad \text{et} \quad B(M,r) \cap C\mathcal{R} \neq \emptyset\}.$$

On envisage tous les cas :

- Si $M(x,y) \in \mathcal{R}$, alors $-1 < x < 1$ et $-1 < y < 1$. Choisissons

$$r = \mathrm{Inf}\,(1-x, x+1, 1-y, y+1)$$

pour que $]x-r, x+r[\subset]-1,1[$ et $]y-r, y+r[\subset]-1,1[$. Alors la boule ouverte $B(M,r)$ est incluse dans $\mathcal{R}$ et n'interceptera pas $C\mathcal{R}$, de sorte que $M \notin \partial\mathcal{R}$.

Vérifions l'inclusion $B(M,r) \subset \mathcal{R}$:

$$\begin{aligned} N(x',y') \in B(M,r) &\Rightarrow \sqrt{(x'-x)^2+(y'-y)^2} < r \\ &\Rightarrow |x'-x| < r \text{ et } |y'-y| < r \\ &\Rightarrow N \in]x-r, x+r[\times]y-r, y+r[\\ &\Rightarrow N \in]-1,1[\times]-1,1[= \mathcal{R}. \end{aligned}$$

Remarque : On vient de montrer que $\mathcal{R}$ est ouvert, ce qu'on aurait pu faire en écrivant $\mathcal{R}$ comme intersection d'images réciproques d'ouverts de $\mathbb{R}$ par des applications continues. Ici ces images réciproques sont quatre demi-plans ouverts.

• Si $M(x,y)$ vérifie $|x| > 1$ ou $|y| > 1$, on démontre de même l'existence de $r > 0$ tel que $B(M,r) \subset C\mathcal{R}$, ce qui entraîne $M \notin \partial\mathcal{R}$.

• Si $M(x,y) \in [AB] \cup [BC] \cup [CD] \cup [DA]$, supposons par exemple $M \in [AB]$. Pour tout $r \in]0,1[$, si $M \notin \{A,B\}$ on définit

$$N\left(x, y-\frac{r}{2}\right) \in \mathcal{R} \cap B(M,r) \text{ et } S\left(x, y+\frac{r}{2}\right) \in C\mathcal{R} \cap B(M,r)$$

et si $M = A$, on prend par exemple

$$N\left(1-\frac{r}{2\sqrt{2}}, 1-\frac{r}{2\sqrt{2}}\right) \in \mathcal{R} \cap B(M,r)$$

et

$$S\left(1+\frac{r}{2\sqrt{2}}, 1+\frac{r}{2\sqrt{2}}\right) \in C\mathcal{R} \cap B(M,r).$$

Le cas $M = B$ étant identique, on a prouvé que

$$[AB] \cup [BC] \cup [CD] \cup [DA] \subset \partial\mathcal{R}.$$

• Conclusion :

$$\partial\mathcal{R} = [AB] \cup [BC] \cup [CD] \cup [DA].$$

1.2. • On aura besoin du lemme suivant :

Lemme 1 : Si M est un point du plan et si D est une droite donnée, la distance de M à D est MH où H désigne la projection orthogonale de M sur D. De plus

$$\forall N \in D\backslash\{H\} \qquad MH < MN.$$

Preuve du lemme : Le Théorème de Pythagore montre que si $N \in D\backslash\{H\}$,

$$MN^2 = MH^2 + HN^2 > MH^2$$

d'où $MH < MN$. ■

Si $M \in \mathcal{R}$ et si l'on note H_{AB},... les projections orthogonales respectives de M sur les droites (AB),... alors les projetés de M sur les supports des côtés de $\mathcal{R}$ seront dans $\partial\mathcal{R}$. Le lemme montre alors que, pour tout point N appartenant à la frontière $\partial\mathcal{R}\setminus\{H_{AB}, H_{BC}, H_{CD}, H_{DA}\}$,

$$\text{Inf}\,(MH_{AB}, MH_{BC}, MH_{CD}, MH_{DA}) < MN,$$

d'où

$$d\,(M, \partial\mathcal{R}) = \text{Inf}\,(MH_{AB}, MH_{BC}, MH_{CD}, MH_{DA})\,.$$

Cela prouve en particulier que $n\,(M) \leq 4$. En calculant

$$MH_{AB} = 1 - y, \quad MH_{BC} = x + 1, \quad MH_{CD} = y + 1, \quad MH_{DA} = 1 - x,$$

on obtient

$$d\,(M, \partial\mathcal{R}) = \text{Inf}\,(1 - y, x + 1, y + 1, 1 - x)\,.$$

• Notons T_{OAD} l'intérieur du triangle OAD. Si $M\,(x, y) \in T_{OAD}$, alors $M \in \mathcal{R}$ et $-x < y < x$, donc

$$d\,(M, \partial\mathcal{R}) = \text{Inf}\,(1 - y, x + 1, y + 1, 1 - x) = 1 - x$$

et cette distance est atteint seulement en H_{DA}. Donc $n\,(M) = 1$. ■

1.3. Si $M(x, x)$ avec $0 < x < 1$,

$$d\,(M, \partial\mathcal{R}) = \text{Inf}\,(1 - y, x + 1, y + 1, 1 - x) = 1 - x = 1 - y$$

et cette borne inférieure est atteinte en exactement deux points H_{AB} et H_{DA} du bord $\partial\mathcal{R}$. Soit $n\,(M) = 2$.

1.4. La distance minimale

$$d\,(O, \partial\mathcal{R}) = \text{Inf}\,(1 - y, x + 1, y + 1, 1 - x) = \text{Inf}\,(1, 1, 1, 1) = 1$$

est atteinte en 4 points et 4 seulement, à savoir les $H_{AB}, H_{BC}, H_{CD}, H_{DA}$), donc $n\,(O) = 4$.

1.5. Immédiat d'après les questions précédentes : $Sq\,(\mathcal{R}) =]AC[\cup]BD[$.

1.6. Soit $\mathcal{R}'$ l'intérieur d'un carré $A'B'C'D'$que l'on peut supposer direct. Soit O' le centre de ce carré. Il existe une unique similitude directe s transformant O', A' respectivement en O, A. Par conservation des angles

$$\left.\begin{array}{l} \left(\overrightarrow{OA}, \overrightarrow{Os\,(B')}\right) = \left(\overrightarrow{O'A'}, \overrightarrow{O'B'}\right) = \pi/2 \\ Os\,(B') = O'B'\frac{OA}{O'A'} = OA = OB \end{array}\right\} \Rightarrow s\,(B') = B$$

et ainsi de suite. s transforme $\mathcal{R}'$ en $\mathcal{R}$. Comme s conserve les rapports de distances, elle fera se correspondre les squelettes des deux ensembles $\mathcal{R}'$ en $\mathcal{R}$. D'où le résultat.

Remarque : Détaillons cette dernière affirmation, même si cela prendrai trop du temps en situation de concours... s est affine donc conserve les barycentres, par suite $s(\mathcal{R}') = \mathcal{R}$ et $s(\partial\mathcal{R}') = \partial\mathcal{R}$. Ensuite

$$\begin{aligned} M' \in Sq\mathcal{R}' \quad &\Leftrightarrow \quad \begin{cases} M' \in \mathcal{R}' \\ \exists U', V' \in \partial\mathcal{R}' \quad U' \neq V' \quad d(M', \partial\mathcal{R}') = M'U' = M'V' \end{cases} \\ &\Leftrightarrow \quad \begin{cases} M = s(M') \in \mathcal{R} \\ \exists U, V \in \partial\mathcal{R} \quad U \neq V \quad d(M, \partial\mathcal{R}) = MU = MV \end{cases} \\ &\Leftrightarrow \quad M = s\left(M'\right) \in Sq\mathcal{R}. \end{aligned}$$

Cela prouve que $s(Sq\mathcal{R}') = Sq\mathcal{R}$ soit

$$Sq\mathcal{R}' = s^{-1}(Sq\mathcal{R}) = s^{-1}([AC] \cup [BD]) = \left[A'C'\right] \cup \left[B'D'\right].$$

2.1. Si $M \in \mathcal{R} = B(A, r)$, notons B l'intersection de la demi-droite $[AM)$ et du cercle $\partial\mathcal{R} = \mathcal{C}(A, r)$. Pour tout $T \in \partial\mathcal{R} \setminus \{B\}$, on a $M \notin [AT]$ donc

$$MT > AT - MA = r - MA = MB.$$

Cela prouve que la distance $d(M, \partial\mathcal{R})$ est atteinte au seul point B, et donc que $n(M) = 1$.

2.2. $n(A) = \infty$.

2.3. $Sq(\mathcal{R}) = \{A\}$.

3.1. Soient H_A le pied de la hauteur issue de A du triangle ABC, et H le projeté orthogonal de M sur (BC). Notons T le projeté orthogonal de M sur (AH_A). MTH_AH est un rectangle car possède 3 angles droits. Projetons orthogonalement l'égalité vectorielle

$$\alpha\overrightarrow{MA} + \beta\overrightarrow{MB} + \gamma\overrightarrow{MC} = \overrightarrow{0}$$

sur la hauteur (AH_A). On trouve

$$\alpha\overrightarrow{TA} + \beta\overrightarrow{MH} + \gamma\overrightarrow{MH} = \overrightarrow{0}.$$

Comme $\overrightarrow{TA} = \overrightarrow{TH_A} + \overrightarrow{H_AA} = \overrightarrow{MH} + \overrightarrow{H_AA}$,

$$(\alpha + \beta + \gamma)\overrightarrow{MH} + \alpha\overrightarrow{H_AA} = \overrightarrow{0} \Rightarrow MH = \alpha H_AA.$$

Compte tenu de $S = \frac{a.H_A A}{2}$,

$$d(M,(BC)) = MH = \frac{2\alpha S}{a}.$$

3.2. I est caractérisé par $d(M,(BC)) = d(M,(CA)) = d(M,(AB))$. Les coordonnées (α,β,γ) de I vérifieront donc

$$\frac{2\alpha S}{a} = \frac{2\beta S}{b} = \frac{2\gamma S}{c}$$

et (α,β,γ) sera proportionnel à (a,b,c). I admet les coordonnées barycentriques (a,b,c) dans le repère affine (A,B,C).

3.3. M est à l'intérieur du triangle IBC si, et seulement si, M est barycentre de I,B,C affectés de coefficients strictement positifs. Supposons que M soit barycentre de $I(\alpha')$, $B(\beta')$, $C(\gamma')$. $M \in T_{ABC}$ donc $\alpha' \neq 0$ et quitte à diviser tous les coefficients par α', on peut supposer

$$M \text{ barycentre de } I(1),\ B(\beta'),\ C(\gamma').$$

Comme I est barycentre de $A(a)$, $B(b)$, $C(c)$, on déduit

$$\begin{aligned}
\overrightarrow{MI} + \beta'\overrightarrow{MB} + \gamma'\overrightarrow{MC} &= \overrightarrow{0} \\
\frac{a\overrightarrow{MA} + b\overrightarrow{MB} + c\overrightarrow{MC}}{a+b+c} + \beta'\overrightarrow{MB} + \gamma'\overrightarrow{MC} &= \overrightarrow{0} \\
a\overrightarrow{MA} + (b+\beta's)\,\overrightarrow{MB} + (c+\gamma's)\,\overrightarrow{MC} &= \overrightarrow{0} \qquad \text{en posant } s = a+b+c
\end{aligned}$$

et la proportionnalité

$$\frac{a}{\alpha} = \frac{b+\beta's}{\beta} = \frac{c+\gamma's}{\gamma}$$

d'où

$$\begin{cases} \beta' = \frac{a\beta-\alpha b}{\alpha s} \\ \gamma' = \frac{a\gamma-\alpha c}{\alpha s}. \end{cases}$$

On peut donc affirmer

$$M \in T_{IBC} \Leftrightarrow \begin{cases} \beta' > 0 \\ \gamma' > 0 \end{cases} \Leftrightarrow \begin{cases} \frac{\beta}{b} > \frac{\alpha}{a} \\ \frac{\gamma}{c} > \frac{\alpha}{a} \end{cases} \Leftrightarrow \frac{\alpha}{a} < \mathrm{Min}\left(\frac{\beta}{b},\frac{\gamma}{c}\right).$$

Remarque : Comme $d(M,(BC)) = \frac{2\alpha S}{a}$ ..., on vient de prouver que si M appartient à T_{IBC}, alors $d(M,(BC)) < \min(d(M,(AB)), d(M,(AC)))$ ce que nous utiliserons dans la question suivante. Cela montre aussi le lemme ci-dessous qui permet de se représenter les squelettes du parallélogramme et de la tête de chat :

Lemme 2 : Une bissectrice $[BI)$ du couple de demi-droites $([BA),[BC))$ partage le secteur angulaire $\left[\widehat{ABC}\right]$ contenant $[BI)$ en deux secteurs ouverts, l'un formé des points strictement plus proches de la droite (BA) que de (BC), et l'autre formé des points strictement plus proches de la droite (BC) que de (BA).

3.4. Si $M \in T_{IBC}$,

$$\begin{aligned}\overrightarrow{BM}.\overrightarrow{BC} &= \left(\alpha\overrightarrow{BA}+\gamma\overrightarrow{BC}\right).\overrightarrow{BC} = \alpha\overrightarrow{BA}.\overrightarrow{BC}+\gamma\overrightarrow{BC}^2\\ &= \alpha ca\cos\left(\overrightarrow{BA},\overrightarrow{BC}\right)+\gamma a^2\\ &= a^2c\left(\frac{\alpha}{a}\cos\left(\overrightarrow{BA},\overrightarrow{BC}\right)+\frac{\gamma}{c}\right) \geq a^2c\left(-\frac{\alpha}{a}+\frac{\gamma}{c}\right) > 0\end{aligned}$$

d'après la question 3.3. On en déduit

$$\overrightarrow{BH}.\overrightarrow{BC} = \overrightarrow{BM}.\overrightarrow{BC} > 0$$

donc $H \in]BC)$. On montrerait de même que $H \in]CB)$, de sorte que $H \in]BC[$ et que la distance de M au segment $[BC]$ soit atteinte en H et soit égale à $d(M,(BC))$. Compte tenu des lemmes 1 et 2, on déduit $n(M) = 1$.

3.5. • D'après la question précédente,

$$Sq(\mathcal{R}) \subset [IA[\cup[IB[\cup[IC[.$$

• Les projetés orthogonaux de I sur les côtés du triangle ABC appartiennent à ces côtés : pour le voir, on procède comme en I.3.4 mais cette fois-ci avec $(\alpha,\beta,\gamma) = (a,b,c)$. Si H est le projeté orthogonal de I sur (BC) :

$$\begin{aligned}\overrightarrow{BH}.\overrightarrow{BC} &= \overrightarrow{BI}.\overrightarrow{BC}\\ &= \left(\frac{a\overrightarrow{BA}+c\overrightarrow{BC}}{a+b+c}\right).\overrightarrow{BC}\\ &= \frac{a^2c}{a+b+c}\left(\cos(\overrightarrow{BA},\overrightarrow{BC})+1\right) > 0.\end{aligned}$$

Ainsi

$$d(M,[BC]) = d(M,(BC)) = \frac{2\alpha S}{a}$$

est atteint seulement en MH. I étant à égale distance des supports des côtés, on déduit $n(I) = 3$.

• Si $M \in]IB[$, comme la droite (IB) est une bissectrice du couple de droites $((BA),(BC))$, I sera à égale distance de (BA) et (BC). Comme les projetés orthogonaux de I sur les côtés du triangle ABC appartiennent à ces côtés (ouverts), le théorème de Thalès prouve que la projection orthogonale H_1 (resp. H_2) de M sur (BC) (resp. (BA)) appartient au segment $]BC[$ (resp. $]BA[$). Donc

$$d(M,[BC]) = d(M,(BC)) = d(M,(BA)) = d(M,[BA]),$$

le minimum étant atteint au moins en H_1 et H_2. Soit $n(M) \geq 2$.

Conclusion : $Sq(\mathcal{R}) = [IA[\cup [IB[\cup [IC[$

Remarque : Si $M \in]IB[$, $n(M) = 2$ car $d(M,(AC)) > d(M,(BC))$, la bissectrice (CI) partageant le secteur $[\overrightarrow{CA},\overrightarrow{CB}]$ en deux parties, l'une formée des points strictement plus proches de (BC) que de (CA), et l'autre formée des points strictement plus proches de (CA) que de (BC).

Problème 6 ***Définie positivité de A et compacité de l'hypersurface $^tXAX = 1$*** *(d'après le CAPES externe 1995, 2ème épreuve)*

Remarques préliminaires : Dans ce problème extrait d'un sujet de CAPES, on suppose que $\mathbb{R}^n$ est muni du produit scalaire usuel qui à $(x_1,...,x_n)$ et $(y_1,...,y_n)$ associe le réel $x_1y_1 + ... + x_ny_n$. Ce produit scalaire induit une structure euclidienne "canonique" sur l'espace $\mathbb{R}^n$.

On suppose aussi que la définition d'une matrice orthogonale est connue : on dit qu'une matrice carrée P de taille n et à coefficients dans $\mathbb{R}$, est orthogonale, si elle vérifie $^tP = P^{-1}$. On admet que cela équivaut à affirmer que l'image d'une base orthonormale de $\mathbb{R}^n$ par l'endomorphisme de matrice P (dans la base canonique de $\mathbb{R}^n$) est encore une base orthonormale de $\mathbb{R}^n$. On admet enfin le Théorème suivant :

Théorème : *Toute matrice réelle symétrique A est diagonalisable dans une base orthonormale pour la structure euclidienne de R^n.*

On considère l'espace vectoriel $E = \mathbb{R}^n$ muni de sa structure canonique d'espace euclidien, et l'on note $e = (e_1,...,e_n)$ la base canonique de E. A toute matrice réelle symétrique A de type n-lignes et n-colonnes on associe la forme bilinéaire symétrique Φ_A définie par $\Phi_A(x,y) = {}^tXAY$, où $X = {}^t(x_1,...,x_n)$ et $Y = {}^t(y_1,...,y_n)$ désignent les vecteurs-colonnes des coordonnées de x et de y dans la base canonique. On s'autorisera aussi à écrire $\Phi_A(X,Y) = {}^tXAY$. On appelera Q_A la forme quadratique associée à Φ_A, et $\sum_A$ la A-sphère unité définie par

$$\sum\nolimits_A = \{x \in E \,/\, Q_A(x) = 1\}.$$

Dans les deux premières questions seulement, on suppose que $n = 2$.

1.a) Déterminer les vecteurs propres et les sous-espaces propres de la matrice

$$A_1 = \begin{pmatrix} 2 & \sqrt{3} \\ \sqrt{3} & 4 \end{pmatrix}.$$

b) Trouver une matrice orthogonale P *et une matrice diagonale*

$$D = \begin{pmatrix} \lambda & 0 \\ 0 & \mu \end{pmatrix}$$

telles que ${}^tPAP = D$, $\det P = 1$ *et* $\lambda < \mu$. *En déduire que la forme quadratique* Q_{A_1} *est définie positive.*

c) Déterminer la nature de la conique $\sum_{A_1}$ *ainsi que son excentricité.*

2) On considère maintenant la matrice

$$A_2 = \begin{pmatrix} 2 & 2\sqrt{2} \\ 2\sqrt{2} & 4 \end{pmatrix}.$$

Montrer directement que $Q_{A_2}(x) \geq 0$ *pour tout* x *appartenant à* $\mathbb{R}^2$, *mais que la forme quadratique* Q_{A_2} *n'est pas définie positive. Quelle est la nature de la conique* $\sum_{A_2}$ *?*

3) Soit A *une matrice réelle symétrique de taille* n. *Montrer que les propriétés suivantes sont équivalentes :*

i) Q_A *est définie positive,*

ii) Toutes les valeurs propres de A *sont strictement positives,*

iii) $\sum_A$ *est un compact non vide de* $\mathbb{R}^n$.

On caractérisera ensuite en fonction des valeurs propres de A *les cas où la* A*-sphère unité* $\sum_A$ *est vide.*

Solution :

1.a) Le polynôme caractéristique de A_1 est $\lambda^2 - 6\lambda + 5 = (\lambda - 5)(\lambda - 1)$, les valeurs propres de A_1 sont 1 et 5. L'espace propre $E(1)$ associé à 1 est la droite d'équation $x + \sqrt{3}y = 0$ dont un vecteur directeur unitaire est

$$e_1' = (\sqrt{3}/2, -1/2).$$

L'espace propre $E(5)$ est la droite d'équation $-3x + y\sqrt{3} = 0$ dont un vecteur directeur unitaire est $e_2' = (1/2, \sqrt{3}/2)$.

1.b). • La matrice de passage $P = P_e^{e'}$ de la base canonique $e = (e_1, e_2)$ vers la base orthonormale $e' = (e'_1, e'_2)$ de vecteurs propres de A_1 est

$$P = \begin{pmatrix} \frac{\sqrt{3}}{2} & \frac{1}{2} \\ -\frac{1}{2} & \frac{\sqrt{3}}{2} \end{pmatrix}.$$

Elle vérifie $D = P^{-1}A_1P$ où $D = \begin{pmatrix} 1 & 0 \\ 0 & 5 \end{pmatrix}$. P apparaît comme la matrice, dans la base e, d'une application linéaire qui transforme la base orthonormale e en la base orthonormale e', donc d'une application orthogonale. Donc P est une matrice orthogonale, directe car $\det P = 1$. Ainsi $P^{-1} = {}^tP$ et $D = {}^tPA_1P$.

Remarque : P est la matrice de la rotation d'angle $-\pi/6$ dans $\mathbb{R}^2$ orienté par la base e.

• La forme forme bilinéaire symétrique Φ_{A_1} s'exprime très simplement dans la base e' . En effet, si l'on note X et Y (resp. $X' = {}^t(x'_1, x'_2)$ et $Y' = {}^t(y'_1, y'_2)$) les vecteur-colonnes de x et y dans la base e (resp. e'),

$$\Phi_{A_1}(x, y) = {}^tXA_1Y = {}^t(PX')\,A_1\,(PY') = {}^tX'DY' = x'_1y'_1 + 5x'_2y'_2$$

d'où $Q_{A_1}(x) = x_1'^2 + 5x_2'^2$ et $Q_{A_1}(x) > 0$ pour tout $x \neq 0$. Cela prouve que Q_{A_1} est définie positive.

1.c) L'équation de $\sum_{A_1}$ dans e' est $x_1'^2 + 5x_2'^2 = 1$. On reconnaît l'équation d'une ellipse d'excentricité

$$e = \frac{c}{a} = \frac{\sqrt{a^2 - b^2}}{a}$$

où $a = 1$ et $b = 1/\sqrt{5}$. D'où $e = 2/\sqrt{5}$.

2) • $Q_{A_2}(x) = 2x_1^2 + 4x_2^2 + 4\sqrt{2}x_1x_2 = (\sqrt{2}x_1 + 2x_2)^2 \geq 0$ pour tout x, mais $Q_{A_2}(-\sqrt{2}, 1) = 0$ de sorte que Q_{A_2} soit positive sans être définie.

• La courbe $\sum_{A_1}$ admet l'équation $(\sqrt{2}x_1 + 2x_2)^2 = 1$, soit $\sqrt{2}x_1 + 2x_2 = \pm 1$. L'ensemble $\sum_{A_1}$ est donc la réunion de deux droites parallèles.

3) Toute matrice symétrique réelle A est diagonalisable dans une base orthonormale. Cela signifie qu'il existe une base orthonormale formée de vecteurs propres de A dans laquelle :

$$\Phi_A(x, y) = \lambda_1 x_1 y_1 + ... + \lambda_n x_n y_n$$

où $\lambda_1, ..., \lambda_n$ représentent les valeurs propres de A, éventuellement confondues. Dans cette base, une équation de $\sum_A$ sera

$$\sum\nolimits_A : \quad \lambda_1 x_1^2 + ... + \lambda_n x_n^2 = 1. \qquad (*)$$

• $i) \Rightarrow ii)$: Supposons que Q_A soit définie positive. Si $x = (0, ..., 0, 1, 0, ..., 0)$, le 1 étant à la j-ième place, alors $Q_A(x) = \lambda_j > 0$, d'où $ii)$

• $ii) \Rightarrow i)$: Si tous les λ_i sont strictement positifs, alors

$$Q_A(x) = \lambda_1 x_1^2 + ... + \lambda_n x_n^2$$

sera strictement positif pour tout $x \neq 0$ et Q_A sera bien définie positive.

• $ii) \Rightarrow iii)$: Les λ_i étant strictement positifs,

$$\begin{aligned} x \in \sum\nolimits_A \quad &\Leftrightarrow \quad \lambda_1 x_1^2 + ... + \lambda_n x_n^2 = 1 \Rightarrow \forall i \quad \lambda_i x_i^2 \leq 1 \\ &\Rightarrow \quad \sup_i |x_i| \leq \sup_i \left(\frac{1}{\sqrt{\lambda_i}} \right) \end{aligned}$$

et cela prouve que $\sum_A$ est borné. Comme $\sum_A$ est aussi fermé (c'est l'image réciproque de 0 par l'application continue Q_A), ce sera un compact de $\mathbb{R}^n$. Enfin $\sum_A$ n'est pas vide puisque contient $(1/\sqrt{\lambda_1}, 0, ..., 0)$.

• non $ii) \Rightarrow$ non $iii)$: Supposons que les valeurs propres de A ne soient pas toutes strictement positives et envisageons les cas suivants :

⋆ Si tous les λ_i sont ≤ 0, le premier membre de $(*)$ est négatif et ne peut jamais valoir 1. Donc $\sum_A = \emptyset$.

⋆ S'il existe un $\lambda_i > 0$ et un $\lambda_j \leq 0$, par exemple $\lambda_1 > 0$ et $\lambda_2 \leq 0$. Alors

$$\begin{aligned} x = (x_1, x_2, 0, ..., 0) \in \sum\nolimits_A \quad &\Leftrightarrow \quad \lambda_1 x_1^2 + \lambda_2 x_2^2 = 1 \Leftrightarrow \lambda_1 x_1^2 = 1 - \lambda_2 x_2^2 \\ &\Leftrightarrow \quad x_1 = \pm \sqrt{\frac{1 - \lambda_2 x_2^2}{\lambda_1}} \end{aligned}$$

de sorte que les points

$$\left(\sqrt{\frac{1 - \lambda_2 x_2^2}{\lambda_1}}, x_2, 0, ..., 0 \right)$$

appartiennent tous à $\sum_A$, et ceci quel que soit le réel x_2. En faisant tendre x_2 vers $+\infty$, on constate que $\sum_A$ n'est pas borné, et donc n'est pas un compact de $\mathbb{R}^n$.

• Ce qui précède montre que $\sum_A = \emptyset$ si et seulement si toutes les valeurs propres λ_i sont négatives ou nulles.

Chapitre 4

Calcul différentiel dans $\mathbb{R}^m$

4.1 Différentiabilité

Exercice 68 ***Différentiabilité et continuité***

1) Soient m et n deux entiers strictement positifs, et Ω un ouvert de $\mathbb{R}^m$. Montrer que toute fonction $f : \Omega \to \mathbb{R}^n$ différentiable en un point a de Ω est continue en ce point.

2) Soit f la fonction norme euclidienne définie sur $\mathbb{R}^2$ par $f(x,y) = \sqrt{x^2+y^2}$. Montrer de deux façons différentes que f n'est pas différentiable au point $(0,0)$. Quelle conclusion peut-on en tirer ?

Solution :

1) Dire que l'application $f : \Omega \subset \mathbb{R}^m \to \mathbb{R}^n$ est différentiable en a revient à dire qu'il existe une application linéaire $l : \mathbb{R}^m \to \mathbb{R}^n$ telle que

$$\|f(a+h) - f(a) - l(h)\| = o(\|h\|),$$

autrement dit

$$\forall \varepsilon \in \mathbb{R}^* \quad \exists \eta \in \mathbb{R}^* \quad \|h\| \leq \eta \Rightarrow \|f(a+h) - f(a) - l(h)\| \leq \varepsilon \|h\|. \ (1)$$

Dans ce cas on pose $df(a) = l$, et l'on dit que $df(a)$ est la différentielle de f au point a. L'ensemble de départ est de dimension finie m, si bien que l'on puisse affirmer que l est une application linéaire continue (et même lipschitzienne, comme on le re-démontre dans la remarque plus bas). Utilisons (1) et choisissons h tel que $\|h\| \leq \eta$. Alors

$$\begin{aligned} \|f(a+h) - f(a)\| &\leq \|f(a+h) - f(a) - l(h)\| + \|l(h)\| \\ &\leq \varepsilon \|h\| + \|l(h)\|. \end{aligned}$$

Par continuité de l, on a $\lim_{h\to 0} l(h) = 0$, donc il existe $\eta_1 \in \mathbb{R}^*$ tel que $\|h\| \leq \eta_1$ entraîne $\|l(h)\| \leq \varepsilon$. Finalement, si l'on pose $\eta_2 = \mathrm{Min}(\eta, \eta_1, 1)$,

$$\forall \varepsilon \in \mathbb{R}^* \quad \exists \eta_2 \in \mathbb{R}^* \quad \|h\| \leq \eta_2 \Rightarrow \|f(a+h) - f(a)\| \leq 2\varepsilon,$$

et cela prouve bien la continuité de f en a.

Remarque : Vérifions que toute application linéaire $l : \mathbb{R}^m \to F$ définie sur un espace vectoriel sur $\mathbb{R}$ de dimension finie, et à valeurs dans un espace vectoriel normé F, est continue (et en fait lipschitzienne). Pour cela, il suffit de noter $x - a = \sum_{i=1}^m (x_i - a_i) e_i$ où $(e_1, ..., e_m)$ représente la base canonique de $\mathbb{R}^m$, et d'écrire

$$\begin{aligned} \|l(x) - l(a)\| &= \|l(x-a)\| = \left\| \sum_{i=1}^m (x_i - a_i) l(e_i) \right\| \\ &\leq \sum_{i=1}^m |x_i - a_i| \, \|l(e_i)\| = M \|x - a\|_1, \end{aligned}$$

en posant $M = \mathrm{Sup}_{i\in[1..n]} \|l(e_i)\|$.

2) La fonction $f(x,y) = \sqrt{x^2+y^2}$ est manifestement continue sur $\mathbb{R}^2$, mais n'est pas différentiable en $(0,0)$, comme on va le montrer. Elle nous fournit donc un contre-exemple qui montre que la réciproque de l'implication démontrée à la question 1) est fausse.

• **Première méthode :** f mais n'est pas différentiable en $(0,0)$ puisque f n'admet aucune dérivée partielle en ce point. En effet,

$$\lim_{h\to 0} \frac{1}{h} (f(h,0) - f(0,0)) = \lim_{h\to 0} \frac{1}{h} \sqrt{h^2} = \lim_{h\to 0} \frac{|h|}{h}$$

n'existe pas puisque le rapport $|h|/h$ vaut 1 si $h > 0$ et -1 dans le cas contraire.

• **Deuxième méthode :** On montre que f n'est pas différentiable en $(0,0)$ en retournant à la définition et en raisonnant par l'absurde. S'il existait deux réels a et b tels que

$$\Delta(h,k) = \frac{f(h,k) - f(0,0) - ah - bk}{\sqrt{h^2+k^2}}$$

tende vers 0 quand (h,k) tend vers $(0,0)$, on aurait

$$\lim_{h\to 0} \frac{\sqrt{h^2+k^2} - ah - bk}{\sqrt{h^2+k^2}} = 0$$

donc $\lim_{h\to 0}\frac{ah+bk}{\sqrt{h^2+k^2}}=1$. Mais il suffit de faire $(h,k)=(h,0)$ pour obtenir $\lim_{h\to 0}\frac{ah}{|h|}=1$, ce qui est manifestement faux.

Exercice 69 *Etudier la différentiabilité des fonctions suivantes en utilisant la définition. Le cas échéant, expliciter les différentielles obtenues.*

$$\begin{array}{ll} 1)\ f(x,y)=x^2+y^2, & 2)\ g(x,y,z)=\sin\left(x^2+y\right)+\cos(yz), \\ 3)\ N_1(x,y)=|x|+|y|, & 4)\ N_2(x,y)=\sqrt{x^2+y^2}, \\ 5)\ N_\infty(x,y)=\operatorname{Max}(|x|,|y|). & \end{array}$$

Solution :

1) Etudions la différentiabilité de f en (x_0,y_0). Les dérivées partielles existent et l'on trouve $\frac{\partial f}{\partial x}(x,y)=2x$ et $\frac{\partial f}{\partial y}(x,y)=2y$, donc la différentielle probable en (x_0,y_0) est

$$df(x_0,y_0)=\frac{\partial f}{\partial x}(x_0,y_0)\,dx+\frac{\partial f}{\partial y}(x_0,y_0)\,dy=2x_0dx+2y_0dy.$$

Par définition, montrer que f est différentiable en (x_0,y_0) revient à prouver l'implication

$$\forall\varepsilon>0\quad\exists\eta>0\quad\|(h,k)-(x_0,y_0)\|\le\eta$$
$$\Rightarrow|f(x_0+h,y_0+k)-f(x_0,y_0)-2x_0h-2y_0k|\le\varepsilon\|(h,k)\|,$$

ou encore $\lim_{(h,k)\to(0,0)}F(h,k)=0$ où l'on a posé

$$F(h,k)=\frac{f(x_0+h,y_0+k)-f(x_0,y_0)-2x_0h-2y_0k}{\|(h,k)\|}.$$

Ici

$$F(h,k)=\frac{h^2+k^2}{\sqrt{h^2+k^2}}=\sqrt{h^2+k^2}$$

et cette fonction tend bien vers 0 quand (h,k) tend vers $(0,0)$.

2) Plaçons-nous en (x_0,y_0,z_0) et fractionnons le problème. La fonction

$$g(x,y,z)=\sin\left(x^2+y\right)+\cos(yz)$$

sera différentiable en (x_0,y_0,z_0) si les fonctions $g_1(x,y,z)=\sin\left(x^2+y\right)$ et $g_2(x,y,z)=\cos(yz)$ le sont. Traitons seulement le cas de g_1, l'autre cas étant similaire. Au point $M=(x,y,z)$, on a

$$\frac{\partial g_1}{\partial x}(M)=2x\cos\left(x^2+y\right),\ \frac{\partial g_1}{\partial y}(M)=\cos\left(x^2+y\right)\text{ et }\frac{\partial g_1}{\partial z}(M)=0$$

d'où le prétendant

$$df(x_0, y_0, z_0) = 2x_0 \cos\left(x_0^2 + y_0\right) dx + \cos\left(x_0^2 + y_0\right) dy.$$

On doit prouver que $\lim_{(h,k,t)\to(0,0)} F(h,k,t) = 0$ où

$$F(h,k,t) = \frac{N}{\sqrt{h^2+k^2+t^2}}$$

avec

$$\begin{aligned} N &= \sin\left((x_0+h)^2 + (y_0+k)\right) - \sin\left(x_0^2+y_0\right) \\ &\qquad - \left(2x_0 \cos\left(x_0^2+y_0\right) h + \cos\left(x_0^2+y_0\right) k\right) \\ &= \sin\left(x_0^2 + y_0 + 2x_0 h + k + h^2\right) - \sin\left(x_0^2+y_0\right) \\ &\qquad - \cos\left(x_0^2+y_0\right)(2x_0 h + k) \end{aligned}$$

On connaît le développement limité à l'ordre 1 en X de la fonction sinus :

$$\sin(X+T) = \sin X + T\cos X + T\varepsilon(T) \qquad \text{avec } \lim_{T\to 0} \varepsilon(T) = 0.$$

En posant $X = x_0^2 + y_0$ et $T = 2x_0 h + k + h^2$, on trouve

$$F = \frac{T\cos X + T\varepsilon(T) - \cos X.\left(T - h^2\right)}{\sqrt{h^2+k^2+t^2}} = \frac{T\varepsilon(T) + \cos X.h^2}{\sqrt{h^2+k^2+t^2}},$$

et la fonction g_1 sera différentiable en (x_0, y_0) puisque que

$$\lim_{(h,k,t)\to(0,0)} \frac{h^2}{\sqrt{h^2+k^2+t^2}} = 0$$

et $\lim_{(h,k,t)\to(0,0)} \frac{T\varepsilon(T)}{\sqrt{h^2+k^2+t^2}} = 0$ (en effet, la fonction $\varepsilon(T)$ tend vers 0 et la fonction $\frac{T}{\sqrt{h^2+k^2+t^2}}$ est bornée).

3) Plaçons-nous en (x_0, y_0). La fonction $N_1(x,y) = |x| + |y|$ est certes continue sur $\mathbb{R}^2$, mais n'admet pas deux dérivées partielles premières en x et en y en tout point (x_0, y_0) situé sur l'un des axes de coordonnées $x = 0$ ou $y = 0$. N_1 n'est donc pas différentiable en un point de ces axes.
Si (x_0, y_0) vérifie $x_0 y_0 \neq 0$, alors

$$\frac{\partial N_1}{\partial x}(x_0, y_0) = \lim_{h\to 0} \frac{(|x_0+h| + |y_0|) - (|x_0| + |y_0|)}{h} = \operatorname{Sgn}(x_0)$$

et

$$\frac{\partial N_1}{\partial y}(x_0, y_0) = \lim_{h\to 0} \frac{(|x_0| + |y_0+h|) - (|x_0| + |y_0|)}{h} = \operatorname{Sgn}(y_0),$$

où Sgn (t) désigne le signe du réel t et vaut 1 si $t > 0$, et -1 si $t < 0$.

Supposons par exemple que $x_0 > 0$ et $y_0 > 0$, les autres cas se traitant de la même manière. Avec cette hypothèse,

$$\frac{\partial N_1}{\partial x}(x_0, y_0) = 1 \quad \text{et} \quad \frac{\partial N_1}{\partial y}(x_0, y_0) = 1,$$

et le seul prétendant qui pourrait être la différentielle de N_1 en (x_0, y_0) est l'application linéaire $dN_1(x_0, y_0) = dx + dy$. Montrer que N_1 est différentiable en (x_0, y_0) revient maintenant à montrer que $\lim_{(h,k)\to(0,0)} F(h,k) = 0$ où

$$\begin{aligned} F(h,k) &= \frac{N_1(x_0+h, y_0+k) - N_1(x_0, y_0) - h - k}{\|(h,k)\|} \\ &= \frac{(x_0+h) + (y_0+k) - x_0 - y_0 - h - k}{\|(h,k)\|} = 0. \end{aligned}$$

L'affirmation est trivialement vérifiée !

En conclusion, l'application N_1 est différentiable en tout point (x_0, y_0) tel que $x_0 y_0 \neq 0$, et

$$dN_1(x_0, y_0) = \operatorname{Sgn}(x_0)\, dx + \operatorname{Sgn}(y_0)\, dy.$$

4) Plaçons-nous en (x_0, y_0). La fonction $N_2(x,y) = \sqrt{x^2+y^2}$ est continue sur $\mathbb{R}^2$, mais n'admet pas de dérivées partielles en $(0,0)$ puisque la limite de $|h|/h$ quand h tend vers 0 n'existe pas. L'application N_2 n'est donc pas différentiable en $(0,0)$.

Supposons $(x_0, y_0) \neq (0,0)$. On a

$$\frac{\partial N_2}{\partial x}(x_0, y_0) = \frac{x_0}{\sqrt{x_0^2+y_0^2}} \quad \text{et} \quad \frac{\partial N_2}{\partial y}(x_0, y_0) = \frac{y_0}{\sqrt{x_0^2+y_0^2}}$$

et si la différentielle existe, c'est nécessairement

$$dN_2(x_0, y_0) = \frac{x_0}{\sqrt{x_0^2+y_0^2}} dx + \frac{y_0}{\sqrt{x_0^2+y_0^2}} dy.$$

Nous allons montrer que N_2 est bien différentiable en (x_0, y_0) en vérifiant que $\lim_{(h,k)\to(0,0)} F(h,k) = 0$ où

$$F(h,k) = \frac{N}{\sqrt{h^2+k^2}}$$

avec

$$N = \sqrt{(x_0+h)^2 + (y_0+k)^2} - \sqrt{x_0^2+y_0^2} - \frac{x_0}{\sqrt{x_0^2+y_0^2}} h - \frac{y_0}{\sqrt{x_0^2+y_0^2}} k.$$

Posons $X = x_0^2 + y_0^2$ et $T = h^2 + k^2 + 2hx_0 + 2ky_0$. On a

$$\sqrt{X+T} = \sqrt{X} + \frac{1}{2\sqrt{X}}T + T\varepsilon(T) \quad \text{avec} \lim_{T\to 0} \varepsilon(T) = 0,$$

et

$$\begin{aligned} F(h,k) &= \frac{1}{\sqrt{h^2+k^2}}\left(\sqrt{X+T} - \sqrt{X} - \frac{x_0}{\sqrt{X}}h - \frac{y_0}{\sqrt{X}}k\right) \\ &= \frac{1}{\sqrt{h^2+k^2}}\left(\frac{1}{2\sqrt{X}}T + T\varepsilon(T) - \frac{x_0}{\sqrt{X}}h - \frac{y_0}{\sqrt{X}}k\right) \\ &= \frac{1}{\sqrt{h^2+k^2}}\left(\frac{h^2+k^2}{2\sqrt{X}} + T\varepsilon(T)\right) = \frac{h^2+k^2}{2\sqrt{X}\sqrt{h^2+k^2}} + \frac{T\varepsilon(T)}{\sqrt{h^2+k^2}}. \end{aligned}$$

Il est facile de voir que les deux termes de la dernière somme tendent vers 0 quand (h,k) tend vers $(0,0)$.

5) Plaçons-nous en (x_0, y_0). La fonction $N_\infty(x,y) = \mathrm{Max}(|x|, |y|)$ est continue sur $\mathbb{R}^2$ comme maximum de deux fonctions continues (voir Lemme ci-dessous).

Les parties du plan dont les points de coordonnées (x,y) vérifient les égalités $N_\infty(x,y) = |x|$ ou $N_\infty(x,y) = |y|$ sont délimitées par les premières et secondes bissectrices d'équation $y = x$ et $y = -x$, comme le montre le dessin suivant.

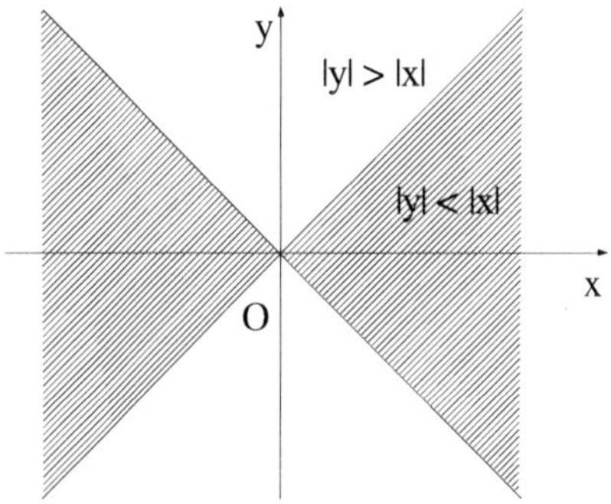

De quatre choses l'une :

⋆ Si $|y_0| < |x_0|$, alors $N_\infty(x,y) = |x|$ pour (x,y) voisin de (x_0,y_0). Supposons $x_0 > 0$. Alors $N_\infty(x,y) = x$ sera différentiable en (x_0,y_0) car

$$\lim_{(h,k)\to(0,0)} \frac{x_0 + h - x_0 - h}{\sqrt{h^2+k^2}} = 0,$$

et l'on aura $dN_\infty(x_0,y_0)(h,k) = h$.

⋆ Si $|y_0| > |x_0|$, alors N_∞ sera différentiable en (x_0,y_0) pour les mêmes raisons, et $dN_\infty(x_0,y_0)(h,k) = k$.

⋆ Si $(x_0, y_0) = (0,0)$, les dérivées partielles n'existent pas puisque les limites

$$\lim_{x\to 0_+} \frac{|x| - |0|}{x} = 1 \text{ et } \lim_{x\to 0_-} \frac{|x| - |0|}{x} = -1$$

sont différentes. N_∞ n'est donc pas différentiable en $(0,0)$.

⋆ Si $|y_0| = |x_0|$ et $(x_0, y_0) \neq (0,0)$, supposons $x_0 > 0$ et $y_0 > 0$ pour fixer les idées. Alors $x_0 = y_0$ et

$$\lim_{h\to 0} \frac{N_\infty(x_0 + h, y_0) - N_\infty(x_0, y_0)}{h} = \begin{cases} \lim_{h\to 0} \dfrac{x_0 - x_0}{h} = 0 & \text{si } h \leq 0, \\ \lim_{h\to 0} \dfrac{x_0 + h - x_0}{h} = 1 & \text{si } h > 0. \end{cases}$$

Les dérivées partielles n'existent pas, et N_∞ ne sera pas différentiable en ce point.

En conclusion la fonction N_∞ est différentiable sur $\mathbb{R}^2$ privé des deux droites d'équations $y = x$ et $y = -x$.

Lemme : Soit $n \in \mathbb{N}^*$. Si f et g sont deux applications continues de $\mathbb{R}^n$ dans $\mathbb{R}$, alors l'application $h : x \mapsto \operatorname{Max}(f(x), g(x))$ est continue de $\mathbb{R}^n$ dans $\mathbb{R}$.

preuve du Lemme : Il faut prouver que, pour tout $x_0 \in \mathbb{R}^n$,

$$\forall \varepsilon > 0 \quad \exists \eta > 0 \quad \|x - x_0\| < \eta \Rightarrow |h(x) - h(x_0)| < \varepsilon. \quad (*)$$

On envisage trois cas :

• Si $f(x_0) > g(x_0)$, alors $f(x_0) - g(x_0) > 0$, et par continuité de $f - g$, il existe $\eta_1 > 0$ tel que

$$\|x - x_0\| < \eta_1 \Rightarrow f(x) - g(x) > 0 \Rightarrow h(x) = f(x).$$

Puisque f est continue,

$$\forall \varepsilon > 0 \quad \exists \eta_2 > 0 \quad \|x - x_0\| < \eta_2 \Rightarrow |f(x) - f(x_0)| < \varepsilon,$$

et l'on obtient

$$\forall \varepsilon > 0 \quad \exists \eta = \operatorname{Min}(\eta_1, \eta_2) \quad \|x - x_0\| < \eta \Rightarrow |h(x) - h(x_0)| < \varepsilon.$$

• Si $f(x_0) < g(x_0)$, on raisonne comme précédemment.

• Si $f(x_0) = g(x_0)$, il suffit d'écrire les deux continuités de f et g en x_0 pour obtenir

$$\forall \varepsilon > 0 \quad \exists \eta_1 > 0 \quad \|x - x_0\| < \eta_1 \Rightarrow |f(x) - f(x_0)| < \varepsilon$$

et

$$\forall \varepsilon > 0 \quad \exists \eta_2 > 0 \quad \|x - x_0\| < \eta_2 \Rightarrow |g(x) - g(x_0)| < \varepsilon,$$

donc aussi

$$\forall \varepsilon > 0 \quad \exists \eta = \mathrm{Min}(\eta_1, \eta_2) \quad \|x - x_0\| < \eta \Rightarrow |h(x) - h(x_0)| < \varepsilon,$$

puisque $h(x)$ est égal soit à $f(x_0)$, soit à $g(x_0)$. ■

Exercice 70 ***Dérivées partielles et différentiabilité en un point***
On considère l'application $f : \mathbb{R}^2 \to \mathbb{R}$ définie par

$$f(x,y) = \frac{x^3 - y^3}{x^2 + y^2} \text{ si } (x,y) \neq (0,0) \quad \text{et} \quad f(0,0) = (0,0).$$

1) Montrer que f admet des dérivées partielles en tout point (x,y) de $\mathbb{R}^2$, et calculer ces dérivées.

2) Montrer que f est différentiable sur $\mathbb{R}^2 \setminus \{(0,0)\}$, mais ne l'est pas au point $(0,0)$.

Solution :

1) La fonction f est continue sur $\mathbb{R}^2 \setminus \{(0,0)\}$ et admet des dérivées partielles en tout point de cet ensemble, comme toute fraction rationnelle en dehors de ses pôles. Si $(x,y) \neq (0,0)$,

$$\frac{\partial f}{\partial x}(x,y) = \frac{x^4 + 3x^2y^2 + 2xy^3}{(x^2 + y^2)^2} \quad \text{et} \quad \frac{\partial f}{\partial y}(x,y) = -\frac{y^4 + 3x^2y^2 + 2x^3y}{(x^2 + y^2)^2}.$$

En $(0,0)$, on étudie les taux d'accroissement :

$$\frac{f(x,0) - f(0,0)}{x} = \frac{x}{x} = 1 \quad \text{et} \quad \frac{f(0,y) - f(0,0)}{y} = \frac{-y}{y} = -1$$

de sorte que les limites de ces expressions existent quand x (resp. y) tend vers 0. La fonction f admet donc des dérivées partielles en $(0,0)$ et l'on a $\frac{\partial f}{\partial x}(0,0) = 1$ et $\frac{\partial f}{\partial y}(0,0) = -1$.

2) La fonction f est différentiable sur tout $\mathbb{R}^2 \setminus \{(0,0)\}$ car admet des dérivées partielles continues en tout point de cet ensemble. Si f était différentiable en $(0,0)$, sa différentielle en ce point serait

$$df(0,0) = \frac{\partial f}{\partial x}(0,0)\,dx + \frac{\partial f}{\partial y}(0,0)\,dy = dx - dy,$$

et l'on aurait

$$\forall \varepsilon \in \mathbb{R}_+^* \quad \exists \eta \in \mathbb{R}_+^* \quad \|(h,k)\| \leq \eta \Rightarrow |f(h,k) - f(0,0) - h + k| \leq \varepsilon \|(h,k)\|.$$

La dernière inégalité s'écrit

$$\left| \frac{h^3 - k^3}{h^2 + k^2} - (h - k) \right| \leq \varepsilon \sqrt{h^2 + k^2}$$

ou encore

$$\frac{|hk(h-k)|}{(h^2 + k^2)^{3/2}} \leq \varepsilon.$$

Si f était différentiable en $(0,0)$, la fonction g définie par

$$g(h,k) = \frac{hk(h-k)}{(h^2 + k^2)^{3/2}}$$

tendrait donc vers 0 quand (h,k) tend vers $(0,0)$. C'est absurde puisque, pour tout réel λ, la quantité

$$g(\lambda k, k) = \frac{|\lambda(\lambda - 1)|}{(\lambda^2 + 1)^{3/2}}$$

est une constante qui dépend de λ, et qui n'est pas toujours nulle. En conclusion, la fonction f n'est pas différentiable à l'origine.

Exercice 71 ***Régularité C^1 et différentiabilité***

Soit $f : \mathbb{R}^2 \to \mathbb{R}$ définie par

$$f(x,y) = (x^2 + y^2) \sin \frac{1}{\sqrt{x^2 + y^2}} \quad si \ (x,y) \neq (0,0) \quad et \ f(0,0) = 0.$$

1) Déterminer les fonctions $\dfrac{\partial f}{\partial x}$ et $\dfrac{\partial f}{\partial y}$.

2) Montrer que f est de classe C^1 sur $\mathbb{R}^2 \backslash \{(0,0)\}$ et calculer la différentielle $df(x,y)$ de f au point $(x,y) \neq (0,0)$.

3) Montrer que les fonctions $\dfrac{\partial f}{\partial x}$ et $\dfrac{\partial f}{\partial y}$ ne sont pas continues en $(0,0)$, mais que f est différentiable en $(0,0)$.

Solution :

1) Les dérivées partielles de f en $(x,y) \neq (0,0)$ existent à tous ordres et

$$\begin{aligned}\frac{\partial f}{\partial x}(x,y) &= 2x\sin\frac{1}{\sqrt{x^2+y^2}} + \left(x^2+y^2\right)\cos\frac{1}{\sqrt{x^2+y^2}} \times \\ &\qquad \left(-\frac{1}{2}\right)\left(x^2+y^2\right)^{-\frac{3}{2}}(2x) \\ &= 2x\sin\frac{1}{\sqrt{x^2+y^2}} - \frac{x}{\sqrt{x^2+y^2}}\cos\frac{1}{\sqrt{x^2+y^2}}. \quad (*)\end{aligned}$$

Par symétrie

$$\frac{\partial f}{\partial y}(x,y) = 2y\sin\frac{1}{\sqrt{x^2+y^2}} - \frac{y}{\sqrt{x^2+y^2}}\cos\frac{1}{\sqrt{x^2+y^2}}.$$

Au point $(0,0)$, on retourne à la définition :

$$\begin{cases}\dfrac{f(h,0)-f(0,0)}{h} = h\sin\dfrac{1}{|h|} \text{ tend vers 0 quand } h \to 0, \\ \dfrac{f(0,k)-f(0,0)}{k} = k\sin\dfrac{1}{|k|} \text{ tend vers 0 quand } k \to 0,\end{cases}$$

de sorte que les dérivées partielles en $(0,0)$ existent et soient nulles :

$$\frac{\partial f}{\partial x}(0,0) = \frac{\partial f}{\partial y}(0,0) = 0.$$

2) Les fonctions $\dfrac{\partial f}{\partial x}$ et $\dfrac{\partial f}{\partial y}$ sont continue sur $\mathbb{R}^2 \backslash \{(0,0)\}$ comme sommes, produits et composées de fonctions continues, et donc f est de classe C^1 sur $\mathbb{R}^2 \backslash \{(0,0)\}$. On sait que $df(x,y) = \dfrac{\partial f}{\partial x}(x,y)\,dx + \dfrac{\partial f}{\partial y}(x,y)\,dy$.

3) • $\dfrac{\partial f}{\partial x}$ n'est pas continue en $(0,0)$, sinon l'on aurait

$$\lim_{(x,y)\to(0,0)} \frac{\partial f}{\partial x}(x,y) = \frac{\partial f}{\partial x}(0,0) = 0$$

Comme $\lim_{(x,y)\to(0,0)} 2x\sin\frac{1}{\sqrt{x^2+y^2}} = 0$, cela entraînerait

$$\lim_{(x,y)\to(0,0)} \frac{x}{\sqrt{x^2+y^2}}\cos\frac{1}{\sqrt{x^2+y^2}} = 0.$$

ce qui est absurde. En effet, si l'on note

$$g(x,y) = \frac{x}{\sqrt{x^2+y^2}} \cos \frac{1}{\sqrt{x^2+y^2}},$$

alors $g(1/k2\pi, 0) = 1$ ne tend pas vers 0 quand k tend vers $+\infty$.

• L'application f est différentiable en $(0,0)$ puisque

$$\Delta(h,k) = \frac{f(h,k) - f(0,0)}{\sqrt{h^2+k^2}} = \sqrt{h^2+k^2} \sin \frac{1}{\sqrt{h^2+k^2}}$$

tend vers 0 quand (h,k) tend vers $(0,0)$ (c'est le produit de la fonction bornée $\sin \frac{1}{\sqrt{h^2+k^2}}$ par la fonction $\sqrt{h^2+k^2}$ qui tend vers 0 quand (h,k) tend vers $(0,0)$).

• En conclusion, f est différentiable sur tout $\mathbb{R}^2$ et continument différentiable sur $\mathbb{R}^2 \setminus \{(0,0)\}$. La différentielle $df : \mathbb{R}^2 \to \mathcal{L}(\mathbb{R}^2, \mathbb{R})$ n'est pas continue en $(0,0)$ bien qu'étant continue sur tout $\mathbb{R}^2 \setminus \{(0,0)\}$.

Exercice 72 *Montrer que les fonctions suivantes sont différentiables en* $(0,0)$ *et de différentielle nulle en ce point :*

$$a)\quad f(x,y) = \begin{cases} \dfrac{\ln(1+xy) - xy}{x^2+y^2+xy} & \text{si } (x,y) \neq (0,0) \text{ et } |xy| < 1, \\ 0 & \text{sinon.} \end{cases}$$

$$b)\quad g(x,y) = \begin{cases} \dfrac{x \sin x^2 y^2}{(e^{x^2}-1)(e^y-1)} & \text{si } xy \neq 0, \\ 0 & \text{sinon.} \end{cases}$$

Solution :

a) Puisque

$$\begin{aligned} x^2+y^2+xy = 0 \quad &\Leftrightarrow \quad \left(x + \frac{y}{2}\right)^2 + \frac{3}{4}y^2 = 0 \\ &\Leftrightarrow \quad x + \frac{y}{2} = y = 0 \Leftrightarrow (x,y) = (0,0), \end{aligned}$$

la fonction f est définie sur tout $\mathbb{R}^2$. Montrer que f est différentiable en $(0,0)$ et de différentielle nulle en ce point revient à prouver que

$$|f(h,k) - f(0,0)| = o(\|(h,k)\|)$$

c'est-à-dire $\lim_{(h,k)\to(0,0)} \Delta(h,k) = 0$ où

$$\Delta(h,k) = \frac{f(h,k) - f(0,0)}{\sqrt{h^2+k^2}} = \frac{\ln(1+hk) - hk}{(h^2+k^2+hk)\sqrt{h^2+k^2}}.$$

Au voisinage de 0, $\ln(1+x) = x - \frac{x^2}{2} + o(x^2)$ donc $\ln(1+x) - x \sim -\frac{x^2}{2}$ et $\Delta(h,k) \sim \delta(h,k)$ en posant

$$\delta(h,k) = \frac{-h^2k^2}{2(h^2+k^2+hk)\sqrt{h^2+k^2}}.$$

On a $h^2+k^2+hk = (h+\frac{k}{2})^2 + \frac{3}{4}k^2$ donc $\left|h^2+k^2+hk\right| \geq \frac{3}{4}k^2$ et

$$|\delta(h,k)| \leq \frac{h^2k^2}{2\times\frac{3}{4}k^2\sqrt{h^2+k^2}} = \frac{2h^2}{3\sqrt{h^2+k^2}} \leq \frac{2}{3}\sqrt{h^2+k^2}.$$

Cette majoration montre bien que pour tout $\varepsilon > 0$ il existe $\eta > 0$ (on prend $\eta = 3\varepsilon/2$) tel que

$$\|(h,k)\|_2 = \sqrt{h^2+k^2} \leq \eta \Rightarrow |\delta(h,k)| \leq \varepsilon,$$

autrement dit que $\lim_{(h,k)\to(0,0)} \delta(h,k) = 0$, d'où $\lim_{(h,k)\to(0,0)} \Delta(h,k) = 0$.

b) Si $hk \neq 0$,

$$\Delta(h,k) = \frac{g(h,k)}{\sqrt{h^2+k^2}} = \frac{h\sin h^2k^2}{(e^{h^2}-1)(e^k-1)\sqrt{h^2+k^2}} \sim \frac{h(h^2k^2)}{h^2k\sqrt{h^2+k^2}}$$

d'où $\Delta(h,k) \sim \delta(h,k)$ avec

$$\delta(h,k) = \frac{hk}{\sqrt{h^2+k^2}}.$$

En utilisant les majorations $|h| \leq \sqrt{h^2+k^2}$ et $|k| \leq \sqrt{h^2+k^2}$, on trouve

$$|\delta(h,k)| = \frac{|hk|}{\sqrt{h^2+k^2}} \leq \sqrt{h^2+k^2}$$

et donc bien $\lim_{(h,k)\to(0,0)} \delta(h,k) = 0$.

Exercice 73 *(Partiel d'avril 1999) Soit $f : \mathbb{R}^2 \to \mathbb{R}$ définie par*

$$f(x,y) = \begin{cases} (x^2+y^2)\sin\frac{1}{x^2+y^2} & si\ (x,y) \neq (0,0), \\ 0 & si\ (x,y) = (0,0). \end{cases}$$

1) Etudier la continuité de f au point $(0,0)$.

2) Calculer les dérivées partielles $\frac{\partial f}{\partial x}(x,y)$ et $\frac{\partial f}{\partial y}(x,y)$ de la fonction f au point (x,y), lorsque celles-ci sont définies. On pourra distinguer le cas où $(x,y)=(0,0)$ du cas où $(x,y)\neq(0,0)$.

3) Les fonctions $\dfrac{\partial f}{\partial x}$ et $\dfrac{\partial f}{\partial y}$ sont-elles continues au point $(0,0)$?

Solution :

1) La fonction $(x^2+y^2)\sin\frac{1}{x^2+y^2}$ tend vers $f(0,0)=0$ quand (x,y) tend vers $(0,0)$ en restant différent de $(0,0)$ puisque c'est le produit de la fonction $(x,y)\mapsto x^2+y^2$ qui tend vers 0 quand (x,y) tend vers $(0,0)$ par la fonction bornée $(x,y)\mapsto\sin\frac{1}{x^2+y^2}$. La fonction f est donc continue en $(0,0)$.

Remarque : Vérifions que f est continue en $(0,0)$ en retournant à la définition de la continuité. Si $\varepsilon>0$ est donné, on aura $x^2+y^2\leq\varepsilon$ dès que $\|(x,y)\|_2=\sqrt{x^2+y^2}\leq\sqrt{\varepsilon}$, et par conséquent

$$\forall\varepsilon>0\quad\exists\eta=\sqrt{\varepsilon}>0\quad\|(x,y)\|_2\leq\eta\Rightarrow\left|(x^2+y^2)\sin\frac{1}{x^2+y^2}\right|\leq\varepsilon.$$

2) D'après les Théorèmes généraux de dérivation, la fonction f admet des dérivées partielles en x et en y en tout point $(x,y)\neq(0,0)$ et

$$\begin{aligned}\frac{\partial f}{\partial x}(x,y) &= 2x\sin\frac{1}{x^2+y^2}+(x^2+y^2)\cos\frac{1}{x^2+y^2}\times\left(\frac{-2x}{(x^2+y^2)^2}\right)\\ &= 2x\sin\frac{1}{x^2+y^2}-\frac{2x}{x^2+y^2}\cos\frac{1}{x^2+y^2}.\end{aligned}$$

De façon symétrique

$$\frac{\partial f}{\partial y}(x,y)=2y\sin\frac{1}{x^2+y^2}-\frac{2y}{x^2+y^2}\cos\frac{1}{x^2+y^2}.$$

En $(0,0)$, on étudie la limite éventuelle de $\frac{1}{h}\left(f(h,0)-f(0,0)\right)=h\sin\frac{1}{h^2}$ quand h tend vers 0. Le produit d'une fonction bornée par une fonction tendant vers 0 converge lui-même vers 0, si bien que la fonction f admettra une dérivée partielle nulle suivant x en $(0,0)$. Autrement dit

$$\frac{\partial f}{\partial x}(0,0)=\lim_{h\to0}\frac{1}{h}\left(f(h,0)-f(0,0)\right)=\lim_{h\to0}h\sin\frac{1}{h^2}=0.$$

De même $\frac{\partial f}{\partial y}(0,0)=0$.

3) Il s'agit de voir si $\lim_{(x,y)\to(0,0)} \frac{\partial f}{\partial x}(x,y) = 0$. Si c'était le cas, et puisque $2x \sin \frac{1}{x^2+y^2}$ tend vers 0 quand (x,y) tend vers $(0,0)$, on aurait

$$\lim_{(x,y)\to(0,0)} \left(\frac{2y}{x^2+y^2} \cos \frac{1}{x^2+y^2}\right) = 0.$$

En faisant $(x,y) = (0,t)$, on obtient à fortiori $\lim_{t\to 0, t\neq 0}(\frac{2}{t}\cos\frac{1}{t^2}) = 0$. En prenant $\frac{1}{t^2} = k2\pi$ et $k \in \mathbb{N}^*$, cela entraîne $\lim_{k\to+\infty}(2\sqrt{k2\pi}) = 0$, et c'est manifestement faux. La fonction $\frac{\partial f}{\partial x}$ (et de la même manière la fonction $\frac{\partial f}{\partial y}$) ne sera donc pas continue en $(0,0)$.

Exercice 74 *(Examen de septembre 1998) Soit f la fonction définie sur $\mathbb{R}^2$ par*

$$f(0,0) = 0 \text{ et } f(x,y) = \frac{x^2 y}{x^2+y^2} \text{ si } (x,y) \neq (0,0).$$

1) Montrer que f est continue sur $\mathbb{R}^2$.

2) Calculer les dérivées partielles de f.

3) La fonction f est-elle différentiable au point $(0,0)$?

Solution :

1) La fonction f est continue en tout point (x,y) de $\mathbb{R}^2\setminus\{(0,0)\}$ comme quotient de deux fonctions continues dont le dénominateur ne s'annule pas. La continuité de f en $(0,0)$ provient de la majoration

$$|f(x,y)| = \left|\frac{x^2 y}{x^2+y^2}\right| \leq \frac{(x^2+y^2)|y|}{x^2+y^2} = |y|$$

qui montre que $|f(x,y)| \leq \varepsilon$ dès que $|y| \leq \varepsilon$, soit encore dès que $\|(x,y)\|_1 \leq \varepsilon$.

2) La fonction f admet des dérivées partielles en x et y en tout point de $\mathbb{R}^2\setminus\{(0,0)\}$ (puisque l'on dérive un quotient de deux fonctions dérivables). On trouve

$$\frac{\partial f}{\partial x}(x,y) = \frac{2xy^3}{(x^2+y^2)^2} \text{ et } \frac{\partial f}{\partial y}(x,y) = \frac{x^4 - x^2y^2}{(x^2+y^2)^2}.$$

Au point $(0,0)$, on retourne à la définition. Puisque

$$\begin{cases} \frac{f(h,0)-f(0,0)}{h} = 0 \text{ tend vers } 0 \text{ quand } h \to 0 \\ \frac{f(0,k)-f(0,0)}{k} = 0 \text{ tend vers } 0 \text{ quand } k \to 0, \end{cases}$$

les dérivées partielles de f en $(0,0)$ existent et $\frac{\partial f}{\partial x}(0,0) = \frac{\partial f}{\partial y}(0,0) = 0$.

3) Si f est différentiable en $(0,0)$, sa différentielle en $(0,0)$ ne peut être que

$$df(0,0) = \frac{\partial f}{\partial x}(0,0)\, dx + \frac{\partial f}{\partial y}(0,0)\, dy = 0,$$

c'est-à-dire l'application nulle. L'expression

$$\Delta(h,k) = \frac{f(h,k) - f(0,0) - df(0,0)(h,k)}{\sqrt{h^2+k^2}} = \frac{x^2 y}{(x^2+y^2)^{\frac{3}{2}}}$$

ne tend malheureusement pas vers 0 quand (h,k) tend vers $(0,0)$ puisque

$$\Delta(h,h) = \frac{h^3}{2^{\frac{3}{2}} h^3} = \frac{1}{2\sqrt{2}}$$

pour tout h non nul. Par conséquent, la fonction f ne sera pas différentiable en $(0,0)$.

Exercice 75 *(Partiel d'avril 2000) Soit f la fonction f de $\mathbb{R}^2$ vers $\mathbb{R}$ définie par*

$$f(x,y) = \frac{x^2+xy}{\sqrt{x^2+y^2}} \text{ si } (x,y) \neq (0,0) \text{ et } f(0,0) = 0.$$

1) Montrer que f est continue au point $(0,0)$.

2) Calculer en tout point $(x,y) \neq (0,0)$ les dérivées partielles $\frac{\partial f}{\partial x}(x,y)$ et $\frac{\partial f}{\partial y}(x,y)$.

3) Etudier l'existence des dérivées partielles de f au point $(0,0)$. La fonction f est différentiable au point $(0,0)$?

Solution :

1) Comme $|x| \leq \sqrt{x^2+y^2}$ et $|y| \leq \sqrt{x^2+y^2}$ pour tous réels x, y, on obtient

$$|f(x,y)| \leq \frac{|x|^2 + |xy|}{\sqrt{x^2+y^2}} \leq \frac{2\left(x^2+y^2\right)}{\sqrt{x^2+y^2}} \leq 2\sqrt{x^2+y^2}.$$

Pour tout $\varepsilon > 0$ on peut donc trouver $\eta = \frac{\varepsilon}{2}$ tel que $\|(x,y) - (0,0)\|_2 = \sqrt{x^2+y^2} < \eta$ entraîne $|f(x,y)| \leq \varepsilon$. Cela prouve que f est continue en $(0,0)$.

2) On obtient

$$\frac{\partial f}{\partial x}(x,y) = \frac{x^3+2xy^2+y^3}{(x^2+y^2)^{\frac{3}{2}}} \text{ et } \frac{\partial f}{\partial x}(x,y) = \frac{x^3 - x^2 y}{(x^2+y^2)^{\frac{3}{2}}}.$$

3) Le rapport $\frac{f(h,0)-f(0,0)}{h} = \frac{h^2}{h|h|} = \frac{h}{|h|}$ vaut 1 si $h > 0$, et -1 si $h < 0$. Il n'admet donc pas de limite quand h tend vers 0, et f n'aura pas de dérivée partielle en x au point $(0,0)$. Par contre, f admet une dérivée partielle nulle en y au point $(0,0)$ puisque

$$\frac{\partial f}{\partial y}(0,0) = \lim_{h \to 0} \frac{f(0,h) - f(0,0)}{h} = \lim_{h \to 0} \frac{0}{h} = 0.$$

On sait qu'une fonction différentiable en un point admet des dérivées partielles d'ordre un en ce point. Ce n'est pas le cas de notre fonction f, donc on peut affirmer que f n'est pas différentiable en $(0,0)$.

Exercice 76 *(Examen de juin 1998) Soit f la fonction de $\mathbb{R}^2$ dans $\mathbb{R}$ définie par*

$$f(x,y) = \begin{cases} xy \sin \frac{\pi}{2}\left(\frac{x+y}{x-y}\right) & \textit{pour } x \neq y, \\ 0 & \textit{si } x = y. \end{cases}$$

1) Montrer que f est continue en $(0,0)$.

2) Montrer que f est différentiable en $(0,0)$ et calculer sa différentielle en ce point.

3) Calculer les dérivées partielles $\frac{\partial f}{\partial x}(x,y)$ et $\frac{\partial f}{\partial y}(x,y)$ en chaque point (x,y) de $\mathbb{R}^2$ tel que $x \neq y$.

4) Calculer et comparer $\frac{\partial^2 f}{\partial x \partial y}(0,0)$ et $\frac{\partial^2 f}{\partial y \partial x}(0,0)$. Quelle conséquence peut-on tirer pour les fonctions dérivées partielles $\frac{\partial^2 f}{\partial x \partial y}$ et $\frac{\partial^2 f}{\partial y \partial x}$ au point $(0,0)$?

Solution :

1) Puisque $|x| \leq \sqrt{x^2+y^2}$ et $|y| \leq \sqrt{x^2+y^2}$, on aura

$$|f(x,y)| \leq |xy| \leq x^2 + y^2 = \|(x,y)\|^2$$

pour tout (x,y). Si $\varepsilon > 0$ est donné, il suffit de prendre $\eta = \sqrt{\varepsilon}$ pour obtenir

$$\forall \varepsilon > 0 \quad \exists \eta > 0 \quad \|(x,y)\| \leq \eta \Rightarrow |f(x,y)| \leq \varepsilon,$$

et cela prouve la continuité de f en $(0,0)$.

2) L'égalité $f(h,0) = f(0,0) = 0$ entraîne

$$\lim_{h \to 0} \frac{1}{h}(f(h,0) - f(0,0)) = 0.$$

La fonction f admet donc une dérivée partielle nulle suivant x en $(0,0)$, autrement dit $\frac{\partial f}{\partial x}(0,0) = 0$. On montrerait de même que $\frac{\partial f}{\partial y}(0,0) = 0$. Si f est différentiable en $(0,0)$ on peut déjà affirmer que sa différentielle est l'application nulle, i.e. $df\,(0,0) = 0$. Vérifier que f est bien différentiable en $(0,0)$ revient maintenant à prouver que $\lim_{(h,k)\to(0,0)} \Delta(h,k) = 0$ où

$$\Delta(h,k) = \frac{f(h,k) - f(0,0)}{\sqrt{h^2+k^2}}.$$

On a $\Delta(h,k) = 0$ si $h = k$ et

$$|\Delta(h,k)| = \left|\frac{hk \sin\frac{\pi}{2}\left(\frac{h+k}{h-k}\right)}{\sqrt{h^2+k^2}}\right| \leq \sqrt{h^2+k^2}$$

sinon. Comme $\lim_{(h,k)\to(0,0)} \sqrt{h^2+k^2} = 0$ cette dernière majoration permet bien d'affirmer que $\Delta(h,k)$ tend vers 0 lorsque (h,k) tend vers $(0,0)$.

3) Par dérivation de fonctions composées,

$$\frac{\partial f}{\partial x}(x,y) = y \sin\frac{\pi}{2}\left(\frac{x+y}{x-y}\right) + xy\left[\cos\frac{\pi}{2}\left(\frac{x+y}{x-y}\right) \times \frac{\pi}{2} \times \left(\frac{-2y}{(x-y)^2}\right)\right]$$

soit

$$\frac{\partial f}{\partial x}(x,y) = y \sin\frac{\pi}{2}\left(\frac{x+y}{x-y}\right) - \pi\frac{xy^2}{(x-y)^2}\cos\frac{\pi}{2}\left(\frac{x+y}{x-y}\right).$$

De la même manière

$$\frac{\partial f}{\partial y}(x,y) = x \sin\frac{\pi}{2}\left(\frac{x+y}{x-y}\right) + \pi\frac{x^2y}{(x-y)^2}\cos\frac{\pi}{2}\left(\frac{x+y}{x-y}\right).$$

4) Les limites suivantes existent :

$$\frac{\partial^2 f}{\partial x \partial y}(0,0) = \lim_{h\to 0}\frac{1}{h}\left(\frac{\partial f}{\partial y}(h,0) - \frac{\partial f}{\partial y}(0,0)\right) = \lim_{h\to 0}\frac{1}{h} h \sin\frac{\pi}{2} = 1,$$

$$\frac{\partial^2 f}{\partial y \partial x}(0,0) = \lim_{h\to 0}\frac{1}{h}\left(\frac{\partial f}{\partial x}(0,h) - \frac{\partial f}{\partial x}(0,0)\right) = \lim_{h\to 0}\frac{1}{h} h \sin\left(-\frac{\pi}{2}\right) = -1.$$

Ces deux valeurs sont différentes donc l'une au moins des deux dérivées partielles $\frac{\partial^2 f}{\partial x \partial y}$ et $\frac{\partial^2 f}{\partial y \partial x}$ ne seront pas des fonctions continues au point $(0,0)$ d'après le théorème de Schwartz.

Exercice 77 *(partiel de mars 2004) Soit f la fonction définie par*

$$f : \mathbb{R}^2 \to \mathbb{R},\ (x, y) \mapsto f(x, y) = \frac{xy^2}{x^2 + y^2} \text{ si } (x, y) \neq (0, 0) \text{ et } f(0, 0) = 0.$$

Soit $(u, v) \in \mathbb{R}^2$, $(u, v) \neq (0, 0)$. Pour $t \in \mathbb{R}^*$ et $(x, y) \in \mathbb{R}^2$, on pose

$$\varphi_{(u,v)}(x, y; t) = \frac{f(x + tu, y + tv) - f(x, y)}{t}.$$

Etudier la limite des fonctions $\varphi_{(u,0)}(x, y; t)$, $\varphi_{(0,v)}(x, y; t)$ puis $\varphi_{(u,v)}(x, y; t)$ lorsque t tend vers 0. On distinguera les cas $(x, y) = (0, 0)$ et $(x, y) \neq (0, 0)$. Que signifie pour f les résultats obtenus ?

Solution :

► Si $(x, y) = (0, 0)$, et pour (u, v) quelconque (non nul),

$$\varphi_{(u,v)}(0, 0; t) = \frac{1}{t}\left[\frac{tu\,(tv)^2}{(tu)^2 + (tv)^2} - f(0, 0)\right] = \frac{uv^2}{u^2 + v^2}$$

est une constante indépendante de t, donc

$$\lim_{t \to 0} \varphi_{(u,v)}(0, 0; t) = \frac{uv^2}{u^2 + v^2}.$$

Interprétation : Cela signifie que la fonction f admet une dérivée en $(0, 0)$ suivant n'importe quelle direction (u, v). Si l'on note $Df_{(u,v)}(x, y)$ la dérivée de f en (x, y) suivant la direction (u, v), on a trouvé

$$Df_{(u,v)}(0, 0) = \frac{uv^2}{u^2 + v^2}.$$

Cette dérivée dépend de la direction choisie, et l'on peut donc affirmer que f n'est pas différentiable en $(0, 0)$. On notera cependant que

$$\frac{\partial f}{\partial x}(0, 0) = Df_{(u,0)}(0, 0) = 0 \quad \text{et} \quad \frac{\partial f}{\partial y}(0, 0) = Df_{(0,v)}(0, 0) = 0.$$

La fonction f admet donc des dérivées partielles en $(0, 0)$ sans être différentiable en ce point.

Remarque : Dans l'interprétation précédente, on utilise le résultat de cours que je rappelle ici : Si $f : \mathbb{R}^2 \to \mathbb{R}$ est une fonction différentiable au voisinage de (x_0, y_0), alors f admet une dérivée en (x_0, y_0) suivant n'importe quelle direction $(u, v) \neq (0,0)$, et

$$Df_{(u,v)}(x_0, y_0) = df\,(x_0, y_0)\,(u, v) = \frac{\partial f}{\partial x}\,(x_0, y_0)\,u + \frac{\partial f}{\partial y}\,(x_0, y_0)\,v. \quad (*)$$

► Considérons maintenant le cas où $(x, y) \neq (0,0)$. On remarque que f est différentiable sur tout $\mathbb{R}^2 \backslash \{(0,0)\}$ comme quotient de deux fonctions différentiables (des polynômes) dont le dénominateur ne s'annule pas. La remarque précédente montre que f admet une dérivée en (x, y) suivant n'importe quelle direction (u, v), et que cette dérivée est donnée par $(*)$. Calculons donc

$$\frac{\partial f}{\partial x} = \frac{y^2\left(x^2+y^2\right) - xy^2.2x}{\left(x^2+y^2\right)^2} = \frac{y^4 - x^2y^2}{\left(x^2+y^2\right)^2},$$

$$\frac{\partial f}{\partial y} = \frac{2xy\left(x^2+y^2\right) - xy^2.2y}{\left(x^2+y^2\right)^2} = \frac{2x^3y}{\left(x^2+y^2\right)^2}.$$

On aura

$$\lim_{t\to 0} \varphi_{(u,v)}(x, y; t) = Df_{(u,v)}(x, y) = \frac{y^4 - x^2y^2}{\left(x^2+y^2\right)^2}u + \frac{2x^3y}{\left(x^2+y^2\right)^2}v.$$

Remarque : Les calculs directs sont plus longs, mais tout à fait accessibles avec un peu de courage. On est certain d'aboutir, puisque chercher la limite d'une fraction rationnelle en t revient, au bout du compte, à remplacer le numérateur et le dénominateur par des équivalents plus simples. Calculons par exemple $\lim_{t\to 0} \varphi_{(u,0)}(x, y; t)$. On a

$$\begin{aligned}
\varphi_{(u,0)}(x, y; t) &= \frac{1}{t}\left[\frac{(x+tu)\,y^2}{(x+tu)^2+y^2} - \frac{xy^2}{x^2+y^2}\right] \\
&= \frac{1}{t}\frac{(x+tu)\,y^2\left(x^2+y^2\right) - xy^2\left[(x+tu)^2+y^2\right]}{\left[(x+tu)^2+y^2\right]\left[x^2+y^2\right]} \\
&\sim \frac{1}{t}\frac{y^4tu - y^2tux^2 - t^2u^2xy^2}{\left(x^2+y^2\right)^2} = \frac{y^4u - y^2ux^2 - tu^2xy^2}{\left(x^2+y^2\right)^2}
\end{aligned}$$

donc

$$\lim_{t\to 0} \varphi_{(u,0)}(x, y; t) = \frac{y^4 - x^2y^2}{\left(x^2+y^2\right)^2}u,$$

comme prévu. L'équivalent utilisé plus haut est à considérer "au voisinage de 0". ■

Exercice 78 *On considère la fonction f de $\mathbb{R}^2$ dans $\mathbb{R}$ définie par*

$$f(x,y) = \sqrt{x^2 + \sqrt{x-y}}.$$

1) Déterminer l'ensemble de définition D de f et montrer que f est différentiable sur l'intérieur $\overset{o}{D}$ de D.

2) Déterminer, de deux façons différentes, la différentielle $df(x,y)$ de f en un point (x,y) de $\overset{o}{D}$, et en déduire seulement après les dérivées partielles de f.

Solution :

1) f est définie en tout point (x,y) tel que $x \geq y$ et $x^2 + \sqrt{x-y} \geq 0$. Cette seconde condition étant toujours vérifiée, on a

$$D = \left\{(x,y) \in \mathbb{R}^2 \,/\, x \geq y\right\} \quad \text{et} \quad \overset{o}{D} = \left\{(x,y) \in \mathbb{R}^2 \,/\, x > y\right\}.$$

L'ensemble D est donc le demi-plan fermé situé sous la première bissectrice. La fonction f est différentiable sur $\overset{o}{D}$ car la composée et la somme d'applications différentiables sur $\overset{o}{D}$ est encore différentiable sur $\overset{o}{D}$. On utilise ici le fait que la fonction $t \mapsto \sqrt{t}$ est différentiable sur $\mathbb{R}_+^*$.

2) **Première démonstration :** On écrit $f = u \circ v$ avec $u(t) = \sqrt{t}$ et $v(x,y) = x^2 + \sqrt{x-y}$ pour utiliser la formule

$$df(x,y) = d(u \circ v)(x,y) = du\left[v(x,y)\right] \circ dv(x,y).$$

Matriciellement :

$$\begin{aligned} J(f;(x,y)) &= \frac{1}{2\sqrt{t}}\left(2x + \frac{1}{2\sqrt{x-y}}, \frac{-1}{2\sqrt{x-y}}\right) \\ &= \left(\frac{x}{\sqrt{t}} + \frac{1}{4\sqrt{t}\sqrt{x-y}}, \frac{-1}{4\sqrt{t}\sqrt{x-y}}\right) \end{aligned}$$

où $t = x^2 + \sqrt{x-y}$. Par conséquent $df(x,y) = \dfrac{\partial f}{\partial x}(x,y)\,dx + \dfrac{\partial f}{\partial y}(x,y)\,dy$ avec

$$\frac{\partial f}{\partial x}(x,y) = \frac{x}{\sqrt{x^2+\sqrt{x-y}}} + \frac{1}{4\sqrt{x^2+\sqrt{x-y}}\sqrt{x-y}}$$

et

$$\frac{\partial f}{\partial y}(x,y) = \frac{-1}{4\sqrt{x^2+\sqrt{x-y}}\sqrt{x-y}}.$$

Deuxième démonstration : On cherche le développement limité de $f(x,y)$ à l'ordre 1 en (x_0, y_0). Au voisinage de 0, on a $\sqrt{1+t} = 1 + t/2 + o(t)$, ainsi pour h et k proches de 0,

$$\begin{aligned}
f(x_0+h, y_0+k) &= \sqrt{(x_0+h)^2 + \sqrt{x_0 - y_0 + h - k}} \\
&= \sqrt{(x_0+h)^2 + \sqrt{x_0-y_0}\sqrt{1 + \frac{h-k}{x_0-y_0}}} \\
&= \sqrt{x_0^2 + 2x_0 h + h^2 + \sqrt{x_0-y_0}\left(1 + \frac{1}{2}\frac{h-k}{x_0-y_0} + o(h-k)\right)} \\
&= \sqrt{x_0^2 + \sqrt{x_0-y_0} + 2x_0 h + \frac{1}{2}\frac{h-k}{\sqrt{x_0-y_0}} + o\left(\sqrt{h^2+k^2}\right)}
\end{aligned}$$

puisque h^2 négligeable devant $\sqrt{h^2+k^2}$, et puisque toute fonction négligeable devant $h-k$ le sera devant $\sqrt{h^2+k^2}$ (ces points sont affirmés bien rapidement dans le cours de la démonstration, mais il faut savoir les montrer complètement, au moins pour soi : une justification est proposée en remarque à la fin de l'exercice). En posant $t = x_0^2 + \sqrt{x_0 - y_0}$, la quantité $f(x_0+h, y_0+k)$ vaut successivement

$$\sqrt{t}\left(\sqrt{1 + \frac{2x_0 h}{t} + \frac{1}{2}\frac{h-k}{t\sqrt{x_0-y_0}} + o(\sqrt{h^2+k^2})}\right)$$

$$\sqrt{t}\left(1 + \frac{1}{2}\left(\frac{2x_0 h}{t} + \frac{1}{2}\frac{h-k}{t\sqrt{x_0-y_0}} + o\left(\sqrt{h^2+k^2}\right)\right) + o(\sqrt{h^2+k^2})\right)$$

car $o\left(\frac{2x_0 h}{t} + \frac{1}{2}\frac{h-k}{t\sqrt{x_0-y_0}} + o(\sqrt{h^2+k^2})\right)$ est négligeable devant $\sqrt{h^2+k^2}$. La quantité $f(x_0+h, y_0+k)$ s'écrit encore

$$\sqrt{t} + \frac{x_0 h}{\sqrt{t}} + \frac{1}{4}\frac{h-k}{\sqrt{t}\sqrt{x_0-y_0}} + o(\sqrt{h^2+k^2})$$

soit

$$f(x_0, y_0) + \left(\frac{x_0}{\sqrt{t}} + \frac{1}{4\sqrt{t}\sqrt{x_0-y_0}}\right)h - \frac{k}{4\sqrt{t}\sqrt{x_0-y_0}} + o(\sqrt{h^2+k^2}).$$

On obtient alors

$$|f(x_0+h, y_0+k) - f(x_0, y_0) - df(x_0, y_0)(h,k)| = o(\|(h,k)\|)$$

en posant

$$df(x_0, y_0)(h, k) = \left(\frac{x_0}{\sqrt{t}} + \frac{1}{4\sqrt{t}\sqrt{x_0 - y_0}}\right) h - \frac{k}{4\sqrt{t}\sqrt{x_0 - y_0}}.$$

Cela prouve que f est différentiable en (x_0, y_0) et nous donne la différentielle, et les dérivées partielles, de f en ce point.

Remarque : Justifions rigoureusement qu'au voisinage du point $(0, 0)$:

a) h^2 est négligeable devant $\sqrt{h^2 + k^2}$,

b) toute fonction g négligeable devant $h - k$ l'est encore devant $\sqrt{h^2 + k^2}$.

L'assertion a) provient du calcul de limite

$$\lim_{\substack{(h,k)\to(0,0)\\(h,k)\neq(0,0)}} \frac{h^2}{\sqrt{h^2 + k^2}} = 0,$$

lui-même justifié par la majoration

$$\left|\frac{h^2}{\sqrt{h^2 + k^2}}\right| \leq \frac{h^2 + k^2}{\sqrt{h^2 + k^2}} = \sqrt{h^2 + k^2}$$

où $\lim_{(h,k)\to(0,0)} \sqrt{h^2 + k^2} = 0$. Si $g = o(h - k)$, il suffit de prouver que $h - k$ est dominée par $\sqrt{h^2 + k^2}$ (ce que l'on écrit $h - k = O(\sqrt{h^2 + k^2})$) pour obtenir $g = o(\sqrt{h^2 + k^2})$. Il s'agit donc de trouver une constante M telle que, pour tout (h, k) voisin et distinct de $(0, 0)$,

$$|h - k| \leq M \left|\sqrt{h^2 + k^2}\right|.$$

De $|h| \leq \sqrt{h^2 + k^2}$ et $|k| \leq \sqrt{h^2 + k^2}$, on tire

$$\frac{|h - k|}{\sqrt{h^2 + k^2}} \leq \frac{|h| + |k|}{\sqrt{h^2 + k^2}} \leq 2$$

et l'on peut choisir $M = 2$.

Exercice 79 *(Examen de juin 1997) On considère l'application f de $\mathbb{R}^2$ dans $\mathbb{R}$ définie par $f(0, 0) = 0$ et*

$$f(x, y) = \left(x^2 + y^2\right) \cos \frac{1}{x^2 + y^2}$$

si $(x, y) \neq (0, 0)$.

1) Montrer que f admet des dérivées partielles $\dfrac{\partial f}{\partial x}$ et $\dfrac{\partial f}{\partial y}$ en tout point (x, y) différent de $(0, 0)$. Calculer ces dérivées partielles et en déduire que l'application f est de classe C^1 sur $\mathbb{R}^2 \setminus \{(0,0)\}$.

2) Montrer que les dérivées partielles $\dfrac{\partial f}{\partial x}(0,0)$ et $\dfrac{\partial f}{\partial y}(0,0)$ existent, puis que f est différentiable en $(0,0)$. Que vaut la différentielle $df(0,0)$ de f au point $(0,0)$?

3) Montrer que l'application g définie sur $\mathbb{R}^2 \setminus \{(0,0)\}$ par

$$g(x,y) = \frac{x}{x^2+y^2} \sin \frac{1}{x^2+y^2}$$

ne tend pas vers 0 quand (x,y) tend vers $(0,0)$.

4) L'application f est-elle de classe C^1 sur $\mathbb{R}^2$? (On justifiera soigneusement sa réponse)

Solution :

1) f est dérivable en x et en y en tout point $(x,y) \neq (0,0)$ par application des théorèmes généraux sur la dérivabilité. En effet, $\cos 1/\left(x^2+y^2\right)$ est une fonction dérivable en x (pour y fixé) comme composée de fonctions dérivables, et $f(x,y)$ est le produit de deux fonctions dérivables, donc dérivable en x. On trouve

$$\begin{aligned} \frac{\partial f}{\partial x}(x,y) &= 2x \cos \frac{1}{x^2+y^2} + \frac{2x}{x^2+y^2} \sin \frac{1}{x^2+y^2} \\ \frac{\partial f}{\partial y}(x,y) &= 2y \cos \frac{1}{x^2+y^2} + \frac{2y}{x^2+y^2} \sin \frac{1}{x^2+y^2}. \end{aligned}$$

Ces dérivées partielles existent et sont des fonctions continues de (x,y) lorsque (x,y) décrit $\mathbb{R}^2 \setminus \{(0,0)\}$. f sera donc de classe C^1 sur tout $\mathbb{R}^2 \setminus \{(0,0)\}$.

2) Au point $(0,0)$, on retourne à la définition :

$$\begin{cases} \frac{f(h,0)-f(0,0)}{h} = h \cos \frac{1}{h^2} \text{ tend vers 0 quand } h \to 0, \\ \frac{f(0,k)-f(0,0)}{k} = k \cos \frac{1}{k^2} \text{ tend vers 0 quand } k \to 0. \end{cases}$$

Les dérivées partielles de f en $(0,0)$ existent donc et $\frac{\partial f}{\partial x}(0,0) = \frac{\partial f}{\partial y}(0,0) = 0$. Si f est différentiable en $(0,0)$, sa différentielle en $(0,0)$ ne peut être que

$$df(0,0) = \frac{\partial f}{\partial x}(0,0)\, dx + \frac{\partial f}{\partial y}(0,0)\, dy = 0$$

c'est-à-dire l'application nulle. On vérifie que l'application nulle est bien la différentielle de f en $(0,0)$ en retournant à la définition et en calculant la limite $\lim_{(h,k)\to(0,0)} \Delta(h,k)$ où

$$\begin{aligned}\Delta(h,k) &= \frac{f(h,k) - f(0,0) - df(0,0)(h,k)}{\sqrt{h^2+k^2}} \\ &= \frac{f(h,k)}{\sqrt{h^2+k^2}} = \sqrt{h^2+k^2}\cos\frac{1}{h^2+k^2}.\end{aligned}$$

On obtient $\lim_{(h,k)\to(0,0)} \Delta(h,k) = 0$ puisque la limite d'un produit de fonction dont l'une est bornée et l'autre tend vers 0, est nulle.

3) Si l'application $g(x,y) = \frac{x}{x^2+y^2}\sin\frac{1}{x^2+y^2}$ tendait vers 0 quand (x,y) tend vers $(0,0)$, on aurait

$$\lim_{n\to+\infty} g(x_n,x_n) = 0 \quad \text{où } x_n = \frac{1}{\sqrt{\pi+n4\pi}}$$

par composition de limites. C'est absurde car

$$g(x_n,x_n) = \frac{x_n}{2x_n^2}\sin\frac{1}{2x_n^2} = \frac{1}{2x_n}$$

tend vers $+\infty$ dès que n tend vers $+\infty$.

4) Si f était de classe C^1 sur tout $\mathbb{R}^2$, ses dérivées partielles premières seraient continues sur $\mathbb{R}^2$, et en particulier en $(0,0)$. On aurait

$$\lim_{(x,y)\to(0,0)} \frac{\partial f}{\partial x}(x,y) = \frac{\partial f}{\partial x}(0,0) = 0.$$

On a

$$g(x,y) = \frac{1}{2}\left(\frac{\partial f}{\partial x}(x,y) - 2x\cos\frac{1}{x^2+y^2}\right)$$

Comme $\lim_{(x,y)\to(0,0)} 2x\cos\frac{1}{x^2+y^2} = 0$, on déduit $\lim_{(x,y)\to(0,0)} g(x,y) = 0$, ce qui est absurde d'après la question 3). En conclusion, f n'est pas de classe C^1 sur $\mathbb{R}^2$ bien qu'elle soit différentiable sur tout $\mathbb{R}^2$.

Exercice 80 *(Examen de septembre 1996) A chaque entier naturel p on fait correspondre l'application f_p de $\mathbb{R}^2$ dans $\mathbb{R}$ définie par*

$$f_p(x,y) = \frac{(xy)^p}{x^2+y^2} \quad si\ (x,y)\neq(0,0) \quad et \quad f_p(0,0) = 0.$$

1) Pour quelles valeurs de p l'application f_p est-elle continue ?

2) Montrer que f_1 admet des dérivées partielles au point $(0,0)$. f_1 est-elle différentiable en $(0,0)$?

3) Pour quelles valeurs de p l'application f_p est-elle différentiable ?

Solution :

1) $\lim_{(x,y)\to(0,0)} f_0(x,y) = +\infty$ donc f_0 n'est pas continue en $(0,0)$. La limite $\lim_{(x,y)\to(0,0)} f_1(x,\lambda x) = \frac{\lambda}{1+\lambda^2}$ dépend de λ, donc f_1 n'est pas continue en $(0,0)$. Par contre $\sup(|x|,|y|) \leq \sqrt{x^2+y^2}$ entraîne

$$|f_p(x,y)| = \frac{|x^p y^p|}{x^2+y^2} \leq \left(x^2+y^2\right)^{p-1},$$

ce qui assure $\lim_{(x,y)\to(0,0)} f_p(x,y) = 0 = f_p(0,0)$ et la continuité de f_p lorsque $p \geq 2$.

2) f_1 n'est pas continue en $(0,0)$, donc n'est pas différentiable en ce point. Par contre f_1 possède des dérivées partielles en $(0,0)$, on trouve

$$\frac{\partial f_1}{\partial x}(0,0) = \lim_{h\to 0} \frac{f_1(h,0) - f_1(0,0)}{h} = 0 \text{ et aussi } \frac{\partial f_1}{\partial y}(0,0) = 0.$$

3) f_p est différentiable si et seulement si $p \geq 2$. En effet, f_p est différentiable en tout point distinct de $(0,0)$ d'après les théorèmes généraux, et au point $(0,0)$,

$$\left|\frac{f_p(x,y)}{\sqrt{x^2+y^2}}\right| = \frac{|x^p y^p|}{(x^2+y^2)^{\frac{3}{2}}} \leq \left(x^2+y^2\right)^{p-\frac{3}{2}}$$

entraîne

$$\lim_{(x,y)\to(0,0)} \frac{f_p(x,y)}{\sqrt{x^2+y^2}} = 0.$$

Exercice 81 *(Examen de juin 1999)*
Soit $f : \mathbb{R}^2 \to \mathbb{R}$ *définie pour* $(x,y) \in \mathbb{R}^2$ *par* $f(0,0) = 0$ *et*

$$f(x,y) = (x+y)^2 \sin\frac{1}{x^2+y^2} \quad \textit{si } (x,y) \neq (0,0).$$

1) Montrer que f *est continue au point* $(0,0)$.

2) Calculer les fonctions dérivées partielles $\frac{\partial f}{\partial x}$ *et* $\frac{\partial f}{\partial y}$ *de* f.

3) La fonction f *est-elle différentiable en* $(0,0)$ *? de classe* $\mathcal{C}^1$ *sur* $\mathbb{R}^2$ *?*

4) Pour $(x,y) \neq (0,0)$ *on pose*

$$u(x,y) = \frac{(x+y)^2}{x^2+y^2}.$$

a) Peut-on prolonger u *par continuité au point* $(0,0)$ *?*

b) Montrer que u *est bornée sur* $\mathbb{R}^2\backslash\{(0,0)\}$. *En déduire que* f *est bornée sur* $\mathbb{R}^2$.

Solution :

1) Comme $|f(x,y)| \leq (x+y)^2$ pour tout (x,y), et comme

$$\lim_{(x,y)\to(0,0)} (x+y)^2 = 0,$$

on déduit $\lim_{(x,y)\to(0,0)} f(x,y) = 0 = f(0,0)$ et f est continue en $(0,0)$.

2) La fonction f admet des dérivées partielles continues en tout point (x,y) différent de $(0,0)$. On obtient

$$\begin{aligned}\frac{\partial f}{\partial x}(x,y) &= 2(x+y)\sin\frac{1}{x^2+y^2} + (x+y)^2\cos\frac{1}{x^2+y^2} \times \frac{-2x}{(x^2+y^2)^2} \\ &= 2(x+y)\sin\frac{1}{x^2+y^2} - \frac{2x(x+y)^2}{(x^2+y^2)^2}\cos\frac{1}{x^2+y^2}\end{aligned}$$

et (par échange de x et y)

$$\frac{\partial f}{\partial y}(x,y) = 2(x+y)\sin\frac{1}{x^2+y^2} - \frac{2y(x+y)^2}{(x^2+y^2)^2}\cos\frac{1}{x^2+y^2}.$$

La limite

$$\lim_{\substack{x\to 0\\ x\neq 0}} \frac{f(x,0)-f(0,0)}{x} = \lim_{\substack{x\to 0\\ x\neq 0}} x\sin\frac{1}{x^2} = 0$$

existe (en effet, on sait que le produit d'une fonction bornée et d'une fonction qui tend vers 0 tend vers 0) et la fonction f admet donc une dérivée partielle suivant x en $(0,0)$. On a $\frac{\partial f}{\partial x}(0,0) = 0$. De la même manière, on trouve $\frac{\partial f}{\partial y}(0,0) = 0$.

3) La fonction f admet des dérivées partielles continues en tout point (x,y) différent de $(0,0)$, donc sera de classe C^1 sur $\mathbb{R}^2\setminus\{(0,0)\}$. Si f était de classe C^1 sur tout $\mathbb{R}^2$, on aurait

$$\lim_{(x,y)\to(0,0)} \frac{\partial f}{\partial x}(x,y) = \frac{\partial f}{\partial x}(0,0) = 0$$

soit

$$\lim_{(x,y)\to(0,0)} \left[2(x+y)\sin\frac{1}{x^2+y^2} - \frac{2x(x+y)^2}{(x^2+y^2)^2}\cos\frac{1}{x^2+y^2}\right] = 0.$$

Comme $\lim_{(x,y)\to(0,0)} 2(x+y)\sin\frac{1}{x^2+y^2} = 0$, cela entraîne

$$\lim_{(x,y)\to(0,0)} \frac{2x(x+y)^2}{(x^2+y^2)^2}\cos\frac{1}{x^2+y^2} = 0.$$

En faisant $y = 0$, cela entraîne aussi

$$\lim_{x \to 0} \frac{2}{x} \cos \frac{1}{x^2} = 0. \qquad (1)$$

Si l'on remplace x par $\frac{1}{\sqrt{k2\pi}}$ et si l'on utilise encore le Théorème de composition des limites, l'affirmation (1) entraîne $\lim_{x \to 0} 2\sqrt{k2\pi} = 0$, ce qui est manifestement faux. En conclusion, f n'est pas de classe C^1 sur tout $\mathbb{R}^2$.

4.a) On a $u(x,x) = 2$ et $u(x,0) = 1$ pour tout x. La fonction u n'est donc pas prolongeable par continuité au point $(0,0)$.

4.b) Pour tout $(x,y) \neq (0,0)$, comme

$$x \leq |x| \leq \sqrt{x^2+y^2} \quad \text{et} \quad y \leq |y| \leq \sqrt{x^2+y^2},$$

on trouve

$$x + y \leq 2\sqrt{x^2+y^2}$$

donc

$$|u(x,y)| = \frac{(x+y)^2}{x^2+y^2} \leq 4.$$

Cela prouve que la fonction u est est bornée sur $\mathbb{R}^2 \backslash \{(0,0)\}$. Comme $|\sin t| \leq |t|$ pour tout réel t, on en déduit

$$\forall (x,y) \in \mathbb{R}^2 \backslash \{(0,0)\} \quad |f(x,y)| = \left| (x+y)^2 \sin \frac{1}{x^2+y^2} \right| \leq \frac{(x+y)^2}{x^2+y^2} \leq 4.$$

Ainsi la fonction f est bornée sur tout $\mathbb{R}^2$.

Exercice 82 *(Examen de septembre 2000) On rappelle que* $\| \quad \|_2$ *désigne la norme euclidienne de* $\mathbb{R}^2$.

1) Démontrer que l'application $(x,y) \mapsto \|(x,y)\|_2$ *est continue sur* $\mathbb{R}^2$.

2) Justifier les inégalités suivantes :

$$\forall (x,y) \in \mathbb{R}^2 \qquad |x| \leq \|(x,y)\|_2 \ \textit{et} \ |y| \leq \|(x,y)\|_2 .$$

3) On considère la fonction g *définie sur* $\mathbb{R}^2 \backslash \{(0,0)\}$ *par*

$$g(x,y) = \frac{x^4 y + 3x^2 y^3}{(x^2+y^2)^2}.$$

Calculer $\lim_{(x,y) \to (0,0)} g(x,y)$.

4) Soit f *la fonction définie sur* $\mathbb{R}^2$ *par* $f(x,y) = \dfrac{x^3 y}{x^2+y^2}$ *si* $(x,y) \neq (0,0)$

et $f(0,0) = 0$.

a) Montrer que f est continue sur $\mathbb{R}^2$.

b) Calculer les dérivées partielles de f en tout point de $\mathbb{R}^2$.

c) Montrer que f est de classe C^1 sur $\mathbb{R}^2$.

Solution :

1) Posons $N(x,y) = \|(x,y)\|_2$. On sait que toutes les normes sur $\mathbb{R}^2$ sont équivalentes, ce qui nous permet de choisir la norme $\| \quad \|_2$ et d'affirmer que l'application $N : \mathbb{R}^2 \to \mathbb{R}$ est continue en $(x_0, y_0) \in \mathbb{R}^2$ si et seulement si

$$\forall \varepsilon > 0 \quad \exists \eta > 0 \quad \|(x,y) - (x_0,y_0)\|_2 < \eta \Rightarrow |N(x,y) - N(x_0,y_0)| < \varepsilon. \quad (*)$$

L'inégalité triangulaire permet d'écrire

$$|N(x,y) - N(x_0,y_0)| = |\|(x,y)\|_2 - \|(x_0,y_0)\|_2| \leq \|(x,y) - (x_0,y_0)\|_2$$

de sorte que l'assertion $(*)$ soit vraie avec $\eta = \varepsilon$.

2) Les inégalités $x^2 \leq x^2 + y^2$ et la croissance de la fonction $t \mapsto \sqrt{t}$ sur $\mathbb{R}_+$ entraînent $|x| \leq \sqrt{x^2+y^2}$ et $|y| \leq \sqrt{x^2+y^2}$, et les inégalités demandées.

3) On a

$$\begin{aligned} |g(x,y)| = \left| \frac{x^4 y + 3x^2 y^3}{(x^2+y^2)^2} \right| &\leq \frac{|x|^4 |y| + 3|x|^2 |y|^3}{(x^2+y^2)^2} \\ &\leq \frac{4\left(\sqrt{x^2+y^2}\right)^5}{(x^2+y^2)^2} \leq 4\sqrt{x^2+y^2} = 4\|(x,y)\|_2 \end{aligned}$$

donc

$$\forall \varepsilon > 0 \quad \|(x,y)\|_2 < \frac{\varepsilon}{4} \Rightarrow |g(x,y)| < \varepsilon.$$

Cela prouve bien que $\lim_{(x,y)\to(0,0)} g(x,y)$.

4.a) La fonction f est continue sur $\mathbb{R}^2 \setminus \{(0,0)\}$ comme le quotient de deux fonctions continues (des polynômes) dont le dénominateur ne s'annule pas sur $\mathbb{R}^2 \setminus \{(0,0)\}$. La continuité en $(0,0)$ se vérifie directement en utilisant les majorations du 2). On a

$$|f(x,y)| = \left| \frac{x^3 y}{x^2+y^2} \right| \leq \frac{|x|^3 |y|}{x^2+y^2} \leq \frac{\left(\sqrt{x^2+y^2}\right)^4}{x^2+y^2} = x^2+y^2 = \|(x,y)\|_2^2$$

donc

$$\forall \varepsilon > 0 \quad \|(x,y)\|_2 < \sqrt{\varepsilon} \Rightarrow |f(x,y)| < \varepsilon$$

et la continuité de f en $(0,0)$.

4.b) D'après les Théorèmes généraux sur la dérivabilité, la fonction f admet des dérivées partielles en tout point $(x,y) \neq (0,0)$. On obtient

$$\begin{aligned} \frac{\partial f}{\partial x}(x,y) &= \frac{3x^2y\left(x^2+y^2\right)-x^3y\times 2x}{\left(x^2+y^2\right)^2} = \frac{x^4y+3x^2y^3}{\left(x^2+y^2\right)^2} = g(x,y), \\ \frac{\partial f}{\partial y}(x,y) &= \frac{x^3\left(x^2+y^2\right)-x^3y\times 2y}{\left(x^2+y^2\right)^2} = \frac{x^5-x^3y^2}{\left(x^2+y^2\right)^2}. \end{aligned}$$

L'existence des dérivées partielles en $(0,0)$ se montre en retournant à la définition. On trouve

$$\begin{aligned} \frac{\partial f}{\partial x}(0,0) &= \lim_{t\to 0}\frac{f(t,0)-f(0,0)}{t} = 0 \\ \frac{\partial f}{\partial y}(0,0) &= \lim_{t\to 0}\frac{f(0,t)-f(0,0)}{t} = 0 \end{aligned}$$

puisque $f(t,0) = f(0,t) = f(0,0) = 0$.

4.c) La fonction f est de classe C^1 sur $\mathbb{R}^2$ si et seulement si elle est continue sur $\mathbb{R}^2$ et admet des dérivées partielles continues sur $\mathbb{R}^2$. On a déjà démontré la continuité de f en 4.a). D'après 4.b) l'application f admet des dérivées partielles en tout point de $\mathbb{R}^2$. les Théorèmes généraux de dérivabilité montrent que les fonctions $\frac{\partial f}{\partial x}$ et $\frac{\partial f}{\partial y}$ sont continues sur $\mathbb{R}^2\setminus\{(0,0)\}$. Comme $\frac{\partial f}{\partial x} = g$, la question 3) montre la continuité de $\frac{\partial f}{\partial x}$ en $(0,0)$. Pour conclure, il suffit maintenant de vérifier que la fonction $\frac{\partial f}{\partial y}$ est bien continue en $(0,0)$. On procède comme en 3) :

$$\left|\frac{\partial f}{\partial y}(x,y)\right| = \left|\frac{x^5-x^3y^2}{\left(x^2+y^2\right)^2}\right| \leq \frac{2\left(\sqrt{x^2+y^2}\right)^5}{\left(x^2+y^2\right)^2} \leq 2\sqrt{x^2+y^2} = 2\left\|(x,y)\right\|_2$$

permet d'écrire

$$\forall \varepsilon > 0 \quad \left\|(x,y)\right\|_2 < \frac{\varepsilon}{2} \Rightarrow \left|\frac{\partial f}{\partial y}(x,y)\right| < \varepsilon.$$

et de conclure.

4.2 Propriétés des applications différentiables

Exercice 83 *Etudier la différentiabilité des applications f et g suivantes*

$$\begin{aligned} f &: \mathbb{R}^3 \to \mathbb{R}^2,\ (x,y,z) \longmapsto f(x,y,z) = \left(x^2+y^2, xyz\right) \\ g &: U \subset \mathbb{R}^2 \to \mathbb{R}^3,\ (u,v) \longmapsto g(u,v) = \left(uv, u^2v^2, \ln v\right) \end{aligned}$$

Calculer les matrices jacobiennes de f et g, et de deux façons différentes les matrices jacobiennes de $f \circ g$ et $g \circ f$.

Solution :

Posons $f(x, y, z) = (f_1(x, y, z), f_2(x, y, z))$. Les fonctions composantes f_1 et f_2 de f sont polynomiales, donc f est définie et différentiable sur tout $\mathbb{R}^3$. La matrice jacobienne de f en $M = (x, y, z)$ est

$$J(f; M) = \begin{pmatrix} \frac{\partial f_1}{\partial x}(M) & \frac{\partial f_1}{\partial y}(M) & \frac{\partial f_1}{\partial z}(M) \\ \frac{\partial f_2}{\partial x}(M) & \frac{\partial f_2}{\partial y}(M) & \frac{\partial f_2}{\partial z}(M) \end{pmatrix} = \begin{pmatrix} 2x & 2y & 0 \\ yz & xz & xy \end{pmatrix}.$$

La fonction $g(u, v) = (g_1(u, v), g_2(u, v), g_3(u, v))$ est définie sur le demi-plan ouvert $D = \{(u, v) \in \mathbb{R}^2 \,/\, v > 0\}$. Ses trois fonctions composantes admettent des dérivées partielles d'ordre 1 continues sur D, donc g est différentiable sur D. Si $M = (u, v)$,

$$J(g; M) = \begin{pmatrix} v & u \\ 2uv^2 & 2u^2v \\ 0 & 1/v \end{pmatrix}.$$

La fonction $h = f \circ g$ est définie sur D. C'est la composée de deux fonctions différentiables, donc c'est une fonction différentiable en tout point $M = (u, v)$ de D, et de différentielle $d(f \circ g)(M) = d(f)(g(M)) \circ dg(M)$ en ce point. Matriciellement, cette égalité s'écrit :

$$\begin{aligned} J(f \circ g; M) &= J(f; g(M)) \times J(g; M) \\ &= \begin{pmatrix} 2x & 2y & 0 \\ yz & xz & xy \end{pmatrix} \begin{pmatrix} v & u \\ 2uv^2 & 2u^2v \\ 0 & 1/v \end{pmatrix} \end{aligned}$$

où $(x, y, z) = (uv, u^2v^2, \ln v)$. On calcule :

$$\begin{aligned} J(h; M) &= \begin{pmatrix} 2uv & 2u^2v^2 & 0 \\ u^2v^2 \ln v & uv \ln v & u^3v^3 \end{pmatrix} \begin{pmatrix} v & u \\ 2uv^2 & 2u^2v \\ 0 & 1/v \end{pmatrix} \\ &= \begin{pmatrix} 2uv^2 + 4u^3v^4 & 2u^2v + 4u^4v^3 \\ 3u^2v^3 \ln v & 3u^3v^2 \ln v + u^3v^2 \end{pmatrix}. \end{aligned}$$

Nous venons d'obtenir la jacobienne de $h = f \circ g$ en M. Une autre façon de l'obtenir est d'expliciter la composée $f \circ g$, et de calculer les dérivées partielles des applications composantes ainsi obtenues. On calcule

$$h(M) = (f \circ g)(M) = f(uv, u^2v^2, \ln v) = (u^2v^2 + u^4v^4, u^3v^3 \ln v).$$

En posant $h(M) = (h_1(M), h_2(M))$, on obtient les dérivées partielles

$$\begin{aligned} \frac{\partial h_1}{\partial u}(M) &= 2uv^2 + 4u^3v^4, & \frac{\partial h_1}{\partial v}(M) = 2u^2v + 4u^4v^3, \\ \frac{\partial h_2}{\partial u}(M) &= 3u^2v^3 \ln v, & \frac{\partial h_2}{\partial v}(M) = 3u^3v^2 \ln v + u^3v^2, \end{aligned}$$

et l'on retrouve $J(h; M)$.

On traiterait $w = g \circ f$ de la même façon. La seule nouveauté est que w est définie et différentiable en tout point (x, y, z) de $\mathbb{R}^3$ tel que $xyz > 0$.

Exercice 84 *1) Soit $f : \mathbb{R}^2 \to \mathbb{R}^3$ la fonction définie par*

$$f(x, y) = (\cos x + \sin y, -\sin x + \cos y, 2\sin x \cos y).$$

Calculer la matrice jacobienne $J(f; (x, y))$ de f au point (x, y).

2) Soit $g : \mathbb{R}^3 \to \mathbb{R}$ la fonction définie par

$$g(u, v, w) = u^2 + v^2 + w.$$

Calculer la matrice jacobienne $J(g; (u, v, w))$ de g au point (u, v, w).

3) Calculer la matrice jacobienne $J(g \circ f; (x, y))$ de $g \circ f$ au point (x, y).

a) en explicitant $g \circ f$,

b) au moyen d'un produit de matrices.

Solution :

1)

$$J(f; (x, y)) = \begin{pmatrix} -\sin x + \sin y & \cos x + \cos y \\ -\cos x + \cos y & -\sin x - \sin y \\ 2\cos x \cos y & -2\sin x \sin y \end{pmatrix}.$$

2)

$$J(g; (x, y)) = \left(2u + v^2 + w, u^2 + 2v + w, u^2 + v^2 + 1\right).$$

3) a) Comme

$$g \circ f(x, y) = (\cos x + \sin y)^2 + (-\sin x + \cos y)^2 + 2\sin x \cos y = 2 + 2\sin x \cos y$$

on trouve directement

$$J(g \circ f; (x, y)) = (2\cos x \cos y, -2\sin x \sin y).$$

3.b) On a $d(g \circ f)(x,y) = dg[f(x,y)] \circ df(x,y)$, soit matriciellement

$$J(g \circ f; (x,y)) = J(g; (u,v,w)) \times J(f; (x,y))$$

où $(u,v,w) = (\cos x + \sin y, -\sin x + \cos y, 2\sin x \cos y)$. Il "suffit" de calculer le produit de ces deux matrices pour retrouver l'expression simple obtenir au 3.a).

Exercice 85 *Soient les fonctions $f : \mathbb{R}^2 \to \mathbb{R}^3$ et $g : \mathbb{R}^2 \to \mathbb{R}^2$ définies par*

$$f(x,y) = \left(x^2 + y, x^2 - y^2, 1\right) \text{ et } g(x,y) = \left(e^{x-y}, 2xy\right).$$

1) Calculer les matrices jacobiennes $J(f;(x,y))$ et $J(g;(x,y))$ respectives de f et g au point (x,y).

2) Calculer de deux façons différentes la matrice jacobienne $J(f \circ g; (x,y))$ de $f \circ g$ au point (x,y).

Solution :

1) On trouve

$$J(f;(x,y)) = \begin{pmatrix} 2x & 1 \\ 2x & -2y \\ 0 & 0 \end{pmatrix} \text{ et } J(g;(x,y)) = \begin{pmatrix} e^{x-y} & -e^{x-y} \\ 2y & 2x \end{pmatrix}.$$

2)

$$f \circ g(x,y) = \left(e^{2(x-y)} + 2xy, e^{2(x-y)} - 4x^2y^2, 1\right)$$

entraîne

$$J(f \circ g; (x,y)) = \begin{pmatrix} 2e^{2(x-y)} + 2y & -2e^{2(x-y)} + 2x \\ 2e^{2(x-y)} - 8xy^2 & -2e^{2(x-y)} - 8x^2y \\ 0 & 0 \end{pmatrix}.$$

Une deuxième méthode consiste à appliquer la formule

$$d(f \circ g)(x,y) = df[g(x,y)] \circ dg(x,y)$$

qui s'écrit matriciellement

$$J(f \circ g; (x,y)) = J(f; g(x,y)) \times J(g; (x,y)).$$

Ici

$$
\begin{aligned}
J(f \circ g; (x, y)) &= \begin{pmatrix} 2e^{x-y} & 1 \\ 2e^{x-y} & -4xy \\ 0 & 0 \end{pmatrix} \times \begin{pmatrix} e^{x-y} & -e^{x-y} \\ 2y & 2x \end{pmatrix} \\
&= \begin{pmatrix} 2e^{2(x-y)} + 2y & -2e^{2(x-y)} + 2x \\ 2e^{2(x-y)} - 8xy^2 & -2e^{2(x-y)} - 8x^2y \\ 0 & 0 \end{pmatrix}.
\end{aligned}
$$

Exercice 86 *(Partiel d'avril 1997) Soit f la fonction de $\mathbb{R}^2$ dans $\mathbb{R}$ définie par*

$$f(x, y) = \frac{e^x - e^y}{x - y}$$

pour $(x, y) \in \mathbb{R}^2$.

1) Déterminer l'ensemble de définition D de la fonction f et montrer soigneusement que c'est un ouvert de $\mathbb{R}^2$.

2) Montrer que la fonction f admet un prolongement par continuité sur $\mathbb{R}^2$ qu'on notera g.

3) Calculer les dérivées partielles d'ordre 1 de la fonction g en tout point du complémentaire $\complement D$ de D.

4) La fonction g est-elle différentiable sur $\mathbb{R}^2$? On justifiera sa réponse.

Solution :

1) On a $D = \mathbb{R}^2 \backslash \Delta$ où $\Delta = \left\{(x, y) \in \mathbb{R}^2 \,/\, y = x\right\}$ désigne la première bissectrice. D est un ouvert de $\mathbb{R}^2$ puisque c'est l'image réciproque de l'ouvert $\mathbb{R}^*$ par l'application continue $h(x, y) = x - y$.

2) D'après le théorème de Rolle, il existe un réel $c(x, y)$ strictement compris entre x et y, tel que

$$f(x, y) = \frac{e^x - e^y}{x - y} = e^{c(x,y)}.$$

Si (x, y) tend vers $(x_0, x_0) \in \Delta$, $c(x, y)$ tendra vers x_0 (par le théorème des gendarmes) donc $\lim_{(x,y) \to (x_0, x_0)} f(x, y) = e^{x_0}$. Ainsi f se prolonge par continuité en g sur $\mathbb{R}^2$ en posant $g(x_0, x_0) = e^{x_0}$.

3) En tout point (x_0, x_0) de Δ,

$$
\begin{aligned}
\frac{\partial g}{\partial x}(x_0, x_0) &= \lim_{h \to 0} \frac{g(x_0 + h, x_0) - g(x_0, x_0)}{h} \\
&= \lim_{h \to 0} \frac{1}{h} \left(\frac{e^{x_0 + h} - e^{x_0}}{h} - e^{x_0} \right) = e^{x_0}
\end{aligned}
$$

car
$$\frac{1}{h}\left(\frac{e^{x_0+h}-e^{x_0}}{h}-e^{x_0}\right)=\frac{e^{x_0}}{h^2}\left(e^h-1-h\right)=e^{x_0}+o\left(1\right).$$
On obtient de même $\frac{\partial g}{\partial y}\left(x_0,x_0\right)=e^{x_0}$.

4) La fonction g est différentiable en tout point de D comme quotient de deux fonctions de classe C^∞ dont le dénominateur ne s'annule pas sur D. Montrer que g est différentiable sur tout $\mathbb{R}^2$ revient donc à prouver que g est différentiable en tout point (x_0,x_0) de Δ, autrement dit que la quantité
$$\xi\left(h,k\right)=\frac{1}{h^2+k^2}\left(g\left(x_0+h,x_0+k\right)-g\left(x_0,x_0\right)-e^{x_0}h-e^{x_0}k\right)$$
tend vers 0 quand (h,k) tend vers 0. Si l'on suppose $h\neq k$, alors
$$\xi\left(h,k\right)=\frac{1}{h^2+k^2}\left[\frac{e^{x_0+h}-e^{x_0+k}}{h-k}-e^{x_0}-e^{x_0}h-e^{x_0}k\right]$$
$$\xi\left(h,k\right)=\frac{e^{x_0}}{h^2+k^2}\times\frac{e^h-e^k-h+k-h^2+k^2}{h-k}$$
Puisque $e^h=1+h+h^2+h^3+o\left(h^3\right)$ pour h voisin de 0,
$$\begin{aligned}\xi\left(h,k\right)&=\frac{e^{x_0}}{h^2+k^2}\times\frac{h^3-k^3+o\left(h^3\right)+o\left(k^3\right)}{h-k}\\&=e^{x_0}\left(\frac{h^2+hk+k^2}{h^2+k^2}+\frac{o\left(h^3\right)+o\left(k^3\right)}{\left(h^2+k^2\right)\left(h-k\right)}\right).\end{aligned}$$
Cette expression ne peut pas tendre vers 0 quand (h,k) tend vers 0. Dans le cas contraire, en choisissant $h=2k$, on aurait $\lim_{k\to0}\xi\left(2k,k\right)=0$ ce que contredit le calcul
$$\lim_{k\to0}\xi\left(2k,k\right)=\lim_{k\to0}\left[e^{x_0}\left(\frac{7k^2}{5k^2}+\frac{o\left(k^3\right)}{5k^2\times k}\right)\right]=\lim_{k\to0}\left[e^{x_0}\left(\frac{7}{5}+o\left(1\right)\right)\right]=\frac{7}{5}e^{x_0}.$$
La fonction g n'est donc jamais différentiable en un point (x_0,x_0) distinct de $(0,0)$, et ne sera pas différentiable sur tout $\mathbb{R}^2$.

Exercice 87 *(Examen de septembre 1999) On considère une fonction f de $\mathbb{R}^2$ dans $\mathbb{R}$, et de classe C^1 sur $\mathbb{R}^2$.*

1) On pose
$$\begin{cases}x=au+bv\\y=cu+dv\end{cases}$$

où a, b, c, d désignent des réels tels que $ad-bc \neq 0$. On considère la fonction $\varphi : \mathbb{R}^2 \mapsto \mathbb{R}^2$; $(u,v) \mapsto \varphi(u,v) = (x,y)$.

a) Déterminer la matrice jacobienne de φ.

b) Montrer que φ est un difféomorphisme sur $\mathbb{R}^2$, et donner l'expression de $\varphi^{-1}(x,y)$ en fonction de u et v.

2) On pose $g(u,v) = f \circ \varphi(u,v)$. Déterminer $\frac{\partial f}{\partial x}$ et $\frac{\partial f}{\partial y}$ en fonction de $\frac{\partial g}{\partial u}$ et $\frac{\partial g}{\partial v}$.

3) On considère l'équation aux dérivées partielles

$$(E) \qquad a\frac{\partial f}{\partial x} + c\frac{\partial f}{\partial y} = f.$$

Montrer que l'équation (E) est équivalente à l'équation

$$(E') \qquad \frac{\partial g}{\partial u} = g.$$

4) En déduire la solution f de (E) pour $a = b = d = 1$ et $c = -1$.

Solution :

1.a) On trouve

$$J(\varphi; (u,v)) = \begin{pmatrix} a & b \\ c & d \end{pmatrix}.$$

1.b) L'application φ est linéaire et de classe C^∞ sur $\mathbb{R}^2$. Comme le déterminant $ad-bc$ du système définissant φ n'est pas nul, le système est de Cramer et l'on trouve

$$\begin{cases} u = \frac{1}{ad-bc}(dx - by) \\ v = \frac{1}{ad-bc}(-cx + ay). \end{cases}$$

Ainsi φ est inversible, et φ^{-1} est linéaire et de classe C^∞ sur $\mathbb{R}^2$. φ est un C^∞-difféomorphisme sur $\mathbb{R}^2$.

2) En égalant les différentielles de g et de $f \circ \varphi$ en $M = (u,v)$, on trouve

$$\left(\frac{\partial g}{\partial u}(M), \frac{\partial g}{\partial v}(M)\right) = \left(\frac{\partial f}{\partial x}(\varphi(M)), \frac{\partial f}{\partial y}(\varphi(M))\right) \times \begin{pmatrix} \frac{\partial \varphi_1}{\partial x}(M) & \frac{\partial \varphi_1}{\partial y}(M) \\ \frac{\partial \varphi_2}{\partial x}(M) & \frac{\partial \varphi_2}{\partial y}(M) \end{pmatrix}$$

soit (en simplifiant un peu les notations)

$$\left(\frac{\partial g}{\partial u}, \frac{\partial g}{\partial v}\right) = \left(\frac{\partial f}{\partial x}, \frac{\partial f}{\partial y}\right) \times \begin{pmatrix} a & b \\ c & d \end{pmatrix}.$$

Ainsi

$$\left\{\begin{array}{l} \frac{\partial g}{\partial u}=a\frac{\partial f}{\partial x}+c\frac{\partial f}{\partial y} \\ \frac{\partial g}{\partial v}=b\frac{\partial f}{\partial x}+d\frac{\partial f}{\partial y}. \end{array}\right.$$

3) On inverse le système obtenu à la question précédente pour trouver

$$\left\{\begin{array}{l} \frac{\partial f}{\partial x}=\frac{1}{ad-bc}\left(d\frac{\partial g}{\partial u}-c\frac{\partial g}{\partial v}\right) \\ \frac{\partial f}{\partial y}=\frac{1}{ad-bc}\left(-b\frac{\partial g}{\partial u}+a\frac{\partial g}{\partial v}\right). \end{array}\right.$$

Par conséquent

$$\begin{aligned} a\frac{\partial f}{\partial x}+c\frac{\partial f}{\partial y}=f \quad &\Leftrightarrow \quad \frac{a}{ad-bc}\left(d\frac{\partial g}{\partial u}-c\frac{\partial g}{\partial v}\right)+\frac{c}{ad-bc}\left(-b\frac{\partial g}{\partial u}+a\frac{\partial g}{\partial v}\right)=f \\ &\Leftrightarrow \quad \frac{\partial g}{\partial u}=f. \end{aligned}$$

Autrement dit (E) équivaut à résoudre $\frac{\partial g}{\partial u}(u,v)=f(x,y)$. Puisque $f(x,y)=f(\varphi(u,v))=g(u,v)$, cette dernière équation devient

$$(E') \quad \frac{\partial g}{\partial u}=g.$$

4) Si $a=b=d=1$ et $c=-1$,

$$\frac{\partial f}{\partial x}-\frac{\partial f}{\partial y}=f \Leftrightarrow \frac{\partial g}{\partial u}=g$$

où $g(u,v)=f(\varphi(u,v))=f(au+bv,cu+dv)$. On suppose que f et g sont de classe C^1. $\frac{\partial g}{\partial u}=g$ équivaut à $g(u,v)=k(v)e^u$ où $k(v)$ est une fonction de classe C^1. Les solutions de (E) seront données par

$$k(v)e^u=f(au+bv,cu+dv),$$

ce qui s'écrit aussi (compte tenu de 1.b) :

$$f(x,y)=k\left(\frac{1}{ad-bc}(-cx+ay)\right)e^{\frac{1}{ad-bc}(dx-by)}.$$

Exercice 88 *Soient α un nombre réel strictement positif et f la fonction de $\mathbb{R}^2$ dans $\mathbb{R}$ définie en posant $f(0,0)=0$ et*

$$f(x,y)=\frac{|x|^\alpha\,|y|^\alpha}{x^2+y^2-xy} \quad si\ (x,y)\neq(0,0).$$

1) Vérifier que $x^2+y^2-xy=0$ si et seulement si $(x,y)=(0,0)$.

2) Vérifier que pour tout $(x,y) \in \mathbb{R}^2$ $|xy| \leq \frac{1}{2}\|(x,y)\|_2^2$, *où* $\|.\|_2$ *désigne la norme euclidienne. Puis donner une majoration de* $|f(x,y)|$ *en fonction de* $\|(x,y)\|_2$ *pour tout* $(x,y) \in \mathbb{R}^2 \setminus \{(0,0)\}$.

3) En déduire les valeurs de α *pour lesquelles la fonction* f *est continue en* $(0,0)$.

4) En déduire une majoration du quotient $|f(x,y)| / \|(x,y)\|_2$.

5) Donner les valeurs de α *pour lesquelles la fonction* f *est différentiable en* $(0,0)$.

Solution :

1) La méthode de Gauss permet d'écrire la forme quadratique x^2+y^2-xy comme somme (ou différence) de carrés de formes linéaires :

$$x^2+y^2-xy = \left(x-\frac{y}{2}\right)^2 - \frac{y^2}{4} + y^2 = \left(x-\frac{y}{2}\right)^2 + \frac{3y^2}{4}.$$

Ainsi x^2+y^2-xy est somme de deux carrés, et $x^2+y^2-xy=0$ si et seulement si $x-y/2=y=0$, autrement dit $(x,y)=(0,0)$.

2) Puisque tous les membres des inégalités suivantes sont positifs,

$$\begin{aligned} |xy| \leq \frac{1}{2}\|(x,y)\|_2^2 \quad &\Leftrightarrow \quad 2|xy| \leq x^2+y^2 \\ &\Leftrightarrow \quad 4x^2y^2 \leq x^4+y^4+2x^2y^2 \Leftrightarrow 0 \leq \left(x^2-y^2\right)^2, \end{aligned}$$

et la dernière inégalité est triviale. On déduit

$$|f(x,y)| = \frac{|x|^\alpha |y|^\alpha}{|x^2+y^2-xy|} \leq \frac{\|(x,y)\|_2^{2\alpha}}{2^\alpha |x^2+y^2-xy|}.$$

On peut définir une norme $\| \; \|_N$ en posant

$$\|(x,y)\|_N = \sqrt{\left(x-\frac{y}{2}\right)^2 + \frac{3y^2}{4}} = \sqrt{|x^2+y^2-xy|},$$

et écrire

$$|f(x,y)| \leq \frac{\|(x,y)\|_2^{2\alpha}}{2^\alpha \|(x,y)\|_N^2}.$$

Puisque toutes les normes sur $\mathbb{R}^2$ sont équivalentes, il existe certainement une constante strictement positive c telle que $c\|(x,y)\|_2 \leq \|(x,y)\|_N$, et la majoration précédente devient

$$|f(x,y)| \leq \frac{\|(x,y)\|_2^{2\alpha}}{2^\alpha c^2 \|(x,y)\|_2^2} = \frac{1}{2^\alpha c^2}\|(x,y)\|_2^{2(\alpha-1)}. \quad (\natural)$$

3) Puisque $\lim_{(x,y)\to(0,0)} \|(x,y)\|_2^{2(\alpha-1)} = 0$ dès que $\alpha > 1$, la majoration ($\natural$) montre que $\lim_{(x,y)\to(0,0)} f(x,y) = (0,0) = f(0,0)$ lorsque $\alpha > 1$. Par contre, si $0 < \alpha \leq 1$,

$$f(\frac{y}{2}, y) = \frac{1}{2^\alpha} \frac{|y|^{2\alpha}}{\frac{3y^2}{4}} = \frac{4}{3 \times 2^\alpha} |y|^{2(\alpha-1)}$$

et $f(y/2, y)$ admettra une limite infinie (si $\alpha < 1$) ou bien $\frac{4}{3\times 2^\alpha}$ pour limite (si $\alpha = 1$). Dans tous les cas, $\lim_{(x,y)\to(0,0)} \|(x,y)\|_2^{2(\alpha-1)} \neq 0$ et f n'est plus continue en $(0,0)$. En conclusion f est continue en $(0,0)$ si et seulement si $\alpha > 1$.

4) ($\natural$) entraîne

$$\frac{|f(x,y)|}{\|(x,y)\|_2} \leq \frac{1}{2^\alpha c^2} \|(x,y)\|_2^{2\alpha-3}. \quad (\flat)$$

5) Comme $f(h,0) = f(0,k) = f(0,0) = 0$, les dérivées partielles de f en $(0,0)$ existent et sont nulles. La seule différentielle possible de f en $(0,0)$ est donc l'application nulle, et affirmer que f est différentiable en $(0,0)$ revient à affirmer que le quotient $\frac{|f(x,y)|}{\|(x,y)\|_2}$ tend vers 0 quand (x,y) tend vers $(0,0)$. Si $2\alpha - 3 > 0$, la majoration ($\flat$) prouve que $\lim_{(x,y)\to(0,0)} \frac{|f(x,y)|}{\|(x,y)\|_2} = 0$ et assure la différentiabilité de f en $(0,0)$. Si $0 < \alpha \leq 1$, on a vu que f n'était pas continue en $(0,0)$, donc à fortiori non différentiable en ce point. Enfin, si $1 < \alpha \leq \frac{3}{2}$,

$$\frac{|f(\frac{y}{2}, y)|}{\|(\frac{y}{2}, y)\|_2} = \frac{4}{3 \times 2^\alpha} |y|^{2(\alpha-1)} \times \frac{4}{|y|\sqrt{5}} = \frac{16}{3 \times 2^\alpha \sqrt{5}} |y|^{2\alpha-3}$$

montre que le quotient $|f(\frac{y}{2}, y)| / \|(\frac{y}{2}, y)\|_2$ ne tend pas vers 0 quand y tend vers 0, ce qui permet d'affirmer que $\lim_{(x,y)\to(0,0)} (|f(x,y)| / \|(x,y)\|_2) \neq 0$. En conclusion, f est différentiable en $(0,0)$ si et seulement si $\alpha > 3/2$.

Exercice 89 *Soit* $l^1 = \{x = (x_n)_{n\geq 1} / x_n \in \mathbb{R}$ *et* $\sum_{n=1}^{+\infty} |x_n| < +\infty\}$. *On pose*

$$C_0 = \{x = (x_n)_{n\geq 1} / \ x_n \in \mathbb{R} \ et \lim_{n\to+\infty} x_n = 0\}.$$

C_0 *est un* $\mathbb{R}$*-espace vectoriel qu'on munit de la norme* $\|x\|_\infty = \mathrm{Sup}_{n\geq 1} |x_n|$.

1) *Montrer que* $l^1 \subset C_0$ *et que l'inclusion est stricte.*

2) *En considérant la suite* $(x^p)_{p\geq 1}$ *d'éléments de* l^1 *définie par*

$$x^p = (x_n^p)_{n\geq 1} \quad où \quad \begin{cases} x_n^p = \frac{1}{n} & si \quad 1 \leq n \leq p, \\ x_n^p = 0 & si \quad n > p, \end{cases}$$

montrer que l^1 n'est pas fermé dans $(C_0, \|.\|_\infty)$.

3) Soit $u : \mathbb{R} \to \mathbb{R}$ une fonction de classe C^1 telle que $u(0) = 0$. Pour $x = (x_n)_{n\geq 1} \in C_0$, on pose $S(x) = (u(x_n))_{n\geq 1}$. Montrer que $S(x) \in C_0$.

4) Soit $x = (x_n)_{n\geq 1} \in C_0$, on pose $I = [-\|x\|_\infty - 1, \|x\|_\infty + 1]$. Montrer que

$$\forall \varepsilon > 0, \quad \exists \delta > 0 \quad \forall (a,b) \in I \times I \quad |a-b| \leq \delta \Longrightarrow \left|u'(a) - u'(b)\right| < \varepsilon.$$

5) Montrer que l'application $S : C_0 \to C_0$, $x \mapsto S(x)$ est différentiable en tout point x de C_0.

6) Montrer que la différentielle de S, $dS : C_0 \to \mathcal{L}(C_0)$, $x \mapsto dS(x)$ est uniformément continue et bornée sur toute partie bornée de C_0.

Solution :

1) Si la série $\sum_{n=1}^{+\infty} |x_n|$ converge, son terme général tend vers 0 quand n tend vers l'infini (on peut par exemple le voir en notant $l = \lim S_n$ où l'on pose $S_n := \sum_{k=1}^{n} |x_k|$, et en remarquant que $|x_n| = S_n - S_{n-1}$), et cela montre l'inclusion $l^1 \subset C_0$. Mais une série peut très bien avoir un terme général qui tend vers 0 sans converger : c'est le cas de la série de Riemann $\sum_{n=1}^{+\infty} \frac{1}{n}$. L'inclusion $l^1 \subset C_0$ est donc stricte.

2) On a $\|x^p\|_\infty = 1$ pour tout $p \geq 1$. Si x désigne la suite de terme général $x_n = \frac{1}{n}$, on constate que $\|x^p - x\|_\infty = \frac{1}{p+1}$ et donc

$$\lim_{p\to+\infty} \|x^p - x\|_\infty = 0.$$

La suite $(x^p)_{p\geq 1}$ converge donc vers x dans l^1. La suite $(x^p)_{p\geq 1}$ est clairement dans l^1 (puisque $\sum_{n=1}^{+\infty} |x_n^p|$ converge vers la somme finie $\sum_{n=1}^{p} \frac{1}{n}$) mais sa limite x n'appartient pas à l^1(puisque $\sum_{n=1}^{+\infty} \frac{1}{n}$ diverge), donc l^1 n'est pas fermé dans C_0.

3) Si $x \in C_0$, la continuité de u et le Théorème de composition des limites permet d'écrire $\lim_{n\to+\infty} u(x_n) = u(0) = 0$, ce montre que $S(x)$ appartient à C_0.

4) Par hypothèse, la fonction u' est continue sur le compact I, donc uniformément continue sur I (Théorème de Heine). L'assertion de l'énoncé est l'exacte traduction de cette uniforme continuité.

5) Soit $x \in C_0$. Montrer la différentiabilité de S en x revient à prouver que

$$\forall \varepsilon > 0 \; \exists \eta > 0 \; \|h\|_\infty \leq \eta \Rightarrow \|S(x+h) - S(x) - dS(x)(h)\|_\infty \leq \varepsilon \|h\|_\infty \quad (\sharp)$$

avec une application linéaire $dS(x) : C_0 \to C_0$ convenable. Comme

$$\|S(x+h) - S(x) - dS(x)(h)\|_\infty = \operatorname*{Sup}_{n\geq 1} |u(x_n + h_n) - u(x_n) - (dS(x)(h))_n|,$$

il semble raisonnable de poser $dS(x)(h) := (u'(x_n)h_n)_n$. L'application $dS(x)$ ainsi définie est bien un endomorphisme de C_0, et ($\sharp$) s'écrit

$$\forall\varepsilon \quad \exists\eta \quad \|h\|_\infty \leq \eta \Rightarrow \operatorname*{Sup}_{n\geq 1} \left|u(x_n+h_n) - u(x_n) - u'(x_n)h_n\right| \leq \varepsilon \|h\|_\infty \quad (\sharp')$$

Le Théorème de Rolle montre l'existence d'un réel c_n situé entre x_n et $x_n + h_n$ tel que

$$u(x_n + h_n) - u(x_n) = u'(c_n)h_n.$$

D'après la question précédente, si $\varepsilon > 0$ est donné, il existe $\delta > 0$ tel que

$$\left|u(x_n+h_n) - u(x_n) - u'(x_n)h_n\right| = \left|u'(c_n) - u'(x_n)\right| \times |h_n| \leq \varepsilon \|h\|_\infty$$

dès que (c_n, x_n) appartient à $I \times I$ et $|c_n - x_n| \leq \delta$. Si l'on prend $\|h\|_\infty \leq 1$, on obtient $|c_n| \leq \operatorname{Sup}(|x_n + h_n|, |x_n|) \leq \|x\|_\infty + 1$ et $|x_n| \leq \|x\|_\infty + 1$ donc $(c_n, x_n) \in I \times I$. Par ailleurs $|c_n - x_n| \leq |h_n|$, donc $|h_n| \leq \delta$ entraîne toujours $|c_n - x_n| \leq \delta$. L'affirmation ($\sharp'$) sera donc vérifiée en choisissant $\eta = \operatorname{Min}(1, \delta)$.

6) • Soient B une partie bornée de C_0, et $M = \operatorname{Sup}_{x\in B} \|x\|_\infty$. Montrer que la différentielle $x \mapsto dS(x)$ est uniformément continue sur B revient à prouver l'assertion

$$\forall\varepsilon > 0 \; \exists\eta > 0 \; \forall (x,y) \in B \times B \;\; \|x - y\|_\infty \leq \eta \Longrightarrow \|dS(x) - dS(y)\| \leq \varepsilon \quad (*)$$

où

$$\|dS(x) - dS(y)\| := \operatorname*{Sup}_{h\neq 0} \frac{\|dS(x)(h) - dS(y)(h)\|_\infty}{\|h\|_\infty}$$

désigne la norme opérateur sur $\mathcal{L}(C_0)$. Si $x, y \in B$ alors x_n et y_n appartiennent à l'intervalle $J = [-M-1, M+1]$ pour tout n, et un raisonnement analogue à celui utilisé dans la question 4), montre que, pour ε donné, il existe $\delta > 0$ tel que

$$\forall(a,b) \in J \times J \quad |a - b| \leq \delta \Longrightarrow \left|u'(a) - u'(b)\right| < \varepsilon.$$

Par conséquent, si $(x, y) \in B \times B$,

$$\begin{aligned}
\|dS(x)(h) - dS(y)(h)\|_\infty &= \operatorname*{Sup}_{n\geq 1} \left|u'(x_n)h_n - u'(y_n)h_n\right| \\
&\leq \left(\operatorname*{Sup}_{n\geq 1} \left|u'(x_n) - u'(y_n)\right|\right) \times \|h\|_\infty \leq \varepsilon \|h\|_\infty
\end{aligned}$$

dès que $\|x-y\|_\infty \leq \delta$, et cela prouve $(*)$.

• Pour tout $x \in B$, $\|x\|_\infty \leq M$ donc $|x_n| \leq M$ quel que soit l'entier n. Comme u' est continue sur le compact $[-M, M]$, u' sera bornée sur ce compact et l'on peut définir le réel $W = \operatorname{Max}_{x\in[-M,M]} |u'(x)|$. Alors

$$\|dS(x)\| = \operatorname*{Sup}_{h\neq 0} \frac{\|dS(x)(h)\|_\infty}{\|h\|_\infty} \leq \operatorname*{Sup}_{n\geq 1} |u'(x_n)| \leq W$$

et cela prouve que l'application $x \mapsto dS(x)$ est bornée sur B.

Exercice 90 *(Examen de juin 2004, seconde session)*
Soit f la fonction de $\mathbb{R}^2$ dans $\mathbb{R}$ définie par :

$$f(x,y) = \frac{y^4}{x^2+y^2} \quad si\ (x,y) \neq (0,0) \quad et \quad f(0,0)=0.$$

1) a) La fonction f est-elle bornée sur $\mathbb{R}^2$?
b) Montrer que f est continue sur $\mathbb{R}^2$.
2) Montrer que f est de classe C^1 sur $\mathbb{R}^2$.
3) Montrer que f admet des dérivées partielles d'ordre 2 en tout point de $\mathbb{R}^2$. Comparer $\frac{\partial^2 f}{\partial x \partial y}(0,0)$ et $\frac{\partial^2 f}{\partial y \partial x}(0,0)$.
4) Les dérivées partielles d'ordre 2 de f sont-elles continues ?

Solution :

1.a) Puisque $\lim_{y\to+\infty} f(0,y) = \lim_{y\to+\infty} y^2 = +\infty$, la fonction f n'est pas bornée sur $\mathbb{R}^2$.

1.b) f est une fonction rationnelle, donc est continue en tout point qui n'annule pas son dénominateur, c'est-à-dire sur $\mathbb{R}^2\setminus\{(0,0)\}$.
Comme $|y| \leq \sqrt{x^2+y^2}$,

$$|f(x,y)| = \frac{|y|^4}{x^2+y^2} \leq \frac{\left(\sqrt{x^2+y^2}\right)^4}{x^2+y^2} = x^2+y^2,$$

ce qui prouve que $\lim_{(x,y)\to(0,0)} f(x,y) = 0$ et que f est continue en $(0,0)$.

2) f est une fonction rationnelle, donc est de classe C^∞ sur son ensemble de définition $\mathbb{R}^2\setminus\{(0,0)\}$. Pour tout (x,y) distinct de $(0,0)$:

$$\frac{\partial f}{\partial x}(x,y) = \frac{-y^4 \times 2x}{(x^2+y^2)^2} = \frac{-2xy^4}{(x^2+y^2)^2}$$

et

$$\frac{\partial f}{\partial y}(x,y) = \frac{4y^3\left(x^2+y^2\right) - y^4 \times 2y}{\left(x^2+y^2\right)^2} = \frac{4x^2y^3+2y^5}{\left(x^2+y^2\right)^2}.$$

Par ailleurs

$$\lim_{t\to 0}\frac{f(t,0)-f(0,0)}{t} = \lim_{t\to 0}\frac{0}{t} = 0 \quad \text{et} \quad \lim_{t\to 0}\frac{f(0,t)-f(0,0)}{t} = \lim_{t\to 0}\frac{t^2}{t} = 0,$$

donc les dérivées partielles de f en $(0,0)$ existent et

$$\frac{\partial f}{\partial x}(0,0) = \frac{\partial f}{\partial y}(0,0) = 0.$$

Pour pouvoir affirmer que f est de classe C^1 sur $\mathbb{R}^2$ en entier, il reste seulement à vérifier que $\lim_{(x,y)\to(0,0)} \frac{\partial f}{\partial x}(x,y) = \lim_{(x,y)\to(0,0)} \frac{\partial f}{\partial y}(x,y) = 0$. Ces affirmations proviennent des majorations :

$$\left|\frac{\partial f}{\partial x}(x,y)\right| \leq \frac{2\sqrt{x^2+y^2}\times\left(\sqrt{x^2+y^2}\right)^4}{\left(x^2+y^2\right)^2} = 2\sqrt{x^2+y^2}$$

et

$$\left|\frac{\partial f}{\partial y}(x,y)\right| \leq \frac{\left|4x^2y^3\right|+\left|2y^5\right|}{\left(x^2+y^2\right)^2} \leq \frac{6\left(\sqrt{x^2+y^2}\right)^5}{\left(x^2+y^2\right)^2} = 6\sqrt{x^2+y^2}.$$

3) Puisque f est classe C^∞ sur $\mathbb{R}^2\setminus\{(0,0)\}$ (question 2), elle admet des dérivées partielles d'ordre 2 en tout point (x,y) distinct de $(0,0)$. Calculons les dérivées partielles d'ordre 2 en $(0,0)$. On a

$$\frac{\partial^2 f}{\partial^2 x}(0,0) = \lim_{t\to 0}\frac{1}{t}\left(\frac{\partial f}{\partial x}(t,0) - \frac{\partial f}{\partial x}(0,0)\right) = \lim_{t\to 0}\frac{1}{t}\times 0 = 0$$

$$\frac{\partial^2 f}{\partial^2 y}(0,0) = \lim_{t\to 0}\frac{1}{t}\left(\frac{\partial f}{\partial y}(0,t) - \frac{\partial f}{\partial y}(0,0)\right) = \lim_{t\to 0}\frac{1}{t}\times 2t = 2$$

et de la même façon

$$\frac{\partial^2 f}{\partial x\partial y}(0,0) = \frac{\partial^2 f}{\partial y\partial x}(0,0) = 0.$$

Les dérivées partielles secondes croisées sont égales en $(0,0)$.

4) On trouve

$$\forall (x,y)\neq(0,0) \quad \frac{\partial^2 f}{\partial x\partial y}(x,y) = \frac{-8x^3y^3}{\left(x^2+y^2\right)^3},$$

donc $\frac{\partial^2 f}{\partial x \partial y}(x, x) = -1$ pour tout $x \neq 0$. Par conséquent

$$\lim_{x \to 0} \frac{\partial^2 f}{\partial x \partial y}(x, x) = -1 \neq \frac{\partial^2 f}{\partial x \partial y}(0, 0),$$

et $\frac{\partial^2 f}{\partial x \partial y}$ n'est pas continue en $(0, 0)$.

Exercice 91 *Calculer le laplacien* $\Delta u = \dfrac{\partial^2 u}{\partial x^2} + \dfrac{\partial^2 u}{\partial y^2}$ *de la fonction*

$$u(x, y) = \varphi\left(\frac{\cos 2x}{\operatorname{ch} 2y}\right),$$

où φ *est une fonction deux fois dérivable de* $\mathbb{R}$ *dans* $\mathbb{R}$.

Solution :

Posons $t = \dfrac{\cos 2x}{\operatorname{ch} 2y}$. On a

$$\frac{\partial u}{\partial x} = \frac{\partial \varphi}{\partial t}\frac{\partial t}{\partial x} = \varphi'(t)\frac{\partial t}{\partial x} \quad \text{et} \quad \frac{\partial u}{\partial y} = \frac{\partial \varphi}{\partial t}\frac{\partial t}{\partial y} = \varphi'(t)\frac{\partial t}{\partial y},$$

puis

$$\begin{aligned}\frac{\partial^2 u}{\partial x^2} = \frac{\partial \varphi'}{\partial x}\frac{\partial t}{\partial x} + \varphi'(t)\frac{\partial^2 t}{\partial x^2} &= \left(\frac{\partial \varphi'}{\partial t}\frac{\partial t}{\partial x}\right)\frac{\partial t}{\partial x} + \varphi'(t)\frac{\partial^2 t}{\partial x^2} \\ &= \varphi''(t)\left(\frac{\partial t}{\partial x}\right)^2 + \varphi'(t)\frac{\partial^2 t}{\partial x^2},\end{aligned}$$

et

$$\begin{aligned}\frac{\partial^2 u}{\partial y^2} = \frac{\partial \varphi'}{\partial y}\frac{\partial t}{\partial y} + \varphi'(t)\frac{\partial^2 t}{\partial y^2} &= \left(\frac{\partial \varphi'}{\partial t}\frac{\partial t}{\partial y}\right)\frac{\partial t}{\partial y} + \varphi'(t)\frac{\partial^2 t}{\partial y^2} \\ &= \varphi''(t)\left(\frac{\partial t}{\partial y}\right)^2 + \varphi'(t)\frac{\partial^2 t}{\partial y^2}.\end{aligned}$$

On calcule ensuite les dérivées partielles de t qui nous intéressent :

$$\frac{\partial t}{\partial x} = -2\frac{\sin 2x}{\operatorname{ch} 2y}\ ; \quad \frac{\partial t}{\partial y} = -2\frac{\operatorname{sh} 2y \cos 2x}{\operatorname{ch}^2 2y}\ ;$$

$$\frac{\partial^2 t}{\partial x^2} = -4\frac{\cos 2x}{\operatorname{ch} 2y}\ ; \quad \frac{\partial^2 t}{\partial y^2} = 4\cos 2x\frac{\operatorname{ch}^2 2y - 2}{\operatorname{ch}^3 2y}.$$

En conclusion

$$\frac{\partial^2 u}{\partial x^2} = 4\frac{\sin^2 2x}{\operatorname{ch}^2 2y}\varphi''(t) - 4\frac{\cos 2x}{\operatorname{ch} 2y}\varphi'(t)$$

$$\frac{\partial^2 u}{\partial y^2} = 4\frac{\operatorname{sh}^2 2y \cos^2 2x}{\operatorname{ch}^4 2y}\varphi''(t) + 4\cos 2x \frac{\operatorname{ch}^2 2y - 2}{\operatorname{ch}^3 2y}\varphi'(t)$$

et le laplacien Δu s'en déduit.

Exercice 92 *Le laplacien d'une fonction f de classe C^2 sur un ouvert Ω de $\mathbb{R}^n$ et à valeurs réelles est par définition la fonction*

$$\Delta f = \frac{\partial^2 f}{\partial x_1^2} + \ldots + \frac{\partial^2 f}{\partial x_n^2}.$$

Calculer Δf pour les fonctions suivantes :

a) $f(x,y) = \left(\arctan \frac{y}{x}\right) \ln \sqrt{x^2+y^2}$,

b) $f(x,y) = (\sin \alpha x)(\operatorname{ch} \alpha y)$,

c) $f(x,y) = x\frac{\partial u}{\partial x} + y\frac{\partial u}{\partial y}$ *lorsque u est de classe C^2 et $\Delta u = 0$,*

d) $f(x,y,z) = \sqrt{x^2+y^2+z^2}$.

Solution :

a) Ecrivons $f(x,y) = uv$ où $u = \frac{1}{2}\left(\arctan \frac{y}{x}\right)$ et $v = \ln\left(x^2+y^2\right)$ et fractionnons la difficulté en remarquant :

Lemme : $\Delta(uv) = \Delta(u)v + 2\nabla u.\nabla v + u\Delta(v)$ où ∇f désigne le gradient de la fonction f.

preuve du Lemme : On additionne les deux égalités

$$\frac{\partial^2 uv}{\partial x^2} = \frac{\partial^2 u}{\partial x^2}v + 2\frac{\partial u}{\partial x}\frac{\partial v}{\partial x} + u\frac{\partial^2 v}{\partial x^2} \quad \text{et} \quad \frac{\partial^2 uv}{\partial y^2} = \frac{\partial^2 u}{\partial y^2}v + 2\frac{\partial u}{\partial y}\frac{\partial v}{\partial y} + u\frac{\partial^2 v}{\partial y^2}$$

obtenues par la formule de Leibniz. ■

Dans notre cas

$$\frac{\partial u}{\partial x} = -\frac{1}{2}\frac{y}{x^2+y^2} \quad ; \quad \frac{\partial u}{\partial y} = \frac{1}{2}\frac{x}{x^2+y^2}$$

$$\frac{\partial^2 u}{\partial x^2} = \frac{xy}{(x^2+y^2)^2} \quad ; \quad \frac{\partial^2 u}{\partial y^2} = \frac{-xy}{(x^2+y^2)^2} \quad ; \quad \Delta u = 0,$$

et

$$\frac{\partial v}{\partial x} = \frac{2x}{x^2+y^2} \quad ; \quad \frac{\partial v}{\partial y} = \frac{2y}{x^2+y^2}$$

$$\frac{\partial^2 v}{\partial x^2} = \frac{2y^2-2x^2}{x^2+y^2} \quad ; \quad \frac{\partial^2 v}{\partial y^2} = \frac{2x^2-2y^2}{x^2+y^2} \quad ; \quad \Delta v = 0.$$

Par conséquent

$$\Delta f = 2\left(-\frac{1}{2}\frac{y}{x^2+y^2}\right)\left(\frac{2x}{x^2+y^2}\right) + 2\left(\frac{1}{2}\frac{x}{x^2+y^2}\right)\left(\frac{2y}{x^2+y^2}\right) = 0$$

b) On pose encore $f(x,y) = uv$ avec $u = \sin \alpha x$ et $v = \operatorname{ch} \alpha y$. Après calculs,

$$\Delta(u) = -\alpha^2 \sin \alpha x \operatorname{ch} \alpha y, \quad \Delta(v) = \alpha^2 \operatorname{ch} \alpha y \quad \text{et} \quad \nabla u . \nabla v = 0.$$

La formule du Lemme donne

$$\Delta f = \Delta(u)\, v + u \Delta(v) = -\alpha^2 \sin^2 \alpha x \operatorname{ch} \alpha y + \alpha^2 \sin^2 \alpha x \operatorname{ch} \alpha y = 0.$$

c)

$$\Delta f = \Delta\left(x\frac{\partial u}{\partial x}\right) + \Delta\left(y\frac{\partial u}{\partial y}\right).$$

On a

$$\frac{\partial}{\partial x}\left(x\frac{\partial u}{\partial x}\right) = \frac{\partial u}{\partial x} + x\frac{\partial^2 u}{\partial x^2}$$

et

$$\frac{\partial^2}{\partial x^2}\left(x\frac{\partial u}{\partial x}\right) = \frac{\partial^2 u}{\partial x^2} + \left(\frac{\partial^2 u}{\partial x^2} + x\frac{\partial^3 u}{\partial x^3}\right) = 2\frac{\partial^2 u}{\partial x^2} + x\frac{\partial^3 u}{\partial x^3}$$

puis

$$\frac{\partial}{\partial y}\left(x\frac{\partial u}{\partial x}\right) = x\frac{\partial^2 u}{\partial x \partial y}$$

et

$$\frac{\partial^2}{\partial y^2}\left(x\frac{\partial u}{\partial x}\right) = x\frac{\partial^3 u}{\partial x \partial y^2},$$

donc

$$\begin{aligned}\Delta\left(x\frac{\partial u}{\partial x}\right) = \frac{\partial^2}{\partial x^2}\left(x\frac{\partial u}{\partial x}\right) + \frac{\partial^2}{\partial y^2}\left(x\frac{\partial u}{\partial x}\right) &= 2\frac{\partial^2 u}{\partial x^2} + x\frac{\partial^3 u}{\partial x^3} + x\frac{\partial^3 u}{\partial x \partial y^2}\\ &= 2\frac{\partial^2 u}{\partial x^2} + x\frac{\partial}{\partial x}\left(\frac{\partial^2 u}{\partial x^2} + \frac{\partial^2 u}{\partial y^2}\right)\\ &= 2\frac{\partial^2 u}{\partial x^2},\end{aligned}$$

puisque, par hypothèse, $\Delta(u) = 0$. Un calcul similaire donne

$$\Delta\left(y\frac{\partial u}{\partial y}\right) = 2\frac{\partial^2 u}{\partial y^2},$$

et l'on obtient finalement

$$\Delta f = 2\frac{\partial^2 u}{\partial x^2} + 2\frac{\partial^2 u}{\partial y^2} = 2\Delta(u) = 0.$$

d) Si $f(x,y,z) = \sqrt{x^2+y^2+z^2}$,

$$\frac{\partial f}{\partial x} = \frac{x}{\sqrt{x^2+y^2+z^2}}$$

et

$$\frac{\partial^2 f}{\partial x^2} = \frac{\sqrt{x^2+y^2+z^2} - x\frac{x}{\sqrt{x^2+y^2+z^2}}}{x^2+y^2+z^2} = \frac{y^2+z^2}{(x^2+y^2+z^2)^{\frac{3}{2}}}.$$

Les autres dérivées secondes $\frac{\partial^2 f}{\partial y^2}$ et $\frac{\partial^2 f}{\partial z^2}$ se déduisent de $\frac{\partial^2 f}{\partial x^2}$ par permutation circulaire des indéterminées x, y et z. On obtient finalement

$$\Delta f = \frac{\partial^2 f}{\partial x^2} + \frac{\partial^2 f}{\partial y^2} + \frac{\partial^2 f}{\partial z^2} = \frac{2\left(y^2+z^2\right)}{(x^2+y^2+z^2)^{\frac{3}{2}}}.$$

Exercice 93 ***Equations aux dérivées partielles***

1) Soit $f : \Omega \subset \mathbb{R}^m \to \mathbb{R}$ une application différentiable sur l'ouvert Ω. Soit

$$\begin{array}{cccc} \varphi : & U \subset \mathbb{R}^m & \to & \Omega \subset \mathbb{R}^m \\ & u = (u_1, ..., u_m) & \mapsto & (\varphi_1(u), ..., \varphi_m(u)) = (x_1, ..., x_m) \end{array}$$

une application différentiable sur l'ouvert U. On note $\varphi_i(u_1, ..., u_m) = x_i$. On considère la fonction composée $h = f \circ \varphi$ définie sur U. Exprimer les dérivées partielles $\frac{\partial h}{\partial u_j}$ en fontion des dérivées partielles $\frac{\partial f}{\partial x_i}$ et $\frac{\partial \varphi}{\partial u_j}$.

2) Calculer $\frac{\partial h}{\partial u}$ et $\frac{\partial h}{\partial v}$ lorsque $h(u,v) = 4x - y^2$ où $x = u^2 + v^2$ et $y = uv$.

3) Résoudre les équations aux dérivées partielles suivantes en utilisant le

) On suppose $v \neq 0$ pour que le changement de variable ait un sens. On a

$$\begin{cases} \dfrac{\partial f}{\partial u} = \dfrac{\partial f}{\partial x}\dfrac{\partial x}{\partial u} + \dfrac{\partial f}{\partial y}\dfrac{\partial y}{\partial u} = u\dfrac{\partial f}{\partial x} + \frac{1}{v}\dfrac{\partial f}{\partial y} \\ \dfrac{\partial f}{\partial v} = \dfrac{\partial f}{\partial x}\dfrac{\partial x}{\partial v} + \dfrac{\partial f}{\partial y}\dfrac{\partial y}{\partial v} = v\dfrac{\partial f}{\partial x} - \frac{u}{v^2}\dfrac{\partial f}{\partial y}, \end{cases}$$

déterminant de ce système linéaire est

$$\xi = \begin{vmatrix} u & \dfrac{1}{v} \\ v & -\dfrac{u}{v^2} \end{vmatrix} = -\frac{u^2}{v^2} - \frac{1}{v^2}.$$

ormules de Cramer donnent alors

$$\frac{\partial f}{\partial x} = \frac{1}{\xi}\begin{vmatrix} \frac{\partial f}{\partial u} & \frac{1}{v} \\ \frac{\partial f}{\partial v} & -\frac{u}{v^2} \end{vmatrix} = \frac{-\frac{u}{v^2}\frac{\partial f}{\partial u} - \frac{1}{v}\frac{\partial f}{\partial v}}{-\frac{u^2}{v^2} - \frac{1}{v^2}} = \frac{1}{u^2+v^2}\left(u\frac{\partial f}{\partial u} + v\frac{\partial f}{\partial v}\right)$$

$$\frac{\partial f}{\partial y} = \frac{1}{\xi}\begin{vmatrix} u & \frac{\partial f}{\partial u} \\ v & \frac{\partial f}{\partial v} \end{vmatrix} = \frac{u\frac{\partial f}{\partial v} - v\frac{\partial f}{\partial u}}{-\frac{u^2}{v^2} - \frac{1}{v^2}} = \frac{1}{u^2+v^2}\left(v^3\frac{\partial f}{\partial u} - uv^2\frac{\partial f}{\partial v}\right).$$

emplaçant dans l'équation aux dérivées partielles, on obtient :

$$u\frac{\partial f}{\partial u} + v\frac{\partial f}{\partial v} - \frac{u}{v}\left(1 + \frac{u^2}{v^2}\right)\frac{1}{u^2+v^2}\left(v^3\frac{\partial f}{\partial u} - uv^2\frac{\partial f}{\partial v}\right) = 0$$

successivement

$$u\frac{\partial f}{\partial u} + v\frac{\partial f}{\partial v} - \frac{u}{v^3}\left(v^3\frac{\partial f}{\partial u} - uv^2\frac{\partial f}{\partial v}\right) = 0$$

$$\left(v + \frac{u^2}{v}\right)\frac{\partial f}{\partial v} = 0$$

$$\frac{\partial f}{\partial v} = 0$$

que $v \neq 0$. Finalement pour tout v non nul, $f(u,v) = g(u)$ où g est une tion de $\mathbb{R}$ dans $\mathbb{R}$. Pour v_0 non nul fixé, l'égalité $g(u) = f(u,v_0)$ vraie : tout $u \in \mathbb{R}$ prouve que g est dérivable partout où elle est définie. Par urs :

$$\begin{cases} \dfrac{u^2+v^2}{2} = x \\ u = vy \end{cases} \Rightarrow v^2\left(1+y^2\right) = 2x \Rightarrow v = \pm\sqrt{\frac{2x}{1+y^2}} \quad \text{avec } x > 0,$$

changement de variables indiqué :

$$\begin{array}{lll}
(a) & 2x\dfrac{\partial f}{\partial x} - y\left(1+y^2\right)\dfrac{\partial f}{\partial y} = 0 & x = \dfrac{u^2+v^2}{2},\ y = \\
(b) & 2xy\dfrac{\partial f}{\partial x} + \left(1+y^2\right)\dfrac{\partial f}{\partial y} = 0 & x = \dfrac{u^2+v^2}{2},\ y = \\
(c) & \dfrac{\partial f}{\partial x} - \dfrac{\partial f}{\partial y} + 3\left(x-y\right) = 0 & u = xy,\ v = x+y \\
(d) & \dfrac{\partial f}{\partial x} - \dfrac{\partial f}{\partial y} + 3\left(x-y\right)f = 0 & u = xy,\ v = x+y
\end{array}$$

Solution :

1) On a

$$\begin{array}{ccc}
U \subset \mathbb{R}^m & \overset{\varphi}{\to} & \Omega \subset \mathbb{R}^m \\
u = (u_1, ..., u_m) & \mapsto & (\varphi_1(u), ..., \varphi_m(u)) = (x_1, ..., x_m) = x
\end{array}$$

L'application $h = f \circ \varphi$ est différentiable sur U et $dh(u) = df(\varphi$
En écrivant cette égalité sous forme matricielle dans les bases c
obtient :

$$\left(\frac{\partial h}{\partial u_1}(u), ..., \frac{\partial h}{\partial u_m}(u)\right) =$$

$$\left(\frac{\partial f}{\partial x_1}(\varphi(u)), ..., \frac{\partial f}{\partial x_m}(\varphi(u))\right)\begin{pmatrix} \frac{\partial \varphi_1}{\partial u_1}(u) & \cdots \\ \vdots & \\ \frac{\partial \varphi_m}{\partial u_1}(u) & \cdots \end{pmatrix}$$

Pour tout indice j, on a donc

$$\frac{\partial h}{\partial u_j}(u) = \sum_{i=1}^{m} \frac{\partial f}{\partial x_i}(\varphi(u))\frac{\partial \varphi_i}{\partial u_j}(u).$$

Cette formule est beaucoup plus facile à retenir en faisant quel
langage "standards", et en écrivant :

$$\frac{\partial f}{\partial u_j} = \frac{\partial f}{\partial x_1}.\frac{\partial x_1}{\partial u_j} + ... + \frac{\partial f}{\partial x_m}.\frac{\partial x_m}{\partial u_j}.$$

2) On obtient

$$\left\{\begin{array}{l}
\dfrac{\partial h}{\partial u} = \dfrac{\partial h}{\partial x}\dfrac{\partial x}{\partial u} + \dfrac{\partial h}{\partial y}\dfrac{\partial y}{\partial u} = 4 \times 2u - 2y.v = 8u - 2uv^2 \\
\dfrac{\partial h}{\partial v} = \dfrac{\partial h}{\partial x}\dfrac{\partial x}{\partial v} + \dfrac{\partial h}{\partial y}\dfrac{\partial y}{\partial v} = 4 \times 2v - 2y.u = 8v - 2u^2v.
\end{array}\right.$$

d'où

$$\begin{cases} u = \pm y\sqrt{\dfrac{2x}{1+y^2}} \\ v = \pm\sqrt{\dfrac{2x}{1+y^2}}. \end{cases} \qquad (*)$$

En conclusion :

α) Les solutions de (a) sur le demi-plan $U = \{x > 0\}$ s'écrivent

$$f(x,y) = g\left(\pm y\sqrt{\frac{2x}{1+y^2}}\right)$$

où g est une fonction dérivable.

β) Le système $(*)$ montre que

$$\begin{array}{rccc} \varphi : & \mathbb{R} \times \mathbb{R}_+^* & \to & \mathbb{R}_+^* \times \mathbb{R} \\ & (u,v) & \mapsto & (x,y) \end{array}$$

est bijective et de classe C^∞, donc définit un bon changement de variable pour $(x,y) \in \mathbb{R}_+^* \times \mathbb{R}$.

3.b) L'équation

$$2xy\frac{\partial f}{\partial x} + \left(1+y^2\right)\frac{\partial f}{\partial y} = 0$$

devient

$$\left(u^2+v^2\right)\frac{\partial f}{\partial u} = 0$$

après le changement d'inconnues proposé, d'où $\dfrac{\partial f}{\partial u} = 0$ et $f(u,v) = g(v)$, où g représente une fonction dérivable. Les solutions sont donc de la forme

$$f(x,y) = g\left(\pm\sqrt{\frac{2x}{1+y^2}}\right) \text{ pour } x > 0.$$

3.c) Ici

$$\frac{\partial f}{\partial x} = \frac{\partial f}{\partial u}y + \frac{\partial f}{\partial v} \quad \text{et} \quad \frac{\partial f}{\partial y} = \frac{\partial f}{\partial u}x + \frac{\partial f}{\partial v}.$$

En remplaçant dans l'équation et après simplification, on trouve

$$(y-x)\frac{\partial f}{\partial u} = 3(y-x)$$

soit $\dfrac{\partial f}{\partial u} = 3$ dès que $x \neq y$. Par suite

$$f(u,v) = 3u + g(v)$$

où g est une fonction de v. Si l'on note S l'ensemble des fonctions f dérivables en x et y et vérifiant l'équation différentielle (c), on a montré que tout $f \in S$ vérifie

$$\forall x \neq y \quad f(x,y) = 3xy + g(x+y) \ (*)$$

où g est une fonction convenable. En particulier

$$\forall x \in \mathbb{R}^* \quad f(x,0) = g(x)$$

prouve que g doit être dérivable sur $\mathbb{R}^*$ et que

$$\lim_{x \to 0} g(x) = \lim_{x \to 0} f(x,0) = f(0,0).$$

On peut donc prolonger g par continuité en posant $g(0) = f(0,0)$. Pour $x \in \mathbb{R}$ fixé, faisons tendre y vers x dans l'égalité $(*)$. On obtient (puisque g et $y \mapsto f(x,y)$ sont continue)

$$\forall x \quad f(x,x) = 3x^2 + g(2x)$$

de sorte que $(*)$ soit encore vraie pour tout $(x,y) \in \mathbb{R}^2$. Enfin

$$\lim_{x \to 0} \frac{g(x) - g(0)}{x} = \lim_{x \to 0} \frac{f(x,0) - f(0,0)}{x} = \frac{\partial f}{\partial x}(0,0)$$

montre que g est dérivable en 0. En conclusion on peut dire que si $f \in S$ alors il existe une fonction $g : \mathbb{R} \to \mathbb{R}$ dérivable sur $\mathbb{R}$ telle que

$$\forall (x,y) \in \mathbb{R}^2 \quad f(x,y) = 3xy + g(x+y). \ (**)$$

Réciproquement, on vérifie facilement que toute fonction $f : \mathbb{R}^2 \to \mathbb{R}$ définie par $(**)$ est bien solution de l'équation différentielle (c).

3.d) En procédant comme au 3.c) on trouve cette fois-ci

$$(y-x)\frac{\partial f}{\partial u} = 3(y-x) f$$

soit $\dfrac{\partial f}{\partial u} = 3f$ dès que $x \neq y$. Cette équation s'intègre en

$$f(u,v) = k(v) e^{3u}$$

où $k(v)$ désigne une fonction de v. Si l'on note S l'ensemble des fonctions f dérivables en x et y et vérifiant l'équation différentielle (d), on a montré que tout $f \in S$ vérifie

$$\forall x \neq y \quad f(x,y) = k(x+y) e^{3xy} \ (*)$$

où k est une fonction convenable. En particulier pour $y = 0$,

$$\forall x \in \mathbb{R}^* \quad f(x,0) = k(x)$$

prouve que k doit être dérivable sur $\mathbb{R}^*$ et que

$$\lim_{x \to 0} k(x) = \lim_{x \to 0} f(x,0) = f(0,0).$$

On peut donc prolonger k par continuité en posant $k(0) = f(0,0)$. Pour $x \in \mathbb{R}$ fixé, faisons tendre y vers x dans l'égalité $(*)$. On obtient (puisque k et $y \mapsto f(x,y)$ sont continue)

$$\forall x \quad f(x,x) = k(2x)\, e^{3x^2},$$

de sorte que $(*)$ soit encore vraie pour tout $(x,y) \in \mathbb{R}^2$. Enfin

$$\lim_{x \to 0} \frac{k(x) - k(0)}{x} = \lim_{x \to 0} \frac{f(x,0) - f(0,0)}{x} = \frac{\partial f}{\partial x}(0,0)$$

montre que k est dérivable en 0. En conclusion dès que $f \in S$ il existe une fonction $k : \mathbb{R} \to \mathbb{R}$ dérivable sur $\mathbb{R}$ telle que

$$\forall (x,y) \in \mathbb{R}^2 \quad f(x,y) = k(x+y)\, e^{3xy}. \ (**)$$

Réciproquement, toute fonction $f : \mathbb{R}^2 \to \mathbb{R}$ définie par $(**)$ sera solution de l'équation différentielle (c).

Exercice 94 *Soit a un nombre réel donné. Résoudre l'équation aux dérivées partielles*

$$x\frac{\partial f}{\partial x} + y\frac{\partial f}{\partial y} = a\sqrt{x^2 + y^2}.$$

Solution :

On fait le changement de variables en polaires $(x,y) = (r\cos\theta, r\sin\theta)$. Puisque

$$\begin{cases} \dfrac{\partial f}{\partial r} = \dfrac{\partial f}{\partial x}\dfrac{\partial x}{\partial r} + \dfrac{\partial f}{\partial y}\dfrac{\partial y}{\partial r} = \cos\theta\dfrac{\partial f}{\partial x} + \sin\theta\dfrac{\partial f}{\partial y} \\ \dfrac{\partial f}{\partial \theta} = \dfrac{\partial f}{\partial x}\dfrac{\partial x}{\partial \theta} + \dfrac{\partial f}{\partial y}\dfrac{\partial y}{\partial \theta} = -r\sin\theta\dfrac{\partial f}{\partial x} + r\cos\theta\dfrac{\partial f}{\partial y}, \end{cases}$$

on obtient

$$\frac{\partial f}{\partial x} = \frac{1}{r}\begin{vmatrix} \dfrac{\partial f}{\partial r} & \sin\theta \\ \dfrac{\partial f}{\partial \theta} & r\cos\theta \end{vmatrix} = \frac{1}{r}\left(r\cos\theta\frac{\partial f}{\partial r} - \sin\theta\frac{\partial f}{\partial \theta}\right)$$

$$\frac{\partial f}{\partial y} = \frac{1}{r}\begin{vmatrix} \cos\theta & \dfrac{\partial f}{\partial r} \\ -r\sin\theta & \dfrac{\partial f}{\partial \theta} \end{vmatrix} = \frac{1}{r}\left(\cos\theta\frac{\partial f}{\partial \theta} + r\sin\theta\frac{\partial f}{\partial r}\right).$$

L'équation proposée devient

$$\frac{\partial f}{\partial r} = a$$

soit

$$f(x,y) = f(r,\theta) = ar + g(\theta) = a\sqrt{x^2+y^2} + g(\theta).$$

où g est une fonction dérivable de θ. Si l'on se restreint à des point (x,y) de la partie $\mathbb{R}^2 \setminus \{(x,0) \,/\, x \leq 0\}$, on peut écrire

$$\theta = 2\arctan\frac{y}{x+\sqrt{x^2+y^2}} + k\pi, \quad k \in \mathbb{Z}$$

et cela permet d'exprimer entièrement f en fonction de x et y.

4.3 Théorème des accroissements finis

Exercice 95 ***Théorème des Accroissements Finis***
Donner pour les fonctions suivantes la formule des accroissements finis entre les points (a,b) et (x,y) de $\mathbb{R}^2$ en précisant le voisinage convexe U de (a,b), le plus grand possible pour l'inclusion des ensembles, sur lequel la formule est valable :

$$\begin{aligned}
a)\ f(x,y) &= \arctan\frac{y}{x}\ ,\ (a,b)=(1,0)\ ,\ (x,y)\in U,\\
b)\ f(x,y) &= \frac{x-y}{x+y},\ (a,b)=(1,1)\ ,\ (x,y)\in U,\\
c)\ f(x,y) &= \ln(x+y),\ (a,b)=(\frac{1}{2},\frac{1}{2})\ ,\ (x,y)\in U,\\
d)\ f(x,y) &= 2x^3-y^3+xy\ ,\ (a,b)=(1,2)\ ,\ (x,y)\in U,\\
e)\ f(x,y) &= \cos\left(x^2+y^2\right),\ (a,b)=(0,0)\ ,\ (x,y)\in U.
\end{aligned}$$

Solution :

Rappelons l'**Inégalité des Accroissements Finis** : Soient E et F deux espaces vectoriels normés et U un ouvert de E. Si $f : U \subset E \to F$ est une application continue sur l'intervalle $[a,b] \subset U$ et différentiable sur l'intervalle ouvert $]a,b[$, alors

$$\|f(b)-f(a)\| \leq \operatorname*{Sup}_{c\in]a,b[} \|df(c)\| \,.\, \|b-a\|.$$

Si $F=\mathbb{R}$, et sous les mêmes conditions, on a le **Théorème de Rolle, ou formule des Accroissements Finis,** plus précis :

$$\exists\, c \in\,]a,b[\quad f(b)-f(a) = df(c)(b-a),$$

que l'on peut encore écrire sous la forme :

$$\exists\, \theta \in \left]0,1\right[\quad f(a+h) = f(a) + df(a+\theta h)(h)\,.$$

a) La fonction $f(x,y) = \arctan(y/x)$ est définie sur $\mathbb{R}^2 \setminus \{x=0\}$ et admet des dérivées partielles en x et y en tout point de cet ouvert. Ces dérivées partielles sont continues, donc f est de classe C^1 sur $\mathbb{R}^2 \setminus \{x=0\}$. On peut appliquer la formule des accroissements finis au point $(1,0)$ en prenant

$$(x,y) = (1,0) + (h,k) \in U$$

où U est l'ouvert désigne le demi-plan ouvert d'équation $x > 0$. On obtient

$$\exists \theta \in \left]0,1\right[\quad f(1+h,k) = f(1,0) + df((1,0)+\theta(h,k))(h,k)\,.$$

Puisque

$$\frac{\partial f}{\partial x}(x,y) = -\frac{y}{x^2+y^2} \quad \text{et} \quad \frac{\partial f}{\partial y}(x,y) = \frac{x}{x^2+y^2},$$

la formule des accroissements finis s'écrit

$$\begin{aligned} f(1+h,k) &= \frac{\partial f}{\partial x}(1+\theta h,\theta k)\,h + \frac{\partial f}{\partial y}(1+\theta h,\theta k)\,k \\ &= \frac{-\theta k}{(1+\theta h)^2+\theta^2k^2}h + \frac{1+\theta h}{(1+\theta h)^2+\theta^2k^2}k \\ &= \frac{k}{(1+\theta h)^2+\theta^2k^2}. \end{aligned}$$

b) La fonction $f(x,y) = \dfrac{x-y}{x+y}$ est définie sur $\mathbb{R}^2 \setminus \{x+y=0\}$ et admet des dérivées partielles en x et y en tout point de cet ouvert. Ces dérivées partielles sont continues donc f est de classe C^1 sur $\mathbb{R}^2 \setminus \{x+y=0\}$. On applique la formule des accroissements finis au point $(1,1)$ en restant dans le demi-plan ouvert U de frontière la seconde bissectrice $x+y=0$ et contenant $(1,1)$. Comme

$$\frac{\partial f}{\partial x}(x,y) = \frac{2y}{(x+y)^2} \quad \text{et} \quad \frac{\partial f}{\partial y}(x,y) = -\frac{2x}{(x+y)^2},$$

il existera $\theta \in \left]0,1\right[$ tel que

$$\begin{aligned} f(1+h,1+k) &= f(1,1) + \frac{\partial f}{\partial x}(1+\theta h,1+\theta k)\,h + \frac{\partial f}{\partial y}(1+\theta h,1+\theta k)\,k \\ &= \frac{2(1+\theta k)}{(2+\theta h+\theta k)^2}h - \frac{2(1+\theta h)}{(2+\theta h+\theta k)^2}k \\ &= 2\frac{(1+\theta)(h+k)}{(2+\theta h+\theta k)^2}. \end{aligned}$$

c) La fonction $f : \mathbb{R}^2 \to \mathbb{R}; x \mapsto \ln(x+y)$ est définie sur le demi-plan ouvert $U = \{(x,y) \,/\, x+y>0\}$, et admet des dérivées partielles continues en x et y en tout point de U, donc sera de classe C^1 sur U. On a

$$\frac{\partial f}{\partial x}(x,y) = \frac{\partial f}{\partial y}(x,y) = \frac{1}{x+y}.$$

Il existera $\theta \in]0,1[$ tel que, pour tout (h,k) vérifiant $(1/2+h, 1/2+k) \in U$,

$$\begin{aligned} f\left(\frac{1}{2}+h, \frac{1}{2}+k\right) &= f\left(\frac{1}{2}, \frac{1}{2}\right) + \frac{\partial f}{\partial x}\left(\frac{1}{2}+\theta h, \frac{1}{2}+\theta k\right) h \\ &\qquad + \frac{\partial f}{\partial y}\left(\frac{1}{2}+\theta h, \frac{1}{2}+\theta k\right) k \\ &= \frac{h+k}{1+\theta h+\theta k}. \end{aligned}$$

d) La fonction $f(x,y) = 2x^3 - y^3 + xy$ est définie sur $\mathbb{R}^2$ et admet des dérivées partielles en x et y en tout point de cet ouvert. Ces dérivées partielles sont continues donc f est de classe C^1 sur $\mathbb{R}^2$, de sorte que l'on puisse appliquer la formule des accroissements finis pour tout point $(1+h, 2+k)$ du plan $U = \mathbb{R}^2$. On a

$$\frac{\partial f}{\partial x}(x,y) = 6x^2 + y \quad \text{et} \quad \frac{\partial f}{\partial y}(x,y) = -3y^2 + x.$$

Pour tout (h,k) il existera donc $\theta \in]0,1[$ tel que

$$\begin{aligned} f(1+h, 2+k) &= f(1,2) + df(1+\theta h, 2+\theta k)(h,k) \\ &= -4 + \left[6(1+\theta h)^2 + 2 + \theta k\right] h - k \\ &= -4 + 6h + 12\theta h^2 + 6\theta^2 h^3 + 2h + \theta hk - k. \end{aligned}$$

e) La fonction $f(x,y) = \cos\left(x^2+y^2\right)$ est définie sur $\mathbb{R}^2$ et admet des dérivées partielles en x et y en tout point de cet ouvert. Ces dérivées partielles sont continues donc f est de classe C^1 sur $\mathbb{R}^2$. On applique la formule des accroissements finis au point $(0,0)$ pour tout point (x,y) du plan. Puisque

$$\frac{\partial f}{\partial x}(x,y) = -2x\sin\left(x^2+y^2\right) \quad \text{et} \quad \frac{\partial f}{\partial y}(x,y) = -2y\sin\left(x^2+y^2\right),$$

il existera $\theta \in]0,1[$ tel que, pour tout (h,k),

$$\begin{aligned} f(h,k) &= f(0,0) + \frac{\partial f}{\partial x}(\theta h, \theta k) h + \frac{\partial f}{\partial y}(\theta h, \theta k) k \\ &= 1 - 2\theta h^2 \sin\theta^2\left(h^2+k^2\right) - 2\theta k^2 \sin\theta^2\left(h^2+k^2\right) \\ &= 1 - 2\theta\left(h^2+k^2\right)\sin\theta^2\left(h^2+k^2\right). \end{aligned}$$

Exercice 96 *Montrer que l'on ne peut pas appliquer la formule des accroissements finis à la fonction*

$$\varphi : [0, 2\pi] \to \mathbb{R}^2 \; ; \; t \mapsto (\cos t, \sin t)$$

sur l'intervalle $[0, 2\pi]$.
Comment expliquer qu'il n'existe pas à priori de formule des accroissements finis pour une fonction à valeurs vectorielles $f : \Omega \subset \mathbb{R}^m \to \mathbb{R}^n$ *de classe* C^1 *sur un ouvert* Ω *de* $\mathbb{R}^m$ *lorsque* $n \geq 2$ *?*

Solution :

• Il n'existe aucun réel c tel que $\varphi(2\pi) - \varphi(0) = 2\pi\varphi'(c)$, puisque cette égalité s'écrit $(0,0) = 2\pi(-\sin c, \cos c)$, et qu'il n'existe aucun réel c tel que $\sin c = \cos c = 0$.

• Notons $f(t) = (f_1(t), ..., f_n(t))$. Chacune des fonctions composantes f_i est de classe C^1 sur Ω. Soient a et b appartenant à Ω. Pour tout i, le Théorème de Rolle appliqué à $f_i : \mathbb{R}^m \to \mathbb{R}$ montre bien sûr l'existence d'un réel c_i tel que

$$f_i(b) - f_i(a) = f_i'(c_i)(b-a),$$

mais il y a peu d'espoir pour que tous les réels c_1, ..., c_n ainsi obtenus soient identiques. La fonction φ nous fournit un contre-exemple.

4.4 Etude locale d'une fonction

Les exercices qui suivent utilisent le *Théorème des fonctions implicites* ou le *Théorème d'inversion locale.* Le lecteur trouvera les énoncés de ces théorèmes en Annexe au Chapitre 7.

Exercice 97 *1) Enoncer le théorème des fonctions implicites dans le cadre général.*

2) a) Montrer que la relation $xy - \sin y + 2x - y = 0$ *définit une fonction implicite* φ *de* x *au voisinage de* $x = 0$, $y = 0$.

b) Calculer $\varphi'(x)$ *au voisinage* 0.

c) Montrer que φ *de classe* C^∞ *au voisinage de* $x = 0$ *et donner le développement limité de* φ *au voisinage de* 0 *à l'ordre* 4.

Solution :

1) Soient Ω un ouvert de $\mathbb{R}^2$, k un entier strictement positif, $f : \Omega \subset \mathbb{R}^2 \to \mathbb{R}$; $(x, y) \mapsto f(x, y)$ une application de classe C^k sur Ω, et $(x_0, y_0) \in \Omega$ tel que

$$f(x_0, y_0) = 0 \text{ et } \frac{\partial f}{\partial y}(x_0, y_0) \neq 0.$$

Le Théorème des fonctions implicites affirme l'existence d'un voisinage ouvert U de x_0, d'un voisinage ouvert V de y_0, et d'une application $\varphi : U \to V$ de classe C^k telle que

$$\begin{array}{lll}
(1) & \forall (x, y) \in U \times V & f(x, y) = 0 \Leftrightarrow y = \varphi(x), \\
(2) & \forall (x, y) \in U \times V & \dfrac{\partial f}{\partial y}(x_0, y_0) \neq 0, \\
(3) & \forall x \in U & \varphi'(x) = -\dfrac{\frac{\partial f}{\partial x}(x, \varphi(x))}{\frac{\partial f}{\partial y}(x, \varphi(x))}.
\end{array}$$

Autrement dit, l'équation "implicite" $f(x, y) = 0$ définit parfaitement une application qui à x associe y (vérifiant $f(x, y) = 0$) à condition de se placer sur des voisinages suffisamment petits de x_0 et de y_0.

2.a) La fonction f définie de $\mathbb{R}^2$ dans $\mathbb{R}$ en posant $f(x, y) = xy - \sin y + 2x - y$ est de classe C^∞. Puisque $\frac{\partial f}{\partial y}(x, y) = x - \cos y - 1$, $\frac{\partial f}{\partial y}(0, 0) = -2$ n'est pas nul et l'on peut appliquer le Théorème. Il existe des voisinages ouverts U et V de 0 dans $\mathbb{R}$ tels que l'équation $f(x, y) = 0$ définisse y en fonction de x lorsque (x, y) appartient à $U \times V$. De façon plus précise, il existe une fonction $\varphi : U \to V$ de classe C^∞ telle que

$$\forall (x, y) \in U \times V \quad f(x, y) = 0 \Leftrightarrow y = \varphi(x).$$

2.b) D'après le Théorème,

$$\varphi'(x) = -\frac{\dfrac{\partial f}{\partial x}(x, \varphi(x))}{\dfrac{\partial f}{\partial y}(x, \varphi(x))} = -\frac{\varphi(x) + 2}{x - \cos\varphi(x) - 1}$$

dès que x est suffisamment voisin de 0.

2.c) Le Théorème nous assure déjà que φ est de classe C^∞ au voisinage de 0. Cela peut se vérifier en observant l'expression de $\varphi'(x)$ donnée à la question précédente. En effet $\varphi'(x)$ apparaît sous la forme d'un quotient dont le dénominateur ne s'annule jamais au voisinage de 0, et dont le numérateur et le dénominateur sont des fonctions de classe C^1 (on suppose ici que l'on sait seulement que φ est de classe C^1). Par suite φ est de classe C^2. Et ainsi de suite...

Le développement de Taylor-Young de φ à l'ordre 4 est de la forme

$$y = \varphi(x) = x + a_2 x^2 + a_3 x^3 + a_4 x^4 + o\left(x^4\right)$$

puisque $\varphi(0) = 0$ et $\varphi'(0) = 1$. Il suffit de remplacer dans l'équation

$$xy - \sin y + 2x - y = 0$$

pour obtenir les coefficients a_i. On a

$$\begin{aligned}
\sin\varphi(x) &= \sin\left(x + a_2x^2 + a_3x^3 + a_4x^4 + o\left(x^4\right)\right) \\
&= \left(x + a_2x^2 + a_3x^3 + a_4x^4\right) - \frac{1}{6}\left(x + a_2x^2 + a_3x^3 + a_4x^4\right)^3 \\
&\qquad + o\left(x^4\right) \\
&= x + a_2x^2 + \left(a_3 - \frac{1}{6}\right)x^3 + \left(a_4 - \frac{a_2}{2}\right)x^4 + o\left(x^4\right).
\end{aligned}$$

En remplaçant dans $xy - \sin y + 2x - y = 0$, on trouve

$$(1 - 2a_2)\,x^2 + \left(a_2 + \frac{1}{6} - 2a_3\right)x^3 + \left(\frac{a_2}{2} - 2a_4 + a_3\right)x^4 + o\left(x^4\right) = 0$$

d'où le système

$$\begin{cases} 1 - 2a_2 = 0 \\ a_2 + \frac{1}{6} - 2a_3 = 0 \\ \frac{a_2}{2} - 2a_4 + a_3 = 0 \end{cases}$$

qui se résout facilement de proche en proche.
On trouve $(a_2, a_3, a_4) = (1/2, 1/3, 7/24)$.

Exercice 98 *1) Montrer que la relation $xy - \sin y + x = 0$ définit y comme fonction implicite de x aux voisinages des points $x = 0$ et $y = 0$.*

2) On pose $y = \varphi(x)$.

a) Calculer la dérivée $\varphi'(x)$ en fonction de x et de $\varphi(x)$, pour x est voisin de 0, en utilisant deux méthodes différentes.

b) Montrer que l'application φ est de classe C^∞ au voisinage de 0 et donner un développement limité de φ à l'ordre 4 en 0.

Solution :

1) L'application $f(x,y) = xy - \sin y + x$ est de classe C^∞ sur $\mathbb{R}^2$, et l'on a

$$\frac{\partial f}{\partial x} = y + 1 \text{ et } \frac{\partial f}{\partial y} = x - \cos y.$$

Comme $\frac{\partial f}{\partial y}(0,0) = -1$ n'est pas nul, on peut appliquer le Théorème des fonctions implicites et obtenir un voisinage de $(0,0)$ sur lequel y s'exprime comme une fonction C^∞ de x.

Remarque : On aurait pu éviter ici de recourir au Théorème des fonctions implicites. L'équation proposée équivaut à $x = \frac{\sin y}{y+1}$ au voisinage de $(0,0)$. Comme $x'(0) = 1 > 0$, x est une fonction strictement croissante de y pour y voisin de 0, de classe C^∞ et de dérivée non nulle sur un voisinage de 0. C'est donc une bijection sur un voisinage de $x(0) = 0$, d'inverse C^∞. Autrement dit y s'exprimera comme une fonction de classe C^∞ de x au voisinage de 0.

2.a) Sur ce voisinage, le Théorème des fonctions implicites nous fournit aussi la valeur de $\varphi'(x)$:

$$y' = \varphi'(x) = -\frac{\dfrac{\partial f}{\partial x}(x,y)}{\dfrac{\partial f}{\partial y}(x,y)} = \frac{y+1}{\cos y - x}$$

où $y = \varphi(x)$. Ainsi

$$y'(\cos y - x) = y + 1. \quad (*)$$

Pour obtenir $(*)$, on aurait pu dériver la relation de l'énoncé par rapport à x, sans oublier que y est une fonction de x. On trouve $\frac{d}{dx}(xy - \sin y + x) = 0$, soit $y + xy' - y'\cos y + 1 = 0$.

2.b) Comme la fonction $y = \varphi(x)$ est de classe C^∞ au voisinage de 0, elle admet un développement limité en 0 à n'importe quel ordre. Ce développement est donné par la formule de Taylor-Young. Comme $y(0) = 0$ et $y'(0) = 1$, il sera de la forme

$$y = x + a_2x^2 + a_3x^3 + a_4x^4 + a_5x^5 + o(x^5).$$

On détermine les constantes a_i en remplaçant dans $(*)$. On a

$$\begin{aligned}
\cos y - x &= \cos\left(x + a_2x^2 + a_3x^3 + a_4x^4 + o(x^4)\right) - x \\
&= 1 - \frac{1}{2}\left(x + a_2x^2 + a_3x^3\right)^2 + \frac{1}{4!}x^4 + o(x^4) - x \\
&= 1 - x - \frac{1}{2}x^2 - a_2x^3 + \left(\frac{1}{24} - \frac{a_2^2}{2} - a_3\right)x^4 + o(x^4)
\end{aligned}$$

et

$$y' = 1 + 2a_2 x + 3a_3 x^2 + 4a_4 x^3 + 5a_5 x^4 + o\left(x^4\right).$$

Par suite

$$y'(\cos y - x) = 1 + (2a_2 - 1)x + \left(3a_3 - 2a_2 - \frac{1}{2}\right)x^2$$
$$+ (4a_4 - 3a_3 - 2a_2)x^3 + \left(5a_5 - 4a_4 - \frac{5}{2}a_3 - 2a_2^2 + \frac{1}{24} - \frac{a_2^2}{2}\right)x^4 + o\left(x^4\right).$$

En remplaçant dans $(*)$, on obtient le système triangulaire

$$\begin{cases} 2a_2 - 1 = 1 \\ 3a_3 - 2a_2 - \frac{1}{2} = a_2 \\ 4a_4 - 3a_3 - 2a_2 = a_3 \\ 5a_5 - 4a_4 - \frac{5}{2}a_3 + \frac{1}{24} - \frac{5a_2^2}{2} = a_4. \end{cases}$$

Ce système se résout de proche en proche pour donner

$$(a_2, a_3, a_4, a_5) = \left(1, \frac{7}{6}, \frac{5}{3}, \frac{329}{120}\right),$$

et l'on peut conclure :

$$y = x + x^2 + \frac{7}{6}x^3 + \frac{5}{3}x^4 + \frac{329}{120}x^5 + o\left(x^5\right).$$

Exercice 99 *Montrer que la relation* $\cos y - x\sin y - x^3 = 0$ *définit implicitement* y *en fonction de* x *au voisinage du couple* $(1,0)$, *puis former le développement limité à l'ordre 2, au voisinage de 1, de la fonction implicite* $\varphi : x \mapsto y$.

Solution :

L'application $f : \mathbb{R}^2 \to \mathbb{R}$ définie par $f(x,y) = \cos y - x\sin y - x^3$ est de classe C^∞ sur $\mathbb{R}$, et de dérivées partielles

$$\begin{cases} \frac{\partial f}{\partial x}(x,y) = -\sin y - 3x^2 \\ \frac{\partial f}{\partial y}(x,y) = -\sin y - x\cos y. \end{cases}$$

On a $f(1,0) = 0$ et $\frac{\partial f}{\partial y}(1,0) = -1 \neq 0$, de sorte que l'on puisse appliquer le Théorème des fonctions implicites au point $(1,0)$. Il existe un intervalle ouvert I contenant 1, un intervalle ouvert J contenant 0 et une fonction $\varphi : I \to J$ de classe C^∞ sur I telle que pour tout $(x,y) \in I \times J$,

$$f(x,y) = 0 \Leftrightarrow y = \varphi(x).$$

Donnons deux méthodes permettant d'obtenir le développement limité de φ à l'ordre 2 au voisinage de 1.

✓ **Première méthode : Substitutions de développements limités.**

Puisque $\varphi(1) = 0$, le développement cherché est de la forme

$$\varphi(1+h) = a_1 h + a_2 h^2 + o\left(h^2\right).$$

On va déterminer les constantes a_1 et a_2 en identifiant les coefficients des développements limités des deux membres de l'égalité

$$\cos\varphi(x) - x\sin\varphi(x) = x^3$$

vraie pour tout x appartenant à I. Cette égalité s'écrit

$$\cos\varphi(1+h) - (1+h)\sin\varphi(1+h) = (1+h)^3. \qquad (Ↄ)$$

On a

$$\begin{aligned}\cos\varphi(1+h) &= \cos\left(a_1 h + a_2 h^2 + o\left(h^2\right)\right)\\ &= 1 - \frac{1}{2}\left(a_1 h + a_2 h^2\right)^2 + o\left(h^2\right) = 1 - \frac{1}{2}a_1^2 h^2 + o\left(h^2\right)\end{aligned}$$

et $\sin\varphi(1+h) = a_1 h + a_2 h^2 + o\left(h^2\right)$, donc en remplaçant dans (Ↄ) :

$$1 - \frac{1}{2}a_1^2 h^2 - (1+h)\left(a_1 h + a_2 h^2\right) + o\left(h^2\right) = (1+h)^3$$

soit

$$1 - a_1 h - \left(\frac{a_1^2}{2} + a_1 + a_2\right) h^2 + o\left(h^2\right) = 1 + 3h + 3h^2 + o\left(h^2\right).$$

Par unicité d'un développement limité, $a_1 = -3$ et $\frac{a_1^2}{2} + a_1 + a_2 = -3$, d'où $a_1 = -3$ et $a_2 = -\frac{9}{2}$. Finalement

$$\varphi(1+h) = -3h - \frac{9}{2}h^2 + o\left(h^2\right).$$

✓ **Deuxième méthode : Différentielle d'une application composée.**

Définissons les applications

$$\begin{array}{ccccc}\mathbb{R} & \xrightarrow{g} & \mathbb{R}^2 & \xrightarrow{f} & \mathbb{R}\\ x & \mapsto & (x, \varphi(x)) & & \\ & & (x,y) & \mapsto & f(x,y)\end{array}$$

et posons $F = f \circ g$. Par construction de φ, $F(x) = 0$ pour tout $x \in I$, donc F restreinte à I est l'application nulle, et l'égalité $dF(x) = df(g(x)) \circ dg(x)$ s'écrit matriciellement

$$(F'(x)) = (0) = \begin{pmatrix} \frac{\partial f}{\partial x}(x, \varphi(x)) & \frac{\partial f}{\partial y}(x, \varphi(x)) \end{pmatrix} \begin{pmatrix} 1 \\ \varphi'(x) \end{pmatrix},$$

soit

$$0 = \frac{\partial f}{\partial x}(x, \varphi(x)) + \frac{\partial f}{\partial y}(x, \varphi(x)) \times \varphi'(x).$$

On a redémontré la formule

$$\varphi'(x) = -\frac{\frac{\partial f}{\partial x}(x, \varphi(x))}{\frac{\partial f}{\partial y}(x, \varphi(x))}$$

donnée avec le Théorème des fonctions implicites (et que l'on aurait pu se contenter de rappeler). Ici

$$\varphi'(x) = -\frac{\sin\varphi(x) + 3x^2}{\sin\varphi(x) + x\cos\varphi(x)} \qquad (\sharp)$$

donc $\varphi'(1) = -3$. En dérivant $(\sharp)$ par rapport à x, on trouve

$$\varphi''(x) = -\frac{(\varphi'(x)\cos\varphi(x) + 6x)(\sin\varphi(x) + x\cos\varphi(x)) - B(x)}{(\sin\varphi(x) + x\cos\varphi(x))^2}$$

avec

$$B(x) = \left(\sin\varphi(x) + 3x^2\right)\left(\varphi'(x)\cos\varphi(x) + \cos\varphi(x) - x\varphi'(x)\sin\varphi(x)\right).$$

Par conséquent $\varphi''(1) = -3$ et la formule de Taylor-Young à l'ordre 2 en 1 s'écrit

$$\varphi(1+h) = \varphi(1) + \varphi'(1)h + \frac{\varphi''(1)}{2}h^2 + o\left(h^2\right) = -3h - \frac{9}{2}h^2 + o\left(h^2\right).$$

Remarque : La représentation graphique de la courbe $\cos y - x\sin y = x^3$ donnée ci-dessous montre qu'au voisinage de $(1, 0)$, y sera fonction de x mais aussi que x sera fonction de y.

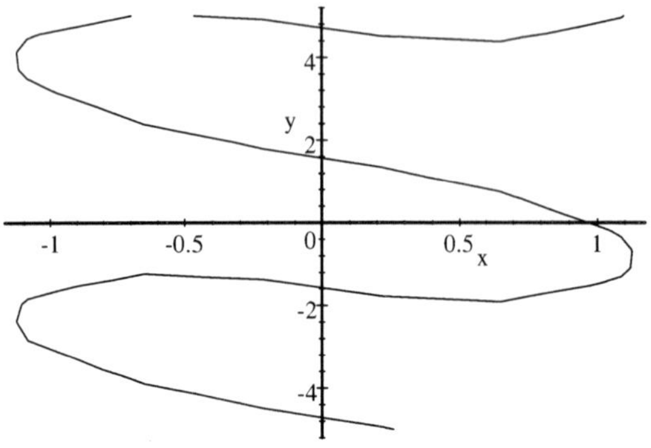

Exercice 100 *Soit* $\Omega = \{(x, y) \in \mathbb{R}^2 \mid 0 < y < 2\pi\}$. *Montrer que l'application*

$$\varphi : \Omega \subset \mathbb{R}^2 \to \mathbb{R}^2 \ , \ (x, y) \mapsto \varphi(x, y) = (e^x \cos y, e^x \sin y)$$

est un difféomorphisme de Ω *sur* $\varphi(\Omega)$ *que l'on déterminera :*

1) directement,

2) en utilisant le théorème d'inversion locale.

Solution :

1) • Les fonctions composantes $e^x \cos y$ et $e^x \sin y$ de φ sont de classe C^∞ sur $\mathbb{R}^2$ (comme produits de fonctions de classe C^∞ sur $\mathbb{R}^2$), donc $\varphi : \Omega \to \mathbb{R}^2$ est de classe C^∞ sur $\mathbb{R}^2$.

• Cherchons $\varphi(\Omega)$. On a

$$\varphi(x, y) = (a, b) \quad \Leftrightarrow \quad \left\{ \begin{array}{l} e^x \cos y = a \\ e^x \sin y = b \end{array} \right.$$

$$\Leftrightarrow \quad \left\{ \begin{array}{l} e^{2x} = a^2 + b^2 \\ e^x \cos y = a \\ e^x \sin y = b \end{array} \right. \quad \Leftrightarrow \left\{ \begin{array}{l} x = \frac{1}{2} \ln \left(a^2 + b^2\right) \\ \cos y = \frac{a}{\sqrt{a^2+b^2}} \\ \sin y = \frac{b}{\sqrt{a^2+b^2}} \end{array} \right.$$

lorsque $(a, b) \neq (0, 0)$. Le point $(0, 0)$ n'appartient d'ailleurs pas à $\varphi(\Omega)$ puisque $e^x \cos y$ et $e^x \sin y$ ne peuvent s'annuler en même temps. Supposons donc $(a, b) \neq (0, 0)$. Les équivalences précédentes déterminent parfaitement x et y modulo 2π lorsque a et b sont donnés. Elles déterminent donc une seule valeur possible de y dans $[0, 2\pi]$. Comme on impose à y de vérifier $0 < y < 2\pi$, il ne faut pas que (a, b) vérifient

$$\begin{cases} 1 = \cos 0 = \dfrac{a}{\sqrt{a^2 + b^2}} \\ 0 = \sin 0 = \dfrac{b}{\sqrt{a^2 + b^2}} \end{cases}$$

c'est-à-dire $(a, b) \in \mathbb{R}_+ \times \{0\}$. Si D_+ désigne la demi-droite

$$D_+ = \mathbb{R}_+ \times \{0\} = \big\{(a, b) \in \mathbb{R}^2 \,/\, a \in \mathbb{R}_+ \text{ et } b = 0\big\},$$

on obtient $\varphi(\Omega) = \mathbb{R}^2 \backslash D_+$. Les équivalences précédentes montrent que l'application $\varphi : \Omega \to \varphi(\Omega)$ est une bijection de Ω sur $\varphi(\Omega) = \mathbb{R}^2 \backslash D_+$.

• Pour prouver que φ est un C^∞-difféomorphisme de Ω sur $\varphi(\Omega)$, il reste seulement à vérifier que $\varphi^{-1} : \varphi(\Omega) \to \Omega$ est de classe C^∞.

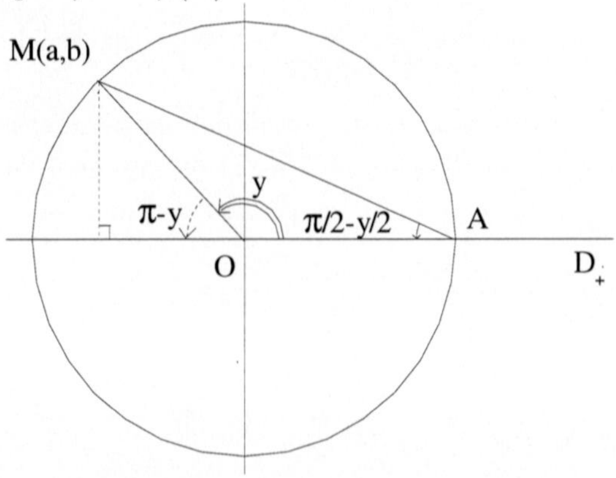

Pour cela, on peut considérer la figure ci-dessus, et utiliser le Théorème de l'angle inscrit. On obtient

$$\tan\left(\frac{\pi}{2} - \frac{y}{2}\right) = \frac{b}{-a + \sqrt{a^2 + b^2}}.$$

On a $0 < y < 2\pi$ donc $-\dfrac{\pi}{2} < \dfrac{\pi}{2} - \dfrac{y}{2} < \dfrac{\pi}{2}$. La tangente est toujours bien définie et l'on peut écrire

$$\frac{\pi}{2} - \frac{y}{2} = \arctan\left(\frac{b}{-a + \sqrt{a^2 + b^2}}\right)$$

soit

$$y = \pi - 2\arctan\left(\frac{b}{-a + \sqrt{a^2 + b^2}}\right).$$

Finalement les deux fonctions composantes de

$$\varphi^{-1}(a,b) = (x,y) = \left(\frac{1}{2}\ln\left(a^2+b^2\right), \pi - 2\arctan\left(\frac{b}{-a+\sqrt{a^2+b^2}}\right)\right)$$

sont de classe C^∞ sur $\varphi(\Omega)$, et $\varphi^{-1} : \varphi(\Omega) \to \Omega$ est bien de classe C^∞.

Remarque : L'utilisation de la fonction arctan a simplifié la preuve. Pour exprimer y en fonction de a et b, on aurait pu utiliser l'une ou l'autre des expressions de $\cos y$ ou $\sin y$, mais en étant dans l'obligation d'envisager plusieurs cas, et de touver la bonne formule assurant les inégalités $0 < y < 2\pi$ dans chacun de ces cas. En effet,

$$\cos y = \frac{a}{\sqrt{a^2+b^2}}$$

équivaut seulement à

$$y = k2\pi + \arccos\left(\frac{a}{\sqrt{a^2+b^2}}\right) \text{ ou } k2\pi - \arccos\left(\frac{a}{\sqrt{a^2+b^2}}\right)$$

où k est un entier relatif quelconque, et il s'agira de choisir k de façon à avoir $0 < y < 2\pi$. Pour être plus précis, il faut nous placer au voisinage d'un point (a_0, b_0) de $\mathbb{R}^2 \backslash D_+$, et envisager les trois cas suivants (le lecteur pourra s'aider d'un dessin) :

a) Si $b_0 > 0$, alors

$$y = \arccos\left(\frac{a}{\sqrt{a^2+b^2}}\right) \in]0,\pi[\subset]0, 2\pi[.$$

b) Si $b_0 < 0$, alors

$$y = 2\pi - \arccos\left(\frac{a}{\sqrt{a^2+b^2}}\right) \in]0, 2\pi[.$$

c) Enfin, si $a_0 < 0$,

$$y = \pi - \arcsin\left(\frac{b}{\sqrt{a^2+b^2}}\right) \in]0, 2\pi[.$$

2) On démontre comme précédemment que $\varphi : \Omega \to \mathbb{R}^2$ est de classe C^∞ sur $\mathbb{R}^2$, et l'on calcule la matrice jacobienne de φ en $(x, y) \in \Omega$:

$$J(\varphi; (x,y)) = \begin{pmatrix} e^x \cos y & -e^x \sin y \\ e^x \sin y & e^x \cos y \end{pmatrix}.$$

Cette matrice est inversible puisque de déterminant $\det J(\varphi; (x,y)) = e^{2x}$ non nul, et donc φ est un difféomorphisme local de Ω sur $\varphi(\Omega)$. Comme l'application $\varphi : \Omega \to \varphi(\Omega)$ est injective, ce sera un C^∞-difféomorphisme de Ω sur $\varphi(\Omega)$.

Exercice 101 *L'espace vectoriel $\mathbb{R}^m$ est muni de son produit scalaire canonique $\langle\ ,\ \rangle$. Soit α un réel strictement positif. Soit $f : \mathbb{R}^m \to \mathbb{R}^m$ une fonction de classe C^1 sur $\mathbb{R}^m$ telle que*

$$\forall x \in \mathbb{R}^m \quad \forall h \in \mathbb{R}^m \quad \langle (df(x))(h), h\rangle \geq \alpha \|h\|^2 .$$

1) En appliquant un théorème des accroissements finis à la fonction φ définie sur $\mathbb{R}$ par $\varphi(t) = \langle f(tb + (1-t)a), b-a\rangle$, montrer que pour tout $a, b \in \mathbb{R}^m$,

$$\langle f(b) - f(a), b-a\rangle \geq \alpha \|b-a\|^2 .$$

2) En déduire que f est un C^1-difféomorphisme de $\mathbb{R}^m$ sur $f(\mathbb{R}^m)$.

Solution :

1) $\varphi : \mathbb{R} \to \mathbb{R}$ s'écrit $\varphi = l \circ f \circ g$ où chacune des applications

$$g : \begin{array}{ccc} \mathbb{R} & \to & \mathbb{R}^m \\ t & \mapsto & tb + (1-t)a \end{array} \qquad f : \begin{array}{ccc} \mathbb{R}^m & \to & \mathbb{R}^m \\ x & \mapsto & f(x) \end{array} \qquad l : \begin{array}{ccc} \mathbb{R}^m & \to & \mathbb{R} \\ y & \mapsto & \langle y, b-a\rangle \end{array}$$

est différentiable sur son ensemble de départ. L'application l est linéaire donc $dl(y) = l$ pour tout $y \in \mathbb{R}^m$. Par ailleurs

$$\forall h \in \mathbb{R} \quad dg(t)(h) = g'(t)\, h = (b-a)\, h.$$

La différentielle de φ en t sera

$$\begin{aligned} d\varphi(t)(h) &= dl(f \circ g(t)) \circ df(g(t)) \circ dg(t)(h) \\ &= l \circ df(g(t))[(b-a)h] \\ &= l[df(g(t))(b-a)]\, h = \langle df(g(t))[(b-a)], b-a\rangle\, h, \end{aligned}$$

et puisque $d\varphi(t)(h) = \varphi'(t)\, h$,

$$\varphi'(t) = \langle df(g(t))(b-a), b-a\rangle .$$

Le Théorème des accroissements finis (Théorème de Rolle) appliqué à φ nous donne alors

$$\exists \lambda \in]0,1[\quad \varphi(1) - \varphi(0) = \varphi'(\lambda) = \langle df(g(\lambda))(b-a), b-a\rangle$$

et cela entraîne bien, compte tenu de l'hypothèse faite sur f,

$$\langle f(b) - f(a), b - a\rangle \geq \alpha \|b - a\|^2.$$

2) L'application $df(x) : \mathbb{R}^m \to \mathbb{R}^m$ est bijective pour tout $x \in \mathbb{R}^m$ puisque de noyau réduit à $\{0\}$. En effet $df(x)(h) = 0$ entraîne $\langle df(x)(h), h\rangle = 0 \geq \alpha \|h\|^2$ soit $h = 0$. Comme f est de classe C^1, f sera un C^1-difféomorphisme local de $\mathbb{R}^m$ sur $f(\mathbb{R}^m)$ d'après le Théorème d'inversion local. On vérifie ensuite que f est injective :

$$\begin{aligned} f(a) = f(b) \quad &\Rightarrow \quad \langle f(b) - f(a), b - a\rangle = 0 \geq \alpha \|b - a\|^2 \\ &\Rightarrow \quad \|b - a\| = 0 \Rightarrow a = b. \end{aligned}$$

Finalement, un corollaire bien connu du Théorème d'inversion locale montre que le C^1-difféomorphisme local f de $\mathbb{R}^m$ sur $f(\mathbb{R}^m)$ est en fait un C^1-difféomorphisme global de $\mathbb{R}^m$ sur $f(\mathbb{R}^m)$.

Exercice 102 *Montrer qu'il existe un voisinage U de $(0,1)$ dans $\mathbb{R}^2$ et un voisinage V de $(1,1)$ dans $\mathbb{R}^2$ tels que le système d'équations à quatre inconnues*

$$\begin{cases} x^2 - y^2 + zt = 0 \\ xy + z^2 - t^2 = 0 \end{cases}$$

définisse une fonction $\varphi = (\varphi_1, \varphi_2) : (x,y) \mapsto (z,t)$ de classe C^∞ de U dans V telle que

$$\begin{cases} x^2 - y^2 + \varphi_1(x,y)\varphi_2(x,y) = 0 \\ xy + [\varphi_1(x,y)]^2 - [\varphi_2(x,y)]^2 = 0. \end{cases}$$

Déterminer la matrice jacobienne $J(\varphi; (x,y))$ de φ au point $(x,y) \in U$.

Solution :

L'application

$$f(x,y,z,t) = (f_1(x,y,z,t), f_2(x,y,z,t)) = \left(x^2 - y^2 + zt, xy + z^2 - t^2\right)$$

est de classe C^∞ sur $\mathbb{R}^4$. On a $f(0,1,1,1) = 0$ et

$$\frac{D(f_1, f_2)}{D(z,t)}(x,y,z,t) = \begin{vmatrix} \frac{\partial f_1}{\partial z}(x,y,z,t) & \frac{\partial f_1}{\partial t}(x,y,z,t) \\ \frac{\partial f_2}{\partial z}(x,y,z,t) & \frac{\partial f_2}{\partial t}(x,y,z,t) \end{vmatrix} = \begin{vmatrix} t & z \\ 2z & -2t \end{vmatrix}$$

donc

$$\frac{D(f_1, f_2)}{D(z,t)}(0,1,1,1) = \begin{vmatrix} 1 & 1 \\ 2 & -2 \end{vmatrix} = -4 \neq 0.$$

Comme ce déterminant n'est pas nul, on peut appliquer le Théorème des fonctions implicites et obtenir un voisinage U de $(0,1)$ dans $\mathbb{R}^2$ et un voisinage V de $(1,1)$ dans $\mathbb{R}^2$ tels que, sur ces voisinages, les coordonnées z et t, liées à (x,y) par l'équation $f(x,y,z,t) = 0$, s'exprime comme une fonction C^∞ des coordonnées x et y. De façon plus précise, il existe une fonction $\varphi = (\varphi_1, \varphi_2) : (x,y) \mapsto (z,t)$ de classe C^∞ de U dans V telle que :

(**C1**) $\forall (x,y,z,t) \in U \times V \quad f(x,y,z,t) = 0 \Leftrightarrow \varphi(x,y) = (z,t)$,

(**C2**) $\forall (x,y,z,t) \in U \times V \quad \dfrac{D(f_1,f_2)}{D(z,t)}(x,y,z,t) \neq 0$,

(**C3**) La jacobienne de φ est $J(\varphi;(x,y)) = -Q^{-1}P$ où

$$Q = \begin{pmatrix} \dfrac{\partial f_1}{\partial z}(M) & \dfrac{\partial f_1}{\partial t}(M) \\ \dfrac{\partial f_2}{\partial z}(M) & \dfrac{\partial f_2}{\partial t}(M) \end{pmatrix} \text{ et } P = \begin{pmatrix} \dfrac{\partial f_1}{\partial x}(M) & \dfrac{\partial f_1}{\partial y}(M) \\ \dfrac{\partial f_2}{\partial x}(M) & \dfrac{\partial f_2}{\partial y}(M) \end{pmatrix}$$

et où $M = (x,y,z,t)$ vérifie $\varphi(x,y) = (z,t)$.

On obtient ici

$$Q = \begin{pmatrix} t & z \\ 2z & -2t \end{pmatrix} \text{ et } P = \begin{pmatrix} 2x & -2y \\ y & x \end{pmatrix}$$

d'où

$$\begin{aligned} J(\varphi;(x,y)) &= -Q^{-1}P = -\frac{1}{-2t^2-2z^2}\begin{pmatrix} -2t & -z \\ -2z & t \end{pmatrix}\begin{pmatrix} 2x & -2y \\ y & x \end{pmatrix} \\ &= \frac{1}{2(t^2+z^2)}\begin{pmatrix} -4xt-yz & 4yt-xz \\ -4xz+yt & 4yz+xt \end{pmatrix}. \end{aligned}$$

Remarque : La propriété (**C3**) est à retenir, et fait partie intégrante du Théorème des fonctions implicites. Elle est néanmoins facile à retrouver directement.
Conservons les notations de cet exercice, et considérons les applications f et g de classe C^k (avec $k \geq 1$) :

$$\begin{array}{ccccc} U \subset \mathbb{R}^2 & \xrightarrow{g} & \mathbb{R}^4 & \xrightarrow{f} & \mathbb{R}^2 \\ (x,y) & \longmapsto & (x,y,\varphi(x,y)) & \longmapsto & f(x,y,\varphi(x,y)) = (0,0). \end{array}$$

L'application composée $h = f \circ g$ est l'application nulle de $\mathbb{R}^2$ dans $\mathbb{R}^2$, donc $dh(x,y) = df(g(x,y)) \circ dg(x,y) = 0$. Cela se traduit matriciellement à l'aide des matrices jacobiennes :

$$\begin{pmatrix} \frac{\partial f_1}{\partial x} & \frac{\partial f_1}{\partial y} & \frac{\partial f_1}{\partial z} & \frac{\partial f_1}{\partial t} \\ \frac{\partial f_2}{\partial x} & \frac{\partial f_2}{\partial y} & \frac{\partial f_2}{\partial z} & \frac{\partial f_2}{\partial t} \end{pmatrix} \begin{pmatrix} 1 & 0 \\ 0 & 1 \\ \frac{\partial \varphi_1}{\partial x} & \frac{\partial \varphi_1}{\partial y} \\ \frac{\partial \varphi_2}{\partial x} & \frac{\partial \varphi_2}{\partial y} \end{pmatrix} = \begin{pmatrix} 0 & 0 \\ 0 & 0 \end{pmatrix}.$$

En faisant un produit par blocs :

$$\begin{pmatrix} \frac{\partial f_1}{\partial x} & \frac{\partial f_1}{\partial y} \\ \frac{\partial f_2}{\partial x} & \frac{\partial f_2}{\partial y} \end{pmatrix} + \begin{pmatrix} \frac{\partial f_1}{\partial z} & \frac{\partial f_1}{\partial t} \\ \frac{\partial f_2}{\partial z} & \frac{\partial f_2}{\partial t} \end{pmatrix} \begin{pmatrix} \frac{\partial \varphi_1}{\partial x} & \frac{\partial \varphi_1}{\partial y} \\ \frac{\partial \varphi_2}{\partial x} & \frac{\partial \varphi_2}{\partial y} \end{pmatrix} = \begin{pmatrix} 0 & 0 \\ 0 & 0 \end{pmatrix}.$$

Avec les notations de (**C3**), on obtient $P + Q \times J(\varphi; (x, y)) = O$, et finalement $J(\varphi; (x, y)) = -Q^{-1}P$ puisque Q est supposée inversible en chaque point de $g(U)$.

Exercice 103 *(Examen de septembre 1998) Soit f la fonction de $\mathbb{R}^4$ dans $\mathbb{R}^2$ définie par*

$$f(x, y, z, t) = \left(x^2 - y^2 + zt, xy + z^2 - t^2\right).$$

1) Montrer qu'il existe un voisinage U de $(0, 1)$ dans $\mathbb{R}^2$, un voisinage V de $(1, 1)$ dans $\mathbb{R}^2$ et une fonction φ de U dans V tels que $\varphi(0, 1) = (1, 1)$ et $f(x, y, \varphi(x, y)) = 0$ pour tout $(x, y) \in U$.

2) Donner la matrice jacobienne $J(\varphi; (x, y))$ de φ au point (x, y) (sans justifier la formule), puis déterminer complètement la matrice $J(\varphi; (0, 1))$ de φ au point $(0, 1)$.

Solution :

1) L'application f est de classe C^∞ puisque ses fonctions composantes sont polynomiales, et $f(0, 1, 1, 1) = (0, 0)$.
En notant $M = (x, y, z, t)$ et $f(M) = (f_1(M), f_2(M))$, on trouve

$$\frac{Df}{D(z, t)}(M) = \begin{vmatrix} \frac{\partial f_1}{\partial z}(M) & \frac{\partial f_1}{\partial t}(M) \\ \frac{\partial f_2}{\partial z}(M) & \frac{\partial f_2}{\partial t}(M) \end{vmatrix} = \begin{vmatrix} t & z \\ 2z & -2t \end{vmatrix} = -2t^2 - 2z^2.$$

Soit $M_0 = (0, 1, 1, 1)$. Le déterminant $\frac{Df}{D(z,t)}(M_0) = -4$ n'est pas nul et l'on peut appliquer le théorème des fonctions implicites : il existe un voisinage U de

$(0,1)$ dans $\mathbb{R}^2$, un voisinage V de $(1,1)$ dans $\mathbb{R}^2$ et une fonction φ de classe C^∞ de U dans V tels que

$$\varphi(0,1) = (1,1) \text{ et } f(x,y,\varphi(x,y)) = 0 \text{ pour tout } (x,y) \in U.$$

2) Le théorème des fonctions implicites nous donne aussi une expression de la jacobienne $J(\varphi;(x,y))$ en tout point (x,y) de U dès que l'on suppose que $\frac{Df}{D(z,t)}(M) \neq 0$ pour tout (x,y) de U (cela est toujours possible quitte à prendre des voisinages U et V plus petit puisque $\frac{Df}{D(z,t)}$ est une fonction continue de (x,y,z,t) et ne s'annule pas en M_0). On obtient $J(\varphi;(x,y)) = -Q^{-1}P$ où

$$Q = \begin{pmatrix} \frac{\partial f_1}{\partial z}(M) & \frac{\partial f_1}{\partial t}(M) \\ \frac{\partial f_2}{\partial z}(M) & \frac{\partial f_2}{\partial t}(M) \end{pmatrix} \text{ et } P = \begin{pmatrix} \frac{\partial f_1}{\partial x}(M) & \frac{\partial f_1}{\partial y}(M) \\ \frac{\partial f_2}{\partial x}(M) & \frac{\partial f_2}{\partial y}(M) \end{pmatrix}$$

et où $M = (x,y,\varphi(x,y))$. On trouve donc

$$\begin{aligned} J(\varphi;(x,y)) &= -\begin{pmatrix} t & z \\ 2z & -2t \end{pmatrix}^{-1} \begin{pmatrix} 2x & -2y \\ y & x \end{pmatrix} \\ &= \frac{1}{2(z^2+t^2)} \begin{pmatrix} -2t & -z \\ -2z & t \end{pmatrix} \begin{pmatrix} 2x & -2y \\ y & x \end{pmatrix}. \end{aligned}$$

soit

$$J(\varphi;(x,y)) = \frac{1}{2(z^2+t^2)} \begin{pmatrix} -4xt - yz & 4yt - xz \\ -4xz + yt & 4yz + xt \end{pmatrix}.$$

En particulier pour $(x,y) = (0,1)$ et $(z,t) = (1,1)$,

$$J(\varphi;(0,1)) = \frac{1}{4} \begin{pmatrix} -1 & 4 \\ 1 & 4 \end{pmatrix} = \begin{pmatrix} -\frac{1}{4} & 1 \\ \frac{1}{4} & 1 \end{pmatrix}.$$

Remarque : Comme on l'a déjà vu, la formule $J(\varphi;(x,y)) = -Q^{-1}P$ se retrouve en calculant la différentielle de $f \circ g$ où

$$\begin{array}{ccccc} \mathbb{R}^2 & \xrightarrow{g} & \mathbb{R}^4 & \xrightarrow{f} & \mathbb{R}^2 \\ (x,y) & \mapsto & (x,y,\varphi(x,y)) & \mapsto & f(x,y,\varphi(x,y)) = 0. \end{array}$$

On obtient $df(g(x,y)) \circ dg(x,y) = 0$, soit

$$\begin{pmatrix} \frac{\partial f_1}{\partial x}(M) & \frac{\partial f_1}{\partial y}(M) & \frac{\partial f_1}{\partial z}(M) & \frac{\partial f_1}{\partial t}(M) \\ \frac{\partial f_2}{\partial x}(M) & \frac{\partial f_2}{\partial y}(M) & \frac{\partial f_2}{\partial z}(M) & \frac{\partial f_2}{\partial t}(M) \end{pmatrix} \begin{pmatrix} 1 & 0 \\ 0 & 1 \\ \frac{\partial \varphi_1}{\partial x}(x,y) & \frac{\partial \varphi_1}{\partial y}(x,y) \\ \frac{\partial \varphi_2}{\partial x}(x,y) & \frac{\partial \varphi_2}{\partial y}(x,y) \end{pmatrix} = O$$

où $M = (x, y, \varphi(x, y))$. Ici, cela donne

$$\begin{pmatrix} 2x & -2y & t & z \\ y & x & 2z & -2t \end{pmatrix} \begin{pmatrix} 1 & 0 \\ 0 & 1 \\ \frac{\partial \varphi_1}{\partial x}(x, y) & \frac{\partial \varphi_1}{\partial y}(x, y) \\ \frac{\partial \varphi_2}{\partial x}(x, y) & \frac{\partial \varphi_2}{\partial y}(x, y) \end{pmatrix} = \begin{pmatrix} 0 & 0 \\ 0 & 0 \end{pmatrix}$$

$$\begin{pmatrix} 2x & -2y \\ y & x \end{pmatrix} + \begin{pmatrix} t & z \\ 2z & -2t \end{pmatrix} \begin{pmatrix} \frac{\partial \varphi_1}{\partial x}(x, y) & \frac{\partial \varphi_1}{\partial y}(x, y) \\ \frac{\partial \varphi_2}{\partial x}(x, y) & \frac{\partial \varphi_2}{\partial y}(x, y) \end{pmatrix} = \begin{pmatrix} 0 & 0 \\ 0 & 0 \end{pmatrix}$$

ou encore $P + Q \times J(\varphi; (x, y)) = O$, c'est-à-dire $J(\varphi; (x, y)) = -Q^{-1}P$.

Exercice 104 *(Examen de septembre 1996)*

1) Soient φ et ψ deux fonctions réelles de la variable réelle, dérivables sur $\mathbb{R}$ en entier. Soit h une fonction différentiable de $\mathbb{R}^3$ dans $\mathbb{R}$. Pour tout nombre réel x on définit $u(x) = h(x, \varphi(x), \psi(x))$. Montrer que u est dérivable sur $\mathbb{R}$ et calculer $u'(x)$ en fonction des dérivées partielles de h et des dérivées de φ et ψ.

2) Soit F une application de $\mathbb{R}^3$ dans $\mathbb{R}^2$ définie par

$$F(x, y, z) = (f(x, y, z), g(x, y, z))$$

où f et g sont des applications différentiables de $\mathbb{R}^3$ dans $\mathbb{R}$. Soit (x_0, y_0, z_0) un point de $\mathbb{R}^3$ tel que $F(x_0, y_0, z_0) = 0$. On suppose de plus que le déterminant

$$\frac{D(f, g)}{D(y, z)}(x_0, y_0, z_0) = \begin{vmatrix} \frac{\partial f}{\partial y}(x_0, y_0, z_0) & \frac{\partial f}{\partial z}(x_0, y_0, z_0) \\ \frac{\partial g}{\partial y}(x_0, y_0, z_0) & \frac{\partial g}{\partial z}(x_0, y_0, z_0) \end{vmatrix}$$

est non nul.

a) Montrer qu'il existe un voisinage U de x_0 ainsi que deux fonctions réelles φ et ψ définies et dérivables sur U, et vérifiant $\varphi(x_0) = y_0$, $\psi(x_0) = z_0$ et

$$\forall x \in U \qquad f(x, \varphi(x), \psi(x)) = g(x, \varphi(x), \psi(x)) = 0.$$

b) Montrer que pour tout $x \in U$ les réels $\varphi'(x)$ et $\psi'(x)$ sont solution d'un système d'équations linéaires. Calculer $\varphi'(x)$ et $\psi'(x)$ en fonction des dérivées partielles de f et g.

3) Dans cette question, on suppose que $f(x, y, z) = x^2 - y^2 + z^2 - 1$ et $g(x, y, z) = xyz - 1$.

a) Calculer la matrice jacobienne $J(F\,;\,(x, y, z))$ de F en tout point (x, y, z)

de $\mathbb{R}^3$.

b) Soit (x_0, y_0, z_0) *un point de* $\mathbb{R}^3$ *tel que* $F(x_0, y_0, z_0) = 0$. *Montrer que le déterminant* $\frac{D(f,g)}{D(y,z)}(x_0, y_0, z_0)$ *est différent de* 0.

Solution :

1) Par hypothèses l'application $\xi(x) = (x, \varphi(x), \psi(x))$ est différentiable sur $\mathbb{R}$. La fonction $u = h \circ \xi$ sera différentiable comme composée de deux fonctions différentiables et $du(x) = dh(\xi(x)) \circ d\xi(x)$, ou encore

$$u'(x) = dh(\xi(x))(\xi'(x)) = \frac{\partial h}{\partial x}(\xi(x)) + \frac{\partial h}{\partial y}(\xi(x))\varphi'(x) + \frac{\partial h}{\partial z}(\xi(x))\psi'(x).$$

2.a) Les hypothèses du théorème des fonctions implicites sont vérifiée par F au point (x_0, y_0, z_0). Il existera un voisinage ouvert U de x_0, un voisinage ouvert V de (y_0, z_0) et un difféomorphisme Φ de classe C^1,

$$\begin{array}{rccc} \Phi : & U & \rightarrow & V \\ & x & \mapsto & (\varphi(x), \psi(x)), \end{array}$$

tels que

$$\forall (x, y, z) \in U \times V \qquad F(x, y, z) = 0 \Leftrightarrow (y, z) = (\varphi(x), \psi(x)).$$

2.b) On a

$$F(x, \Phi(x)) = (f(x, \varphi(x), \psi(x)), g(x, \varphi(x), \psi(x))) = (0, 0).$$

En dérivant chacune des fonctions composantes comme en 1), on obtient

$$\left\{ \begin{array}{l} \frac{\partial f}{\partial x}(\xi(x)) + \frac{\partial f}{\partial y}(\xi(x))\varphi'(x) + \frac{\partial f}{\partial z}(\xi(x))\psi'(x) = 0 \\ \frac{\partial g}{\partial x}(\xi(x)) + \frac{\partial g}{\partial y}(\xi(x))\varphi'(x) + \frac{\partial g}{\partial z}(\xi(x))\psi'(x) = 0 \end{array} \right.$$

En résolvant,

$$\varphi'(x) = -\frac{\begin{vmatrix} \frac{\partial f}{\partial x}(\xi(x)) & \frac{\partial f}{\partial z}(\xi(x)) \\ \frac{\partial g}{\partial x}(\xi(x)) & \frac{\partial g}{\partial z}(\xi(x)) \end{vmatrix}}{\begin{vmatrix} \frac{\partial f}{\partial y}(\xi(x)) & \frac{\partial f}{\partial z}(\xi(x)) \\ \frac{\partial g}{\partial y}(\xi(x)) & \frac{\partial g}{\partial z}(\xi(x)) \end{vmatrix}} \quad \text{et} \quad \psi'(x) = -\frac{\begin{vmatrix} \frac{\partial f}{\partial y}(\xi(x)) & \frac{\partial f}{\partial x}(\xi(x)) \\ \frac{\partial g}{\partial y}(\xi(x)) & \frac{\partial g}{\partial x}(\xi(x)) \end{vmatrix}}{\begin{vmatrix} \frac{\partial f}{\partial y}(\xi(x)) & \frac{\partial f}{\partial z}(\xi(x)) \\ \frac{\partial g}{\partial y}(\xi(x)) & \frac{\partial g}{\partial z}(\xi(x)) \end{vmatrix}}.$$

3.a)

$$J(F; (x, y, z)) = \begin{pmatrix} 2x & -2y & 2z \\ yz & xz & xy \end{pmatrix}$$

3.b) Si

$$\frac{D(f,g)}{D(y,z)}(x_0,y_0,z_0) = \begin{vmatrix} -2y_0 & 2z_0 \\ x_0z_0 & x_0y_0 \end{vmatrix} = -2x_0\left(y_0^2+z_0^2\right)$$

était nul, on aurait soit $x_0 = 0$, soit $y_0^2 + z_0^2 = 0$ ce qui entraîne $y_0 = z_0 = 0$. Les deux cas sont impossibles puisque $F(x_0,y_0,z_0) = 0$ implique $x_0y_0z_0 = 1$.

Exercice 105 *(Examen de septembre 1999)*

1) Montrer que $\Omega = \mathbb{R}^2\backslash\{(0,0)\}$ est un sous-ensemble ouvert de $\mathbb{R}^2$.

2) Soit la fonction $f : \Omega \subset \mathbb{R}^2 \mapsto \mathbb{R}^2$ définie par

$$f(x,y) = (u(x,y), v(x,y)) = \left(\frac{x}{x^2+y^2}, \frac{-y}{x^2+y^2}\right).$$

Montrer que f est une application continue de Ω dans lui même.

3) Montrer que f est de classe C^1 sur Ω et calculer la matrice jacobienne de f en un point (x_0,y_0) de Ω, ainsi que son déterminant.

4) On considère maintenant la fonction $g : \mathbb{R}^2 \mapsto \mathbb{R}^2$ définie par

$$g(x,y) = \begin{cases} f(x,y) \text{ si } (x,y) \neq (0,0), \\ (0,0) \text{ sinon.} \end{cases}$$

Calculer $\|f(x,y)\|_2^2$ et montrer que si $\|(x,y)\|_2 \leq 1/\sqrt{2}$ alors $\|f(x,y)\|_2^2 \geq 2$. La fonction g est-elle continue sur $\mathbb{R}^2$?

5) Calculer la composée $f \circ f$ et montrer que f est un difféomorphisme de Ω sur Ω.

6) On note $\overrightarrow{\frac{\partial f}{\partial x}}$ le vecteur de composantes $(\frac{\partial u}{\partial x}, \frac{\partial v}{\partial x})$ et $\overrightarrow{\frac{\partial f}{\partial y}}$ le vecteur $(\frac{\partial u}{\partial y}, \frac{\partial v}{\partial y})$. Calculer le produit scalaire de $\overrightarrow{\frac{\partial f}{\partial x}}(x_0,y_0)$ et de $\overrightarrow{\frac{\partial f}{\partial y}}(x_0,y_0)$.

Solution :

1) Ω est ouvert car son complémentaire est fermé (c'est un point de $\mathbb{R}^2$)

2) L'application f est bien définie sur Ω, à valeurs dans Ω puisque $(x,y) \neq (0,0)$ entraîne $\left(\frac{x}{x^2+y^2}, \frac{-y}{x^2+y^2}\right) \neq (0,0)$. Elle est continue puisque ses fonctions-coordonnées $(x,y) \mapsto \frac{x}{x^2+y^2}$ et $(x,y) \mapsto \frac{-y}{x^2+y^2}$ sont des quotients de fonctions polynomiales définies sur Ω, donc sont continues (d'après les Théorèmes généraux de continuité).

3) Les fonctions-coordonnées f_1 et f_2 de f sont en fait de classe C^∞ sur Ω comme quotients de fonctions polynomiales définies sur Ω. En particulier, les dérivées partielles d'ordre 1 des fonctions f_i existent en tout point (x, y) de Ω, et définissent des fonctions continues sur Ω. Cela montre que f est de classe C^1 sur Ω. On calcule

$$\begin{aligned} \frac{\partial f_1}{\partial x}(x,y) &= \frac{y^2 - x^2}{(x^2+y^2)^2}\,; \quad \frac{\partial f_1}{\partial y}(x,y) = \frac{-2xy}{(x^2+y^2)^2}\,; \\ \frac{\partial f_2}{\partial x}(x,y) &= \frac{2xy}{(x^2+y^2)^2}\,; \quad \frac{\partial f_3}{\partial y}(x,y) = \frac{y^2 - x^2}{(x^2+y^2)^2}. \end{aligned}$$

La matrice jacobienne de f un point (x, y) sera

$$J(f; (x_0, y_0)) = \begin{pmatrix} \frac{y^2-x^2}{(x^2+y^2)^2} & \frac{-2xy}{(x^2+y^2)^2} \\ \frac{2xy}{(x^2+y^2)^2} & \frac{y^2-x^2}{(x^2+y^2)^2} \end{pmatrix}$$

et son déterminant sera

$$\det J(f; (x_0, y_0)) = \frac{1}{(x^2+y^2)^2}.$$

4) Si $(x, y) \neq (0, 0)$, alors

$$\|f(x,y)\|_2^2 = \left(\frac{x}{x^2+y^2}\right)^2 + \left(\frac{-y}{x^2+y^2}\right)^2 = \frac{1}{x^2+y^2}.$$

Si $\|(x,y)\|_2 \leq \frac{1}{\sqrt{2}}$, alors $x^2 + y^2 \leq \frac{1}{2}$ et $\|f(x,y)\|_2^2 \geq 2$. Si g était continue en $(0, 0)$, il existerait $\eta > 0$ tel que $\|(x,y)\|_2 \leq \eta$ entraîne $\|g(x,y)\|_2 < \sqrt{2}$. Mais pour $0 < \|(x,y)\|_2 \leq \text{Min}\left(\frac{1}{\sqrt{2}}, \eta\right)$ on obtient simultanément $\|f(x,y)\|_2^2 \geq 2$ et $\|f(x,y)\|_2^2 < 2$, ce qui est absurde. On peut donc affirmer que g n'est pas continue en $(0, 0)$.

5) On vérifie aisément que $f \circ f = Id$, de sorte que f soit involutive, donc bijective et d'inverse $f^{-1} = f$. L'application $f : \Omega \to \Omega$ est donc bijective, continue, et d'inverse continue, c'est-à-dire un difféomorphisme de Ω sur Ω.

6) On a

$$\frac{\overrightarrow{\partial f}}{\partial x} \cdot \frac{\overrightarrow{\partial f}}{\partial y} = \begin{pmatrix} \frac{y^2-x^2}{(x^2+y^2)^2} \\ \frac{2xy}{(x^2+y^2)^2} \end{pmatrix} \cdot \begin{pmatrix} \frac{-2xy}{(x^2+y^2)^2} \\ \frac{y^2-x^2}{(x^2+y^2)^2} \end{pmatrix} = 0.$$

Exercice 106 *(Examen de juin 2004, seconde session)*

1) Enoncer le théorème des fonctions implicites dans le cadre général d'une fonction f à deux variables réelles x et y, et à valeurs réelles.

2) Montrer que la relation $xy^2 - 2xy + 2x - 2y + 2 = 0$ définit une fonction implicite φ sur un voisinage de zéro telle que $\varphi(0) = 1$. Exprimer la dérivée $\varphi'(x)$ en fonction de x et de $\varphi(x)$ lorsque x est voisin de 0.

3) Montrer que φ est de classe C^∞ au voisinage de 0, et donner le développement limité d'ordre 2 de φ au voisinage de 0.

4) Donner une expression explicite de φ.

Solution :

1) Si f est une application de classe C^k (où $k \geq 1$) d'un ouvert D de $\mathbb{R}^2$ dans $\mathbb{R}$, et si $(x_0, y_0) \in D$ vérifie $f(x_0, y_0) = 0$ et $\frac{\partial f}{\partial y}(x_0, y_0) \neq 0$, alors

- il existe un voisinage ouvert U de x_0 et un voisinage ouvert V de y_0 tels que $U \times V \subset D$,

- il existe une application $\varphi : U \to V$ de classe C^k,

tels que les trois assertions suivantes soient vérifiées :

$$a) \quad \forall (x, y) \in U \times V \quad f(x, y) = 0 \Leftrightarrow y = \varphi(x).$$

$$b) \quad \forall x \in U \times V \quad \frac{\partial f}{\partial y}(x, y) \neq 0.$$

$$c) \quad \forall x \in U \quad \varphi'(x) = -\frac{\frac{\partial f}{\partial x}(x, y)}{\frac{\partial f}{\partial y}(x, y)}, \text{ où l'on a posé } y = \varphi(x).$$

2) La fonction $f(x, y) = xy^2 - 2xy + 2x - 2y + 2$ est de polynômiale, donc de classe C^∞ sur $\mathbb{R}^2$. On a

$$\frac{\partial f}{\partial x}(x, y) = y^2 - 2y + 2 \quad \text{et} \quad \frac{\partial f}{\partial y}(x, y) = 2xy - 2x - 2,$$

et l'on vérifie que

$$f(0, 1) = 0 \text{ et } \frac{\partial f}{\partial y}(0, 1) = -2 \neq 0.$$

On peut appliquer le Théorème des fonctions implicites et obtenir une application $\varphi : U \to V$ dont le graphe coïncide avec la courbe d'équation $f(x, y) = 0$ sur un voisinage $U \times V$ de $(0, 1)$. Le Théorème montre aussi que

$$\forall x \in U \quad \varphi'(x) = -\frac{\frac{\partial f}{\partial x}(x, y)}{\frac{\partial f}{\partial y}(x, y)} = -\frac{y^2 - 2y + 2}{2xy - 2x - 2} = -\frac{\varphi(x)^2 - 2\varphi(x) + 2}{2x\varphi(x) - 2x - 2}. \quad (*)$$

3) φ est de classe C^∞ sur U d'après le Théorème. Puisque $\varphi(0) = 1$ et

$$\varphi'(0) = -\frac{\varphi(0)^2 - 2\varphi(0) + 2}{-2} = \frac{1}{2},$$

la formule de Taylor-Young à l'ordre 2 s'écrit $\varphi(x) = 1 + \frac{x}{2} + ax^2 + o(x^2)$, et il ne reste plus qu'à déterminer le coefficient a en injectant ce développement limité dans l'équation $f(x,y) = 0$ (où $y = \varphi(x)$). On obtient

$$x\left(1+\frac{x}{2}+ax^2\right)^2 - 2x - x^2 + 2x - 2 - x - 2ax^2 + 2 + o(x^2) = 0$$
$$x\left(1+\frac{x^2}{4}+x+2ax^2\right) - x^2 - x - 2ax^2 + o(x^2) = 0$$
$$-2ax^2 + o(x^2) = 0$$

soit $a = 0$ (par unicité d'un développement limité). En conclusion

$$\varphi(x) = 1 + \frac{x}{2} + o(x^2).$$

Remarque ; Un autre méthode consiste à écrire

$$\varphi(x) = \varphi(0) + \varphi'(0)x + \frac{\varphi''(0)}{2!}x^2 + o(x^2),$$

puis à déterminer $\varphi''(0)$ en dérivant l'expression $(*)$ par rapport à x.

4) On résout l'équation du seconde degré $xy^2 - 2(x+1)y + 2x + 2 = 0$. Le discriminant réduit est $\Delta' = (x+1)^2 - x(2x+2) = 1 - x^2$. Puisque x est voisin de 0, Δ' n'est pas nul et l'équation admet deux racines distinctes

$$y = \frac{x + 1 \pm \sqrt{1-x^2}}{x}$$

dès que $x \neq 0$. On a

$$\lim_{x\to 0} \frac{x+1+\sqrt{1-x^2}}{x} = +\infty,$$

de sorte que l'on puisse affirmer qu'au voisinage de $(0,1)$, $f(x,y) = 0$ équivaut à

$$y = \varphi(x) = \frac{x+1-\sqrt{1-x^2}}{x}.$$

4.5 Problèmes d'extrémums pour une fonction

Exercice 107 *(Examen de septembre 1998)*
Etudier l'existence et la nature des points critiques de la fonction f définie sur $\mathbb{R}^3$ par $f(x,y,z) = x^3 + y^2 - xy + z^2$.

Solution :

Les points critiques sont solutions du système

$$\begin{cases} \frac{\partial f}{\partial x} = 3x^2 - y = 0 \\ \frac{\partial f}{\partial y} = 2y - x = 0 \\ \frac{\partial f}{\partial z} = 2z = 0 \end{cases} \quad \text{qui équivaut à} \quad \begin{cases} y\,(12y-1) = 0 \\ x = 2y \\ z = 0. \end{cases}$$

Il y a donc deux points critiques : $O\,(0,0,0)$ et $A\,(1/6, 1/12, 0)$.

- Nature de $O\,(0,0,0)$: La matrice hessienne de f en (x,y,z) est

$$H\,(f;(x,y,z)) = \begin{pmatrix} \frac{\partial^2 f}{\partial x^2} & \frac{\partial^2 f}{\partial x \partial y} & \frac{\partial^2 f}{\partial x \partial z} \\ \frac{\partial^2 f}{\partial x \partial y} & \frac{\partial^2 f}{\partial y^2} & \frac{\partial^2 f}{\partial y \partial z} \\ \frac{\partial^2 f}{\partial x \partial z} & \frac{\partial^2 f}{\partial y \partial z} & \frac{\partial^2 f}{\partial z^2} \end{pmatrix} = \begin{pmatrix} 6x & -1 & 0 \\ -1 & 2 & 0 \\ 0 & 0 & 2 \end{pmatrix}.$$

Au point O, $H\,(f;O) = \begin{pmatrix} 0 & -1 & 0 \\ -1 & 2 & 0 \\ 0 & 0 & 2 \end{pmatrix}$ et la forme quadratique q de matrice $H\,(f;O)$ s'écrit

$$q\,(h,k,t) = 2k^2 + 2t^2 - 2hk = 2\left(k^2 - hk\right) + 2t^2 = 2\left(k - \frac{h}{2}\right)^2 - \frac{h^2}{2} + 2t^2.$$

La signature de q est $(2,1)$ donc f n'admet pas d'extrémum en O. Le point O est un point col.

- Nature de $A\left(\frac{1}{6}, \frac{1}{12}, 0\right)$: La matrice hessienne de f en A est

$$H\,(f;A) = \begin{pmatrix} 1 & -1 & 0 \\ -1 & 2 & 0 \\ 0 & 0 & 2 \end{pmatrix}$$

et la forme quadratique associée est

$$q\,(h,k,t) = h^2 + 2k^2 + 2t^2 - 2hk = (h-k)^2 + k^2 + 2t^2.$$

C'est une forme quadratique définie positive, donc f admet un minimum relatif en A.

Exercice 108 ***Extrémums de fonctions à plusieurs variables***

Déterminer les points critiques des fonctions suivantes et préciser leur nature :

1) $f(x,y) = x^2 + xy + y^2 - 3x + 1,$

2) $f(x,y) = -2x^2 + xy - y^2 + 7y - 2,$

3) $f(x,y,z) = 4x^3 + \frac{1}{2}y^3 - 6xyz + 5z^3 - 3z,$

4) $f(x,y,z) = x^2 + y^2 + z^2 - xy + x - 2z,$

5) $f(x,y) = \arctan(xy),$

6) $f(x,y,z) = x^2y + y^2z + 2x - z.$

Solution :

1) Si $f(x,y) = x^2 + xy + y^2 - 3x + 1$,

$$\begin{cases} \dfrac{\partial f}{\partial x} = 2x + y - 3 = 0 \\ \dfrac{\partial f}{\partial y} = x + 2y = 0 \end{cases} \Leftrightarrow (x,y) = (2,-1)$$

et $(2,-1)$ est le seul point stationnaire de f. La matrice Hessienne en ce point est

$$H = \text{Mat}\left(d^2 f(2,-1)\right) = \begin{pmatrix} \frac{\partial^2 f}{\partial x^2}(2,-1) & \frac{\partial^2 f}{\partial x \partial y}(2,-1) \\ \frac{\partial^2 f}{\partial x \partial y}(2,-1) & \frac{\partial^2 f}{\partial y^2}(2,-1) \end{pmatrix} = \begin{pmatrix} 2 & 1 \\ 1 & 2 \end{pmatrix}$$

et la différentielle d'ordre 2 en $(2,-1)$ est la forme quadratique

$$q(h,k) = d^2 f(2,-1)(h,k)^2 = (h,k)\begin{pmatrix} 2 & 1 \\ 1 & 2 \end{pmatrix}\begin{pmatrix} h \\ k \end{pmatrix} = 2h^2 + 2k^2 + 2hk$$

Par la méthode de Gauss de réduction d'une forme quadratique en somme de carrés, on trouve

$$q(h,k) = 2\left(h + \frac{k}{2}\right)^2 + \frac{3}{2}k^2,$$

et la signature de q est $(2,0)$. La fonction f admet donc un minimum relatif en $(2,-1)$.

Remarques : a) Vérifions que f admet bien un minimum relatif en $(2,-1)$. La formule de Taylor-Young donne

$$f((2,-1) + (h,k)) - f((2,-1)) = \frac{1}{2}q(h,k) + \left(h^2 + k^2\right)\varepsilon(h,k)$$

avec $\lim_{(h,k)\to(0,0)} \varepsilon(h,k) = 0$.

En faisant le changement de coordonnées $(h', k') = (h + k/2, k)$, et en notant a les nouvelles coordonnées de notre point singulier, on trouve

$$\begin{aligned} f\left(a + \left(h', k'\right)\right) - f(a) &= \frac{1}{2} q\left(h', k'\right) + \left(h'^2 + k'^2\right) \varepsilon\left(h', k'\right) \\ &= h'^2\left(1 + \varepsilon\left(h', k'\right)\right) + k'^2\left(\frac{3}{4} + \varepsilon\left(h', k'\right)\right). \end{aligned}$$

Il existe un réel strictement positif η tel que $\left\|(h', k')\right\| \leq \eta$ entraîne simultanément $1 + \varepsilon\left(h', k'\right) \geq 1/2$ et $3/4 + \varepsilon\left(h', k'\right) \geq 3/8$, par conséquent

$$\begin{aligned} \left\|\left(h', k'\right)\right\| \leq \eta \quad &\Rightarrow \quad f\left(a + \left(h', k'\right)\right) - f(a) \geq \frac{1}{2} h'^2 + \frac{3}{8} k'^2 \geq 0 \\ &\Rightarrow \quad f\left(a + \left(h', k'\right)\right) \geq f(a), \end{aligned}$$

et f admet un minimum relatif en $(2, -1)$.

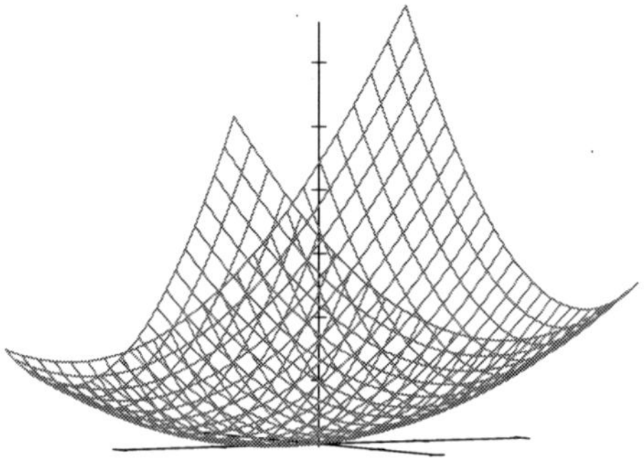

$f(x, y) = x^2 + xy + y^2 - 3x + 1$

b) Voici une autre preuve possible : On aura démontré que f admet un minimum relatif en $(2, -1)$ si l'on prouve que $q(h, k) \geq m \left\|(h, k)\right\|^2$ pour tout (h, k), où m désigne une constante strictement positive fixée une fois pour toutes. On calcule donc

$$\frac{q(h, k)}{h^2 + k^2} = \frac{2h^2 + 2k^2 + 2hk}{h^2 + k^2} = 2 + \frac{2hk}{h^2 + k^2},$$

puis en passant en polaires, on obtient bien

$$\frac{q(h, k)}{h^2 + k^2} = 2 + 2\sin\theta\cos\theta = 2 + \sin 2\theta \geq 1.$$

2) Si $f(x, y) = -2x^2 + xy - y^2 + 7y - 2$,

$$\left\{\begin{array}{l} \dfrac{\partial f}{\partial x} = -4x + y - 3 = 0 \\ \dfrac{\partial f}{\partial y} = x - 2y + 7 = 0 \end{array}\right. \Leftrightarrow (x, y) = \left(\frac{1}{7}, \frac{25}{7}\right),$$

de sorte que $a = (1/7, 25/7)$ soit le seul point stationnaire de f. La matrice Hessienne en ce point est

$$H = \begin{pmatrix} \frac{\partial^2 f}{\partial x^2}(a) & \frac{\partial^2 f}{\partial x \partial y}(a) \\ \frac{\partial^2 f}{\partial x \partial y}(a) & \frac{\partial^2 f}{\partial y^2}(a) \end{pmatrix} = \begin{pmatrix} -4 & 1 \\ 1 & -2 \end{pmatrix},$$

et la différentielle d'ordre 2 en a est la forme quadratique

$$q(h,k) = (h,k) \begin{pmatrix} -4 & 1 \\ 1 & -2 \end{pmatrix} \begin{pmatrix} h \\ k \end{pmatrix} = -4h^2 - 2k^2 + 2hk.$$

On trouve

$$q(h,k) = -2\left(k - \frac{h}{2}\right)^2 - \frac{7}{2}h^2,$$

donc q est de signature $(0, 2)$, et f admet un maximum relatif en a.

3) Si $f(x, y, z) = 4x^3 + \frac{1}{2}y^3 - 6xyz + 5z^3 - 3z$,

$$\begin{cases} \dfrac{\partial f}{\partial x} = 12x^2 - 6yz = 0 \\ \dfrac{\partial f}{\partial y} = \frac{3}{2}y^2 - 6xz = 0 \\ \dfrac{\partial f}{\partial z} = -6xy + 15z^2 - 3 = 0 \end{cases} \Leftrightarrow \begin{cases} 2x^2 - yz = 0 \\ y^2 - 4xz = 0 \\ -2xy + 5z^2 - 1 = 0. \end{cases} \quad (S)$$

Résolvons (S) : Les deux premières équations entraînent $2x^3 = xyz = y^3/4$ donc $(2x)^3 - y^3 = 0$ i.e. $y = 2x$, et

$$(S) \Leftrightarrow \begin{cases} y = 2x \\ 2x^2 - 2xz = 0 \\ 4x^2 - 4xz = 0 \\ -4x^2 + 5z^2 - 1 = 0 \end{cases} \Leftrightarrow \begin{cases} y = 2x \\ x(x - z) = 0 \\ -4x^2 + 5z^2 - 1 = 0. \end{cases}$$

► Si $x = 0$, on trouve $(x, y, z) = (0, 0, \pm 1/\sqrt{5})$,

► Si $x = z$, on trouve $(x, y, z) = (\pm 1, \pm 2, \pm 1)$.

Il y a donc 4 points critiques de f, à savoir $(0, 0, \pm 1/\sqrt{5})$ et $(\pm 1, \pm 2, \pm 1)$. En fait il suffit d'étudier la nature des points

$$A = \left(0, 0, \frac{1}{\sqrt{5}}\right) \quad \text{et} \quad B = (1, 2, 1)$$

pour déduire la nature des autres points. En effet, pour tout (x, y, z), on a $f(-x, -y, -z) = -f(x, y, z)$, de sorte que le graphe de f soit symétrique par rapport à l'origine dans $\mathbb{R}^4$. Si A est un maximum, $-A$ sera un minimum, et ainsi de suite.

• La matrice Hessienne en (x, y, z) est

$$H = \begin{pmatrix} \frac{\partial^2 f}{\partial x^2} & \frac{\partial^2 f}{\partial x \partial y} & \frac{\partial^2 f}{\partial x \partial z} \\ \frac{\partial^2 f}{\partial x \partial y} & \frac{\partial^2 f}{\partial y^2} & \frac{\partial^2 f}{\partial y \partial z} \\ \frac{\partial^2 f}{\partial x \partial z} & \frac{\partial^2 f}{\partial y \partial z} & \frac{\partial^2 f}{\partial z^2} \end{pmatrix} = 3 \begin{pmatrix} 8x & -2z & -2y \\ -2z & y & -2x \\ -2y & -2x & 10z \end{pmatrix}.$$

• **Etude de** $A = (0, 0, 1/\sqrt{5})$: La matrice Hessienne en ce point est

$$H = 3 \begin{pmatrix} 0 & -\frac{2}{\sqrt{5}} & 0 \\ -\frac{2}{\sqrt{5}} & 0 & 0 \\ 0 & 0 & \frac{10}{\sqrt{5}} \end{pmatrix} = 6 \begin{pmatrix} 0 & -\frac{1}{\sqrt{5}} & 0 \\ -\frac{1}{\sqrt{5}} & 0 & 0 \\ 0 & 0 & \frac{5}{\sqrt{5}} \end{pmatrix}.$$

Au coefficient multiplicatif 6 près, la différentielle d'ordre 2 en A sera

$$q(h, k, t) = (h, k, t) \begin{pmatrix} 0 & -\frac{1}{\sqrt{5}} & 0 \\ -\frac{1}{\sqrt{5}} & 0 & 0 \\ 0 & 0 & \frac{5}{\sqrt{5}} \end{pmatrix} \begin{pmatrix} h \\ k \\ t \end{pmatrix} = \frac{5}{\sqrt{5}} t^2 - \frac{2}{\sqrt{5}} hk.$$

On trouve

$$q(h, k, t) = \frac{5}{\sqrt{5}} t^2 - \frac{2}{\sqrt{5}} \frac{1}{4} \left[(h + k)^2 - (h - k)^2 \right],$$

donc q est de signature $(2, 1)$, et f n'a pas d'extrémum relatif en A.

• **Etude de** $B = (1, 2, 1)$: La matrice Hessienne en ce point est

$$H = 6 \begin{pmatrix} 4 & -1 & -2 \\ -1 & 1 & -1 \\ -2 & -1 & 5 \end{pmatrix}.$$

Au coefficient multiplicatif 6 près, la différentielle d'ordre 2 en A est

$$q(h, k, t) = 4h^2 + k^2 + 5t^2 - 2hk - 4ht - 2kt,$$

et la méthode de Gauss donne :

$$\begin{aligned} q(h, k, t) &= k^2 - 2(h + t)k + 4h^2 + 5t^2 - 4ht \\ &= (k - (h + t))^2 - (h + t)^2 + 4h^2 + 5t^2 - 4ht \\ &= (k - h - t)^2 + 3h^2 + 4t^2 - 6ht \\ &= (k - h - t)^2 + 3(h^2 - 2ht) + 4t^2 \\ &= (k - h - t)^2 + 3(h - t)^2 + t^2. \end{aligned}$$

La signature de q est $(3,0)$, donc q est définie positive et f admet un minimum relatif en B.

4) Si $f(x,y,z) = x^2 + y^2 + z^2 - xy + x - 2z$,

$$\begin{cases} \frac{\partial f}{\partial x} = 2x - y + 1 = 0 \\ \frac{\partial f}{\partial y} = 2y - x = 0 \\ \frac{\partial f}{\partial z} = 2z - 2 = 0 \end{cases} \Leftrightarrow \begin{cases} x = -\frac{2}{3} \\ y = -\frac{1}{3} \\ z = 1. \end{cases}$$

Le point critique de f est $A = (-2/3, -1/3, 1)$, et la Hessienne de f en (x,y,z) est

$$H = \begin{pmatrix} 2 & -1 & 0 \\ -1 & 2 & 0 \\ 0 & 0 & 2 \end{pmatrix}.$$

La différentielle seconde en A sera donc

$$q(h,k,t) = (h,k,t) \begin{pmatrix} 2 & -1 & 0 \\ -1 & 2 & 0 \\ 0 & 0 & 2 \end{pmatrix} \begin{pmatrix} h \\ k \\ t \end{pmatrix} = 2h^2 + 2k^2 + 2t^2 - 2hk.$$

On trouve

$$\begin{aligned} q(h,k,t) &= 2t^2 + 2\left(h^2 - hk\right) + 2k^2 = 2t^2 + 2\left(h - \frac{k}{2}\right)^2 - \frac{k^2}{2} + 2k^2 \\ &= 2t^2 + 2\left(h - \frac{k}{2}\right)^2 + \frac{3}{2}k^2. \end{aligned}$$

La signature de q étant $(3,0)$, la fonction f admettra un minimum relatif en A.

5) Cherchons les points critiques de $f(x,y) = \arctan(xy)$. On a

$$\begin{cases} \dfrac{\partial f}{\partial x} = \dfrac{y}{1 + x^2y^2} = 0 \\ \dfrac{\partial f}{\partial y} = \dfrac{x}{1 + x^2y^2} = 0 \end{cases} \Leftrightarrow (x,y) = (0,0).$$

L'origine $O(0,0)$ est le seul point stationnaire de f. On calcule

$$\frac{\partial^2 f}{\partial x^2} = \frac{-2xy^3}{(1 + x^2y^2)^2}\ ; \quad \frac{\partial^2 f}{\partial y^2} = \frac{-2x^3y}{(1 + x^2y^2)^2} \quad \text{et} \quad \frac{\partial^2 f}{\partial x \partial y} = \frac{1 - x^2y^2}{(1 + x^2y^2)^2}.$$

La matrice Hessienne de f en O est donc

$$H = \operatorname{Mat}\left(d^2 f(O)\right) = \begin{pmatrix} \frac{\partial^2 f}{\partial x^2}(O) & \frac{\partial^2 f}{\partial x \partial y}(O) \\ \frac{\partial^2 f}{\partial x \partial y}(O) & \frac{\partial^2 f}{\partial y^2}(O) \end{pmatrix} = \begin{pmatrix} 0 & 1 \\ 1 & 0 \end{pmatrix}$$

et la forme quadratique associée est

$$q(x,y) = 2xy = \frac{1}{2}\left((x+y)^2 - (x-y)^2\right).$$

La signature de q est donc $(1,1)$, et f n'admet aucun extrémum relatif en O. La fonction f admet un "point selle" en O.

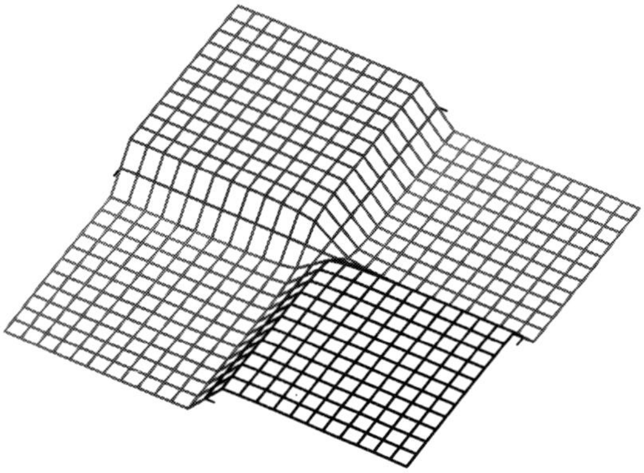

$f(x,y) = \arctan(xy)$

6) Les points critiques de $f(x,y,z) = x^2y + y^2z + 2x - z$ sont les solutions du système

$$\begin{cases} \dfrac{\partial f}{\partial x} = 2xy + 2 = 0 \\ \dfrac{\partial f}{\partial y} = 2yz + x^2 = 0 \\ \dfrac{\partial f}{\partial z} = y^2 - 1 = 0. \end{cases}$$

On trouve deux points critiques $A(1,-1,1/2)$ et $A'(-1,1,-1/2)$. Comme $f(-x,-y,-z) = -f(x,y,z)$, l'étude de f en A' se déduira de l'étude de f en A. La matrice hessienne de f en A est

$$H = \begin{pmatrix} -2 & 2 & 0 \\ 2 & 1 & -2 \\ 0 & -2 & 0 \end{pmatrix}$$

et la forme quadratique associée est

$$q((h,k,t)) = (h,k,t)\begin{pmatrix} -2 & 2 & 0 \\ 2 & 1 & -2 \\ 0 & -2 & 0 \end{pmatrix}\begin{pmatrix} h \\ k \\ t \end{pmatrix} = -2h^2 + k^2 + 4hk - 4kt.$$

Ainsi

$$q((h,k,t)) = k^2 + (4h-4t)k - 2h^2 = (k+2h-2t)^2 - (2h-2t)^2 - 2h^2,$$

et q est de signature $(1, 2)$. La fonction f n'admet donc aucun extrémum relatif en A (ni en A').

Exercice 109 *(Examen de juin 1997, Questions de cours)*

1) Donner deux caractérisations d'un ensemble compact K de $\mathbb{R}^n$.

2) Enoncer la condition suffisante du second ordre pour qu'une fonction f de classe C^2 sur un ouvert Ω de $\mathbb{R}^n$ admette un extrémum local en un point.

Solution :

1) Une partie K de $\mathbb{R}^n$ est compacte si et seulement si c'est une partie fermée bornée. Une partie K de $\mathbb{R}^n$ (et plus généralement d'un espace métrique) est compacte si et seulement si de toute suite de K l'on peut extraire une sous-suite convergente dans K. Cela revient au même de dire que toute suite de K possède au moins une valeur d'adhérence.

2) Une fonction $f : \Omega \to \mathbb{R}$ de classe C^2 possède un extrémum local en $a \in \Omega$ dès que $df(a) = 0$ et que la forme quadratique q associée à la matrice (encore appelée matrice hessienne de f au point a, ou "matrice des dérivées secondes")

$$H = \begin{pmatrix} \frac{\partial^2 f}{\partial x^2}(a) & \frac{\partial^2 f}{\partial x \partial y}(a) \\ \frac{\partial^2 f}{\partial x \partial y}(a) & \frac{\partial^2 f}{\partial y^2}(a) \end{pmatrix}$$

est définie positive ou bien définie négative.

Exercice 110 *(Examen de juin 2000) Soit f la fonction définie sur $\mathbb{R}^2$ par*

$$f(x, y) = \left(x^2 - y\right) e^{x-y}.$$

1) Justifier que f est une fonction de classe C^2 sur $\mathbb{R}^2$.
2) Calculer les dérivées partielles du premier ordre de f.
3) Montrer que f admet un seul point critique (x_0, y_0) et préciser sa nature.

Solution :

1) Les fonctions polynômes $(x, y) \mapsto x^2 - y$ et $(x, y) \mapsto x - y$ sont de classe C^∞ sur $\mathbb{R}^2$. La fonction exponentielle $t \mapsto e^t$ est de classe C^∞ sur $\mathbb{R}$, donc par composition la fonction $(x, y) \mapsto e^{x-y}$ est de classe C^∞ sur $\mathbb{R}^2$. Enfin le produit de deux fonctions de classe C^∞ sur $\mathbb{R}^2$ est encore une fonction de classe C^∞ sur $\mathbb{R}^2$.

2) On trouve

$$\frac{\partial f}{\partial x}(x,y) = 2xe^{x-y} + \left(x^2 - y\right)e^{x-y} = \left(x^2 + 2x - y\right)e^{x-y}$$

et

$$\frac{\partial f}{\partial y}(x,y) = -e^{x-y} - \left(x^2 - y\right)e^{x-y} = \left(y - x^2 - 1\right)e^{x-y}.$$

3)

$$(x_0, y_0) \text{ est un point critique de } f \Leftrightarrow \left\{\begin{array}{l} \frac{\partial f}{\partial x}(x,y) = \left(x^2 + 2x - y\right)e^{x-y} = 0 \\ \frac{\partial f}{\partial y}(x,y) = \left(y - x^2 - 1\right)e^{x-y} = 0 \end{array}\right.$$

$$\Leftrightarrow \left\{\begin{array}{l} x^2 + 2x - y = 0 \\ y = x^2 + 1 \end{array}\right. \Leftrightarrow \left\{\begin{array}{l} x = \frac{1}{2} \\ y = \frac{5}{4}. \end{array}\right.$$

On a

$$\begin{aligned} \frac{\partial^2 f}{\partial x^2}(x,y) &= \left(x^2 + 4x - y + 2\right)e^{x-y} \\ \frac{\partial^2 f}{\partial x \partial y}(x,y) &= \left(y - x^2 - 2x - 1\right)e^{x-y} \\ \frac{\partial^2 f}{\partial y^2}(x,y) &= \left(x^2 - y + 2\right)e^{x-y}. \end{aligned}$$

La Hessienne de f en $M_0 = \left(\frac{1}{2}, \frac{5}{4}\right)$ sera donc

$$H(f; M_0) = \begin{pmatrix} 3e^{-\frac{3}{4}} & -e^{-\frac{3}{4}} \\ -e^{-\frac{3}{4}} & e^{-\frac{3}{4}} \end{pmatrix}$$

et la forme quadratique associée à cette matrice sera

$$q(h,k) = e^{-\frac{3}{4}}\left(3h^2 - 2hk + k^2\right).$$

La méthode de réduction de Gauss nous donne

$$3h^2 - 2hk + k^2 = (k-h)^2 + 2h^2.$$

La signature de q sera donc $(2,0)$ et q sera une forme quadratique définie positive. La fonction f admettra un minimum relatif en M_0.

Exercice 111 *Soit $n \geq 3$ un entier. On considère la f la fonction définie de $\mathbb{R}^2 \to \mathbb{R}$ par $f(x,y) = x^n + y^n - nxy$.*

1) Déterminer les points critiques de f et donner leur nature (on discutera selon la parité de n).

2) Dans toute la suite du problème, on suppose $n = 4$. Montrer que f admet un minimum et un maximum sur le disque $D = \{(x,y) \in \mathbb{R}^2 \,/\, x^2 + y^2 \leq 4\}$.

3) a) Calculer la valeur minimale de de f sur D.

b) Vérifier l'inégalité $f(x,y) \leq 16 - 2x^2y^2 - 4xy$ pour tout (x,y) appartenant à D. En déduire la valeur maximale de f sur D.

Solution :

1) On résout le système

$$(*) \qquad \begin{cases} \frac{\partial f}{\partial x}(x,y) = nx^{n-1} - ny = 0 \\ \frac{\partial f}{\partial y}(x,y) = ny^{n-1} - nx = 0. \end{cases}$$

On a

$$(*) \Leftrightarrow \begin{cases} x^{n-1} = y \\ y^{n-1} = x \end{cases} \Rightarrow x^{(n-1)^2} = y^{n-1} = x \Rightarrow x^{n^2-2n} = 1$$

de sorte que x soit une racine réelle $(n^2 - 2n)$-ième de l'unité. Il n'y a que deux racines possibles, à savoir ± 1. Si n est pair, $n^2 - 2n$ aussi, donc 1 et -1 vérifient $x^{n^2-2n} = 1$. Réciproquement on vérifie que les couples $(x,y) = (1,1)$ ou $(-1,-1)$ sont bien solutions du système $(*)$. Si n est impair, $n^2 - 2n$ aussi, et 1 est la seule racine à retenir. Réciproquement $(1,1)$ est clairement solution de $(*)$.

En conclusion les points critiques de f sont $A(1,1)$ et $B(-1,-1)$ si n est pair, et seulement A si n est impair. On calcule

$$\frac{\partial^2 f}{\partial x^2}(x,y) = n(n-1)x^{n-2}\ ;\ \frac{\partial^2 f}{\partial x \partial y}(x,y) = -n\ ;\ \frac{\partial^2 f}{\partial y^2}(x,y) = n(n-1)y^{n-2}$$

de sorte que la Hessienne de f en $M = (x,y)$ soit

$$H(f;M) = \begin{pmatrix} n(n-1)x^{n-2} & -n \\ -n & n(n-1)y^{n-2} \end{pmatrix}$$

- Déterminons la nature de $A(1,1)$. On a

$$H(f;A) = \begin{pmatrix} n(n-1) & -n \\ -n & n(n-1) \end{pmatrix}$$

et la forme quadratique associée est

$$q_A(x,y) = n(n-1)x^2 + n(n-1)y^2 - 2nxy.$$

On a

$$\begin{aligned} q_A(x,y) &= n(n-1)\left[x^2 + y^2 - \frac{2}{n-1}xy\right] \\ &= n(n-1)\left[\left(x - \frac{1}{n-1}y\right)^2 - \frac{y^2}{(n-1)^2} + y^2\right] \\ &= n(n-1)\left(x - \frac{1}{n-1}y\right)^2 + \frac{n^2(n-2)y^2}{(n-1)}. \end{aligned}$$

Quelle que soit la parité de n, $n(n-1)$ et $\frac{n^2(n-2)}{(n-1)}$ sont strictement positifs donc la forme quadratique q_A est définie positive et f admet un minimum relatif en A.

• Lorsque n est pair, $H(f;B) = H(f;A)$ et les calculs sont identiques aux précédents. f admet donc toujours un minimum relatif en B.

2) Ici $f(x,y) = x^4 + y^4 - 4xy$ est une fonction continue sur le compact D, donc atteint ses bornes sur ce compact. Il existe donc deux points U et V appartenant à D et tels que

$$f(U) = \text{Min}\{f(M) \mid M \in D\} \quad \text{et} \quad f(V) = \text{Max}\{f(M) \mid M \in D\}.$$

3.a) Dans la première question, on a trouvé exactement deux minimums relatifs de f en A et en B. Clairement A et B appartiennent à D, donc $U \in \{A, B\}$. On calcule

$$f(A) = f(1,1) = -2 \text{ et } f(B) = f(-1,-1) = -2.$$

Ainsi $\text{Min}\{f(M) \mid M \in D\} = -2$ est atteint simultanément en A et B.

3.b) On a

$$\begin{aligned} \left(f(x,y) \le 16 - 2x^2y^2 - 4xy\right) &\Leftrightarrow x^4 + y^4 - 4xy \le 16 - 2x^2y^2 - 4xy \\ &\Leftrightarrow x^4 + y^4 + 2x^2y^2 \le 16 \\ &\Leftrightarrow \left(x^2 + y^2\right)^2 \le 16 \\ &\Leftrightarrow x^2 + y^2 \le 4 \Leftrightarrow (x,y) \in D \end{aligned}$$

donc l'inégalité annoncée est vraie sur D. Pour tout (x,y) appartenant à D, on obtient donc $f(x,y) \le 16$ si x et y sont de même signe. On remarque que

$f(2,0) = 16$. On a aussi $f(x,y) = f(-x,-y)$, si bien qu'on aura
est le maximum de f sur D si l'on montre que $f(x,y) \leq 16$ lorsq
vérifie $-2 \leq x \leq 0$ et $0 \leq y \leq \sqrt{4-x^2}$.

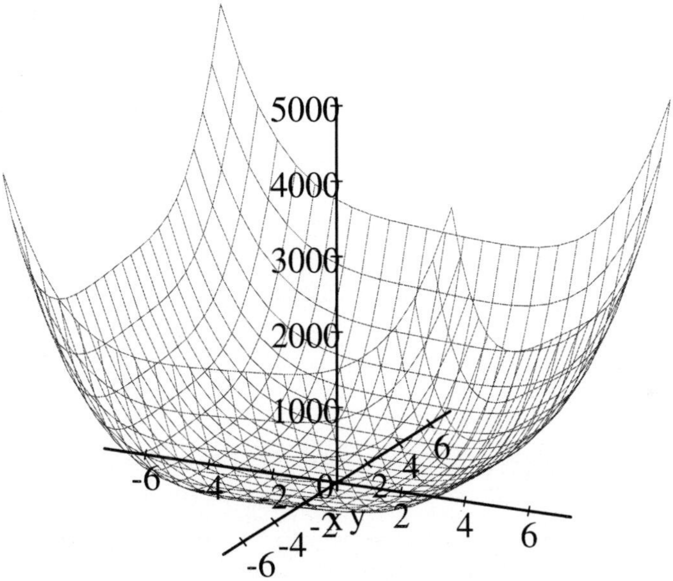

Si $-2 \leq x \leq 0$ et $0 \leq y \leq \sqrt{4-x^2}$,

$$f(x,y) = x^4 + y^4 - 4xy \leq x^4 + \left(4-x^2\right)^2 - 4x\sqrt{4-x^2},$$

de sorte que l'on puisse conclure à $f(x,y) \leq 16$ si l'on prouve que (poser $t = -x$) :

$$\forall t \in [0,2] \quad g(t) = t^4 + \left(4-t^2\right)^2 + 4t\sqrt{4-t^2} \leq 16.$$

On a

$$g(t) \leq 16 \Leftrightarrow 2\sqrt{4-t^2} \leq t\left(4-t^2\right)$$
$$\underset{(*)}{\Leftrightarrow} 4\left(4-t^2\right) \leq t^2\left(4-t^2\right)^2 \Leftrightarrow 4 \leq t^2\left(4-t^2\right),$$

l'équivalence $(*)$ étant justifiée puisque $t\left(4-t^2\right)$ est toujours positif quand t décrit $[0,2]$. Il est maintenant facile de vérifier que $4 \leq t^2\left(4-t^2\right)$ pour tout $t \in [0,2]$. Cela équivaut en effet à vérifier que $4 \leq u(4-u)$ pour tout $u \in [0,4]$. L'application $\varphi(u) = 4u - u^2$ est dérivable, sa dérivée $\varphi'(u) = 4-2u$ s'annule en $u=2$ et φ admet un minimum en ce point. Par conséquent $\varphi(u) \geq \varphi(2) = 4$ et cela achève la preuve. On conclut : le maximum de f sur D est atteint au moins en $(2,0)$ (donc aussi en $(-2,0)$) et vaut $f(2,0) = 16$.

.6 Problèmes

Problème 7 *(Examen de juin 2004, seconde session)*

Dans l'espace affine euclidien $\mathbb{R}^3$, on considère les ensembles A et B suivants :

$$A = \left\{(x, y, z) \in \mathbb{R}^3 \,/\, \exists u \in \mathbb{R} \quad x = 1 + 3u,\ y = 2u,\ z = -5u\right\}$$
$$B = \left\{(x, y, z) \in \mathbb{R}^3 \,/\, \exists v \in \mathbb{R} \quad x = -v,\ y = 1,\ z = 4v\right\}.$$

1) Interpréter A comme une image réciproque par une fonction $f : \mathbb{R}^3 \to \mathbb{R}^2$ que l'on déterminera.

2) On considère les points $I_u\,(1 + 3u, 2u, -5u)$ et $J_v\,(-v, 1, 4v)$ qui dépendent des paramètres u et v. Ces points décrivent respectivement les parties A et B lorsque u et v parcourent $\mathbb{R}$. Pour tout $(u, v) \in \mathbb{R}^2$, on pose $f\,(u, v) = (I_u J_v)^2$ (où $I_u J_v$ désigne la distance euclidienne classique entre les points I_u et J_v).

a) Exprimer $f\,(u, v)$ en fonction de u et v, puis expliquer pourquoi la fonction f est de classe C^∞ sur tout $\mathbb{R}^2$.

b) Déterminer les points singuliers de f.

c) Déterminer les extrémums locaux de f et préciser leur nature. S'agit-il d'extrémums globaux ? Justifier vos réponses.

d) Interpréter géométriquement le résultat obtenu. Si f atteint un extrémum en (u_0, v_0), que peut-on dire de la direction de la droite $(I_{u_0} J_{v_0})$ passant par I_{u_0} et J_{v_0} ?

Solution :

1) Les ensembles A et B sont des droites données par leurs représentations paramétriques. A est la droite passant par le point $(1, 0, 0)$ et de vecteur directeur $(3, 2, -5)$, et l'on obtient des équations cartésiennes de A en éliminant le paramètre u du système

$$A : \begin{cases} x = 1 + 3u \\ y = 2u \\ z = -5u. \end{cases}$$

On obtient

$$u = \frac{y}{2} = \frac{x-1}{3} = \frac{-z}{5}$$

soit

$$A : \begin{cases} 5y + 2z = 0 \\ 2x - 3y - 2 = 0. \end{cases}$$

Ainsi $A = f^{-1}\{(0, 0)\}$ où

$$\begin{array}{rccc} f : & \mathbb{R}^3 & \to & \mathbb{R}^2 \\ & (x, y, z) & \mapsto & (5y + 2z, 2x - 3y - 2). \end{array}$$

2.a) On obtient

$$f(u,v) = (I_u J_v)^2 = (1+3u+v)^2 + (2u-1)^2 + (5u+4v)^2.$$

La fonction f est donc polynomiale de degré 2 en u et v. Elle est indéfiniment différentiable à ce titre.

2.b) On calcule

$$\begin{aligned}\frac{\partial f}{\partial u} &= 2(1+3u+v)\times 3 + 2(2u-1)\times 2 + 2(5u+4v)\times 5 \\ &= 76u + 46v + 2\end{aligned}$$

et

$$\frac{\partial f}{\partial v} = 2(1+3u+v) + 2(5u+4v)\times 4 = 46u + 34v + 2.$$

Les points singuliers de f s'obtiennent en résolvant le système

$$(S) \quad \left\{\begin{array}{l}\frac{\partial f}{\partial u} = 76u + 46v + 2 = 0 \\ \frac{\partial f}{\partial v} = 46u + 34v + 2 = 0\end{array}\right. \quad \text{qui s'écrit} \quad \left\{\begin{array}{l}38u + 23v + 1 = 0 \\ 23u + 17v + 1 = 0.\end{array}\right.$$

Le déterminant de ce système est $\Delta = \begin{vmatrix} 38 & 23 \\ 23 & 17 \end{vmatrix} = 117$. Le système admet donc une unique solution (u_0, v_0) donnée par les formules de Cramer :

$$u_0 = \frac{1}{117}\begin{vmatrix} -1 & 23 \\ -1 & 17 \end{vmatrix} = \frac{2}{39}; \quad v_0 = \frac{1}{117}\begin{vmatrix} 38 & -1 \\ 23 & -1 \end{vmatrix} = -\frac{5}{39}.$$

La fonction f admet donc $M_0(\frac{2}{39}, -\frac{5}{39})$ comme unique point singulier.

2.c) Cherchons la matrice Hessienne H de f en $M_0(\frac{2}{39}, -\frac{5}{39})$. On a

$$\frac{\partial^2 f}{\partial u^2} = 76; \quad \frac{\partial^2 f}{\partial v^2} = 34; \quad \frac{\partial^2 f}{\partial u \partial v} = 46$$

donc

$$H = \begin{pmatrix} 76 & 46 \\ 46 & 34 \end{pmatrix}.$$

La formule de Taylor-Young à l'ordre 2 en M_0 s'écrit

$$\begin{aligned} f\left(\frac{2}{39} + h, -\frac{5}{39} + k\right) - f\left(\frac{2}{39}, -\frac{5}{39}\right) & \\ &= \frac{1}{2}\left[76h^2 + 34k^2 + 92hk\right] + o\left(h^2 + k^2\right) \\ &= 38h^2 + 17k^2 + 46hk + o\left(h^2 + k^2\right). \quad (*)\end{aligned}$$

Comme

$$\begin{aligned} q(h,k) &= 38h^2+17k^2+46hk \\ &= 38\left(h^2+\frac{46}{38}hk\right)+17k^2 \\ &= 38\left[\left(h+\frac{23}{38}k\right)^2-\left(\frac{23}{38}\right)^2k^2\right]+17k^2 \\ &= 38\left(h+\frac{23}{38}k\right)^2+\left(17-\frac{23^2}{38}\right)k^2 \\ &= 38\left(h+\frac{23}{38}k\right)^2+\frac{117}{38}k^2, \end{aligned}$$

la forme quadratique q est définie positive, et f admet un minimum relatif en M_0. En fait, puisque f est une fonction polynomiale de degré 2, la fonction $o\left(h^2+k^2\right)$ négligeable devant h^2+k^2 et intervenant dans l'écriture $(*)$, est identiquement nulle (voir remarque ci-dessous). On peut donc affirmer que f admet un minimum global en M_0.

Remarques et approfondissement : Un polynôme de degré 2 en (h,k) est un $o\left(h^2+k^2\right)$ si et seulement si c'est le polynôme nul. Pour nous entraîner, donnons deux preuves de ce résultat.

► Supposons que $P(h,k)=a+bh+ck+dh^2+ek^2+fhk$ soit un $o\left(h^2+k^2\right)$. Alors $P(h,0)=a+bh+dh^2=o\left(h^2\right)$, et l'on obtient $a=b=d=0$ par unicité de la partie principale d'un développement limité. On peut aussi écrire $o\left(h^2\right)=h^2\varepsilon(h)$ avec $\lim_{h\to 0}\varepsilon(h)=0$, et simplement remarquer que

$$\lim_{h\to 0}\frac{a+bh+dh^2}{h^2\varepsilon(h)}=0$$

entraîne $a=b=d=0$ (envisager plusieurs cas suivant la nullité des coefficients a, b et d). En recommençant avec k,

$$P(0,k)=ck+ek^2=o\left(k^2\right),$$

donc $c=e=0$. Enfin $P(h,h)=fh^2=o\left(h^2\right)$ entraîne encore $f=0$, ce qui achève la preuve.

► De façon plus générale, on montre qu'une fonction polynomiale de degré m à n variables réelles $P(x_1,...,x_n)$ est un $o(\|(x_1,...,x_n)\|^m)$ si et seulement si c'est le polynôme nul. Pour le voir, on utilise le résultat suivant : si $P(x_1,...,x_n)$ est une fonction polynomiale quelconque, on peut écrire

$$P(x_1,...,x_n)=P_m(x_1,...,x_n)+Q_m(x_1,...,x_n)$$

où P_m est un polynôme de $\deg P_m \leq m$, et où tous les monômes $x_1^{\alpha_1}...x_n^{\alpha_n}$ du polynôme Q_m sont de degrés $> m$. Alors

$$P(x_1, ..., x_n) = P_m(x_1, ..., x_n) + o(||(x_1, ..., x_n)||^m).$$

Le lecteur pourra expliquer en détail (et en utilisant les majorations classiques $|x_i| \leq ||(x_1, ..., x_n)||^{1/2}$) pourquoi

$$\lim_{(x_1,...,x_n)\to(0,...,0)} (x_1^{\alpha_1}...x_n^{\alpha_n}/||(x_1, ..., x_n)||^m) = 0$$

lorsque $\alpha_1 + ... + \alpha_n > m$. Si l'on fait maintenant l'hypothèse supplémentaire $\deg P = m$, on obtient $P = P_m$ et $Q_m = 0$ et l'on peut écrire

$$P(x_1, ..., x_n) = P(x_1, ..., x_n) + o(||(x_1, ..., x_n)||^m). \quad (1)$$

Si l'on suppose en outre que

$$P(x_1, ..., x_n) = o(||(x_1, ..., x_n)||^m), \quad (2)$$

l'unicité du développement limité et les assertions (1) et (2) donnent

$$P(x_1, ..., x_n) = 0.$$

2.d) On vient de calculer la distance entre les droites A et B. On a en effet :

$$\mathrm{d}(A, B) = \mathrm{Inf}\{\mathrm{d}(M, N) \ / \ M \in A \text{ et } N \in B\} = I_{u_0}J_{v_0}.$$

Un résultat classique de géométrie (le Théorème de la perpendiculaire commune) énonce que deux droites non coplanaires A et B données possèdent toujours une unique perpendiculaire commune qui coupe ces droites respectivement en I_{u_0} et J_{v_0}, et qu'avec ces notations la distance entre A et B vaut $\mathrm{d}(A, B) = I_{u_0}J_{v_0}$. On peut donc affirmer que la droite $(I_{u_0}J_{v_0})$ est orthogonale à A et à B.

Remarques et vérifications : On a $I_{u_0}(\frac{15}{13}, \frac{4}{39}, -\frac{10}{39})$ et $J_{v_0}(\frac{5}{39}, 1, -\frac{20}{39})$, et l'on peut calculer la distance entre A et B :

$$\mathrm{d}(A, B) = \sqrt{\left(\frac{15}{13} - \frac{5}{39}\right)^2 + \left(\frac{4}{39} - 1\right)^2 + \left(-\frac{10}{39} + \frac{20}{39}\right)^2} = \frac{5}{13}\sqrt{13}.$$

On vérifie que

$$\overrightarrow{I_{u_0}J_{v_0}} = \left(\frac{5}{39} - \frac{15}{13}, 1 - \frac{4}{39}, -\frac{20}{39} + \frac{10}{39}\right) = \left(-\frac{40}{39}, \frac{35}{39}, -\frac{10}{39}\right).$$

Les vecteurs $\overrightarrow{\xi} = (3,2,-5)$ et $\overrightarrow{\zeta} = (-1,0,4)$ dirigent respectivement les droites A et B, et l'on vérifie que

$$\begin{aligned}\overrightarrow{I_{u_0}J_{v_0}}.\overrightarrow{\xi} &= -\frac{40}{39}\times 3+\frac{35}{39}\times 2-\frac{10}{39}\times(-5)=0\\ \overrightarrow{I_{u_0}J_{v_0}}.\overrightarrow{\zeta} &= -\frac{40}{39}\times(-1)+\frac{35}{39}\times 0-\frac{10}{39}\times 4=0,\end{aligned}$$

comme nous l'avions prévu.

Problème 8 *Les questions II.1, II.3.d ainsi que les parties III et IV sont indépendantes du reste du problème. La partie I.1 peut être sautée si l'on admet les formules du I.1.b.*

Partie I

I.1. *On se donne une application $g : \mathbb{R}^3 \to \mathbb{R}$ de classe C^2 sur $\mathbb{R}^3$ et un point (x_0, y_0, z_0) de $\mathbb{R}^3$ tel que*

$$g(x_0,y_0,z_0)=0 \quad \text{et} \quad \frac{\partial g}{\partial z}(x_0,y_0,z_0)\neq 0.$$

Le théorème des fonctions implicites montre l'existence d'un voisinage ouvert U de (x_0, y_0), d'un voisinage ouvert V de z_0 et d'une fonction $\varphi : U \to V$ de classe C^2 tels que

$$\begin{array}{ll} 1) & \forall(x,y,z)\in U\times V \quad g(x,y,z)=0 \Leftrightarrow z=\varphi(x,y),\\ 2) & \forall(x,y,z)\in U \quad \frac{\partial g}{\partial z}(x,y,z)\neq 0.\end{array}$$

I.1.a. *Ecrire la matrice jacobienne de l'application*

$$\begin{array}{rlcl} A: & U & \to & \mathbb{R}^3\\ & (x,y) & \mapsto & (x,y,\varphi(x,y))\end{array}$$

en un point (x, y) de U en fonction des dérivées partielles de φ.

I.1.b. *En remarquant que l'application $g \circ A$ est nulle et en exprimant la matrice jacobienne de $g \circ A$ de deux façons différentes, redémontrer les formules*

$$\frac{\partial \varphi}{\partial x}(x,y)=-\frac{\frac{\partial g}{\partial x}(x,y,\varphi(x,y))}{\frac{\partial g}{\partial z}(x,y,\varphi(x,y))} \quad \text{et} \quad \frac{\partial \varphi}{\partial y}(x,y)=-\frac{\frac{\partial g}{\partial y}(x,y,\varphi(x,y))}{\frac{\partial g}{\partial z}(x,y,\varphi(x,y))}.$$

I.2. *On introduit une nouvelle fonction $f : \mathbb{R}^3 \to \mathbb{R}$ de classe C^2 sur $\mathbb{R}^3$. On note E la surface d'équation $g(x, y, z) = 0$ et W le plus grand ouvert de $\mathbb{R}^3$ sur lequel $\frac{\partial g}{\partial z}$ ne s'annule pas. Pour chaque $(x_0, y_0, z_0) \in E \cap W$ on* *reprend les notations de la question I.1. La restriction* $f|_{E\cap W} : E\cap W \to \mathbb{R}$ *de la fonction* f *à* $E\cap W$ *admet un extrémum relatif en* $M_0(x_0, y_0, z_0)$ *si et seulement si la fonction*

$$\begin{array}{rccc} F: & U\subset\mathbb{R}^2 & \to & \mathbb{R}^3 \\ & (x,y) & \mapsto & f(x,y,\varphi(x,y)) \end{array}$$

admet un extrémum relatif en $(x_0, y_0) \in U$.

I.2.a. *Calculer* $\frac{\partial F}{\partial x}(x_0, y_0)$ *et* $\frac{\partial F}{\partial y}(x_0, y_0)$ *en fonction des dérivées partielles premières de* f *et de celles de* g.

I.2.b. *En déduire que si* $F : U \to \mathbb{R}$ *possède un extrémum local en* (x_0, y_0), *alors*

$$\begin{cases} \frac{\partial f}{\partial x}(M_0)\frac{\partial g}{\partial z}(M_0) = \frac{\partial f}{\partial z}(M_0)\frac{\partial g}{\partial x}(M_0) \\ \frac{\partial f}{\partial y}(M_0)\frac{\partial g}{\partial z}(M_0) = \frac{\partial f}{\partial z}(M_0)\frac{\partial g}{\partial y}(M_0). \end{cases}$$

Partie II

II.1. *On conserve les notations de la partie précédente, mais l'on choisit dorénavant*

$$g(x,y,z) = x^2 + \frac{y^2}{4} + \frac{z^2}{9} - 1.$$

E *est un ellipsoïde d'équation* $g(x,y,z) = 0$. *On note* P *le plan d'équation* $x + y + z = p$ *où* p *est un réel tel que* $|p| > 6$.

II.1.a. *Montrer que le plan* P *n'intercepte pas l'ellipsoïde* E *(Indication : on pourra d'abord vérifier que* $(x,y,z) \in E$ *entraîne* $|x| \leq 1$, $|y| \leq 2$ *et* $|z| \leq 3$*).*

II.1.b. *Calculer les dérivées partielles* $\frac{\partial g}{\partial x}$, $\frac{\partial g}{\partial y}$ *et* $\frac{\partial g}{\partial z}$, *puis montrer que*

$$\frac{\partial g}{\partial z}(x_0, y_0, z_0) \neq 0$$

si et seulement si $z_0 \neq 0$.

II.2. *On se propose de chercher les points de* E *situés à une distance maximale (resp. minimale) du plan* P. *Pour cela, on introduit le carré de la distance d'un point* $M(x,y,z)$ *de* E *n'appartenant pas au plan d'équation* $z = 0$, *au plan* P. *On obtient ainsi la fonction*

$$f(x,y,z) = \frac{1}{3}(x+y+z-p)^2.$$

La fin du problème consiste à déterminer les extrémums de f *lorsque le point* (x,y,z) *varie sur l'ellipsoïde* E *(privée des points du plan* $z = 0$*).*

II.2.a. *En utilisant la question I.2.b montrer que si* $M_0(x_0, y_0, z_0)$ *est un extrémum relatif de* f *sur* $E\backslash\left\{(x,y,z)\in\mathbb{R}^3 \,/\, z=0\right\}$ *alors*

$$(x_0, y_0, z_0) = \varepsilon\left(\frac{1}{\sqrt{14}}, \frac{4}{\sqrt{14}}, \frac{9}{\sqrt{14}}\right) \qquad \text{où } \varepsilon = \pm 1.$$

II.3. *Dans cette question, on cherche s'il y a réellement extrémum local de la fonction* f *sur* E *au point* $M_0(\frac{1}{\sqrt{14}}, \frac{4}{\sqrt{14}}, \frac{9}{\sqrt{14}})$.

II.3.a. *Calculer* $\frac{\partial F}{\partial x}(x,y)$ *et* $\frac{\partial F}{\partial y}(x,y)$ *où* F *est la fonction définie à la question I.2.*

II.3.b. *En déduire les dérivées partielles secondes* $\frac{\partial^2 F}{\partial x^2}(x,y)$, $\frac{\partial^2 F}{\partial y^2}(x,y)$ *et* $\frac{\partial^2 F}{\partial x \partial y}(x,y)$ *(Attention : dans les formules donnant* $\frac{\partial F}{\partial x}(x,y)$ *et* $\frac{\partial F}{\partial y}(x,y)$ *au II.3.a, le* z *est fonction de* x, y *(on a* $z = \varphi(x,y)$*), et donc se "dérivera" par rapport à* x *et* y*).*

II.3.c. *Quelle est la matrice hessienne* $H(F; N_0)$ *de* F *au point* N_0 *de coordonnées* $(\frac{1}{\sqrt{14}}, \frac{4}{\sqrt{14}})$ *?*

II.3.d. *Montrer que la forme quadratique* q *sur* $\mathbb{R}^2$ *définie par*

$$q(h,k) = 40h^2 + 8hk + 13k^2$$

est définie positive.

II.3.e. *En déduire que* F *admet un extrémum relatif en* N_0*, et discuter de la nature de cet extrémum suivant la valeur du paramètre* p*.*

Partie III

E désigne toujours l'ensemble

$$E = \left\{(x,y,z)\in\mathbb{R}^3 \,/\, x^2 + \frac{y^2}{4} + \frac{z^2}{9} = 1\right\}.$$

Dans cette partie, on suppose que f *est une application continue de* $\mathbb{R}^3$ *dans* $\mathbb{R}$*, et qu'il y a exactement deux points* U *et* V *de* E *où la fonction* f *restreinte à* E *admet un extrémum relatif.*

III.1. *Démontrer que* E *est un compact de* $\mathbb{R}^3$.

III.2. *En déduire que* U *et* V *sont des extrémums globaux de* f *sur* E.

Partie IV

IV.1. *Trouver une équation cartésienne du plan* Π_{M_0} *tangent au point* $M_0(x_0, y_0, z_0)$ *à la surface*

$$E = \left\{(x,y,z)\in\mathbb{R}^3 \,/\, x^2 + \frac{y^2}{4} + \frac{z^2}{9} = 1\right\}.$$

IV.1. *Déterminer les points $M_0(x_0, y_0, z_0)$ de E tels que Π_{M_0} soit parallèle au plan P d'équation $x + y + z = p$ où $p \in \mathbb{R}$.*

Solution :

I.1.a.

$$J(A; (x,y)) = \begin{pmatrix} 1 & 0 \\ 0 & 1 \\ \frac{\partial \varphi}{\partial x}(x,y) & \frac{\partial \varphi}{\partial y}(x,y) \end{pmatrix}.$$

I.1.b.

$$J(g \circ A; (x,y)) = J(g; (x, y, \varphi(x,y))) \times J(A; (x,y))$$

donc si $M = (x, y, \varphi(x,y))$,

$$J(g \circ A; (x,y)) = \begin{pmatrix} \frac{\partial g}{\partial x}(M) & \frac{\partial g}{\partial y}(M) & \frac{\partial g}{\partial z}(M) \end{pmatrix} \begin{pmatrix} 1 & 0 \\ 0 & 1 \\ \frac{\partial \varphi}{\partial x}(x,y) & \frac{\partial \varphi}{\partial y}(x,y) \end{pmatrix}.$$

En faisant le produit de matrices et en écrivant que $J(g \circ A; (x,y))$ est la matrice nulle (c'est la différentielle de l'application nulle !), on trouve bien les formules demandées.

I.2.a. On a

$$\begin{cases} \frac{\partial F}{\partial x}(x,y) = \frac{\partial f}{\partial x}(x, y, \varphi(x,y)) + \frac{\partial f}{\partial z}(x, y, \varphi(x,y)) \frac{\partial \varphi}{\partial x}(x,y) \\ \frac{\partial F}{\partial y}(x,y) = \frac{\partial f}{\partial y}(x, y, \varphi(x,y)) + \frac{\partial f}{\partial z}(x, y, \varphi(x,y)) \frac{\partial \varphi}{\partial y}(x,y) \end{cases}$$

et compte tenu des formules précédentes et en notant toujours $M(x, y, \varphi(x,y))$

$$\begin{cases} \frac{\partial F}{\partial x}(x,y) = \frac{\partial f}{\partial x}(M) - \frac{\partial f}{\partial z}(M) \frac{\frac{\partial g}{\partial x}(M)}{\frac{\partial g}{\partial z}(M)} \\ \frac{\partial F}{\partial y}(x,y) = \frac{\partial f}{\partial y}(M) - \frac{\partial f}{\partial z}(M) \frac{\frac{\partial g}{\partial y}(M)}{\frac{\partial g}{\partial z}(M)}. \end{cases}$$

I.2.b. Une condition nécessaire pour que $F : U \to \mathbb{R}$ possède un extrémum local en (x_0, y_0) est $\frac{\partial F}{\partial x}(x_0, y_0) = \frac{\partial F}{\partial y}(x_0, y_0) = 0$, ce qui s'écrit

$$\begin{cases} \frac{\partial f}{\partial x}(M) \frac{\partial g}{\partial z}(M) = \frac{\partial f}{\partial z}(M) \frac{\partial g}{\partial x}(M) \\ \frac{\partial f}{\partial y}(M) \frac{\partial g}{\partial z}(M) = \frac{\partial f}{\partial z}(M) \frac{\partial g}{\partial y}(M). \end{cases}$$

II.1.a. Si $(x, y, z) \in P \cap E$, alors

$$|p| = |x + y + z| \leq |x| + |y| + |z| \leq 1 + 2 + 3 = 6,$$

ce qui est absurde.

II.1.b. Comme $g(x,y,z) = x^2 + \frac{y^2}{4} + \frac{z^2}{9} - 1$,

$$\frac{\partial g}{\partial x} = 2x \quad ; \quad \frac{\partial g}{\partial y} = \frac{y}{2} \quad ; \quad \frac{\partial g}{\partial z} = \frac{2z}{9}.$$

II.2.a En utilisant la condition nécessaire du **I.2.b**, on trouve

$$\left\{ \begin{array}{l} \frac{\partial f}{\partial x}(M)\frac{\partial g}{\partial z}(M) = \frac{\partial f}{\partial z}(M)\frac{\partial g}{\partial x}(M) \\ \frac{\partial f}{\partial y}(M)\frac{\partial g}{\partial z}(M) = \frac{\partial f}{\partial z}(M)\frac{\partial g}{\partial y}(M) \end{array} \right. \Rightarrow \left\{ \begin{array}{l} \frac{\partial g}{\partial z}(M) = \frac{\partial g}{\partial x}(M) \\ \frac{\partial g}{\partial z}(M) = \frac{\partial g}{\partial y}(M) \end{array} \right. \Rightarrow \left\{ \begin{array}{l} x = \frac{z}{9} \\ y = \frac{4z}{9}. \end{array} \right.$$

Alors

$$\left(\frac{z}{9}\right)^2 + \frac{1}{4}\left(\frac{4z}{9}\right)^2 + \frac{1}{9}z^2 = 1$$

entraîne $z = \pm\frac{9}{\sqrt{14}}$. Soit

$$(x_0, y_0, z_0) = \left(\pm\frac{1}{\sqrt{14}}, \pm\frac{4}{\sqrt{14}}, \pm\frac{9}{\sqrt{14}}\right).$$

II.3.a. On a vu en I.2.b

$$\left\{ \begin{array}{l} \frac{\partial F}{\partial x}(x,y) = \frac{\partial f}{\partial x}(M) - \frac{\partial f}{\partial z}(M)\frac{\frac{\partial g}{\partial x}(M)}{\frac{\partial g}{\partial z}(M)} \\ \frac{\partial F}{\partial y}(x,y) = \frac{\partial f}{\partial y}(M) - \frac{\partial f}{\partial z}(M)\frac{\frac{\partial g}{\partial y}(M)}{\frac{\partial g}{\partial z}(M)} \end{array} \right.$$

soit

$$\left\{ \begin{array}{l} \frac{\partial F}{\partial x}(x,y) = \frac{2}{3}(x+y+z-p)\left(1 - 9\frac{x}{z}\right) \\ \frac{\partial F}{\partial y}(x,y) = \frac{2}{3}(x+y+z-p)\left(1 - \frac{9}{4}\frac{y}{z}\right) \end{array} \right. \qquad (*)$$

où l'on se rappellera que $z = \varphi(x,y)$.

II.3.b. Notons $\frac{\partial z}{\partial y}$ au lieu de $\frac{\partial \varphi}{\partial y}$ par commodité. On sait qu'ici

$$\frac{\partial z}{\partial x} = -\frac{2x}{\frac{2}{9}z} = -9\frac{x}{z} \quad \text{et} \quad \frac{\partial z}{\partial y} = -\frac{\frac{y}{2}}{\frac{2}{9}z} = -\frac{9}{4}\frac{y}{z}.$$

On dérive les formules $(*)$:

$$\frac{\partial^2 F}{\partial x^2}(x,y) = \frac{2}{3}\left(1 + \frac{\partial z}{\partial x}\right)\left(1 - 9\frac{x}{z}\right) + \frac{2}{3}(x+y+z-p)\left(-9\frac{z - x\frac{\partial z}{\partial x}}{z^2}\right),$$

$$\frac{\partial^2 F}{\partial y^2}(x,y) = \frac{2}{3}\left(1 + \frac{\partial z}{\partial y}\right)\left(1 - \frac{9}{4}\frac{y}{z}\right) + \frac{2}{3}(x+y+z-p)\left(-\frac{9}{4}\frac{z - y\frac{\partial z}{\partial y}}{z^2}\right),$$

$$\frac{\partial^2 F}{\partial x \partial y}(x,y) = \frac{2}{3}\left(1+\frac{\partial z}{\partial y}\right)\left(1-9\frac{x}{z}\right)+\frac{2}{3}(x+y+z-p)\left(-9x\frac{-\frac{\partial z}{\partial y}}{z^2}\right),$$

d'où après simplifications

$$\frac{\partial^2 F}{\partial x^2}(x,y) = \frac{2}{3}\left(1-9\frac{x}{z}\right)^2 - 6(x+y+z-p)\frac{z^2+9x^2}{z^3},$$

$$\frac{\partial^2 F}{\partial y^2}(x,y) = \frac{2}{3}\left(1-\frac{9}{4}\frac{y}{z}\right)^2 - \frac{3}{8}(x+y+z-p)\frac{4z^2+9y^2}{z^3},$$

$$\frac{\partial^2 F}{\partial x \partial y}(x,y) = \frac{2}{3}\left(1-\frac{9}{4}\frac{y}{z}\right)\left(1-9\frac{x}{z}\right) - \frac{27}{2}(x+y+z-p)\frac{xy}{z^3}.$$

II.3.c. Ici $M_0(\frac{1}{\sqrt{14}}, \frac{4}{\sqrt{14}}, \frac{9}{\sqrt{14}})$ et l'on remplace pour obtenir

$$\frac{\partial^2 F}{\partial x^2}\left(\frac{1}{\sqrt{14}}, \frac{4}{\sqrt{14}}\right) = -\frac{20}{27}\left(14-p\sqrt{14}\right)$$

$$\frac{\partial^2 F}{\partial y^2}\left(\frac{1}{\sqrt{14}}, \frac{4}{\sqrt{14}}\right) = -\frac{13}{54}\left(14-p\sqrt{14}\right)$$

$$\frac{\partial^2 F}{\partial x \partial y}\left(\frac{1}{\sqrt{14}}, \frac{4}{\sqrt{14}}\right) = -\frac{2}{27}\left(14-p\sqrt{14}\right)$$

Donc

$$H(F;N_0) = \frac{p\sqrt{14}-14}{54}\begin{pmatrix} 40 & 4 \\ 4 & 13 \end{pmatrix}.$$

II.3.d. On utilise la méthode de Gauss :

$$\begin{aligned} q(h,k) &= 40h^2+8hk+13k^2 = 40\left(h^2+\frac{1}{5}hk\right)+13k^2 \\ &= 40\left(h+\frac{k}{10}\right)^2 - 40\frac{k^2}{100}+13k^2 = 20\left(h+\frac{k}{10}\right)^2+\frac{63}{5}k^2. \end{aligned}$$

La forme quadratique q est bien définie positive puisque de signature $(2,0)$.

II.3.e. $p\sqrt{14}-14$ est positif si, et seulement si, $p > \sqrt{14}$. Comme par hypothèse $|p| > 6$, on aura deux cas possibles : si $p > 6$, alors $p > \sqrt{14}$ et $H(F;N_0)$ est une matrice symétrique définie positive. Dans ce cas F admet un minimum relatif en N_0. Si $p < -6$, alors $p < \sqrt{14}$, $H(F;N_0)$ est définie négative et F admet un maximum relatif en N_0.

Remarque : Un dessin plaçant l'ellipsoïde et le plan P permettra de visualiser la situation.

III.1. Pour tout point $M(x, y, z)$ de E, et d'après II.1.a,

$$|x| \leq 1, \ |y| \leq 2 \text{ et } |z| \leq 3,$$

donc $d(O, M) = ||\overrightarrow{OM}|| = \operatorname{Sup}(|x|, |y|, |z|) \leq 3$, et E est bornée. D'autre part E est fermée comme l'image réciproque du fermé $\{0\}$ par l'application continue g. E est donc fermée et bornée de $\mathbb{R}^3$, c'est-à-dire un compact de $\mathbb{R}^3$.

III.2. La fonction f est continue sur le compact E donc atteint ses bornes sur ce compact. Autrement dit il existe un point U' et un point V' de E tels que

$$f(U') = \operatorname{Min}\{f(x) \,/\, x \in E\} \quad \text{et} \quad f(V') = \operatorname{Sup}\{f(x) \,/\, x \in E\}.$$

U' et V' sont à fortiori des extrémums relatifs de f sur E, donc appartiennent à $\{U, V\}$.

IV.1. Ecrivons toujours $g(x, y, z) = x^2 + \frac{y^2}{4} + \frac{z^2}{9} - 1$. Une équation de Π_{M_0} sera

$$\frac{\partial g}{\partial x}(x_0, y_0, z_0)(x - x_0) + \frac{\partial g}{\partial y}(x_0, y_0, z_0)(y - y_0) + \frac{\partial g}{\partial z}(x_0, y_0, z_0)(z - z_0) = 0$$

soit

$$\Pi_{M_0}: \qquad 2x_0(x - x_0) + \frac{y_0}{2}(y - y_0) + \frac{2z_0}{9}(z - z_0) = 0.$$

IV.1. Π_{M_0} est parallèle au plan P si et seulement si les normales de ces deux plans ont même direction. Un vecteur normal à Π_{M_0} est

$$\overrightarrow{n}\left(2x_0, \frac{y_0}{2}, \frac{2z_0}{9}\right).$$

Un vecteur normal à P est $\overrightarrow{m}(1, 1, 1)$. Les vecteurs $\overrightarrow{n}$ et $\overrightarrow{m}$ seront colinéaires si et seulement si il existe $\lambda \in \mathbb{R}$ tel que

$$\left(2x_0, \frac{y_0}{2}, \frac{2z_0}{9}\right) = (\lambda, \lambda, \lambda).$$

En remplaçant dans l'équation de E,

$$\frac{\lambda^2}{4} + \lambda^2 + \frac{9\lambda^2}{4} = 1 \Rightarrow \lambda = \pm\frac{2}{\sqrt{14}}.$$

Les points cherchés seront

$$(x_0, y_0, z_0) = \left(\pm\frac{1}{\sqrt{14}}, \pm\frac{4}{\sqrt{14}}, \pm\frac{9}{\sqrt{14}}\right).$$

Remarque : On obtient les points U et V où les extrémums de f sur E sont atteint. Cela donne un méthode plus rapide pour obtenir ces points et la distance d'un ellipsoïde à un plan. ■

Chapitre 5

Courbes et surfaces régulières

5.1 Sous-variétés régulières

Exercice 112 *Montrer de deux façons différentes que les parties* Δ_1 *et* Δ_2 *de* $\mathbb{R}^3$ *définies par les équations paramétriques respectives*

$$\left\{\begin{array}{l} x = 2 + 2t \\ y = 2 + 4t \\ z = 2 - 4t \end{array}\right. \quad et \quad \left\{\begin{array}{l} x = 4 + t \\ y = 6 + 2t \\ z = -2 - 2t \end{array}\right.$$

sont confondues.

Solution :

• **Première méthode** : On procède par équivalences. Notons (x, y, z) les coordonnées de M.

$$\begin{aligned} M \in \Delta_1 \quad &\Leftrightarrow \quad \exists t \in \mathbb{R} \left\{\begin{array}{l} x = 2 + 2t \\ y = 2 + 4t \\ z = 2 - 4t \end{array}\right. \\ &\Leftrightarrow \quad \exists t' \in \mathbb{R} \left\{\begin{array}{l} x = 2 + 2(1 + t') = 4 + 2t' \\ y = 2 + 4(1 + t') = 6 + 4t' \\ z = 2 - 4(1 + t') = -2 - 4t' \end{array}\right. \\ &\Leftrightarrow \quad \exists t'' \in \mathbb{R} \left\{\begin{array}{l} x = 4 + t'' \\ y = 6 + 2t'' \\ z = -2 - 2t'' \end{array}\right. \Leftrightarrow M \in \Delta_2. \end{aligned}$$

• **Seconde méthode** : On reconnaît des équations paramétriques de droites, la première droite, Δ_1, passant par $A\,(2, 2, 2)$ et de vecteur directeur $\overrightarrow{u}\,(2, 4, -4)$, et la seconde, Δ_2, passant par $B\,(4, 6, -2)$ et de vecteur directeur $\overrightarrow{v}\,(1, 2, -2)$.

Comme $\overrightarrow{u} = 2\overrightarrow{v}$ et $A \in \Delta_2$ (A est obtenu pour la valeur $t = -2$ du paramètre dans les équations de Δ_2), on a l'inclusion $\Delta_1 \subset \Delta_2$, donc l'égalité puisqu'il s'agit de droites.

Exercice 113 *On demande de montrer de deux façons différentes que les parties Π_1 et Π_2 d'équations paramétriques respectives*

$$\begin{cases} x = 2 + u + 2v \\ y = 2 + 2u + v \\ z = 1 - u - v \end{cases} \quad \text{et} \quad \begin{cases} x = 1 + 3u - v \\ y = 3 + 3u + v \\ z = 1 - 2u \end{cases}$$

sont confondues.

Solution :

• **Première méthode** : On reconnaît des équations paramétriques de plans.

Π_1 est le plan affine passant par $A_1\,(2,2,1)$ et de direction $\mathrm{Vect}\,(\overrightarrow{u}_1, \overrightarrow{v}_1)$ où $\overrightarrow{u}_1\,(1,2,-1)$ et $\overrightarrow{v}_1\,(2,1,-1)$,

Π_2 est le plan affine passant par $A_2\,(1,3,1)$ et de direction $\mathrm{Vect}\,(\overrightarrow{u}_2, \overrightarrow{v}_2)$ où $\overrightarrow{u}_2\,(3,3,-2)$ et $\overrightarrow{v}_2\,(-1,1,0)$.

On vérifie ensuite que A_1 appartient à Π_2 (faire $(u,v) = (0,-1)$ dans les équations de Π_2) et que les déterminants $\det\,(\overrightarrow{u}_1, \overrightarrow{u}_2, \overrightarrow{v}_2)$ et $\det\,(\overrightarrow{v}_1, \overrightarrow{u}_2, \overrightarrow{v}_2)$ sont nuls. Cela montre l'inclusion $\Pi_1 \subset \Pi_2$, donc l'égalité puisqu'il s'agit de plans.

• **Seconde méthode** : On procède par équivalences. Si (x,y,z) désigne les coordonnées de M, montrer l'inclusion $\Pi_1 \subset \Pi_2$ revient à montrer que, pour tout couple de réels (u,v) donné il existe un couple de réels (u',v') tel que

$$(S) \quad \begin{cases} 1 + 3u' - v' = 2 + u + 2v \\ 3 + 3u' + v' = 2 + 2u + v \\ 1 - 2u' = 1 - u - v. \end{cases}$$

On résout donc un système linéaire 3×3. On a

$$(S) \Leftrightarrow \begin{cases} 3u' - v' = 1 + u + 2v \\ 3u' + v' = -1 + 2u + v \\ u' = \frac{1}{2}(u+v) \end{cases}$$

$$\Leftrightarrow \begin{cases} \frac{3}{2}(u+v) - \left(-1 + \frac{u}{2} - \frac{v}{2}\right) = 1 + u + 2v \quad \text{vraie} \\ v' = -1 + 2u + v - \frac{3}{2}(u+v) = -1 + \frac{u}{2} - \frac{v}{2} \\ u' = \frac{1}{2}(u+v) \end{cases}$$

$$\Leftrightarrow \begin{cases} v' = -1 + \frac{1}{2}(u-v) \\ u' = \frac{1}{2}(u+v). \end{cases}$$

L'inclusion réciproque $\Pi_2 \subset \Pi_1$ se montre de la même façon.

Exercice 114 ***Equations cartésiennes d'un sous-espace affine de*** $\mathbb{R}^3$

1) Expliquer comment déterminer une équation cartésienne ou un système d'équations cartésiennes

a) d'une droite Δ *de* $\mathbb{R}^3$,

b) d'un plan Π *de* $\mathbb{R}^3$.

2) Application : déterminer un système d'équations cartésiennes des sous-espaces affines F *et* G *de* $\mathbb{R}^3$ *donnés par les équations paramétriques suivantes :*

$$F : \begin{cases} x = 3 + 4\alpha - 2\beta \\ y = \alpha + 2\beta \\ z = 1 - 3\alpha - \beta \end{cases} \qquad G : \begin{cases} x = 4 + 7\alpha \\ y = -1 + \alpha \\ z = 1 - 5\alpha. \end{cases}$$

Solution :

1.a) On pose $E = \mathbb{R}^3$, et l'on appelle $\overrightarrow{E}$ l'espace vectoriel associé à E. Si A est un point de E et si $\vec{u}$ désigne un vecteur non nul de $\overrightarrow{E}$, **la droite** $D(A, \vec{u})$ **passant par** A **et de vecteur directeur** $\vec{u}$ est, par définition, l'ensemble

$$D(A, \vec{u}) = \left\{ M \in E \,/\, \exists \lambda \in \mathbb{R} \quad \overrightarrow{AM} = \lambda \vec{u} \right\}.$$

La **direction** $\overrightarrow{D}$ de la droite D est l'ensemble formé de $\vec{0}$ et de tous les vecteurs directeurs de D. Si $D = D(A, \vec{u})$,

$$\overrightarrow{D} = \left\{ v \in \vec{E} \,/\, \exists \lambda \in \mathbb{R} \quad \overrightarrow{v} = \lambda \vec{u} \right\}.$$

L'ensemble $\overrightarrow{D}$ est une **droite vectorielle**, autrement dit un sous-espace vectoriel de dimension 1 de $\overrightarrow{E}$. C'est le sous-espace vectoriel engendré par $\vec{u}$, ce que nous notons $\overrightarrow{D} = \mathrm{Vect}(\vec{u})$.

Les équations paramétriques d'une droite traduisent la définition en utilisant des coodonnées dans un repère $(O, \overrightarrow{i}, \overrightarrow{j}, \overrightarrow{k})$ (resp. une base $(\overrightarrow{i}, \overrightarrow{j}, \overrightarrow{k})$) de E (resp. $\overrightarrow{E}$). Si $A(x_A, y_A, z_A)$ et $\vec{u}(\alpha, \beta, \gamma)$,

$$D = D(A, \overrightarrow{u}) \Leftrightarrow \exists \lambda \in \mathbb{R} \quad \overrightarrow{AM} = \lambda \vec{u} \Leftrightarrow \exists \lambda \in \mathbb{R} \quad \begin{cases} x = x_A + \lambda \alpha \\ y = y_A + \lambda \beta \\ z = z_A + \lambda \gamma. \end{cases}$$

Une équation cartésienne de la droite D s'obtient en éliminant le paramètre λ des équations paramétriques, donc en écrivant :

$$D : \frac{x - x_A}{\alpha} = \frac{y - y_A}{\beta} = \frac{z - z_A}{\gamma} \qquad (\sharp)$$

lorsqu'aucune des coordonnées α, β, γ n'est nulle. Si l'une des coordonnées précédente est nulle, par exemple si $\alpha = 0$, on constate qu'il suffit de remplacer le quotient $(x - x_A)/\alpha$ par $x - x_A = 0$ pour obtenir encore des équations cartésiennes de D.

Remarque : Le lecteur vérifiera bien que, réciproquement, des équations générales de la forme ($\sharp$) décrivent bien une droite.

1.b) Si $A(x_A, y_A, z_A)$ est un point de E et si $\vec{u}(\alpha, \beta, \gamma)$ et $\vec{v}(\alpha', \beta', \gamma')$ désignent deux vecteurs linéairement indépendants de $\overrightarrow{E}$, le plan $P(A, \vec{u}, \vec{v})$ passant par A et de direction le plan vectoriel Vect $(\vec{u}, \vec{v})$ est par définition l'ensemble

$$P(A, \vec{u}, \vec{v}) = \left\{ M \in E \,/\, \exists \lambda, \mu \in \mathbb{R} \quad \overrightarrow{AM} = \lambda \vec{u} + \mu \vec{v} \right\}.$$

Les équations paramétriques de P sont

$$M \in P \Leftrightarrow \exists \lambda, \mu \in \mathbb{R} \quad \begin{cases} x = x_A + \lambda\alpha + \mu\alpha' \\ y = y_A + \lambda\beta + \mu\beta' \\ z = z_A + \lambda\gamma + \mu\gamma' \end{cases} \qquad (\flat)$$

et une équation cartésienne du plan est obtenue en éliminant les paramètres λ, μ de ces trois équations paramétriques. On obtient alors une seule équation

$$(\beta\gamma' - \gamma\beta')(x - x_A) + (\gamma\alpha' - \alpha\gamma')(y - y_A) + (\alpha\beta' - \beta\alpha')(z - z_A) = 0, \qquad (\flat')$$

de la forme

$$ax + by + cz + d = 0$$

avec $(a, b, c) \neq (0, 0, 0)$.

Remarques : a) La réciproque est vraie. Supposons par exemple que a ne soit pas nul, ce qui ne nuit pas à la généralité de notre raisonnement. Les points $M(x, y, z)$ vérifiant $ax + by + cz + d = 0$ sont ceux qui vérifient

$$\exists \lambda, \mu \in \mathbb{R} \quad \begin{cases} x = -\frac{d}{a} - \frac{b}{a}\lambda - \frac{c}{a}\mu \\ y = \lambda \\ z = \mu, \end{cases}$$

et l'on reconnaît des équations paramétriques du plan passant par $A(-d/a, 0, 0)$ et de direction le plan vectoriel Vect $(\vec{u}, \vec{v})$ avec $\vec{u}(-b/a, 1, 0)$ et $\vec{v}(-c/a, 0, 1)$.

b) Eliminer les deux paramètres d'entre les équations ($\flat$) consiste à utiliser deux équations pour déterminer ces paramètres en fonctions des données, puis à remplacer dans la troisième équations. C'est ce que nous ferons ci-dessous pour trouver des équations de F. Une autre méthode consiste à utiliser le déterminant d'ordre 3 et écrire :

$$\begin{aligned} M(x,y,z) \in P &\Leftrightarrow \det(\overrightarrow{AM}, \vec{u}, \vec{v}) = 0 \\ &\Leftrightarrow \begin{vmatrix} x - x_A & \alpha & \alpha' \\ y - y_A & \beta & \beta' \\ z - z_A & \gamma & \gamma' \end{vmatrix}, \end{aligned}$$

soit ($\flat'$) en développant.

2) On résout le système formé par les deux premières équations de F :

$$\begin{cases} 4\alpha - 2\beta = x - 3 \\ \alpha + 2\beta = y \end{cases}$$

puis on reporte dans la troisième équation. On trouve

$$\alpha = \frac{\begin{vmatrix} x-3 & -2 \\ y & 2 \end{vmatrix}}{\begin{vmatrix} 4 & -2 \\ 1 & 2 \end{vmatrix}} = \frac{1}{5}(x + y - 3)$$

et :

$$\beta = \frac{\begin{vmatrix} 4 & x-3 \\ 1 & y \end{vmatrix}}{\begin{vmatrix} 4 & -2 \\ 1 & 2 \end{vmatrix}} = \frac{1}{10}(4y - x + 3)$$

puis

$$z = 1 - \frac{3}{5}(x + y - 3) - \frac{1}{10}(4y - x + 3)$$

soit

$$F : x + 2y + 2z = 5.$$

Les calculs sont plus rapides pour la droite G, puisqu'éliminer le paramètre α du système

$$G : \begin{cases} x = 4 + 7\alpha \\ y = -1 + \alpha \\ z = 1 - 5\alpha. \end{cases}$$

donne immédiatement un système d'équations cartésiennes de G :

$$\frac{x-4}{7} = y + 1 = \frac{1-z}{5}.$$

Exercice 115 *Les ensembles suivants sont-ils des sous-variétés (si l'on se restreint à des parties $I \subset \mathbb{R}$ ou $U \subset \mathbb{R}^3$ convenables) ? Dans l'affirmative, préciser leur nature géométrique (courbe ou surface), déterminer les espaces affines tangents (en éliminant éventuellement certains points) et définir les orientations possibles de ces sous-espaces.*

$$\begin{aligned}
\textit{1) } S &= \{(x,y,z) \in \mathbb{R}^3 \,/\, x = u^2 + v^2, y = u^2 - v^2, z = uv \text{ où } (u,v) \in U\}, \\
\textit{2) } S &= \{(x,y,z) \in \mathbb{R}^3 \,/\, x = t^2 - 1, y = 3t + 1, z = \frac{t}{t^2 - 1} \text{ où } t \in I\}, \\
\textit{3) } S &= \{(x,y) \in \mathbb{R}^2 \,/\, x = \frac{1-t}{t^2+1}, y = \frac{2t}{\ln t} \text{ où } t \in I\}, \\
\textit{4) } S &= \{(x,y,z) \in \mathbb{R}^3 \,/\, x^2 + y^2 + z^2 + xyz - 1 = 0\}.
\end{aligned}$$

Solution :

Rappelons la définition d'une sous-variétés différentielle définie paramétriquement :

Définition : Soient d, k et n trois entiers naturels non nuls tels que $d \leq n$. On dit que la partie Σ de $\mathbb{R}^n$ est une **sous-variété différentielle de classe C^k et de dimension** d si pour tout $M_0 \in \Sigma$ il existe un voisinage ouvert V de M_0 dans $\mathbb{R}^n$, un voisinage ouvert U d'un point $t_0 = (t_{0,1}, ..., t_{0,d})$ de $\mathbb{R}^d$ et une application $\varphi : U \to V$ telle que

1) $\varphi(U) = V \cap \Sigma$,
2) $\varphi : U \to V$ est injective,
3) φ est de classe C^k sur U,
4) la différentielle $d\varphi(t)$ est de rang maximum d.

1) Pour les trois premières questions, il s'agit de vérifier les points 2), 3) et 4) de la définition (le premier point étant trivialement vérifié).

• La fonction $\varphi(u,v) = \left(u^2 + v^2, u^2 - v^2, uv\right)$ est de classe C^∞ sur $\mathbb{R}^2$.

• On a

$$\varphi(u,v) = \varphi(u',v') \quad \Leftrightarrow \quad \begin{cases} u^2 + v^2 = u'^2 + v'^2 \\ u^2 - v^2 = u'^2 - v'^2 \\ uv = u'v' \end{cases}$$

$$\Leftrightarrow \quad \begin{cases} u^2 = u'^2 \\ v^2 = v'^2 \\ uv = u'v' \end{cases} \quad \Leftrightarrow \begin{cases} u = \pm u' \\ v = \pm v' \\ uv = u'v'. \end{cases} \quad (*)$$

On se place au voisinage de $M_0 = \varphi(u_0, v_0)$ et l'on envisage trois cas :

a) Si $v_0 \neq 0$, alors v et v' seront non nuls et de même signe lorsqu'on les suppose dans un voisinage ouvert suffisamment petit $\widetilde{U}$ de (u_0, v_0) (par exemple l'un des demi-plans ouverts $v > 0$ ou $v < 0$), et sur ce voisinage :

$$(*) \Leftrightarrow \begin{cases} u = \pm u' \\ v = v' \\ uv = u'v' \end{cases} \Rightarrow (u, v) = (u', v') .$$

La restriction $\varphi|_{\widetilde{U}} : \widetilde{U} \to \mathbb{R}^3$ sera alors injective.

b) Si $u_0 \neq 0$, on procède comme en a).

c) Si $(u_0, v_0) = (0, 0)$, pour toute boule $\widetilde{U}$ de centre $(0, 0)$ et de rayon ε et pour tout $(u, v) \in \widetilde{U}$ on a $\varphi(u, v) = \varphi(-u, -v)$ d'après $(*)$. L'application restreinte $\varphi|_{\widetilde{U}} : \widetilde{U} \to \widetilde{V}$ ne sera jamais injective.

En conclusion φ sera injective au voisinage de chacun des points de $\mathbb{R}^2 \setminus \{(0, 0)\}$, mais non au voisinage de l'origine $(0, 0)$ qu'il faut exclure dès à présent.

• La différentielle

$$d\varphi(u, v) = \begin{pmatrix} 2u & 2v \\ 2u & -2v \\ v & u \end{pmatrix}$$

est de rang < 2 si et seulement si les trois déterminants sont nuls, ce qui équivaut à $(u, v) = (0, 0)$. Il suffit donc de choisir $U = \mathbb{R}^2 \setminus \{(0, 0)\}$ pour que S soit une sous-variété différentielle de classe C^∞ et de dimension 2. C'est une surface de $\mathbb{R}^3$. Le plan Π tangent en $M_0 = \varphi(u_0, v_0)$ à Σ admet les équations paramétriques

$$M = M_0 + d\varphi(u_0, v_0)(h, k) .$$

Une base de sa direction $\overrightarrow{\Pi}$ est formée des deux vecteurs

$$\frac{\partial \varphi}{\partial u}(u_0, v_0) = d\varphi(u_0, v_0)(1, 0) = \begin{pmatrix} \frac{\partial \varphi_1}{\partial u}(u_0, v_0) \\ \frac{\partial \varphi_2}{\partial u}(u_0, v_0) \\ \frac{\partial \varphi_3}{\partial u}(u_0, v_0) \end{pmatrix} = \begin{pmatrix} 2u_0 \\ 2u_0 \\ v_0 \end{pmatrix}$$

$$\frac{\partial \varphi}{\partial v}(u_0, v_0) = d\varphi(u_0, v_0)(0, 1) = \begin{pmatrix} \frac{\partial \varphi_1}{\partial v}(u_0, v_0) \\ \frac{\partial \varphi_2}{\partial v}(u_0, v_0) \\ \frac{\partial \varphi_3}{\partial v}(u_0, v_0) \end{pmatrix} = \begin{pmatrix} 2v_0 \\ -2v_0 \\ u_0 \end{pmatrix} .$$

Une équation de Π sera donc

$$\begin{vmatrix} x - (u_0^2 + v_0^2) & 2u_0 & 2v_0 \\ y - (u_0^2 - v_0^2) & 2u_0 & -2v_0 \\ z - u_0 v_0 & v_0 & u_0 \end{vmatrix} = 0.$$

Une orientation du plan tangent Π sera obtenue en choisissant le produit vectoriel $\frac{\partial\varphi}{\partial u}(u_0,v_0)\wedge\frac{\partial\varphi}{\partial v}(u_0,v_0)$ ou son opposé pour orienter la normale à $\overrightarrow{\Pi}$.

2) L'application

$$\begin{array}{rccc}\varphi: & I=\mathbb{R}\backslash\{\pm1\} & \to & \mathbb{R}^3\\ & t & \mapsto & \left(t^2-1,3t+1,\frac{t}{t^2-1}\right)\end{array}$$

est de classe C^∞. Elle est injective au voisinage de tout point t de I, et sa différentielle est

$$d\varphi(t)(h)=\varphi'(t)h \text{ où } \varphi'(t)=\left(2t,3,\frac{-t^2-1}{(t^2-1)^2}\right).$$

La dérivée $\varphi'(t)$ ne s'annule jamais et S est donc toujours une sous-variété différentiable de classe C^∞ et de dimension 1, autrement dit une courbe gauche de $\mathbb{R}^3$. L'espace affine tangent $T_{M_0}(S)$ à la courbe S en $M_0=\varphi(t_0)$ est la droite

$$T_{M_0}(S)=M_0+\operatorname{Im}d\varphi(M_0)=M_0+\operatorname{Vect}(\varphi'(t_0)).$$

Cette droite admet les équations paramétriques :

$$\left\{\begin{array}{l}x=t_0^2-1+2t_0\lambda\\ y=3t_0+1+3\lambda\\ z=\frac{t_0}{t_0^2-1}-\frac{t_0^2+1}{(t_0^2-1)^2}\lambda\end{array}\right.\quad \text{où } \lambda\in\mathbb{R}.$$

3) • L'application

$$\begin{array}{rccc}\varphi: & I=\mathbb{R}_+^* & \to & \mathbb{R}^2\\ & t & \mapsto & \left(\frac{1-t}{t^2+1},\frac{2t}{\ln t}\right)\end{array}$$

est de classe C^∞.

• Elle est injective au voisinage de tout point t de I. En effet l'étude des fonctions $\alpha(t)=\frac{1-t}{t^2+1}$ et $\beta(t)=\frac{t}{\ln t}$ montrent que $\alpha(t)$ (resp. $\beta(t)$) est strictement monotone au voisinage de tout point sauf en $1\pm\sqrt{2}$ (resp. en e). Comme $e\notin\{1\pm\sqrt{2}\}$, l'injectivité locale s'en déduit. De façon plus détaillée, si l'on suppose que $t_0\neq e$, on choisit un intervalle ouvert $\widetilde{U}$ contenant t_0 mais ne contenant pas e. Sur cet intervalle, la fonction $\beta(t)$ est strictement monotone et l'on peut écrire

$$\forall t,t'\in\widetilde{U}\qquad \varphi(t)=\varphi(t')\Leftrightarrow\left\{\begin{array}{l}\alpha(t)=\alpha(t')\\ \beta(t)=\beta(t')\Rightarrow t=t'.\end{array}\right.$$

• La différentielle de φ en t est

$$d\varphi(t)(h) = \varphi'(t)\,h \text{ où } \varphi'(t) = \left(\alpha'(t), \beta'(t)\right) = \left(\frac{t^2 - 2t - 1}{(t^2+1)^2}, 3, \frac{2\ln t - 2}{\ln^2 t}\right).$$

Il n'existe aucun t qui annule simultanément $\alpha'(t)$ et $\beta'(t)$, donc $d\varphi(t)$ est toujours de rang maximum 1. En conclusion S sera une s.v.d. en tout point de $\mathbb{R}_+^*$.

4) On a $S = \{(x,y,z) \in \mathbb{R}^3 \,/\, f(x,y,z) = 0\}$ où f désigne l'application polynomiale (donc de classe C^∞) :

$$\begin{array}{rccc} f : & \mathbb{R}^3 & \longrightarrow & \mathbb{R} \\ & (x,y,z) & \longmapsto & x^2 + y^2 + z^2 + xyz - 1. \end{array}$$

La partie S est une sous-variété différentielle de $\mathbb{R}^3$ en tout point M non singulier pour f, et dans ce cas S est une surface définie implicitement. Recherchons les points singuliers de f. Le point $M = (x,y,z)$ est singulier si et seulement si

$$(S) \quad \left\{\begin{array}{l} \frac{\partial f}{\partial x}(M) = 2x + yz = 0 \\ \frac{\partial f}{\partial y}(M) = 2y + xz = 0 \\ \frac{\partial f}{\partial z}(M) = 2z + xy = 0 \end{array}\right. \Leftrightarrow \left\{\begin{array}{l} 2x = -yz \\ 4y - yz^2 = 0 \\ 4z - y^2 z = 0 \end{array}\right. \Leftrightarrow \left\{\begin{array}{l} 2x = -yz \\ y\left(4 - z^2\right) = 0 \\ z\left(4 - y^2\right) = 0, \end{array}\right.$$

d'où la discussion.

▶ Si $y = 0$, (S) équivaut à $z = 0$. Tous les points $(x,0,0)$ sont singuliers pour f lorsque x décrit $\mathbb{R}$.

▶ Si $y \neq 0$,

$$(S) \Leftrightarrow \left\{\begin{array}{l} 2x = -yz \\ z = \pm 2 = 2\varepsilon' \\ y = \pm 2 = 2\varepsilon \end{array}\right.$$

où ε et ε' valent ± 1. Les quatre points $(x,y,z) = (-2\varepsilon\varepsilon', 2\varepsilon, 2\varepsilon')$ sont singuliers.

En conclusion, S est une sous-variété différentielle au voisinage de chaque point de $\mathbb{R}^3 \backslash A$ où

$$A = \{(x,0,0) \in \mathbb{R}^3 \,/\, x \in \mathbb{R}\} \cup \{\left(-2\varepsilon\varepsilon', 2\varepsilon, 2\varepsilon'\right) \in \mathbb{R}^3 \,/\, \varepsilon, \varepsilon' \in \{-1, 1\}\}.$$

Si $M_0 = (x_0, y_0, z_0)$ appartient à $\mathbb{R}^3 \backslash A$, le plan tangent Π_{M_0} à S en M_0 est parfaitement défini, et admet l'équation

$$\frac{\partial f}{\partial x}(M_0)(x - x_0) + \frac{\partial f}{\partial y}(M_0)(y - y_0) + \frac{\partial f}{\partial z}(M_0)(z - z_0) = 0,$$

soit

$$(2x_0 + y_0 z_0)(x - x_0) + (2y_0 + x_0 z_0)(y - y_0) + (2z_0 + x_0 y_0)(z - z_0) = 0.$$

L'orientation de Π_{M_0} est obtenue en orientant la direction normale au plan donnée par le vecteur directeur $\overrightarrow{n}(2x_0 + y_0 z, 2y_0 + x_0 z_0, 2z_0 + x_0 y_0)$.

Exercice 116 ***Indépendance de l'espace tangent à une sous-variété par changement de paramètres***

Soient d'une part S une sous-variété différentielle de classe C^k $(k \geq 1)$ de $\mathbb{R}^n$ de dimension p, a un point de S, $\varphi : U \to V$ une représentation paramétrique locale de S en a et soit d'autre part

$$\begin{array}{rccc} \theta : & T & \to & U \\ & t & \mapsto & u = \theta(t) \end{array}$$

un changement de variables dans $\mathbb{R}^p$.

1) Rappeler soigneusement la définition de φ et celle de θ.

2) Montrer que $\varphi \circ \theta$ est une représentation paramétrique locale de S en a.

3) Soit $\psi : T \to W$ une autre représentation paramétrique locale de S en a. Montrer qu'il existe un changement de variable θ qui échange ψ et φ.

4) Montrer que les espaces tangents vectoriel $E_a(S)$ et affine $T_a(S)$ ne dépendent pas de la représentation paramétrique locale de S en a.

Solution :

1) L'application $\varphi : U \to V$ (où $U \subset \mathbb{R}^p$) est injective et de classe C^k sur U, vérifie $\varphi(U) = V \cap S$, et c'est une immersion en a, autrement dit le rang $\operatorname{rg} d\varphi(a)$ de sa différentielle en $a \in U$ vaut p. Par continuité, on aura $\operatorname{rg} d\varphi(u) = p$ pour tout $u \in U$ (quitte à choisir un ouvert U plus petit). L'application $\theta : T \to U$ est un C^k-difféomorphisme entre les ouverts T et U de $\mathbb{R}^p$.

2) L'application $\varphi \circ \theta : T \to V$ est de classe C^k comme composée de fonctions de classe C^k, et pour tout $t \in T$, la différentielle

$$d(\varphi \circ \theta)(t) = d\varphi(\theta(t)) \circ d\theta(t)$$

est la composée d'une injection linéaire $d\varphi(\theta(t)) : \mathbb{R}^p \to \mathbb{R}^n$ et d'une bijection linéaire $d\theta(t) : \mathbb{R}^p \to \mathbb{R}^p$. C'est donc une injection linéaire de $\mathbb{R}^p$ dans $\mathbb{R}^n$, et cela s'écrit $\operatorname{rg} d\,(\varphi \circ \theta)\,(t) = p$. L'application $\varphi \circ \theta : \mathbb{R}^p \to \mathbb{R}^n$ est donc bien une représentation paramétrique locale de S en a.

3) Les applications $\varphi^{-1} \circ \psi : \psi^{-1}(V \cap W) \to \varphi^{-1}(V \cap W)$ et $\psi^{-1} \circ \varphi : \varphi^{-1}(V \cap W) \to \psi^{-1}(V \cap W)$ sont de classe C^k et inverses l'une de l'autre. Ainsi, l'application $\theta = \varphi^{-1} \circ \psi$ est un C^k-difféomorphisme et $\psi = \varphi \circ \theta$.

4) Il s'agit de vérifier que l'espace tangent $E_a(S)$ à S en a est indépendant du choix de la paramétrisation locale. Considérons deux paramétrisations locales $\varphi : U \to V$ et $\psi : T \to W$, notons θ le changement de paramètres qui vérifie $\psi = \varphi \circ \theta$, et appelons $E_a(S)$ (resp. $E'_a(S)$) l'espace tangent à S en a défini à l'aide de la paramétrisation locale φ (resp. ψ). Notons u_0 et t_0 les valeurs des paramètres pour lesquelles $a = \varphi(u_0) = \psi(t_0)$. Par définition $E_a(S) = \operatorname{Im} d\varphi\,(u_0)$, et

$$\begin{aligned} E'_a(S) &= \operatorname{Im} d\psi\,(t_0) \\ &= \operatorname{Im} d\,(\varphi \circ \theta)\,(t_0) \\ &= \operatorname{Im}\left[d\varphi\,(\theta\,(t_0)) \circ d\theta\,(t_0)\right] = \operatorname{Im} d\varphi\,(\theta\,(t_0)) = E_a(S)\,, \end{aligned}$$

puisque $d\theta\,(t_0)$ est une bijection.

5.2 Courbes régulières

Exercice 117 ***Complément de cours : Tangente à une courbe définie implicitement***

Soit $\mathcal{C}$ une courbe régulière définie dans $\mathbb{R}^2$ par l'équation $f(x, y) = 0$ (courbe plane), ou définie dans $\mathbb{R}^3$ par le système d'équations

$$\begin{cases} f(x, y, z) = 0 \\ g(x, y, z) = 0 \end{cases}$$

(courbe gauche).

1) Préciser les hypothèses minimales à faire sur la fonctions f (dans le cas d'une courbe plane) ou sur les deux fonctions f et g (dans le cas d'une courbe gauche) pour que les équations ci-dessus définissent bien des courbes régulière.

2) Soit M_0 un point de $\mathcal{C}$, de coordonnées (x_0, y_0) ou (x_0, y_0, z_0) suivant le contexte. En utilisant le Théorème des fonctions implicites et en distinguant deux cas suivant que la courbe $\mathcal{C}$ soit plane ou gauche, montrer que la tangente $T_{M_0}(\mathcal{C})$ à la courbe $\mathcal{C}$ au point M_0 admet l'équation cartésienne

$$(1) \quad (x - x_0)\frac{\partial f}{\partial x}(M_0) + (y - y_0)\frac{\partial f}{\partial y}(M_0) = 0$$

dans le cas d'une courbe plane avec $M_0(x_0, y_0)$, ou bien le système d'équations cartésiennes

$$(2) \quad \begin{cases} (x-x_0)\frac{\partial f}{\partial x}(M_0) + (y-y_0)\frac{\partial f}{\partial y}(M_0) + (z-z_0)\frac{\partial f}{\partial z}(M_0) = 0 \\ (x-x_0)\frac{\partial g}{\partial x}(M_0) + (y-y_0)\frac{\partial g}{\partial y}(M_0) + (z-z_0)\frac{\partial g}{\partial z}(M_0) = 0 \end{cases}$$

dans le cas d'une courbe gauche.

3) Utiliser le produit scalaire de $\mathbb{R}^2$ (resp. $\mathbb{R}^2$) pour exprimer la formule (1) *(resp.* (2)*) en fonction du gradient $\nabla f(M_0)$ de f au point M_0 et du vecteur $\overrightarrow{MM_0}$ (resp. de $\nabla f(M_0)$, $\nabla g(M_0)$ et de $\overrightarrow{MM_0}$). En déduire les orientations de $\mathcal{C}$.*

4) Application : Etudier les courbes S suivantes et préciser au point M_0 considéré la tangente et les orientations possibles de cette tangente.

a) S est le graphe de la fonction h de classe C^1, définie sur l'intervalle I de $\mathbb{R}$ et à valeurs dans $\mathbb{R}$, autrement dit $S = \{(x,y) \in \mathbb{R}^2 \mid y = h(x)\}$, avec $M_0(x_0, y_0)$.

b) $S = \{(x,y) \in \mathbb{R}^2 \mid x^2 - y^2 = 1\}$ et $M_0(1,0)$.

c) $S = \left\{(x,y) \in \mathbb{R}^2 \mid \frac{x^2}{a^2} + \frac{y^2}{b^2} = 1\right\}$ et $M_0(x_0, y_0)$.

d) $S = \{(x,y,z) \in \mathbb{R}^3 \mid x^2 + y^2 + z^2 - 3 = x - z^2 = 0.\}$ et $M_0(x_0, y_0, z_0)$.

Solution :

1) La courbe $\mathcal{C}$ est régulière si et seulement si chacun de ses points est régulier. Si la courbe $\mathcal{C}$ est définie implicitement par une équation $F(x) = 0$, cela signifie que la fonction F est au moins de classe C^1 et que la différentielle $dF(x)$ est surjective pour tout $x \in \mathcal{C}$ (autrement dit de rang maximum). Dans le cas d'une courbe plane définie par une unique fonction $f : \mathbb{R}^2 \to \mathbb{R}$, cela revient à dire que f est au moins de classe C^1 et que

$$\forall (x,y) \in \mathcal{C} \quad df(x,y) \neq 0,$$

autrement dit que

$$\forall (x,y) \in \mathcal{C} \quad \left(\frac{\partial f}{\partial x}(x,y), \frac{\partial f}{\partial y}(x,y)\right) \neq (0,0).$$

Dans le cas d'une courbe gauche définie par deux fonctions f et g de $\mathbb{R}^2$ dans $\mathbb{R}$, cela revient à dire que f et g sont des fonctions au moins de classe C^1 et que

$$\forall M = (x,y,z) \in \mathcal{C} \quad \mathrm{rg}\begin{pmatrix} \frac{\partial f}{\partial x}(M) & \frac{\partial f}{\partial y}(M) & \frac{\partial f}{\partial z}(M) \\ \frac{\partial g}{\partial x}(M) & \frac{\partial g}{\partial y}(M) & \frac{\partial g}{\partial z}(M) \end{pmatrix} = 2.$$

2) • Cas d'une courbe plane : On peut supposer $\frac{\partial f}{\partial y}(x,y) \neq 0$ sans restreindre la généralité. Le Théorème des fonctions implicites montre l'existence d'un voisinage ouvert U de x_0, d'un voisinage ouvert V de y_0 et d'une fonction $\varphi : U \to V$ de classe C^k $(k \geq 1)$ telle que

$$\forall (x,y) \in U \times V \quad f(x,y) = 0 \Leftrightarrow y = \varphi(x).$$

Une paramétrisation locale de $\mathcal{C}$ au voisinage du point M_0 est ainsi donnée par :

$$\begin{array}{cccc} \Phi : & U & \to & U \times V \\ & x & \mapsto & (x, \varphi(x)). \end{array}$$

L'espace tangent à la courbe en M_0 est la droite $T_{M_0}(\mathcal{C}) = M_0 + \mathbb{R}\Phi'(x_0)$ d'équation

$$\begin{vmatrix} x - x_0 & 1 \\ y - y_0 & \varphi'(x_0) \end{vmatrix} = 0.$$

Ainsi $T_{M_0}(\mathcal{C}) : \varphi'(x_0)(x - x_0) - (y - y_0) = 0$. Le Théorème des fonctions implicites nous donne aussi l'expression de la dérivée $\varphi'(x_0)$, à savoir

$$\varphi'(x_0) = -\frac{\frac{\partial f}{\partial x}(x_0, y_0)}{\frac{\partial f}{\partial y}(x_0, y_0)}.$$

L'équation de $T_{M_0}(\mathcal{C})$ devient finalement

$$\frac{\partial f}{\partial x}(x_0, y_0)(x - x_0) + \frac{\partial f}{\partial y}(x_0, y_0)(y - y_0) = 0 \quad (1)$$

comme prévu. Bien entendu, on aboutirait exactement sur la même équation dans le cas où c'est la dérivée $\frac{\partial f}{\partial x}(x_0, y_0)$ qui n'est pas nulle.

• Cas d'une courbe gauche : Supposons par exemple que

$$\begin{vmatrix} \frac{\partial f}{\partial y} & \frac{\partial f}{\partial z} \\ \frac{\partial g}{\partial y} & \frac{\partial g}{\partial z} \end{vmatrix} \neq 0.$$

Le Théorème des fonctions implicites montre l'existence d'un voisinage ouvert U de x_0, d'un voisinage ouvert V de (y_0, z_0) et d'une fonction $\varphi : U \to V$ de classe C^k $(k \geq 1)$ telle que

$$\forall (x,y,z) \in U \times V \quad \left\{ \begin{array}{l} f(x,y,z) = 0 \\ g(x,y,z) = 0 \end{array} \right. \Leftrightarrow (y,z) = \varphi(x) = (\varphi_1(x), \varphi_2(x)).$$

Une paramétrisation locale de $\mathcal{C}$ au voisinage du point M_0 est donc :

$$\begin{array}{cccc} \Phi : & U & \to & U \times V \\ & x & \mapsto & (x, \varphi_1(x), \varphi_2(x)) \end{array}$$

et l'espace tangent $T_{M_0}(\mathcal{C})$ en M_0 sera la droite $T_{M_0}(\mathcal{C}) = M_0 + \mathbb{R}\Phi'(x_0)$. Le Théorème des fonctions implicites montre aussi que

$$\begin{pmatrix} \varphi_1'(x) \\ \varphi_2'(x) \end{pmatrix} = -Q^{-1}P \text{ avec } Q = \begin{pmatrix} \frac{\partial f}{\partial y} & \frac{\partial f}{\partial z} \\ \frac{\partial g}{\partial y} & \frac{\partial g}{\partial z} \end{pmatrix} \text{ et } P = \begin{pmatrix} \frac{\partial f}{\partial x} \\ \frac{\partial g}{\partial x} \end{pmatrix},$$

où les dérivées partielles sont calculées en M_0. Donc

$$\begin{pmatrix} \varphi_1'(x) \\ \varphi_2'(x) \end{pmatrix} = -\frac{1}{\Delta}\begin{pmatrix} \frac{\partial g}{\partial z} & -\frac{\partial f}{\partial z} \\ -\frac{\partial g}{\partial y} & \frac{\partial f}{\partial y} \end{pmatrix}\begin{pmatrix} \frac{\partial f}{\partial x} \\ \frac{\partial g}{\partial x} \end{pmatrix} = -\frac{1}{\Delta}\begin{pmatrix} \frac{\partial g}{\partial z}\frac{\partial f}{\partial x} - \frac{\partial f}{\partial z}\frac{\partial g}{\partial x} \\ -\frac{\partial g}{\partial y}\frac{\partial f}{\partial x} + \frac{\partial f}{\partial y}\frac{\partial g}{\partial x} \end{pmatrix}$$

avec $\Delta = \frac{\partial f}{\partial y}\frac{\partial g}{\partial z} - \frac{\partial g}{\partial y}\frac{\partial f}{\partial z}$. Le vecteur directeur de la tangente sera

$$\Phi'(x_0) = \begin{pmatrix} 1 \\ \varphi_1'(x) \\ \varphi_2'(x) \end{pmatrix} = \frac{1}{\Delta}\begin{pmatrix} \frac{\partial f}{\partial y}\frac{\partial g}{\partial z} - \frac{\partial g}{\partial y}\frac{\partial f}{\partial z} \\ -\left(\frac{\partial g}{\partial z}\frac{\partial f}{\partial x} - \frac{\partial f}{\partial z}\frac{\partial g}{\partial x}\right) \\ \frac{\partial g}{\partial y}\frac{\partial f}{\partial x} - \frac{\partial f}{\partial y}\frac{\partial g}{\partial x} \end{pmatrix} = \frac{1}{\Delta}(\nabla f \wedge \nabla g)$$

où la notation $\nabla f = \left(\frac{\partial f}{\partial x}, \frac{\partial f}{\partial y}, \frac{\partial f}{\partial z}\right)$ désigne le gradient de f et ∇g celui de g. La tangente $T_{M_0}(\mathcal{C})$ est donc la droite passant par M_0 et orthogonale aux vecteurs ∇f et ∇g. Elle admet le système suivant d'équations cartésiennes

$$\begin{cases} \overrightarrow{M_0M}.\nabla f = 0 \\ \overrightarrow{M_0M}.\nabla g = 0 \end{cases}$$

et ce système n'est autre que (2).

3) On a déjà exprimé (2) en fonction des gradients ∇f et ∇g. Quant à (1), elle s'écrit $\overrightarrow{M_0M}.\nabla f = 0$.

4.a) S est définie par $f(x,y) = y - h(x) = 0$. Tout point de S est régulier puisque $df(x,y) = (-h'(x), 1) \neq (0,0)$, et une équation de la tangente $T_{M_0}(S)$ sera

$$-h'(x)(x - x_0) + (y - y_0) = 0,$$

et l'on retrouve l'équation bien connue $y = h'(x)(x - x_0) + y_0$.

4.b) Ici, S est une hyperbole équilatère dont la tangente en $M_0(x_0, y_0)$ admet l'équation

$$2x_0(x - x_0) - 2y_0(y - y_0) = 0.$$

Si $M_0(1,0)$, on obtient $x - x_0 = 0$ et la tangente à S en M_0 est verticale (cela correspond avec l'allure bien connue de la courbe).

4.c) Une équation de la tangente à l'ellipse $\frac{x^2}{a^2} + \frac{y^2}{b^2} = 1$ en (x_0, y_0) sera

$$\frac{2x_0}{a^2}(x - x_0) + \frac{2y_0}{b^2}(y - y_0) = 0$$

ce qui s'arrange en

$$\frac{2x_0 x}{a^2} + \frac{2y_0 y}{b^2} = 1.$$

4.d) Ici

$$\frac{\partial f}{\partial x} = 2x, \quad \frac{\partial f}{\partial y} = 2y, \quad \frac{\partial f}{\partial z} = 2z$$

$$\frac{\partial g}{\partial x} = 1, \quad \frac{\partial g}{\partial y} = 0, \quad \frac{\partial g}{\partial z} = -2z$$

La matrice $\begin{pmatrix} \frac{\partial f}{\partial x} & \frac{\partial f}{\partial y} & \frac{\partial f}{\partial z} \\ \frac{\partial g}{\partial x} & \frac{\partial g}{\partial y} & \frac{\partial g}{\partial z} \end{pmatrix}$ est de rang < 2 si et seulement si $2y = -4yz = 0$, ce qui équivaut à $y = 0$. L'intersection du plan $y = 0$ et de S est donnée par

$$y = 0, \quad x^2 + z^2 = 3 \quad \text{et} \quad x = z^2,$$

soit $z^4 + z^2 - 3 = 0$. Le discriminant de cette équation bicarrrée est $\Delta = 13 > 0$, et l'équation admettra donc deux racines réelles

$$z = \pm\sqrt{\frac{-1 + \sqrt{13}}{2}}.$$

La courbe S est donc régulière en tout point de $\mathbb{R}^3$ autre que les points $(\frac{-1+\sqrt{13}}{2}, 0, \pm\sqrt{\frac{-1+\sqrt{13}}{2}})$. Elle admet une tangente en tout point $M_0(x_0, y_0, z_0)$ différent de ces deux points, donnée par l'équation cartésienne (voir (2)) :

$$\begin{cases} x_0(x - x_0) + y_0(y - y_0) + z_0(z - z_0) = 0 \\ (x - x_0) - 2z_0(z - z_0) = 0. \end{cases}$$

5.3 Surfaces régulières

Exercice 118 *Plan tangent à une surface dans* $\mathbb{R}^3$

Soit Σ une surface régulière dans $\mathbb{R}^3$ définie par l'équation $f(x, y, z) = 0$.

1) Préciser les hypothèses minimales que l'on doit faire sur f.

2) En utilisant le Théorème des fonctions implicites, montrer que le plan tangent $T_{M_0}(\Sigma)$ à Σ au point $M_0(x_0, y_0, z_0)$ de Σ admet l'équation cartésienne suivante :

$$(*) \quad (x - x_0)\frac{\partial f}{\partial x}(M_0) + (y - y_0)\frac{\partial f}{\partial y}(M_0) + (z - z_0)\frac{\partial f}{\partial z}(M_0) = 0.$$

3) Utiliser le produit scalaire de $\mathbb{R}^3$ pour exprimer l'équation $(*)$ en fonction de $\overrightarrow{\nabla} f(M_0)$ et de $\overrightarrow{MM_0}$. En déduire les orientations de Σ.

4) ***Applications*** *: Etudier les surfaces suivantes et préciser au point M_0 considéré le plan tangent et l'orientation. On éliminera au besoin certains points.*

a) Σ désigne le graphe de la fonction h de l'ouvert U de $\mathbb{R}^2$ dans $\mathbb{R}$ et de classe C^1 sur U. Autrement dit $\Sigma = \big\{((x, y), z) \in \mathbb{R}^3 \mid z = h(x, y)\big\}$ et $M_0(x_0, y_0, z_0)$.

b) $\Sigma = \{(x, y, z) \in \mathbb{R}^3 \mid x^2y^2 + 2xyz + z^2 - xy - z = 0\}$.

c) $\Sigma = \{(x, y, z) \in \mathbb{R}^3 \mid x^2 + y^2 + z^2 - 3 = 0\}$.

d) $\Sigma = \{(x, y, z) \in \mathbb{R}^3 \mid x \sin y - y \cos x + \sin (xz) = 0\}$.

Solution :

1) La surface Σ est régulière si et seulement si chacun de ses points est régulier. Cela signifie que $f : \mathbb{R}^3 \to \mathbb{R}$ est au moins de classe C^1 sur un ouvert de $\mathbb{R}^3$ et que

$$\forall (x, y, z) \in \Sigma \quad df\,(x, y, z) \neq 0,$$

autrement dit

$$\forall (x, y, z) \in \Sigma \quad \left(\frac{\partial f}{\partial x}(x, y), \frac{\partial f}{\partial y}(x, y), \frac{\partial f}{\partial y}(x, z)\right) \neq (0, 0, 0).$$

2) Comme la différentielle $df\,(M_0)$ n'est pas nulle, on peut par exemple supposer que $\dfrac{\partial f}{\partial z}(u_0, v_0, z_0) \neq 0$. Le Théorème des fonctions implicites montre l'existence d'un voisinage ouvert U de (x_0, y_0), d'un voisinage ouvert V de z_0 et d'une application φ de classe C^1 de U dans V telle que :

$$\forall (x, y, z) \in U \times V \quad f\,(x, y, z) = 0 \Leftrightarrow z = \varphi\,(x, y)$$

avec

$$\frac{\partial \varphi}{\partial x}(x_0, y_0) = -\frac{\dfrac{\partial f}{\partial x}(M_0)}{\dfrac{\partial f}{\partial z}(M_0)} \text{ et } \frac{\partial \varphi}{\partial y}(x_0, y_0) = -\frac{\dfrac{\partial f}{\partial y}(M_0)}{\dfrac{\partial f}{\partial z}(M_0)}.$$

L'ouvert $U \times V$ est un voisinage de (x_0, y_0, z_0) sur lequel Σ coïncide avec une surface régulière, à savoir le graphe de φ. La paramétrisation de Σ sur cet ouvert est

$$\begin{array}{rccc} \psi : & U & \to & U \times V \\ & (x, y) & \mapsto & (x, y, \varphi\,(x, y)). \end{array}$$

On sait que le plan tangent $T_{M_0}(\Sigma)$ à Σ en $M_0 = (x_0, y_0, z_0)$ admet les équations paramétriques $M = M_0 + d\psi\,(x_0, y_0)\,(h, k)$, donc l'équation cartésienne

$$\begin{vmatrix} x - x_0 & 1 & 0 \\ y - y_0 & 0 & 1 \\ z - z_0 & \frac{\partial \varphi}{\partial x}\,(x_0, y_0) & \frac{\partial \varphi}{\partial y}\,(x_0, y_0) \end{vmatrix} = 0.$$

Cette équation s'écrit

$$-\frac{\partial \varphi}{\partial x}\,(x_0, y_0)\,(x - x_0) - \frac{\partial \varphi}{\partial y}\,(x_0, y_0)\,(y - y_0) + (z - z_0) = 0$$

ou encore

$$(*) \quad \frac{\partial f}{\partial x}\,(M_0)\,(x - x_0) + \frac{\partial f}{\partial y}\,(M_0)\,(y - y_0) + \frac{\partial f}{\partial z}\,(M_0)\,(z - z_0) = 0.$$

3) L'équation $(*)$ s'écrit $\overrightarrow{\nabla} f(M_0).\overrightarrow{MM_0} = 0$. L'orientation du plan $T_{M_0}(\Sigma)$ sera donnée par le choix de l'un des deux vecteurs directeurs $\overrightarrow{\nabla} f(M_0)$ pour orienter la normale.

4.a) On a $\Sigma : f\,(x, y, z) = h\,(x, y) - z = 0$. L'application f est de classe C^1 et c'est toujours une submersion. On applique 2) :

$$T_{M_0}(\Sigma) : \quad \frac{\partial h}{\partial x}\,(M_0)\,(x - x_0) + \frac{\partial h}{\partial y}\,(M_0)\,(y - y_0) - (z - z_0) = 0.$$

4.b) On trouve

$$\overrightarrow{\nabla} f(M) = \begin{pmatrix} 2xy^2 + 2yz - y \\ 2x^2y + 2xz - x \\ 2xy + 2z - 1 \end{pmatrix} = \overrightarrow{0} \Leftrightarrow \begin{cases} y\,(2xy + 2z - 1) = 0 \\ x\,(2xy + 2z - 1) = 0 \\ 2xy + 2z - 1 = 0. \end{cases}$$

Les points $M\,(x, y, z)$ à éliminer sont ceux qui vérifient $2xy + 2z - 1 = 0$. Si M est un point régulier, le plan tangent est donné par la question 2.

4.c) Σ est la sphère de centre l'origine $O = (0, 0, 0)$ du repère canonique et de rayon $\sqrt{3}$. Le gradient $\overrightarrow{\nabla} f(M) = {}^t\,(2x, 2y, 2z)$ est nul si et seulement si $M = O$, mais O n'appartient pas à la sphère Σ Tous les points de Σ sont donc réguliers, et le plan tangent à $M_0(x_0, y_0, z_0)$ admet l'équation

$$T_{M_0}(\Sigma) : \quad 2x_0\,(x - x_0) + 2y_0\,(y - y_0) + 2z_0\,(z - z_0) = 0.$$

On retrouve le plan passant par M_0 et orthogonal au rayon $[OM_0]$.

4.d) Ici

$$\overrightarrow{\nabla} f(M) = \begin{pmatrix} \sin y + y \sin x + z \cos xz \\ x \cos y - \cos x \\ x \cos xz \end{pmatrix} = \overrightarrow{0} \Leftrightarrow \begin{cases} \sin y + y \sin x = 0 \\ x \cos y - \cos x = 0 \\ \cos xz = 0. \end{cases}$$

En un point $M_0(x_0, y_0, z_0)$ qui n'annule pas $\overrightarrow{\nabla} f(M)$, le plan tangent à Σ est donné par la question 2.

Exercice 119 *(Examen de septembre 1996) On considère l'application f de $\mathbb{R}^2$ dans $\mathbb{R}$ définie par*

$$f(x, y) = \left(1 + x + xy + y^2\right) e^x - (2x + 1).$$

1) Montrer que l'origine O de coordonnées $(0, 0)$ est un point stationnaire de f. La fonction f admet-elle un extrémum relatif en O ?

2) Soit S la surface d'équation $z = h(x, y)$ où $h(x, y) = \left(1 + x + xy + y^2\right) e^x$.

a) Donner une équation cartésienne du plan tangent à la surface S au point $M_0 = (0, 0, 1)$.

b) Quelle est la position locale de S par rapport à son plan tangent en M_0 ?

Solution :

1) Le point $O(0, 0)$ vérifie le système

$$\begin{cases} \frac{\partial f}{\partial x} = \left(2 + x + y + xy + y^2\right) e^x - 2 = 0 \\ \frac{\partial f}{\partial y} = (x + 2y) e^x = 0 \end{cases} \qquad (*)$$

donc est un point stationnaire de f.

• Pour déterminer la nature de O, cherchons les dérivées partielles secondes en ce point. On obtient

$$\begin{cases} \frac{\partial^2 f}{\partial x^2} = \left(3 + x + 2y + xy + y^2\right) e^x \\ \frac{\partial^2 f}{\partial y^2} = 2e^x \\ \frac{\partial^2 f}{\partial x \partial y} = (1 + x + 2y) e^x \end{cases}$$

donc la différentielle d'ordre 2 de f en O sera :

$$q(h, k) = (h, k) \begin{pmatrix} 3 & 1 \\ 1 & 2 \end{pmatrix} \begin{pmatrix} h \\ k \end{pmatrix} = 3h^2 + 2k^2 + 2hk.$$

Par la méthode de Gauss, on trouve $q(h,k) = 3\left(h + \frac{k}{3}\right)^2 + \frac{5}{3}k^2$, de sorte que la forme quadratique q admette la signature $(2,0)$, et que f admette un minimum relatif en O. Pour conclure autrement à partir de q, on aurait aussi bien pu poser $x = \rho\cos\theta$ et $y = \rho\sin\theta$ et écrire

$$\frac{q(h,k)}{h^2+k^2} = 2 + \frac{h^2}{h^2+k^2} + \frac{2hk}{h^2+k^2} \geq 2 + \sin 2\theta \geq 1$$

Comme $\frac{q(h,k)}{h^2+k^2}$ est minoré sur $\mathbb{R}^2 \setminus \{(0,0)\}$ par un nombre strictement positif, on peut affirmer que f admet un minimum relatif en O.

2.a) S est la surface d'équation cartésienne $z - h(x,y) = 0$, donc le plan Π tangent à S en $M_0(0,0,1)$ admet l'équation

$$\Pi : \quad -\frac{\partial h}{\partial x}(0,0)\,x - \frac{\partial h}{\partial y}(0,0)\,y + (z-1) = 0.$$

Compte tenu de $(*)$, $\frac{\partial h}{\partial x}(0,0) = 2$ et $\frac{\partial h}{\partial y}(0,0) = 0$, donc Π est le plan d'équation $z = 2x + 1$.

2.b) La position relative de S et du plan tangent Π au voisinage de M_0 est donnée par le signe de $f(x,y) = h(x,y) - (2x+1)$. D'après la question 1), $f(x,y) \geq 0$ au voisinage de $(0,0)$, donc S est au dessus du plan Π pour (x,y,z) proche de M_0.

Exercice 120 *(Examen de juin 1997) Soient f l'application de $\mathbb{R}^3$ dans $\mathbb{R}$ définie par $f(x,y,z) = \sin\left(x^2+y\right) + \cos yz$ et Σ la surface de $\mathbb{R}^3$ d'équation $f(x,y,z) = 0$. On note M_0 le point de Σ dont les coordonnées sont $(\sqrt{\pi-1}, 1, \pi/2)$.*

1) Montrer qu'il existe un voisinage ouvert U de $(\sqrt{\pi-1}, 1)$ dans $\mathbb{R}^2$, un voisinage ouvert V de $\pi/2$ dans $\mathbb{R}$, et une application $\varphi : U \to V$ de classe C^∞ tels que

$$\forall (x,y,z) \in U \times V \qquad f(x,y,z) = 0 \Leftrightarrow z = \varphi(x,y).$$

2) Calculer les dérivées partielles $\frac{\partial\varphi}{\partial x}$ et $\frac{\partial\varphi}{\partial y}$ en des points (x,y) voisins de $(\sqrt{\pi-1}, 1)$.

3) Donner une équation cartésienne du plan Π tangent à la surface Σ au point M_0 ainsi que les coordonnées d'un vecteur $\overrightarrow{n}$ normal à ce plan.

Solution :

1) f est de classe C^∞ sur tout $\mathbb{R}^3$, et

$$\frac{\partial f}{\partial x} = 2x\cos\left(x^2+y\right) \quad \frac{\partial f}{\partial y} = \cos\left(x^2+y\right) - z\sin yz \quad \frac{\partial f}{\partial z} = -y\sin yz.$$

Comme $\frac{\partial f}{\partial z}(M_0) = -1$ n'est pas nul, on peut appliquer le théorème des fonctions implicites.

2) Quitte à prendre U plus petit, on peut supposer que $\frac{\partial f}{\partial z}$ ne s'annule pas sur U. Le théorème des fonctions implicites donne alors

$$\frac{\partial \varphi}{\partial x}(x,y) = -\frac{\frac{\partial f}{\partial x}(x,y)}{\frac{\partial f}{\partial z}(x,y)} = \frac{2x\cos\left(x^2+y\right)}{y\sin yz}$$

et

$$\frac{\partial \varphi}{\partial y}(x,y) = -\frac{\frac{\partial f}{\partial y}(x,y)}{\frac{\partial f}{\partial z}(x,y)} = \frac{\cos\left(x^2+y\right) - z\sin yz}{y\sin yz}.$$

3) $M_0 = \left(\sqrt{\pi-1}, 1, \frac{\pi}{2}\right) = (x_0, y_0, z_0)$ est un point régulier, donc une équation de Π sera,

$$\Pi : \quad \frac{\partial f}{\partial x}(M_0)(x-x_0) + \frac{\partial f}{\partial y}(M_0)(y-y_0) + \frac{\partial f}{\partial z}(M_0)(z-z_0) = 0$$

soit

$$\Pi : \quad -2\sqrt{\pi-1}\left(x-\sqrt{\pi-1}\right) + \left(-1-\frac{\pi}{2}\right)(y-1) - \left(z-\frac{\pi}{2}\right) = 0.$$

Après réduction, l'équation de Π s'écrit $2\sqrt{\pi-1}x+(1+\pi/2)y+z+1-3\pi = 0$, et un vecteur normal à Π sera par exemple $\overrightarrow{n}(2\sqrt{\pi-1}, 1+\pi/2, 1)$.

Exercice 121 *(Examen de juin 1998)*

1) Soit $U = \left\{(u,v) \in \mathbb{R}^2 \,/\, u > 0,\ |v| < u\right\}$. *Montrer que* U *est un ouvert de* $\mathbb{R}^2$ *dont on déterminera la frontière* F.

2) Soit la fonction

$$\begin{array}{llll} \varphi : & \mathbb{R}^2 & \to & \mathbb{R}^3 \\ & (u,v) & \mapsto & (x,y,z) = \left(uv, u^2-v^2, u+v\right). \end{array}$$

Préciser la régularité de φ *et déterminer la matrice jacobienne* $J(\varphi;(u,v))$ *de* φ *au point* (u,v).

3) Montrer que $\Sigma = \varphi(U)$ est une surface régulière paramétrée par φ.

4) a) Déterminer en tout point $M_0(x_0, y_0, z_0)$ de Σ où $(x_0, y_0, z_0) = \varphi(u_0, v_0)$ un système d'équations paramétriques et une équation cartésienne du plan affine tangent $T_{M_0}(\Sigma)$ à Σ en M_0.

b) Expliciter les calculs pour le point $M_0(0,1,1)$ en lequel on déterminera aussi le vecteur normal unitaire $\overrightarrow{n}$ à Σ en M_0.

5) Représenter dans le plan $y = 0$ l'ensemble $\Gamma = \varphi(F)$.

Solution :

1) On a $U = \{(u,v) \in \mathbb{R}^2 \,/\, u > 0,\ -u < v < u\}$. Posons

$$f: \begin{array}{ccc} \mathbb{R}^2 & \to & \mathbb{R} \\ (u,v) & \mapsto & u \end{array} \ ; \quad g: \begin{array}{ccc} \mathbb{R}^2 & \to & \mathbb{R} \\ (u,v) & \mapsto & u+v \end{array} \ ; \quad h: \begin{array}{ccc} \mathbb{R}^2 & \to & \mathbb{R} \\ (u,v) & \mapsto & u-v. \end{array}$$

Alors $U = f^{-1}(\mathbb{R}_+^*) \cap g^{-1}(\mathbb{R}_+^*) \cap h^{-1}(\mathbb{R}_+^*)$ est ouvert comme l'intersection de trois ouverts, à savoir les images réciproques de l'ouvert $\mathbb{R}_+^*$ par les trois fonctions continues f, g, h. La frontière F de U est formée des points M tels que toute boule ouverte non vide centrée en M coupe à la fois U et son complémentaire $\complement U$. F sera donc la réunion des deux demi-droites d'extrémité commune O et incluses dans les bissectrices $v = \pm u$ situées dans le demi-plan fermé $u \geq 0$.

2) L'application φ est de classe C^∞ sur $\mathbb{R}^2$ puisque ses fonctions coordonnées sont polynômiales. On trouve

$$J(\varphi;(u,v)) = \begin{pmatrix} v & u \\ 2u & -2v \\ 1 & 1 \end{pmatrix}.$$

3) Montrer que $\Sigma = \varphi(U)$ est une surface régulière paramétrée globalement par φ revient à prouver que φ est injective et que le rang de $J(\varphi;(u,v))$ est 2 pour tout $(u,v) \in U$. On a

$$\operatorname{rg} J(\varphi;(u,v)) \neq 2 \Leftrightarrow \begin{vmatrix} v & u \\ 1 & 1 \end{vmatrix} = \begin{vmatrix} 2u & -2v \\ 1 & 1 \end{vmatrix} = 0 \Leftrightarrow (u,v) = (0,0).$$

Comme $(0,0) \notin U$ cela prouve bien que $\operatorname{rg} J(\varphi;(u,v)) = 2$ pour $(u,v) \in U$. Montrons l'injectivité de φ :.

$$\varphi(u,v) = \varphi(u',v') \Leftrightarrow \begin{cases} uv = u'v' \\ u^2 - v^2 = u'^2 - v'^2 \\ u + v = u' + v' \end{cases} \Rightarrow \begin{cases} uv = u'v' \quad (*) \\ u^2 - v^2 = u'^2 - v'^2 \\ (u+v)^2 = (u'+v')^2. \end{cases}$$

Ce dernier système entraîne

$$\begin{cases} u^2 - v^2 = u'^2 - v'^2 \\ u^2 + v^2 = u'^2 + v'^2 \end{cases}$$

d'où $u^2 = u'^2$ par addition. Comme (u, v) et (u', v') appartiennent à U, u et u' sont positifs et l'on aura $u = u'$. En remplaçant dans $(*)$ on trouve $v = v'$. Finalement $\varphi(u, v) = \varphi(u', v')$ entraîne bien $(u, v) = (u', v')$ et l'injectivité de φ est assurée.

4.a) D'après le cours, le plan tangent $T_{M_0}(\Sigma)$ est le plan affine passant par M_0 et de direction l'espace vectoriel engendré par les vecteurs $\frac{\partial \varphi}{\partial u}(u_0, v_0)$ et $\frac{\partial \varphi}{\partial v}(u_0, v_0)$.
On notera donc $T_{M_0}(\Sigma) = M_0 + \text{Vect}\left(\frac{\partial \varphi}{\partial u}(u_0, v_0), \frac{\partial \varphi}{\partial v}(u_0, v_0)\right)$ avec

$$\frac{\partial \varphi}{\partial u}(u_0, v_0) = \begin{pmatrix} v_0 \\ 2u_0 \\ 1 \end{pmatrix} \text{ et } \frac{\partial \varphi}{\partial v}(u_0, v_0) = \begin{pmatrix} u_0 \\ -2v_0 \\ 1 \end{pmatrix}.$$

Des équations paramétriques de $T_{M_0}(\Sigma)$ s'en déduisent :

$$\begin{cases} x = x_0 + v_0\lambda + u_0\mu \\ y = y_0 + 2u_0\lambda - 2v_0\mu \qquad \text{où } \lambda, \mu \in \mathbb{R}, \\ z = z_0 + \lambda + \mu \end{cases}$$

et une équation cartésienne de $T_{M_0}(\Sigma)$ sera donnée en développant le déterminant

$$\begin{vmatrix} x - x_0 & v_0 & u_0 \\ y - y_0 & 2u_0 & -2v_0 \\ z - z_0 & 1 & 1 \end{vmatrix} = 0,$$

pour obtenir

$$T_{M_0}(\Sigma) : 2(u_0 + v_0)(x - x_0) + (u_0 - v_0)(y - y_0) - 2\left(u_0^2 + v_0^2\right)(z - z_0) = 0.$$

4.b) Ici $M_0 = (0, 1, 1) = \varphi(1, 0)$ donc

$$T_{M_0}(\Sigma) : \begin{cases} x = \mu \\ y = 1 + 2\lambda \\ z = 1 + \lambda + \mu \end{cases} \quad \text{et} \quad T_{M_0}(\Sigma) : 2x + y - 2z + 1 = 0.$$

Et bien entendu $\overrightarrow{n}(\frac{2}{3}, \frac{1}{3}, -\frac{2}{3})$.

5)

$$\begin{aligned}((x,y,z)\in\Gamma) &\Leftrightarrow \exists v=\pm u \text{ avec } u>0,\quad (x,y,z)=\left(uv,u^2-v^2,u+v\right)\\ &\Leftrightarrow \exists u \quad (x,y,z)=\left(u^2,0,2u\right) \text{ ou } \left(-u^2,0,0\right)\\ &\Leftrightarrow \left(x=\frac{z^2}{4} \text{ et } z>0\right) \text{ ou } (z=0 \text{ et } x<0)\,.\end{aligned}$$

L'ensemble Γ sera donc la réunion d'une demi-droite et d'une demi-parabole que l'on tracera dans la plan Oxz.

Exercice 122 *(Examen de juin 1999)*

1) Soit Σ la surface d'équation $xyz=a^3$ (où $a>0$). Soit (x_0,y_0,z_0) un point de Σ. Ecrire l'équation du plan tangent Π à Σ au point (x_0,y_0,z_0) et déterminer les points d'intersection de Π avec les axes de coordonnées.

2) Soient a, b, c trois réels non nuls. On considère la matrice carrée d'ordre 3

$$M(a,b,c)=\begin{pmatrix} 2b^2c^2 & c & b\\ c & 2a^2c^2 & a\\ b & a & 2a^2b^2\end{pmatrix}.$$

à laquelle on associe la forme quadratique $q_{(a,b,c)}$ définie pour $(h,k,l)\in\mathbb{R}^3$ par

$$q_{(a,b,c)}(h,k,l)=(h,k,l)M(a,b,c)\begin{pmatrix}h\\k\\l\end{pmatrix}.$$

a) Expliciter $q_{(a,b,c)}(h,k,l)$ et donner la décomposition de Gauss de $q_{(a,b,c)}$.

b) En déduire que si $2abc=1$ la forme $q_{(a,b,c)}$ est positive. Est-elle définie ?

3) On considère la fonction $f:\mathbb{R}^3\to\mathbb{R}$ définie pour $(x,y,z)\in\mathbb{R}^3$ par

$$f(x,y,z)=xyz(xyz-1).$$

a) Déterminer l'ensemble $S=\{(x,y,z)\in\mathbb{R}^3 \mid \nabla f(x,y,z)=(0,0,0)\}$ des points critiques de f.

b) Calculer la Hessienne de f en chacun des points critiques. Etudier ensuite, lorsque cela est possible, la nature des points critiques de f ? Expliquer.

c) Montrer que l'ensemble S est la réunion de quatre sous-variétés de $\mathbb{R}^3$ que l'on interprétera géométriquement.

Solution :

1) Posons $h(x,y,z) = xyz - a^3$. La surface Σ admet l'équation $h(x,y,z) = 0$. La fonction h est de classe C^∞ sur $\mathbb{R}^3$ et son gradient est

$$\nabla h(x,y,z) = \left(\frac{\partial h}{\partial x}(x,y,z), \frac{\partial h}{\partial y}(x,y,z), \frac{\partial h}{\partial z}(x,y,z) \right) = (yz, xz, xy).$$

Un point $M_0(x_0,y_0,z_0)$ de Σ sera régulier si et seulement si $\nabla h(x_0,y_0,z_0) \neq 0$, autrement dit si et seulement si au moins deux des coordonnées x_0, y_0 ou z_0 ne sont pas nulles. Si $M_0(x_0,y_0,z_0)$ est singulier, alors l'une au moins de ses coordonnées est nulle, donc $x_0y_0z_0 - a^3 \neq 0$ et $M_0 \notin \Sigma$. Tous les points de Σ sont donc réguliers.
Comme M_0 est réguliers, on sait que le plan Π tangent en M_0 à Σ admet l'équation

$$\frac{\partial h}{\partial x}(x_0,y_0,z_0)(x-x_0) + \frac{\partial h}{\partial y}(x_0,y_0,z_0)(y-y_0) + \frac{\partial h}{\partial z}(x_0,y_0,z_0)(z-z_0) = 0$$

soit

$$\Pi : \quad y_0z_0(x-x_0) + x_0z_0(y-y_0) + x_0y_0(z-z_0) = 0.$$

L'intersection de Π et de l'axe (Ox) s'obtient en faisant $y = z = 0$ dans l'équation de Π. On obtient le point$(3x_0, 0, 0)$. De même $\Pi \cap (Oy) = \{(0, 3y_0, 0)\}$ et $\Pi \cap (Oz) = \{(0,0,3z_0)\}$.

Remarque : L'équation de Π peut s'écrire

$$\Pi : \quad \frac{x}{3x_0} + \frac{y}{3y_0} + \frac{z}{3z_0} = 1.$$

2.a)

$$\begin{aligned} q(h,k,l) &= 2b^2c^2h^2 + 2a^2c^2k^2 + 2a^2b^2l^2 + 2chk + 2bhl + 2akl \\ &= 2a^2b^2c^2 \left(\frac{h^2}{a^2} + \frac{k^2}{b^2} + \frac{l^2}{c^2} + \frac{hk}{a^2b^2c} + \frac{hl}{a^2bc^2} + \frac{kl}{ab^2c^2} \right) \\ &= 2a^2b^2c^2 \widetilde{q}(x,y,z) \end{aligned}$$

où

$$\widetilde{q}(x,y,z) = x^2 + y^2 + z^2 + \frac{xy}{abc} + \frac{xz}{abc} + \frac{yz}{abc}$$

et

$$(x,y,z) = \left(\frac{h}{a}, \frac{k}{b}, \frac{l}{c} \right).$$

On applique la méthode de Gauss à cette forme quadratique $\widetilde{q}(x,y,z)$. On obtient (en notant plus rapidement $\widetilde{q}$ au lieu de $\widetilde{q}(x,y,z)$)

$$\begin{aligned}\widetilde{q} &= x^2 + x\left(\tfrac{y}{abc} + \tfrac{z}{abc}\right) + y^2 + z^2 + \tfrac{yz}{abc} \\ &= \left(x + \tfrac{1}{2}\left(\tfrac{y}{abc} + \tfrac{z}{abc}\right)\right)^2 - \tfrac{1}{4}\left(\tfrac{y}{abc} + \tfrac{z}{abc}\right)^2 + y^2 + z^2 + \tfrac{yz}{abc} \\ &= \left(x + \tfrac{1}{2}\left(\tfrac{y}{abc} + \tfrac{z}{abc}\right)\right)^2 + \left(1 - \tfrac{1}{4a^2b^2c^2}\right)y^2 + \left(1 - \tfrac{1}{4a^2b^2c^2}\right)z^2 + \tfrac{yz}{abc} - \tfrac{yz}{2a^2b^2c^2} \\ &= \left(x + \tfrac{1}{2}\left(\tfrac{y}{abc} + \tfrac{z}{abc}\right)\right)^2 + \xi, \quad .\end{aligned}$$

où ξ vaut successivement

$$\begin{aligned}\xi &= \left(1 - \tfrac{1}{4a^2b^2c^2}\right)\left(y^2 + \tfrac{4a^2b^2c^2}{4a^2b^2c^2-1} \times \left(\tfrac{1}{abc} - \tfrac{1}{2a^2b^2c^2}\right)yz\right) + \left(1 - \tfrac{1}{4a^2b^2c^2}\right)z^2 \\ &\left(1 - \tfrac{1}{4a^2b^2c^2}\right)\left(y^2 + \tfrac{2(2abc-1)}{4a^2b^2c^2-1}yz\right) + \left(1 - \tfrac{1}{4a^2b^2c^2}\right)z^2 \\ &\left(1 - \tfrac{1}{4a^2b^2c^2}\right)\left(y + \tfrac{(2abc-1)}{4a^2b^2c^2-1}z\right)^2 - \left(1 - \tfrac{1}{4a^2b^2c^2}\right)\tfrac{(2abc-1)^2}{(4a^2b^2c^2-1)^2}z^2 + \left(1 - \tfrac{1}{4a^2b^2c^2}\right)z^2 \\ &\left(1 - \tfrac{1}{4a^2b^2c^2}\right)\left(y + \tfrac{(2abc-1)}{4a^2b^2c^2-1}z\right)^2 + \left(1 - \tfrac{1}{4a^2b^2c^2}\right)\left(1 - \tfrac{(2abc-1)^2}{(4a^2b^2c^2-1)^2}\right)z^2.\end{aligned}$$

Après ce calcul laborieux, il n'y a plus qu'à conclure :

$$\begin{aligned}\widetilde{q} \;=\; &\left(x + \frac{1}{2}\left(\frac{y}{abc} + \frac{z}{abc}\right)\right)^2 + \left(1 - \frac{1}{4a^2b^2c^2}\right)\left(y + \frac{(2abc-1)}{4a^2b^2c^2-1}z\right)^2 + \\ &\left(1 - \frac{1}{4a^2b^2c^2}\right)\left(1 - \frac{(2abc-1)^2}{(4a^2b^2c^2-1)^2}\right)z^2.\end{aligned}$$

2.b) Si $2abc = 1$, alors

$$q_{(a,b,c)}(x,y,z) = \frac{1}{2}(x+y+z)^2 = \frac{1}{2}\left(\frac{h}{a} + \frac{k}{b} + \frac{l}{c}\right)^2.$$

La forme quadratique $q_{(a,b,c)}$ sera de signature $(1,0)$, donc positive mais non définie.

3.a) On a $f(x,y,z) = x^2y^2z^2 - xyz$. Comme

$$\left(\frac{\partial f}{\partial x}, \frac{\partial f}{\partial y}, \frac{\partial f}{\partial z}\right) = (0,0,0) \Leftrightarrow \begin{cases} (2xyz-1)\,yz = 0 \\ (2xyz-1)\,xz = 0 \\ (2xyz-1)\,xy = 0 \end{cases}$$

les points critiques seront

- ceux qui possèdent 2 coordonnées nulles, par exemple $x = y = 0$. On obtient ainsi les trois axes des coordonnées.

- ceux qui vérifient l'équation $2xyz = 1$. Ils se trouvent sur une surface régulière Σ étudiée en 1).

3.b) On a

$$\frac{\partial^2 f}{\partial x^2} = 2y^2z^2\ ;\quad \frac{\partial^2 f}{\partial y^2} = 2x^2z^2\ ;\quad \frac{\partial^2 f}{\partial z^2} = 2x^2y^2$$
$$\frac{\partial^2 f}{\partial x\partial y} = 4xyz^2 - z\ ;\quad \frac{\partial^2 f}{\partial x\partial z} = 4xy^2z - y\ ;\quad \frac{\partial^2 f}{\partial y\partial z} = 4x^2yz - x.$$

La Hessienne de f en (x,y,z) sera donc

$$H\left(f;(x,y,z)\right) = \begin{pmatrix} 2y^2z^2 & 4xyz^2 - z & 4xy^2z - y \\ 4xyz^2 - z & 2x^2z^2 & 4x^2yz - x \\ 4xy^2z - y & 4x^2yz - x & 2x^2y^2 \end{pmatrix}.$$

- En un point singulier du type $M_0\left(x_0,0,0\right)$ où $x_0 \neq 0$,

$$H\left(f;(x_0,0,0)\right) = \begin{pmatrix} 0 & 0 & 0 \\ 0 & 0 & -x_0 \\ 0 & -x_0 & 0 \end{pmatrix}$$

est associée à la forme quadratique

$$\varphi\left(h,k,l\right) = -2x_0kl = -\frac{x_0}{2}\left[(k+l)^2 - (k-l)^2\right].$$

Comme φ n'est ni positive, ni négative, la fonction f n'admet pas d'extrémum en $M_0\left(x_0,0,0\right)$ (point selle). Le résultat est identique avec un point singulier du type $M_0\left(0,y_0,0\right)$ ou $M_0\left(0,0,z_0\right)$.

- La fonction f n'admet pas d'extrémum relatif en $O\left(0,0,0\right)$ puisque

$$f(x,x,x) = x^3\left(x^3 - 1\right)$$

est négatif si $0 < x < 1$ et positif si $-1 < x < 0$.

- En un point singulier du type $M_0\left(a,b,c\right)$ où $2abc = 1$, on a

$$H\left(f;(a,b,c)\right) = \begin{pmatrix} 2b^2c^2 & c & b \\ c & 2a^2c^2 & a \\ b & a & 2a^2b^2 \end{pmatrix}.$$

On retrouve la forme quadratique positive mais non définie de la question 2.b). Dans ce cas, on ne peut pas conclure : un développement de Taylor à l'ordre deux est insuffisant.

3.c) D'après 3.a) : $S = (Ox) \cup (Oy) \cup (Oz) \cup \Sigma$. La variété Σ est une surface régulière étudiée en 1), et les trois autres variétés sont les axes de coordonnées.

Exercice 123 ***Tore***

On considère la surface Σ paramétrée par

$$\begin{array}{rccl} \varphi : & \mathbb{R}^2 & \to & \mathbb{R}^3 \\ & (u,v) & \mapsto & ((h + r\cos u)\cos v, (h + r\cos u)\sin v, r\sin u) \end{array}$$

où h et r sont deux réels strictement positifs donnés. Cette surface $\Sigma = \varphi\left(\mathbb{R}^2\right)$ est appelée tore.

1) Déterminer les points singuliers et les points réguliers du tore suivant les valeurs des paramètres h et r.

2) Expliciter une équation cartésienne du tore.

Solution :

1) La différentielle de φ s'écrit

$$d\varphi(u,v) = \begin{pmatrix} (h - r\sin u)\cos v & -(h + r\cos u)\sin v \\ (h - r\sin u)\sin v & (h + r\cos u)\cos v \\ r\cos u & 0 \end{pmatrix}.$$

Les points singuliers de cette paramétrisation sont ceux qui annulent simultanément les 3 déterminants d'ordre 2 extraits de cette matrice. Ils s'obtiennent donc en résolvant le système

$$\begin{cases} (h - r\sin u)(h + r\cos u) = 0 \\ (h + r\cos u)\cos u \cos v = 0 \\ (h + r\cos u)\sin v \cos u = 0. \end{cases}$$

Tous les points (u,v) tels que $h + r\cos u = 0$ seront singuliers, et il est clair que de tels points existent si et seulement si $h/r \leq 1$. Les autres points singuliers vérifient

$$\begin{cases} h = r\sin u \\ \cos u \cos v = 0 \\ \sin v \cos u = 0. \end{cases} \qquad (1)$$

Si $h/r > 1$, $h = r\sin u$ est impossible et tous les points de Σ sont réguliers. Si $h/r \leq 1$, il existe un réel θ tel que $\sin\theta = h/r$, et

$$(1) \Leftrightarrow \begin{cases} \exists k \in \mathbb{Z} \quad u = \theta + k2\pi \text{ ou } \pi - \theta + k2\pi \\ \cos\theta \cos v = 0 \\ \sin v \cos\theta = 0. \end{cases} \qquad (2)$$

• Si $\cos\theta = 0$ alors $\theta = \pi/2\ (\pi)$, $h = r$, et $u = \pi/2 + k\pi$. Dans ce cas et en supposant $h = r$, $(u,v) = (\pi/2 + k\pi, v)$ est singulier quel que soit le réel v.

• Si $\cos\theta \neq 0$, (2) n'admet pas de solution car $\sin v$ et $\cos v$ ne peuvent jamais s'annuler en même temps.

En conclusion :

$*$ Si $h/r > 1$ il n'y a pas de point singulier,

$*$ Si $h/r < 1$, les points singuliers de la paramétrisation du tore seront les (u,v) tels que $h + r\cos u = 0$,

$*$ Si $h/r = 1$, les points singuliers seront les $(u,v) = (\pi + k2\pi, v)$ ou $(\pi/2 + k\pi, v)$ où $k \in \mathbb{Z}$.

Remarque : Un tore est une surface qui ressemble comme deux gouttes d'eau à une "chambre à air gonflée". Pour s'en persuader, on peut définir les points A et M (dépendant de (u,v)) tels que

$$\begin{cases} \overrightarrow{OA} = h\cos v\,\overrightarrow{i} + h\sin v\,\overrightarrow{j} \\ \overrightarrow{AM} = r\cos u(h\cos v\,\overrightarrow{i} + h\sin v\,\overrightarrow{j}) + r\sin u\,\overrightarrow{k}, \end{cases}$$

où $(O, \overrightarrow{i}, \overrightarrow{j}, \overrightarrow{k})$ désigne la base canonique de $\mathbb{R}^3$, constater que ces points évoluent sur deux cercles faciles à imaginer, et que

$$\begin{aligned} \overrightarrow{OM}(u,v) &= \overrightarrow{OA} + \overrightarrow{AM} \\ &= (h + r\cos u)\cos v\,\overrightarrow{i} + (h + r\cos u)\sin v\,\overrightarrow{j} + r\sin u\,\overrightarrow{k} \end{aligned}$$

où $M(u,v) = \varphi(u,v)$ représente un point courant sur le tore. Le tore ci-dessous, obtenu pour $(h,r) = (2,1)$, est tracé en "3D en fil de fer" :

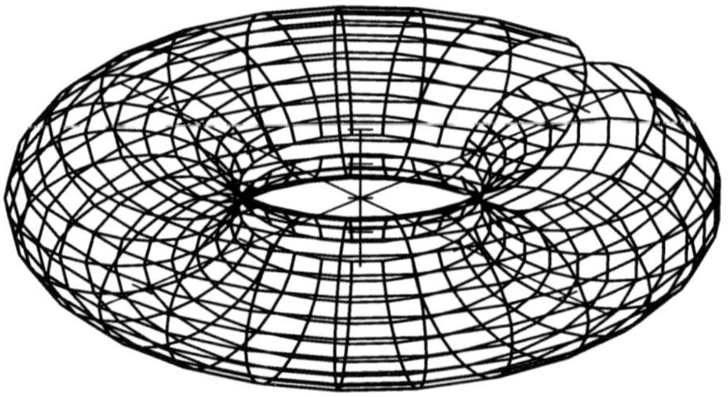

$$\varphi(u,v) = ((2 + \cos u)\cos v, (2 + \cos u)\sin v, \sin u)$$

2) Si $M(x,y,z) \in \Sigma$, il existe u, v tels que

$$(x,y,z) = ((h + r\cos u)\cos v, (h + r\cos u)\sin v, r\sin u) \quad (3)$$

donc

$$\left\{\begin{array}{l} x^2+y^2=(h+r\cos u)^2 \\ z=r\sin u \end{array}\right. \qquad (4)$$

ce qui entraîne, en notant $\varepsilon=\pm 1$, $\cos u=\varepsilon\sqrt{1-(z/r)^2}$, soit

$$x^2+y^2=h^2+r^2\left(1-\frac{z^2}{r^2}\right)+2hr\varepsilon\sqrt{1-\frac{z^2}{r^2}} \qquad (5)$$

$$x^2+y^2+z^2-h^2-r^2=2hr\varepsilon\sqrt{1-\frac{z^2}{r^2}}.$$

$$\left(x^2+y^2+z^2-h^2-r^2\right)^2=4h^2\left(r^2-z^2\right). \qquad (6)$$

Réciproquement, si M vérifie (6), $|z/r|\leq 1$ et il existe u tel que $z=r\sin u$. En remplaçant et en remontant les calculs, on trouve une équation proche de (5), à savoir

$$x^2+y^2=h^2+r^2\cos^2 u+2hr\varepsilon\left|\cos u\right|. \qquad (5')$$

En troquant éventuellement u pour $\pi-u$, on trouve

$$x^2+y^2=h^2+r^2\cos^2 u+2hr\cos u=(h+r\cos u)^2$$

d'où (4). Comme l'équation $x^2+y^2=(h+r\cos u)^2$ prouve l'existence de v tel que

$$\frac{x}{h+r\cos u}=\cos v \quad \text{et} \quad \frac{y}{h+r\cos u}=\sin v$$

(on suppose $h+r\cos u\neq 0$, ce qui est toujours vrai quand $h>r$, sinon il faut traiter le cas à part) on obtient bien (3) et $M\in\Sigma$.

5.4 Problèmes

Problème 9 *(examen de juin 1996)*

Soit φ l'application de $\mathbb{R}^2$ dans $\mathbb{R}^2$ définie par $\varphi(x,y)=(u,v)$ avec

$$\left\{\begin{array}{l} u=x+y-1 \\ v=2x+y-1 \end{array}\right.$$

et soit h une application de $\mathbb{R}^2$ dans $\mathbb{R}$ de classe C^2 qui à $(u,v)\in\mathbb{R}^2$ associe $h(u,v)\in\mathbb{R}^2$. On considère l'application f définie par $f=h\circ\varphi$.

Partie A :

1) Montrer que f est différentiable et calculer $\frac{\partial f}{\partial x}$ et $\frac{\partial f}{\partial y}$ en fonction de u,v, $\frac{\partial h}{\partial u}$ et $\frac{\partial h}{\partial v}$.

2) Calculer la dérivée partielle seconde $\frac{\partial^2 f}{\partial x^2}$ *en fonction de* u, v *et des dérivées partielles premières et secondes de* h *par rapport aux variables* u *et* v.

Partie B :

Dans toute cette partie, on suppose que $h(u,v) = u^2 v$.

1) Déterminer l'ensemble D *des points stationnaires de* f.

2) Expliciter $f(x,y)$ *en fonction de* x *et* y*, puis calculer la matrice Hessienne* $H(f;(x,y))$ *de* f *au point* (x,y).

3) Soit $x \in \mathbb{R}$. *Pour* $(h,k) \in \mathbb{R}^2$, *calculer*

$$(h,k)\, H(f;(x,1-x)) \begin{pmatrix} h \\ k \end{pmatrix}.$$

4) Soit (S) *la surface d'équation* $z = f(x,y)$. *Déterminer une équation du plan tangent à* (S) *au point* $M_0(x_0, 1-x_0, 0)$.

Solution :

A.1 La fonction f est de classe C^2 comme composée de φ de classe C^∞ et de h de classe C^2. On a

$$\begin{cases} \frac{\partial f}{\partial x} = \frac{\partial f}{\partial u}\frac{\partial u}{\partial x} + \frac{\partial f}{\partial v}\frac{\partial v}{\partial x} = \frac{\partial f}{\partial u} + 2\frac{\partial f}{\partial v} \\ \frac{\partial f}{\partial y} = \frac{\partial f}{\partial u}\frac{\partial u}{\partial y} + \frac{\partial f}{\partial v}\frac{\partial v}{\partial y} = \frac{\partial f}{\partial u} + \frac{\partial f}{\partial v} \end{cases}$$

(on écrit abusivement $\frac{\partial f}{\partial u}$ à la place de $\frac{\partial h}{\partial u}$, car c'est tellement commode !)

A.2 On a

$$\begin{aligned} \frac{\partial^2 f}{\partial x^2} = \frac{\partial}{\partial x}\left(\frac{\partial f}{\partial x}\right) &= \frac{\partial}{\partial x}\left(\frac{\partial f}{\partial u} + 2\frac{\partial f}{\partial v}\right) \\ &= \frac{\partial^2 f}{\partial u^2} + 2\frac{\partial^2 f}{\partial u \partial v} + 2\left(\frac{\partial^2 f}{\partial u \partial v} + 2\frac{\partial^2 f}{\partial v^2}\right) \\ &= \frac{\partial^2 f}{\partial u^2} + 4\frac{\partial^2 f}{\partial u \partial v} + 4\frac{\partial^2 f}{\partial v^2} \end{aligned}$$

B.1 Les points stationnaires (x,y) sont déterminés par le système

$$(1) \qquad \begin{cases} \frac{\partial f}{\partial x} = \frac{\partial h}{\partial u} + 2\frac{\partial h}{\partial v} = 0 \\ \frac{\partial f}{\partial y} = \frac{\partial h}{\partial u} + \frac{\partial h}{\partial v} = 0. \end{cases}$$

On a

$$(1) \Leftrightarrow \frac{\partial h}{\partial u} = \frac{\partial h}{\partial v} = 0 \Leftrightarrow 2uv = u^2 = 0 \Leftrightarrow u = 0$$

de sorte que D soit la droite d'équation $x+y=1$.

B.2 On trouve

$$\begin{aligned} f(x,y) &= h(u,v) = (x+y-1)^2(2x+y-1) \\ &= 2x^3+y^3+5x^2y+4xy^2-5x^2-3y^2-8xy+4x+3y-1 \end{aligned}$$

puis

$$\begin{aligned} \frac{\partial f}{\partial x} &= 6x^2+10xy+4y^2-10x-8y+4 \\ \frac{\partial f}{\partial y} &= 3y^2+5x^2+8xy-6y-8x+3. \end{aligned}$$

Par suite

$$\begin{cases} \frac{\partial^2 f}{\partial x^2} = 12x+10y-10 \\ \frac{\partial^2 f}{\partial y^2} = 6y+8x-6 \\ \frac{\partial^2 f}{\partial x\partial y} = 10x+8y-8 \end{cases}$$

et

$$H(f;(x,y)) = \begin{pmatrix} 12x+10y-10 & 10x+8y-8 \\ 10x+8y-8 & 6y+8x-6 \end{pmatrix}.$$

B.3 En remplaçant,

$$\begin{aligned} q(h,k) &= (h,k)\,H(f;(x,1-x))\begin{pmatrix} h \\ k \end{pmatrix} \\ &= (h,k)\begin{pmatrix} 2x & 2x \\ 2x & 2x \end{pmatrix}\begin{pmatrix} h \\ k \end{pmatrix} = 2x(h+k)^2. \end{aligned}$$

B.4 Posons $g(x,y,z) = z - f(x,y)$. Le plan Π tangent à (S) au point $M_0(x_0, 1-x_0, z_0)$ admet l'équation :

$$\frac{\partial g}{\partial x}(M_0)(x-x_0) + \frac{\partial g}{\partial y}(M_0)(y-y_0) + \frac{\partial g}{\partial z}(M_0)(z-z_0) = 0$$

où $y_0 = 1-x_0$ et $z_0 = 0$. Soit

$$-\frac{\partial f}{\partial x}(M_0)(x-x_0) - \frac{\partial f}{\partial y}(M_0)(y-y_0) + (z-z_0) = 0.$$

Comme M_0 est un point singulier de f, $\frac{\partial f}{\partial x}(M_0) = \frac{\partial f}{\partial y}(M_0) = 0$ et Π admet l'équation $z=0$. C'est le plan de coordonnées Oxy.

Remarque : M_0 est-il un extrémum relatif de f ? Quelle est la position relative du plan tangent en M_0 et de la surface ? La forme Hessienne de f en M_0 est $q(h,k) = 2x_0(h+k)^2$. Elle est de signature $(1,0)$, si bien qu'il nous est impossible de conclure avec un seul développement de Taylor à l'ordre 2 de f.

Comme $f(x,y) = (x+y-1)^2(2x+y-1)$, si h et k sont proches de 0,

$$\begin{aligned} f(x_0+h, y_0+k) &= (h+k)^2(2(x_0+h)+(y_0+k)-1) \\ &= (h+k)^2(x_0+2h+k) \quad (\natural) \end{aligned}$$

Si $x_0 = 0$, c'est-à-dire si $M_0 = (x_0, y_0) = (0,1)$, alors

$$f(h, 1+k) = (h+k)^2(2h+k)$$

et en particulier $f(h,1) = 2h^3$ prend des valeurs positives et négatives sur n'importe quel voisinage de 0. Il n'y a donc pas d'extrémum relatif de f en $(0,1)$. Dans la formule $(\natural)$, $2h+k$ tend vers 0 quand (h,k) tend vers 0, autrement dit, si $x_0 > 0$, il existe η tel que $\|(h,k)\| \leq \eta$ entraîne

$$f(x_0+h, y_0+k) \geq 0,$$

et f admet un minimum relatif en $M_0(x_0, y_0)$. Si $x_0 < 0$, on constate de la même façon que f admet un maximum relatif en (x_0, y_0). La figure ci-dessous donne une idée de la surface (S).

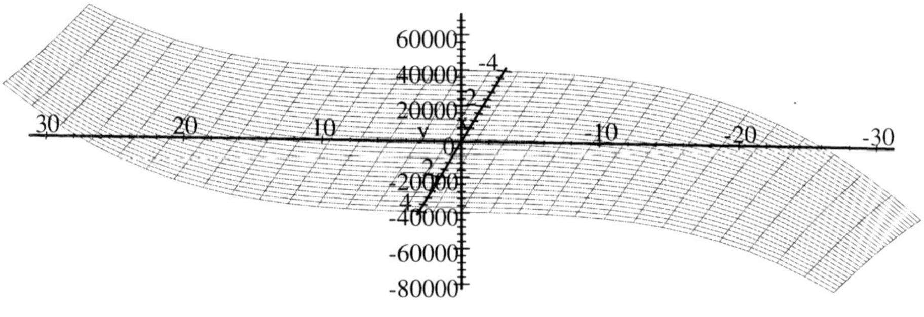

Problème 10 *(Examen de juin 2004, seconde session)*
On considère l'application $f : \mathbb{R}^2 \to \mathbb{R}$ définie en posant $f(0,0) = 0$ et

$$f(x,y) = \frac{x^2 y}{x^2+y^2} \text{ si } (x,y) \neq (0,0).$$

1) a) Expliquer pourquoi f est différentiable en tout point (x,y) de $\mathbb{R}^2$ distinct de $(0,0)$.

b) Calculer les dérivées partielles premières de f en un point (x, y) distinct de $(0, 0)$, puis écrire la différentielle de f en ce point

c) Calculer les dérivées partielles secondes de f en un point (x, y) distinct de $(0, 0)$.

2) a) Démontrer que f est continue au point $(0, 0)$.

b) La fonction f est-elle différentiable en $(0, 0)$? On justifiera sa réponse, et l'on donnera la différentielle de f en $(0, 0)$ si cela a un sens.

c) La fonction f admet-elle une dérivée en $(0, 0)$ dans chacune des directions $\overrightarrow{u}(\alpha, \beta)$? Dans l'affirmative, calculer ces dérivées.

3) Dans cette question, on se place au voisinage du point $M_0 = (1, 1)$.

a) Ecrire un développement limité à l'ordre 2 de la fonction $f(x, y)$ au voisinage de M_0.

b) On note $\mathcal{G}$ le graphe (dans $\mathbb{R}^3$) de la fonction f, et Π le plan tangent à $\mathcal{G}$ au point $N_0 = (1, 1, f(1, 1))$. Déterminer une équation de Π.

c) Déterminer la position de la surface $\mathcal{G}$ par rapport au plan tangent Π au voisinage du point de contact.

4) Cette question n'utilise que le résultat de la question 2.a. On considère l'application $g : \mathbb{R}^2 \to \mathbb{R}$ définie en posant $g(0, 0) = 0$ et

$$g(x, y) = \frac{x^6 y^2}{x^6 + y^4}$$

dès que $(x, y) \neq (0, 0)$. Montrer que g est continue en $(0, 0)$.

Solution :

1.a) La fonction f est une fraction rationnelle dont le dénominateur ne s'annule qu'en $(0, 0)$. Elle est donc différentiable en tout point (x, y) distinct de $(0, 0)$ d'après les Théorèmes généraux sur la différentiabilité.

1.b) On trouve

$$\frac{\partial f}{\partial x} = \frac{2xy\left(x^2 + y^2\right) - x^2 y \times 2x}{\left(x^2 + y^2\right)^2} = \frac{2xy^3}{\left(x^2 + y^2\right)^2}$$

$$\frac{\partial f}{\partial y} = \frac{x^2\left(x^2 + y^2\right) - x^2 y \times 2y}{\left(x^2 + y^2\right)^2} = \frac{x^4 - x^2 y^2}{\left(x^2 + y^2\right)^2}.$$

La différentielle de f en (x, y) distinct de $(0, 0)$ sera donc

$$df(x, y) = \frac{2xy^3}{\left(x^2 + y^2\right)^2}\, dx + \frac{x^4 - x^2 y^2}{\left(x^2 + y^2\right)^2}\, dy.$$

Remarque : Cela signifie que $df\,(x,y)$ est l'application linéaire de $\mathbb{R}^2$ dans $\mathbb{R}$ qui au vecteur (h,k) associe

$$df\,(x,y)\,(h,k)=\frac{2xy^3}{(x^2+y^2)^2}h+\frac{x^4-x^2y^2}{(x^2+y^2)^2}k.$$

1.c) On calcule encore

$$\begin{aligned}\frac{\partial^2 f}{\partial x^2} &= \frac{2y^3\left(x^2+y^2\right)^2-2xy^3\times 4x\left(x^2+y^2\right)}{\left(x^2+y^2\right)^4}\\ &= \frac{2y^3\left(x^2+y^2\right)-8x^2y^3}{\left(x^2+y^2\right)^3}=\frac{2y^5-6x^2y^3}{\left(x^2+y^2\right)^3}.\end{aligned}$$

De la même manière, on obtient (après calculs) :

$$\frac{\partial^2 f}{\partial y^2}=\frac{2x^2y^3-6x^4y}{\left(x^2+y^2\right)^3}\quad\text{et}\quad\frac{\partial^2 f}{\partial x\partial y}=\frac{6x^3y^2-2xy^4}{\left(x^2+y^2\right)^3}.$$

Puisque f est de classe C^2 sur $\mathbb{R}^2\backslash\{(0,0)\}$, les dérivées partielles croisées du second ordre $\frac{\partial^2 f}{\partial x\partial y}$ et $\frac{\partial^2 f}{\partial y\partial x}$ sont égales en tout point (x,y) distinct de $(0,0)$ (Théorème de Schwarz).

2.a) Puisque $\left|\frac{x^2}{x^2+y^2}\right|\leq 1$ et $|y|\leq\sqrt{x^2+y^2}$,

$$|f\,(x,y)|=\left|\frac{x^2y}{x^2+y^2}\right|\leq\sqrt{x^2+y^2}.$$

Comme $\lim_{(x,y)\to(0,0)}\sqrt{x^2+y^2}=0$, cela prouve que f tend vers $0=f\,(0,0)$ lorsque (x,y) tend vers $(0,0)$, autrement dit que f est continue en $(0,0)$.

2.b) La fonction f admet des dérivées partielles en $(0,0)$ puisque

$$\lim_{h\to 0}\frac{f(h,0)-f\,(0,0)}{h}=\lim_{h\to 0}\frac{0-0}{h}=0$$

et de la même manière

$$\lim_{h\to 0}\frac{f(0,h)-f\,(0,0)}{h}=0.$$

Ainsi $\frac{\partial f}{\partial x}\,(0,0)=\frac{\partial f}{\partial y}\,(0,0)=0$. Si f était différentiable en $(0,0)$, sa différentielle serait

$$df\,(0,0)=\frac{\partial f}{\partial x}\,(0,0)\;dx+\frac{\partial f}{\partial y}\,(0,0)\;dy=0,$$

c'est-à-dire la fonction nulle. Dans ce cas, on aurait $\lim_{(x,y)\to(0,0)} \Delta(h,k) = 0$ en posant

$$\begin{aligned}\Delta(h,k) &= \frac{f(h,k) - f(0,0) - df(0,0)(h,k)}{\sqrt{h^2+k^2}} \\ &= \frac{f(h,k)}{\sqrt{h^2+k^2}} = \frac{h^2k}{(h^2+k^2)\sqrt{h^2+k^2}} = \frac{h^2k}{(h^2+k^2)^{\frac{3}{2}}}.\end{aligned}$$

C'est absurde puisque la quantité $\Delta(h,h) = 2^{-\frac{3}{2}}$ est constante, et ne tend pas vers 0 lorsque h tend vers 0. La fonction f n'est donc pas différentiable en $(0,0)$.

2.c) La dérivée de f en $(0,0)$ dans la direction $\overrightarrow{u}(\alpha,\beta)$ est, par définition, la limite

$$Df_{(\alpha,\beta)}(0,0) = \lim_{t\to 0} \frac{f(\alpha t,\beta t) - f(0,0)}{t}$$

lorsqu'elle existe. C'est le cas ici, puisque

$$\frac{f(\alpha t,\beta t) - f(0,0)}{t} = \frac{\alpha^2\beta}{(\alpha^2+\beta^2)}$$

est une constante indépendante de t. Ainsi

$$\forall(\alpha,\beta) \in \mathbb{R}^2\backslash\{(0,0)\} \quad Df_{(\alpha,\beta)}(0,0) = \frac{\alpha^2\beta}{(\alpha^2+\beta^2)}.$$

3.a) On a

$$\begin{aligned}f(1+h,1+k) &= f(1,1) + h\frac{\partial f}{\partial x}(M_0) + k\frac{\partial f}{\partial x}(M_0) + \\ &\frac{1}{2}\left[\frac{\partial^2 f}{\partial x^2}(M_0)\,h^2 + 2\frac{\partial^2 f}{\partial x\partial y}(M_0)\,hk + \frac{\partial^2 f}{\partial y^2}(M_0)\,k^2\right] + o\left(h^2+k^2\right).\end{aligned}$$

Les dérivées partielles ont déjà été calculées à la question 1). On obtient

$$\begin{aligned}\frac{\partial f}{\partial x}(M_0) &= \frac{1}{2}, \quad \frac{\partial f}{\partial y}(M_0) = 0, \quad \frac{\partial^2 f}{\partial x^2}(M_0) = -\frac{1}{2}, \\ \frac{\partial^2 f}{\partial y^2}(M_0) &= -\frac{1}{2} \quad \text{et} \quad \frac{\partial^2 f}{\partial x\partial y}(M_0) = \frac{1}{2}.\end{aligned}$$

Ainsi

$$\begin{aligned}f(1+h,1+k) &= \frac{1}{2} + \frac{h}{2} + \frac{1}{2}\left[-\frac{1}{2}h^2 + hk - \frac{1}{2}k^2\right] + o\left(h^2+k^2\right) \\ &= \frac{1}{2} + \frac{h}{2} - \frac{1}{4}(h-k)^2 + o\left(h^2+k^2\right).\end{aligned}$$

3.b) La surface $\mathcal{G}$ admet l'équation $F(x,y,z) = z - f(x,y) = 0$. Posons $x_0 = y_0 = 1$ et $z_0 = f(1,1) = 1/2$. La fonction F est de classe C^1 au voisinage de $N_0 = (x_0, y_0, z_0)$, et (x_0, y_0, z_0) n'est pas un point singulier de F. Donc $\mathcal{G}$ admet un plan tangent Π en N_0, d'équation

$$\frac{\partial F}{\partial x}(N_0)(x - x_0) + \frac{\partial F}{\partial y}(N_0)(y - y_0) + \frac{\partial F}{\partial z}(N_0)(z - z_0) = 0.$$

Cette équation s'écrit successivement :

$$-\frac{\partial f}{\partial x}(M_0)(x-1) - \frac{\partial f}{\partial y}(M_0)(y-1) + z - \frac{1}{2} = 0$$

$$z = \frac{1}{2} + \frac{\partial f}{\partial x}(M_0)(x-1) + \frac{\partial f}{\partial y}(M_0)(y-1)$$

$$z = \frac{1}{2} + \frac{1}{2}(x-1),$$

soit $\Pi : x = 2z$.

3.c) Le plan Π admet l'équation $z = \xi(x,y)$ où

$$\xi(x,y) = \frac{1}{2} + \frac{\partial f}{\partial x}(M_0)(x-1) + \frac{\partial f}{\partial y}(M_0)(y-1) = \frac{1}{2} + \frac{1}{2}(x-1).$$

La position relative de Π et de la surface $\mathcal{G}$ s'obtient en étudiant le signe de $H(x,y) = f(x,y) - \xi(x,y)$ au voisinage de $(1,1)$. En tenant compte du développement limité obtenu en 3.a, on trouve

$$\begin{aligned} H(1+h, 1+k) &= f(1+h,1+k) - \xi(1+h,1+k) \\ &= \frac{1}{2}\left[\frac{\partial^2 f}{\partial x^2}(M_0)\,h^2 + 2\frac{\partial^2 f}{\partial x \partial y}(M_0)\,hk + \frac{\partial^2 f}{\partial y^2}(M_0)\,k^2\right] \\ &\qquad + o\left(h^2 + k^2\right) \\ &= -\frac{1}{4}(h-k)^2 + o\left(h^2+k^2\right), \end{aligned}$$

et cela montre que $H(1+h, 1+k)$ reste négatif quand (h,k) est voisin de $(0,0)$. Sur un voisinage de (x_0, y_0, z_0), la surface $\mathcal{G}$ se trouve donc en dessous du plan tangent Π.

4) On on remarque que $g(x,y) = f(x^3, y^2)$ pour tout point (x,y) de $\mathbb{R}^2$. Comme $\lim_{(x,y)\to(0,0)}(x^3, y^2) = (0,0)$ et $\lim_{(x,y)\to(0,0)} f(x,y) = 0$, le Théorème de composition des limites donne $\lim_{(x,y)\to(0,0)} g(x,y) = 0 = g(0,0)$, ce qui prouve la continuité de g en $(0,0)$.

Problème 11 *(Examen de juin 1997)*

1) Soit f la fonction définie pour $(x,y) \in \mathbb{R}^2$ par

$$f(x,y) = \frac{1-\sqrt{xy}}{y}.$$

a) Déterminer et représenter l'ensemble de définition D de f.

b) Construire une suite de points de D qui converge vers le point $(0,0)$.

c) L'ensemble D est-il fermé ? ouvert ?

2) Etudier la limite de la fonction f quand (x,y) tend vers $(x_0,0)$, où x_0 désigne un réel non nul.

3) En déduire que la fonction f n'est pas bornée sur D.

4) Soient $\Omega = \{(x,y) \in \mathbb{R}^2 \,/\, x > 0,\ y > 0\}$ et g la fonction définie sur Ω par

$$g(x,y) = f(x,y) + \frac{1}{4}x.$$

a) Vérifier que Ω est un ouvert de $\mathbb{R}^2$ contenu dans D.

b) Déterminer l'ensemble A des points critiques de g ainsi que la valeur de g en ces points.

c) Caractériser géométriquement l'ensemble A.

5) Montrer que la matrice hessienne $H(g;(x,y))$ de g en un point (x,y) de A est

$$H(g;(x,y)) = \frac{1}{8}\begin{pmatrix} \frac{1}{x} & \frac{x}{4} \\ \frac{x}{4} & \frac{x^3}{16} \end{pmatrix}.$$

6) Montrer que la forme quadratique associée à la matrice hessienne de g au point (x,y) de A est semi-définie positive.

7) Déterminer la nature des points critiques de g.

8) Soit h la restriction de la fonction f à Ω.

a) Montrer sans faire de calculs que h est une fonction de classe C^∞ sur Ω, puis calculer les dérivées partielles premières de h.

b) Donner le développement limité de h au voisinage du point $(1,1)$ à l'ordre 3 et en déduire les dérivées partielles de h jusqu'à l'ordre 3 en ce point.

9) On considère la surface Σ d'équation $z = h(x,y)$.

a) Déterminer une équation du plan Π tangent à la surface Σ au point M_0 de Σ de coordonnées (x_0, y_0, z_0) telles que $x_0 = 1$ et $y_0 = 1$.

b) Déterminer la position du plan Π par rapport à Σ au point M_0.

Solution :

1.a) $D = \left\{(x, y) \in \mathbb{R}^2 \,/\, xy \geq 0 \text{ et } y = 0\right\}$ est formé de deux quarts de plan et ne contient pas le premier axe de coordonnées.

b) Pour tout $n \in \mathbb{N}^*$ posons $u_n = (0, 1/n) \in D$. On a $\lim_{n\to+\infty} u_n = (0, 0)$.

c) La suite (u_n) est une suite de D qui converge vers un élément n'appartenant pas à D, donc D n'est pas fermé. D n'est pas ouvert non plus car toute boule ouverte B de centre $(0, 1) \in D$ et de rayon r, où $r > 0$, n'est pas incluse dans D. En effet, $(-r/2, 1) \in B \backslash D$ pour tout r strictement positif.

2)

$$\lim_{(x,y)\to(x_0,0_+)} f(x, y) = \lim_{(x,y)\to(x_0,0_+)} \frac{1 - \sqrt{xy}}{y} = +\infty$$

et

$$\lim_{(x,y)\to(x_0,0_-)} f(x, y) = -\infty.$$

3) f n'est pas bornée sur D car d'après la question précédente, pour tout $M > 0$ il existe $(x, y) \in D$ tel que $|f(x, y)| \geq M$.

4) a) Les projections $p : (x, y) \mapsto x$ et $q : (x, y) \mapsto y$ sont continues sur $\mathbb{R}^2$, donc les images réciproques $p^{-1}\left(\mathbb{R}_+^*\right)$ et $q^{-1}\left(\mathbb{R}_+^*\right)$ de l'ouvert $\mathbb{R}_+^*$ de $\mathbb{R}$ sont des ouverts de $\mathbb{R}^2$. Ω est ouvert comme l'intersection de ces deux ouverts. On a clairement $\Omega \subset D$.

b) On trouve

$$\begin{cases} \frac{\partial g}{\partial x} = \frac{1}{4} - \frac{1}{2\sqrt{xy}} = 0 \\ \frac{\partial g}{\partial y} = \frac{x}{2y\sqrt{xy}} - \frac{1}{y^2} = 0 \end{cases} \Leftrightarrow \begin{cases} \sqrt{xy} = 2 \\ xy = 2\sqrt{xy} \end{cases} \Leftrightarrow xy = 4.$$

Les points singuliers sont les points (x_0, y_0) tels que $x_0 y_0 = 4$.

4.c) A est la branche de l'hyperbole d'équation $y = \frac{4}{x}$ située dans Ω. Les asymptotes de l'hyperbole sont les axes de coordonnées.

5) On calcule

$$\frac{\partial^2 g}{\partial x^2} = -\frac{1}{2}\left(-\frac{1}{2}\right)(xy)^{-\frac{3}{2}}\, y = \frac{1}{4} y\,(xy)^{-\frac{3}{2}},$$

$$\frac{\partial^2 g}{\partial x \partial y} = -\frac{1}{2}\left(-\frac{1}{2}\right)(xy)^{-\frac{3}{2}}\, x = \frac{1}{4} x\,(xy)^{-\frac{3}{2}},$$

$$\frac{\partial^2 g}{\partial y^2} = \frac{\partial}{\partial y}\left(\frac{1}{2} x^{\frac{1}{2}} y^{-\frac{3}{2}}\right) + \frac{2}{y^3} = -\frac{3}{4} x^{\frac{1}{2}} y^{-\frac{5}{2}} + \frac{2}{y^3}.$$

En un point $M_0(x_0, y_0) \in A$, $x_0 y_0 = 4$, donc

$$\frac{\partial^2 g}{\partial x^2}(M_0) = \frac{1}{4} y_0 \frac{1}{4^{\frac{3}{2}}} = \frac{1}{8}\frac{1}{x_0},$$

$$\frac{\partial^2 g}{\partial x \partial y}(M_0) = \frac{1}{4} x_0 \frac{1}{4^{\frac{3}{2}}} = \frac{1}{8}\frac{x_0}{4} \quad \text{et} \quad \frac{\partial^2 g}{\partial y^2}(M_0) = -\frac{3}{4} x_0^{\frac{1}{2}} \frac{x_0^{\frac{5}{2}}}{4^{\frac{5}{2}}} + \frac{2x_0^3}{4^3} = \frac{1}{8}\frac{x_0^3}{16}.$$

Par conséquent

$$H(g; M_0) = \frac{1}{8}\begin{pmatrix} \frac{1}{x_0} & \frac{x_0}{4} \\ \frac{x_0}{4} & \frac{x_0^3}{16} \end{pmatrix}.$$

6)

$$8q(h,k) = \frac{1}{x}h^2 + \frac{x}{2}hk + \frac{x^3}{16}k^2 = \frac{1}{x}\left(h^2 + \frac{x^2}{2}hk\right) + \frac{x^3}{16}k^2 = \frac{1}{x}\left(h + \frac{x^2}{4}k\right)^2$$

montre que la signature de q est $(1,0)$. La forme quadratique q est donc dégénérée positive, et cela ne permet pas de conclure à l'existence ou non d'un extrémum en M_0.

7) Posons $xy = x_0 y_0 + t$, de sorte que t tende vers 0 quand (x,y) tend vers (x_0, y_0). On a

$$g(x,y) - g(x_0,y_0) = \frac{1-\sqrt{xy}}{y} + \frac{1}{4}x = \left[\frac{1-\sqrt{4+t}}{4+t} + \frac{1}{4}\right]x = \frac{8+t-4\sqrt{4+t}}{4(4+t)}x.$$

Comme

$$\sqrt{4+t} = 2\sqrt{1+\frac{t}{4}} = 2\left(1 + \frac{1}{2}\frac{t}{4} + \frac{1}{2}\frac{1}{2}\left(\frac{1}{2}-1\right)\left(\frac{t}{4}\right)^2 + o\left(t^2\right)\right)$$

on trouve

$$g(x,y) - g(x_0,y_0) = \frac{\frac{t^2}{16} + o\left(t^2\right)}{4(4+t)}x.$$

Ici $x > 0$, $4(4+t)$ tend vers 16 donc sera positif pour (x,y) voisin de (x_0,y_0), et $\frac{t^2}{16} + o\left(t^2\right)$ est positif pour (x,y) voisin de (x_0,y_0). Par suite,

$$g(x,y) - g(x_0,y_0) \geq 0$$

si (x,y) est proche de (x_0,y_0) et g admet un minimum relatif en ce point.

8.a) h est composée, différence et quotient de fonctions C^∞ donc aussi de classe C^∞ par les théorèmes généraux. Comme $h(x,y) = \frac{1-\sqrt{xy}}{y}$, on trouve (question 4)

$$\begin{cases} \frac{\partial h}{\partial x} = -\frac{1}{2\sqrt{xy}} = 0 \\ \frac{\partial h}{\partial y} = \frac{x}{2y\sqrt{xy}} - \frac{1}{y^2} = 0. \end{cases}$$

b)

$$h(1+h,1+k) = \frac{1-\sqrt{(1+h)(1+k)}}{1+k} = \frac{1-\sqrt{1+h+k+hk}}{1+k}.$$

La quantité $T = h+k+hk$ tend vers 0 quand (h,k) tend vers 0, et

$$\begin{aligned} \sqrt{1+T} &= (1+T)^{\frac{1}{2}} \\ &= 1 + \frac{1}{2}T + \frac{1}{2!}\frac{1}{2}\left(\frac{1}{2}-1\right)T^2 + \frac{1}{3!}\frac{1}{2}\left(\frac{1}{2}-1\right)\left(\frac{1}{2}-2\right)T^3 + o\left(T^3\right) \\ &= 1 + \frac{1}{2}T - \frac{1}{8}T^2 + \frac{1}{16}T^3 + o\left(T^3\right) \end{aligned}$$

donc $1-\sqrt{1+T} = -\frac{1}{2}T + \frac{1}{8}T^2 - \frac{1}{16}T^3 + o\left(T^3\right)$. On remarque que si $\varphi = o\left(T^3\right)$ alors $\varphi = o\left(\|(h,k)\|^3\right)$ car $T^3 = O\left(\|(h,k)\|^3\right)$. En effet

$$\left|\frac{(h+k+hk)^3}{\|(h,k)\|_2^3}\right| \leq \left(\frac{2\|(h,k)\|_2 + \|(h,k)\|_2^2}{\|(h,k)\|_2}\right)^3 \leq 3^3$$

si $\|(h,k)\|_2 \leq 1$. Donc, en remplaçant,

$$\begin{aligned} 1-\sqrt{1+T} &= -\frac{1}{2}h - \frac{1}{2}k + \frac{1}{8}h^2 + \frac{1}{8}k^2 \\ &\quad -\frac{1}{4}hk - \frac{1}{16}h^3 - \frac{1}{16}k^3 + \frac{1}{16}hk^2 + \frac{1}{16}h^2k + o\left(\|(h,k)\|^3\right), \end{aligned}$$

puis après simplification

$$\begin{aligned} h(1+h,1+k) &= -\frac{1}{2}h - \frac{1}{2}k + \frac{1}{8}h^2 + \frac{5}{8}k^2 \\ &\quad +\frac{1}{4}hk - \frac{1}{16}h^3 - \frac{11}{16}k^3 - \frac{3}{16}hk^2 - \frac{1}{16}h^2k + o\left(\|(h,k)\|^3\right). \end{aligned}$$

En identifiant les coefficients de ce développement avec ceux du développement limité donné par la formule de Taylor-Young en $(1,1)$, on obtient

$$\frac{\partial h}{\partial x}(1,1) = -\frac{1}{2} = \frac{\partial h}{\partial y}(1,1)\,; \quad \frac{\partial^2 h}{\partial x^2}(1,1) = \frac{1}{4}; \quad \frac{\partial^2 h}{\partial y^2}(1,1) = \frac{5}{4};$$

$$\frac{\partial^2 h}{\partial x \partial y}(1,1) = \frac{1}{4}; \quad \frac{\partial^3 h}{\partial x^3}(1,1) = -\frac{3}{8}; \quad \frac{\partial^3 h}{\partial x^2 \partial y}(1,1) = -\frac{1}{8};$$

$$\frac{\partial^3 h}{\partial x \partial y^2}(1,1) = -\frac{3}{8}; \quad \frac{\partial^3 h}{\partial y^3}(1,1) = -\frac{33}{8}.$$

9.a) Une équation cartésienne de Σ est $z - h(x,y) = 0$ donc Π admet l'équation

$$-\frac{\partial h}{\partial x}(1,1)(x-1) - \frac{\partial h}{\partial y}(1,1)(y-1) + z = 0.$$

En remplaçant,

$$\Pi: \quad x + y + 2z - 2 = 0.$$

b) On doit étudier le signe de

$$\begin{aligned} F(x,y) &= h(x,y) - \frac{1}{2}(2 - x - y) \\ &= h(x,y) - \left[z_0 + \frac{\partial h}{\partial x}(x_0,y_0)(x - x_0) - \frac{\partial h}{\partial y}(x_0,y_0)(y - y_0) \right]. \end{aligned}$$

On a $F(x_0,y_0) = \frac{\partial F}{\partial x}(x_0,y_0) = \frac{\partial F}{\partial y}(x_0,y_0) = 0$ et la matrice hessienne de F est égale à celle de h. Le développement limité de F à l'ordre 3 en $(1,1)$ coïncide avec celui de h à partir de l'ordre 2, soit

$$F(1+h, 1+k) = \frac{1}{8}h^2 + \frac{5}{8}k^2 + \frac{1}{4}hk + o\left(\|(h,k)\|^2\right)$$

La hessienne de F en $(1,1)$ sera $M = \begin{pmatrix} \frac{1}{8} & \frac{1}{8} \\ \frac{1}{8} & \frac{5}{8} \end{pmatrix}$. Ainsi la forme quadratique associée

$$q(h,k) = \frac{1}{8}\left(h^2 + 2hk + 5k^2\right) = \frac{1}{8}(h+k)^2 + \frac{1}{2}k^2$$

sera de signature $(2,0)$ donc définie positive. Un théorème du cours montre que F admet un minimum relatif en $(1,1)$, et la surface Σ sera au dessus du plan Π au voisinage de $(1,1)$.

Chapitre 6

Intégrales multiples

6.1 Intégrales doubles

Exercice 124 *Calculer les intégrales doubles suivantes :*

$$I = \int\int_{\Omega} 2xe^{-y}\, dxdy \quad sur\, \Omega = \{(x,y) \in \mathbb{R}^2 \mid 0 < x < 1, 0 < y < 1, x < y\},$$

$$J = \int\int_{\Omega} (x^2 + 3xy)\, dxdy \quad sur\, \Omega = \{(x,y) \in \mathbb{R}^2 \mid 0 \leq x \leq 2, 0 \leq y \leq 1\},$$

$$K = \int\int_{\Omega} xy\, dxdy \quad sur\, \Omega = \{(x,y) \in \mathbb{R}^2 \mid 0 \leq x \leq \ln 2, e^x \leq y \leq 2\},$$

$$L = \int\int_{\Omega} \frac{1}{(x+y+1)^3}\, dxdy \quad sur\, \Omega = \{(x,y) \in \mathbb{R}^2 \mid 0 < x < 1, 0 < y < 1\},$$

$$M = \int\int_{\Omega} e^{x+y}\, dxdy \quad sur\, \Omega = \{(x,y) \in \mathbb{R}^2 \mid |x-y| \leq 1, |x+y| \leq 1\}.$$

Solution :

► On a

$$\begin{aligned} I &= \int_{x=0}^{1}\int_{y=x}^{1} 2xe^{-y}\, dydx \\ &= \int_{x=0}^{1} \left[-2xe^{-y}\right]_{y=x}^{1} dx = \int_0^1 \left(-\frac{2x}{e} + 2xe^{-x}\right) dx = -\frac{1}{e} + 2\int_0^1 xe^{-x}dx. \end{aligned}$$

Par intégration par parties

$$\int_0^1 xe^{-x}dx = \left[-xe^{-x}\right]_0^1 + \int_0^1 e^{-x}dx = -\frac{2}{e} + 1$$

d'où $I = 2 - 5/e$.

▶ On trouve

$$\begin{aligned} J &= \int_{x=0}^{2}\int_{y=0}^{1}(x^2+3xy)\,dydx \\ &= \int_{x=0}^{2}\left[x^2y+\frac{3}{2}xy^2\right]_{y=0}^{1}dx \\ &= \int_{x=0}^{2}\left(\frac{3}{2}x+x^2\right)dx = \left[\frac{3}{4}x^2+\frac{x^3}{3}\right]_{x=0}^{2} = \frac{17}{3}. \end{aligned}$$

▶ On a

$$\begin{aligned} K &= \int_{x=0}^{\ln 2}\left(\int_{y=e^x}^{2} xy\,dy\right)dx = \int_{x=0}^{\ln 2}\left[\frac{xy^2}{2}\right]_{y=e^x}^{2}dx \\ &= \int_{0}^{\ln 2}\left(2x-\frac{x}{2}e^{2x}\right)dx = \left[x^2\right]_0^{\ln 2} - \frac{1}{2}\int_0^{\ln 2} xe^{2x}dx \\ &= \ln^2 2 - \frac{1}{2}K', \end{aligned}$$

et une intégration par parties nous donne K' :

$$\begin{aligned} K' = \int_0^{\ln 2} xe^{2x}dx &= \left[\frac{xe^{2x}}{2}\right]_0^{\ln 2} - \int_0^{\ln 2}\frac{e^{2x}}{2}dx \\ &= 2\ln 2 - \left[\frac{e^{2x}}{4}\right]_0^{\ln 2} = 2\ln 2 - \frac{3}{4}. \end{aligned}$$

En conclusion $K = \ln^2 2 - \ln 2 + 3/8$.

▶ On a

$$\begin{aligned} L &= \int_{x=0}^{1}\int_{y=0}^{1}\frac{1}{(x+y+1)^3}\,dydx = \int_{x=0}^{1}\left[\frac{(x+y+1)^{-2}}{-2}\right]_{y=0}^{1}dx \\ &= \int_0^1 \frac{(x+2)^{-2}}{-2}+\frac{(x+1)^{-2}}{2}\,dx = \left[\frac{(x+2)^{-1}}{2}-\frac{(x+1)^{-1}}{2}\right]_{x=0}^{1} \\ &= \frac{1}{6}-\frac{1}{4}-\frac{1}{4}+\frac{1}{2} = \frac{1}{6}. \end{aligned}$$

▶ Comme

$$\left\{\begin{array}{l} |x-y|<1 \\ |x+y|<1 \end{array}\right. \Leftrightarrow \left\{\begin{array}{l} -1<x-y<1 \\ -1<x+y<1 \end{array}\right. \Leftrightarrow \left\{\begin{array}{c} x-1<y<x+1 \\ -x-1<y<-x+1, \end{array}\right.$$

la partie Ω est l'intérieur du carré hachuré dans la figure ci-dessous :

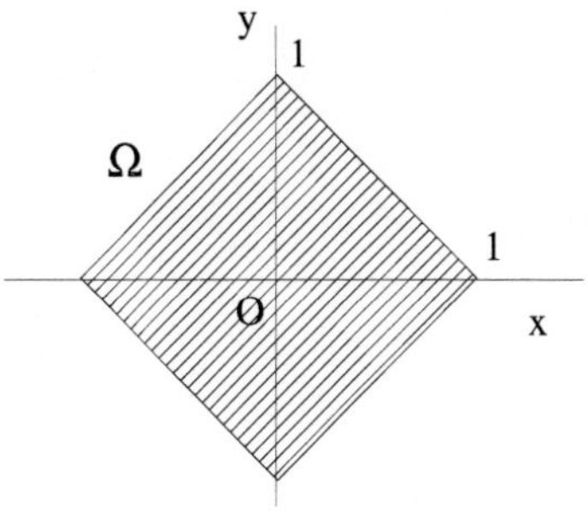

On a

$$M = \iint_{\Omega} e^{x+y}\, dxdy = M_1 + M_2$$

en posant

$$M_1 = \int_{x=-1}^{0} \int_{y=-x-1}^{x+1} e^{x+y}\, dydx \text{ et } M_2 = \int_{x=0}^{1} \int_{y=x-1}^{-x+1} e^{x+y}\, dydx.$$

On calcule

$$\begin{aligned} M_1 &= \int_{x=-1}^{0} \left[e^{x+y}\right]_{y=-x-1}^{x+1} dx \\ &= \int_{x=-1}^{0} \left(e^{2x+1} - e^{-1}\right) dx = \left[\frac{e^{2x+1}}{2}\right]_{-1}^{0} - e^{-1} = \frac{e}{2} - \frac{3}{2e}. \end{aligned}$$

On trouve de la même façon

$$M_2 = \int_{x=0}^{1} \left[e^{x+y}\right]_{y=x-1}^{-x+1} dx = \frac{e}{2} + \frac{1}{2e},$$

et finalement $I = e - 1/e$.

Exercice 125 *Calculer les intégrales suivantes en utilisant les coordonnées polaires :*

(1) $\displaystyle\int\int_D xy\sqrt{x^2+4y^2}\, dxdy$ *où*

$$D = \{(x,y) \in \mathbb{R}^2 \mid x \geq 0, y \geq 0, x^2+y^2 \leq R^2\},$$

et où R *est un réel strictement positif donné.*

(2) $\displaystyle\int\int_D (x^2-y^2)\, dxdy$ *où* $D = \{(x,y) \in \mathbb{R}^2 \mid (x-1)^2+y^2 \leq 1\}$,

(3) $\displaystyle\int\int_D \frac{dxdy}{(1+x^2+y^2)^2}$ *où* $D = \{(x,y) \in \mathbb{R}^2 \mid y \geq 0,\ y^2 \leq 2x\}$.

Solution :

(1) Avec le changement de variable $\varphi(r,\theta) = (r\cos\theta, r\sin\theta) = (x,y)$.

$$\begin{aligned}
I &= \int\int_D xy\sqrt{x^2+4y^2}\,dxdy \\
&= \int_{r=0}^{R}\int_{\theta=0}^{\frac{\pi}{2}} r^2\sin\theta\cos\theta\sqrt{r^2\left(\cos^2\theta+4\sin^2\theta\right)}\,r\,drd\theta \\
&= \int_{r=0}^{R}\int_{\theta=0}^{\frac{\pi}{2}} r^4\sin\theta\cos\theta\sqrt{1+3\sin^2\theta}\,drd\theta \\
&= \left(\int_0^R r^4\,dr\right)\left(\int_0^{\frac{\pi}{2}}\sin\theta\cos\theta\sqrt{1+3\sin^2\theta}\,d\theta\right) \\
&= \frac{R^5}{5}\left[\frac{1}{6}\frac{\left(1+3\sin^2\theta\right)^{\frac{3}{2}}}{\frac{3}{2}}\right]_0^{\frac{\pi}{2}} = \frac{R^5}{45}\left[4^{\frac{3}{2}}-1\right] = \frac{7R^5}{45}.
\end{aligned}$$

(2) Puisque D est le disque fermé de centre $(1,0)$ et de rayon 1, l'angle polaire d'un point de D satisfait toujours $-\pi/2 \leq \theta \leq \pi/2$. On a

$$(x,y)\in D \Leftrightarrow \begin{cases} (r\cos\theta-1)^2+r^2\sin^2\theta \leq 1 \\ -\dfrac{\pi}{2}\leq\theta\leq\dfrac{\pi}{2} \end{cases} \Leftrightarrow \begin{cases} r\leq 2\cos\theta \\ -\dfrac{\pi}{2}\leq\theta\leq\dfrac{\pi}{2}, \end{cases}$$

donc

$$\begin{aligned}
I &= \int\int_D (x^2-y^2)\,dxdy \\
&= \int_{\theta=-\pi/2}^{\pi/2}\int_{r=0}^{2\cos\theta} r^2\left(\cos^2\theta-\sin^2\theta\right)\,drd\theta \\
&= \int_{-\pi/2}^{\pi/2}\frac{8}{3}\left(2\cos^5\theta-\cos^3\theta\right)\,d\theta.
\end{aligned}$$

On calcule cette dernière intégrale en linéarisant l'expression $2\cos^5\theta-\cos^3\theta$. On trouve

$$\begin{aligned}
\cos^5\theta &= \left(\frac{e^{i\theta}+e^{-i\theta}}{2}\right)^5 \\
&= \frac{1}{2^5}(e^{i5\theta}+5e^{i4\theta}e^{-i\theta}+10e^{i3\theta}e^{-i2\theta}+10e^{i2\theta}e^{-i3\theta}+5e^{i\theta}e^{-4i\theta}+e^{-i5\theta}) \\
&= \frac{1}{2^4}(\cos 5\theta+5\cos 3\theta+10\cos\theta)
\end{aligned}$$

et

$$\cos^3\theta = \left(\frac{e^{i\theta}+e^{-i\theta}}{2}\right)^3 = \frac{1}{2^3}(e^{i3\theta}+3e^{i2\theta}e^{-i\theta}+3e^{i\theta}e^{-i2\theta}+e^{-i3\theta}) = \frac{1}{2^2}(\cos 3\theta + 3\cos\theta).$$

Ainsi

$$\begin{aligned} I &= \int_{-\pi/2}^{\pi/2} \frac{8}{3}\left(2\cos^5\theta - \cos^3\theta\right) d\theta \\ &= \frac{1}{3}\int_{-\pi/2}^{\pi/2} (\cos 5\theta + 3\cos 3\theta + 4\cos\theta)\, d\theta \\ &= \frac{1}{3}\left[\frac{\sin 5\theta}{5} + \sin 3\theta + 4\sin\theta\right]_{-\pi/2}^{\pi/2} = \frac{32}{15}. \end{aligned}$$

(3) La partie $D = \{(x,y) \in \mathbb{R}^2 \mid y \geq 0,\, y^2 \leq 2x\}$ est formée des points situés entre l'axe des abscisses et la branche de l'hyperbole $y^2 = 2x$ située dans le demi-plan $y \geq 0$. En posant $\varphi(r,\theta) = (r\cos\theta, r\sin\theta) = (x,y)$, on obtient

$$(x,y) \in D \Leftrightarrow \begin{cases} r\sin\theta \geq 0 \\ r^2\sin^2\theta \leq 2r\cos\theta \end{cases} \Leftrightarrow \begin{cases} 0 < \theta \leq \frac{\pi}{2} \\ 0 < r \leq 2\dfrac{\cos\theta}{\sin^2\theta}. \end{cases}$$

Les équivalences précédentes nous définissent la partie Ω telle que $D = \varphi(\Omega)$, et l'on a

$$\begin{aligned} I &= \int_{\theta=0}^{\frac{\pi}{2}} \int_{r=0}^{2\frac{\cos\theta}{\sin^2\theta}} \frac{r}{(1+r^2)^2}\, dr d\theta = \int_{\theta=0}^{\frac{\pi}{2}} \left[\frac{1}{2}\frac{-1}{1+r^2}\right]_{r=0}^{2\frac{\cos\theta}{\sin^2\theta}} dr d\theta \\ &= \frac{1}{2}\int_0^{\frac{\pi}{2}} \left[1 - \frac{1}{\left(1+\left(2\frac{\cos\theta}{\sin^2\theta}\right)^2\right)}\right] d\theta = \frac{1}{2}\int_0^{\frac{\pi}{2}} \frac{4\cos^2\theta}{\sin^4\theta + 4\cos^2\theta}\, d\theta \\ &= 2\int_0^{\frac{\pi}{2}} \frac{\cos^2\theta}{\sin^4\theta + 4\cos^2\theta}\, d\theta. \end{aligned}$$

Puisque

$$\frac{\cos^2\theta}{\sin^4\theta + 4\cos^2\theta} = \frac{\cos^2\theta}{(1-\cos^2\theta)^2 + 4\cos^2\theta} = \frac{\cos^2\theta}{(1+\cos^2\theta)^2} = 2\frac{1+\cos 2\theta}{(3+\cos 2\theta)^2},$$

et déduit

$$I = 4\int_0^{\frac{\pi}{2}} \frac{1+\cos 2\theta}{(3+\cos 2\theta)^2}\, d\theta.$$

Par le changement de variable $u = \tan\theta$, on trouve

$$\begin{aligned} I &= 4\int_0^{+\infty} \frac{1+\frac{1-u^2}{1+u^2}}{\left(3+\frac{1-u^2}{1+u^2}\right)^2}\frac{du}{1+u^2} \\ &= 8\int_0^{+\infty} \frac{1}{(4+2u^2)^2}\,du = 2\int_0^{+\infty} \frac{1}{(2+u^2)^2}\,du \qquad (*) \end{aligned}$$

Il s'agit maintenant de calculer cette nouvelle intégrale. Par intégration par parties,

$$\int_0^{+\infty} \frac{1}{2+u^2}\,du = \left[\frac{u}{2+u^2}\right]_0^{+\infty} + \int_0^{+\infty} \frac{2u^2}{(2+u^2)^2}\,du = \int_0^{+\infty} \frac{2u^2}{(2+u^2)^2}\,du$$

soit

$$\begin{aligned} \int_0^{+\infty} \frac{1}{2+u^2}\,du &= \int_0^{+\infty} \frac{4+2u^2}{(2+u^2)^2}\,du - 4\int_0^{+\infty} \frac{1}{(2+u^2)^2}\,du \\ &= \int_0^{+\infty} \frac{2}{2+u^2}\,du - 4\int_0^{+\infty} \frac{1}{(2+u^2)^2}\,du. \end{aligned}$$

Cette dernière égalité entraîne

$$\begin{aligned} \int_0^{+\infty} \frac{1}{(2+u^2)^2}\,du &= \frac{1}{4}\int_0^{+\infty} \frac{1}{2+u^2}\,du = \frac{1}{8}\int_0^{+\infty} \frac{1}{1+\left(\frac{u}{\sqrt{2}}\right)^2}\,du \\ &= \frac{\sqrt{2}}{8}\left[\arctan\frac{u}{\sqrt{2}}\right]_0^{+\infty} = \frac{\sqrt{2}}{8}\frac{\pi}{2} = \frac{\pi\sqrt{2}}{16}. \end{aligned}$$

En replaçant dans $(*)$, on trouve finalement $I = \pi\sqrt{2}/8$.

Exercice 126 *(Examen de septembre 1996)*
Soient $a \in \mathbb{R}_+^*$ *et* $\Omega = \left\{(x,y) \in \mathbb{R}^2 \,/\, x > 0,\ y > 0,\ x^2+y^2 < a^2\right\}$. *Calculer l'intégrale double*

$$\iint_\Omega \sqrt{a^2-x^2-y^2}\,dxdy.$$

Solution :

Un changement de coordonnées en polaires permet d'écrire

$$\iint_\Omega \sqrt{a^2-x^2-y^2}\,dxdy = \int_{\theta=0}^{\frac{\pi}{2}}\int_{\rho=0}^{a} \sqrt{a^2-\rho^2}\,\rho d\rho d\theta = \frac{\pi a^3}{6}.$$

Exercice 127 *(examen de juin 1996) Soit* $\Omega = \left\{(x,y) \in \mathbb{R}^2 \,/\, x > 0,\ y > 0\right\}$. *On considère l'application*

$$\begin{array}{rccc} \Psi: & \Omega & \to & \mathbb{R}^2 \\ & (x,y) & \mapsto & (u,v) = \left(\frac{x^2}{2y}, \frac{y^2}{2x}\right). \end{array}$$

1) Montrer que Ψ *induit une bijection de* Ω *dans lui-même.*

2) Montrer que Ψ *est de classe* C^1 *sur* Ω *et déterminer la matrice jacobienne* $J(\Psi;(x,y))$ *de* Ψ *en un point* (x,y) *de* Ω.

3) Soit D *la partie de* Ω *définie par les inégalités*

$$\left\{\begin{array}{l} y < x^2 < 4y \\ x < y^2 < 2x. \end{array}\right.$$

a) Dessiner D *dans le plan des* (x,y) *et* $\Psi(D)$ *dans le plan des* (u,v).

b) Calculer l'intégrale double $\iint_D dxdy$.

Solution :

1) $\Psi(\Omega) \subset \Omega$ est trivial. Si $(a,b) \in \Omega$,

$$\left(\frac{x^2}{2y}, \frac{y^2}{2x}\right) = (a,b) \Leftrightarrow \left\{\begin{array}{l} x^2 = 2ay \\ x = \frac{y^2}{2b} \end{array}\right. \Leftrightarrow \left\{\begin{array}{l} \frac{y^3}{4b^2} = 2a \\ x = \frac{y^2}{2b} \end{array}\right. \Leftrightarrow \left\{\begin{array}{l} y = 2\left(ab^2\right)^{\frac{1}{3}} \\ x = 2\left(a^2b\right)^{\frac{1}{3}} \end{array}\right.$$

et cela prouve que (a,b) possède un et un seul antécédent dans Ω. $\Psi : \Omega \to \Omega$ est bien bijective.

2) Ψ est de classe C^1 car admet des dérivées partielles en x et y continues sur tout Ω, et

$$J(\Psi;(x,y)) = \begin{pmatrix} \frac{x}{y} & -\frac{x^2}{2y^2} \\ -\frac{y^2}{2x^2} & \frac{y}{x} \end{pmatrix}$$

On a $|J(\Psi;(x,y))| = 1 - \frac{1}{4} = \frac{3}{4}$. Ainsi Ψ est un C^1-difféomorphisme local. Etant bijectif, c'est un C^1-difféomorphisme de Ω sur Ω.

3.a) Dans la figure ci-dessous, la partie D est délimitée par quatre morceaux de paraboles. L'ensemble $\Psi(D)$ est le pavé formé des (u,v) tels que

$$\left\{\begin{array}{l} \frac{1}{2} < u < 2 \\ \frac{1}{2} < v < 1. \end{array}\right.$$

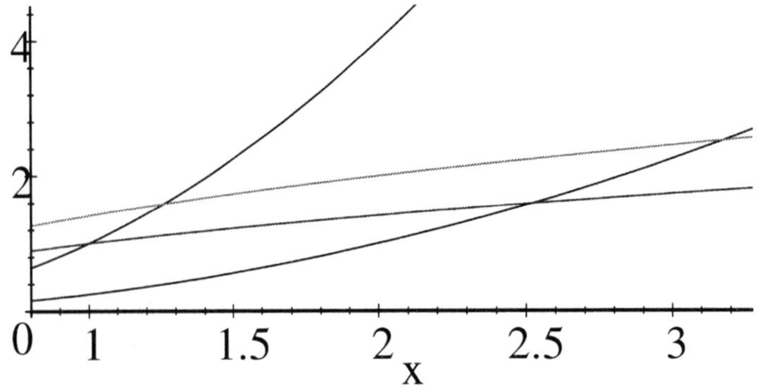

3.b)

$$\begin{aligned}\iint_D dxdy &= \iint_{\Psi(D)} \left|J\left(\Psi^{-1};(u,v)\right)\right| dudv = \int_{u=\frac{1}{2}}^{2}\int_{v=\frac{1}{2}}^{1} \frac{1}{|J(\Psi)|}dudv \\ &= \int_{u=\frac{1}{2}}^{2}\int_{v=\frac{1}{2}}^{1} \frac{4}{3}dudv = 1.\end{aligned}$$

Exercice 128 *(Examen de juin 1998) Soient a un réel non nul et f la fonction réelle définie sur $\mathbb{R}^2$ par*

$$f(x,y) = x^3 + y^3 - 3axy.$$

1) Déterminer les points critiques de f et préciser leur nature.

2) Calculer l'intégrale double

$$\iint_\Omega f(x,y)\,dxdy \text{ où } \Omega = \left\{(x,y)\in\mathbb{R}^2 / 0<x<1,\ 0<y<1,\ x+y<1\right\}.$$

Solution :

1) Le point (x,y) est singulier pour f si $\frac{\partial f}{\partial x}(x,y) = \frac{\partial f}{\partial x}(x,y) = 0$. Ici

$$\frac{\partial f}{\partial x} = 3x^2 - 3ay \quad \text{et} \quad \frac{\partial f}{\partial y} = 3y^2 - 3ax$$

donc

$$\frac{\partial f}{\partial x} = \frac{\partial f}{\partial x} = 0 \Leftrightarrow \left\{\begin{array}{l} x^2 - ay = 0 \\ y^2 - ax = 0\end{array}\right. \Leftrightarrow \left\{\begin{array}{l} y = \frac{x^2}{a} \\ x\left(x^3 - a^3\right) = 0\end{array}\right. \Leftrightarrow (x,y) = \left\{\begin{array}{c}(0,0) \\ \text{ou} \\ (a,a).\end{array}\right.$$

Les seuls points singuliers de f sont donc les points $O\,(0,0)$ et $A\,(a,a)$. La matrice hessienne de f en (x,y) est

$$H\,(f;(x,y)) = \begin{pmatrix} 6x & -3a \\ -3a & 6y \end{pmatrix}.$$

- Etude au point O :

$$H\,(f;O) = \begin{pmatrix} 0 & -3a \\ -3a & 0 \end{pmatrix}$$

donc la forme quadratique associée à cette matrice sera

$$q\,(h,k) = -6ahk = -\frac{3a}{2}\left[(h+k)^2 - (h-k)^2\right].$$

Elle est de signature $(1,1)$ de sorte que f n'admette pas d'extrémum en O (le point O est un "point col" pour f). On rappelle que ce résultat provient de la formule de Taylor-Young à l'ordre 2 en $(0,0)$ qui s'écrit ici

$$f\,(h,k) - f\,(0,0) = \frac{1}{2}q\,(h,k) + o\left(\|(h,k)\|^2\right).$$

- Etude au point A :

$$H\,(f;A) = \begin{pmatrix} 6a & -3a \\ -3a & 6a \end{pmatrix}$$

donc la forme quadratique associée sera

$$q\,(h,k) = 6ah^2 + 6ak^2 - 6ahk = 6a\left[\left(h - \frac{k}{2}\right)^2 + \frac{3}{4}k^2\right].$$

Si $a > 0$, q est de signature $(2,0)$. La forme quadratique q est donc définie positive et f admettra un minimum relatif en A (cf. cours). Si $a < 0$, q est de signature $(0,2)$ et f aura un maximum relatif en A.

2)

$$\begin{aligned}
I &= \iint_{\Omega} f(x,y)\,dxdy = \int_{x=0}^{1}\int_{y=0}^{1-x}\left(x^3+y^3-3axy\right)dydx \\
&= \int_{x=0}^{1}\left[x^3y+\frac{y^4}{4}-3ax\frac{y^2}{2}\right]_{y=0}^{1-x}dx \\
&= \int_{x=0}^{1} x^3-x^4+\frac{1}{4}(1-x)^4-\frac{3}{2}ax(1-x)^2\,dx \\
&= \left[\frac{x^4}{4}-\frac{x^5}{5}-\frac{(1-x)^5}{20}-\frac{3}{2}a\left(\frac{x^2}{2}+\frac{x^4}{4}-\frac{2}{3}x^3\right)\right]_0^1 \\
&= \frac{1}{4}-\frac{1}{5}+\frac{1}{20}-\frac{3}{2}a\left(\frac{1}{2}+\frac{1}{4}-\frac{2}{3}\right)=\frac{1}{10}-\frac{a}{8}.
\end{aligned}$$

Exercice 129 *Soit D la partie du plan définie par*

$$D=\{(x,y)\in\mathbb{R}^2\ /\ |x|\le x^2+y^2\le 1\}.$$

1) Montrer que D est compact.

2) Soit $\overline{B}(0,1)$ la boule fermée de centre l'origine et de rayon 1. On pose $\Omega=\complement_{\overline{B}(0,1)}D$. Donner une expression explicite de Ω. Ω est-il ouvert ? est-il connexe ?

3) Vérifier que la fonction qui à (x,y) associe

$$f(x,y)=\frac{1}{(x^2-|x|+y^2+\frac{5}{4})^2}$$

est intégrable sur Ω.

Solution :

1) Introduisons les applications

$$\begin{array}{rccc}\xi: & \mathbb{R}^2 & \to & \mathbb{R} \\ & (x,y) & \mapsto & x^2+y^2-|x|\end{array} \quad \text{et} \quad \begin{array}{rccc}\zeta: & \mathbb{R}^2 & \to & \mathbb{R} \\ & (x,y) & \mapsto & 1-x^2-y^2.\end{array}$$

Ces applications sont continues et D apparaît comme l'intersection des deux images réciproques $\xi^{-1}(\mathbb{R}_+)$ et $\zeta^{-1}(\mathbb{R}_+)$. Puisque $\mathbb{R}_+$ est fermé, les parties $\xi^{-1}(\mathbb{R}_+)$ et $\zeta^{-1}(\mathbb{R}_+)$ seront fermées dans $\mathbb{R}^2$, et l'intersection

$$D=\xi^{-1}(\mathbb{R}_+)\cap\zeta^{-1}(\mathbb{R}_+)$$

sera bien fermée comme intersection de deux fermés. Comme D est borné (D est inclus dans la boule fermée $\overline{B}(0,1)$), D sera un compact de $\mathbb{R}^2$.

2) On vérifie que

$$(x,y) \in \Omega \Leftrightarrow (1) \left\{ \begin{array}{l} x^2+y^2 \leq 1 \\ x^2+y^2 < |x| \end{array} \right. \Leftrightarrow (2) \left\{ \begin{array}{l} |x| < 1 \\ x^2+y^2 < |x| . \end{array} \right.$$

En effet, si (1) a lieu, $x^2 \leq x^2 + y^2 < |x|$ donc $|x| < 1$ ou $x = 0$, mais $x = 0$ est impossible puisque donne $y^2 < 0$ dans (1). On remarque au passage que la droite Oy d'équation $x = 0$ n'intercepte pas Ω. Réciproquement, si (2) a lieu, $x^2 + y^2 < |x| < 1$ donc à fortiori $x^2 + y^2 \leq 1$ et (1) est vérifiée. Finalement, on a bien

$$\Omega = \left\{ (x,y) \in \mathbb{R}^2 \,/\, x^2+y^2 < |x| < 1 \right\}$$

et Ω apparaît comme l'intersection de deux ouverts, à savoir les images réciproques de l'ouvert $\mathbb{R}_+^*$ par les applications continues

$$\begin{array}{rcl} \mathbb{R}^2 & \rightarrow & \mathbb{R} \\ (x,y) & \mapsto & |x| - x^2 - y^2 \end{array} \quad \text{et} \quad \begin{array}{rcl} \mathbb{R}^2 & \rightarrow & \mathbb{R} \\ (x,y) & \mapsto & 1 - |x| . \end{array}$$

Ω est donc un ouvert de $\mathbb{R}^2$. Il n'est pas connexe, puisque la droite Oy n'intercepte pas Ω et partage Ω en deux parties Ω_+ (formée des points (x,y) d'abscisses x strictement positives) et Ω_- (formée des points d'abscisses strictement négatives). Ω_+ et Ω_- ne sont pas vides (on peut le vérifier directement, ou se référer à la remarque ci-dessous) donc Ω apparaît comme la réunion disjointe $\Omega_+ \cup \Omega_-$ de deux ouverts non vide (de $\mathbb{R}^2$ et de Ω).

Remarque : La symétrie $s_O : (x,y) \mapsto (-x,y)$ par rapport à l'axe des ordonnées Oy laisse Ω invariant. L'axe Oy est donc un axe de symétrie de Ω qui ne contient aucun point de Ω, et connaître Ω revient à chercher tous les points (x,y) tels que $0 < x < 1$ et $x^2 + y^2 < x$, autrement dit les points de Ω_+), puis à compléter par symétrie par rapport à Oy. On a :

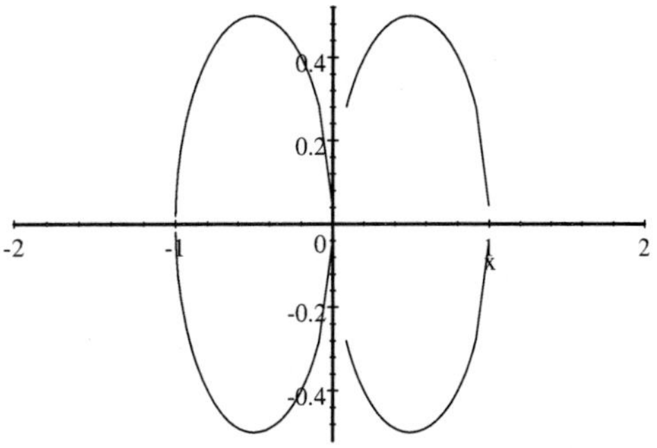

$$(x,y) \in \Omega_+ \Leftrightarrow \left\{ \begin{array}{l} 0 < x < 1 \\ x^2+y^2 < x \end{array} \right. \Leftrightarrow \left\{ \begin{array}{l} 0 < x < 1 \\ y < \sqrt{x - x^2}. \end{array} \right.$$

et la représentation graphique de Ω :s'en déduit.

3) La fonction f est l'inverse d'une fonction continue qui ne s'annule pas sur $\overline{\Omega}$, puisque pour tout $(x,y) \in \overline{\Omega}$,

$$x^2 - |x| + y^2 + \frac{5}{4} \geq x^2 + y^2 - 1 + \frac{5}{4} = x^2 + y^2 + \frac{1}{4} \geq \frac{1}{4}.$$

C'est donc une fonction continue. Cette inégalité entraîne $|f(x,y)| \leq 16$ pour tout $(x,y) \in \overline{\Omega}$. Au bout du compte, la fonction f est continue et bornée sur $\overline{\Omega}$, donc intégrable sur Ω.

Exercice 130 *Soit* $D = \{(x,y) \in \mathbb{R}^2 \,/\, x > 0,\ y > 0,\ x^3 + y^3 < 1\}$.

1) Montrer que D *est un ouvert borné de* $\mathbb{R}^2$.

2) Soit φ *l'application de* D *sur* $\mathbb{R}^2$ *telle que* $\varphi(x,y) = (u,v)$ *avec* $u = x^3$, $v = y^3$.

a) Déterminer la matrice jacobienne de φ *au point* $(x,y) \in D$.

b) Montrer que φ *est injective. Conclure.*

c) Représenter dans le plan (u,v) *l'image* Δ *de* D *par* φ *(on ne demande pas de représenter* D *sur un graphique).*

3) Calculer l'intégrale double

$$I = \int\int_D x^2 y^2 (1 - x^3 - y^3)^{\frac{1}{3}}\, dx dy.$$

Solution :

1) Les fonctions continues sur $\mathbb{R}^2$

$$f_1 : \begin{array}{ccc} \mathbb{R}^2 & \to & \mathbb{R} \\ (x,y) & \mapsto & x \end{array} \quad f_2 : \begin{array}{ccc} \mathbb{R}^2 & \to & \mathbb{R} \\ (x,y) & \mapsto & y \end{array} \quad f_3 : \begin{array}{ccc} \mathbb{R}^2 & \to & \mathbb{R} \\ (x,y) & \mapsto & 1 - \left(x^3 + y^3\right) \end{array}$$

sont telles que $D = \bigcap_{1 \leq i \leq 3} f_i^{-1}\left(\mathbb{R}_+^*\right)$. L'ensemble D est donc un ouvert comme l'intersection de trois ouverts (ce sont des images réciproques d'ouverts par des applications continues).
Soit $(x,y) \in D$. Si $x \geq 1$ et $y \geq 1$, alors

$$x \leq x^3 \leq x^3 + y^3 < 1 \quad \text{et} \quad y \leq y^3 \leq x^3 + y^3 < 1,$$

donc $\text{Max}\left(|x|, |y|\right) \leq 1$. Il est alors facile de voir que pour tout $(x,y) \in D$, $\text{Max}\left(|x|, |y|\right) \leq 1$, et cela montre que D est borné.

2.a) La jacobienne de φ en (x, y) sera

$$J(\varphi; (x, y)) = \begin{pmatrix} 3x^2 & 0 \\ 0 & 3y^2 \end{pmatrix}.$$

2.b) $\varphi : D \to \mathbb{R}^2$ est injective puisque $\left(x^3, y^3\right) = \left(x'^3, y'^3\right)$ entraîne $x = x'$ et $y = y'$ dans $\mathbb{R}$. Comme $\det\left(J(\varphi; (x, y))\right) = 9x^2y^2$ ne s'annule pas sur D, φ sera un C^1-difféomorphisme local. Etant injective, ce sera même un C^1-difféomorphisme de D sur l'image Δ de D par φ. On pourra utiliser φ pour un changement de variable.

2.c) $\Delta = \varphi(D) = \left\{(u, v) \in \mathbb{R}^2 \,/\, u > 0,\, v > 0,\, u + v < 1\right\}$ est l'intérieur du triangle de sommets $(0, 0)$, $(1, 0)$ et $(0, 1)$.

3) Par changement de variable

$$\begin{aligned} I &= \int\!\!\int_D x^2y^2(1 - x^3 - y^3)^{\frac{1}{3}}\, dxdy \\ &= \int\!\!\int_\Delta x^2y^2(1 - u - v)^{\frac{1}{3}} \frac{1}{\left|\det\left(J(\varphi; (x, y))\right)\right|}\, dudv \\ &= \int\!\!\int_\Delta x^2y^2(1 - u - v)^{\frac{1}{3}} \frac{1}{9x^2y^2}\, dudv = \frac{1}{9}\int\!\!\int_\Delta (1 - u - v)^{\frac{1}{3}}\, dudv. \end{aligned}$$

Par le Théorème de Fubini,

$$\begin{aligned} I &= \frac{1}{9}\int_{u=0}^{1}\left(\int_{v=0}^{1-u}(1 - u - v)^{\frac{1}{3}}\, dv\right) du = \frac{1}{9}\int_{u=0}^{1}\left[-\frac{3}{4}(1 - u - v)^{\frac{4}{3}}\right]_{v=0}^{1-u} du \\ &= \frac{1}{12}\int_{u=0}^{1}(1 - u)^{\frac{4}{3}}\, du = \frac{1}{12}\left[-\frac{3}{7}(1 - u)^{\frac{7}{3}}\right]_0^1 = \frac{1}{28}. \end{aligned}$$

Exercice 131 *Le plan $\mathbb{R}^2$ est rapporté à un repère orthonormal. Dans le quart de plan Q formé par les points de coordonnées positives, on considère la partie A délimitée par la droite D, la parabole P et l'ellipse E d'équations respectives $y = 2x$, $y = \frac{1}{4}x^2$ et $\frac{x^2}{25} + \frac{y^2}{9} = 1$.*

1) Représenter sommairement A.

2) Dans Q, la droite D et la parabole P coupent respectivement E en M et N. Calculer les coordonnées (x_M, y_M) et (x_N, y_N) de M et N.

3) Calculer l'aire $\mathcal{A}$ de A. On explicitera les calculs et l'on donnera une valeur exacte de $\mathcal{A}$ en fonction de x_M et x_N. On utilisera ensuite une calculatrice pour donner la valeur approchée par défaut de $\mathcal{A}$ à 10^{-2} près.

Solution :

1)

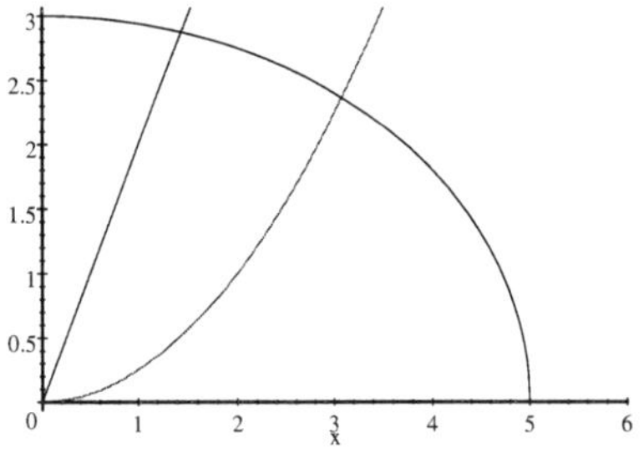

2) (x_M, y_M) et (x_N, y_N) sont les solutions, dans Q, des systèmes suivants :

$$(1) \left\{ \begin{array}{l} y = 2x \\ \frac{x^2}{25} + \frac{y^2}{9} = 1 \end{array} \right. \quad \text{et} \quad (2) \left\{ \begin{array}{l} y = \frac{1}{4}x^2 \\ \frac{x^2}{25} + \frac{y^2}{9} = 1. \end{array} \right.$$

On a

$$\frac{x_M^2}{25} + \frac{4x_M^2}{9} = 1 \Rightarrow \frac{109}{225}x_M^2 = 1 \Rightarrow x_M = \frac{15}{\sqrt{109}} \text{ (puisque } x_M > 0),$$

et $y_M = 2x_M = 30/\sqrt{109}$. On a aussi

$$\begin{aligned} \frac{4y_N}{25} + \frac{y_N^2}{9} = 1 \quad &\Rightarrow \quad 25y_N^2 + 36y_N - 225 = 0 \\ &\Rightarrow \quad y_N = \frac{-18 \pm \sqrt{18^2 + 25 \times 225}}{25} = \frac{-18 \pm 3\sqrt{661}}{25}. \end{aligned}$$

Puisque x_N et y_N sont positifs, on trouve

$$y_N = \frac{-18 + 3\sqrt{661}}{25} \quad \text{et} \quad x_N = \sqrt{4y_N} = \frac{2}{5}\sqrt{-18 + 3\sqrt{661}}.$$

Les réciproques étant évidentes, on peut conclure :

$$M = \left(\frac{15}{\sqrt{109}}, \frac{30}{\sqrt{109}} \right) \quad \text{et} \quad N = \left(\frac{2}{5}\sqrt{-18 + 3\sqrt{661}}, \frac{-18 + 3\sqrt{661}}{25} \right).$$

Remarque : A la calculatrice, on trouve $x_M \simeq 1,437$ et $x_N \simeq 3,076$.

3)

$$\begin{aligned}\mathcal{A} &= \int_{x=0}^{x_M}\int_{y=0}^{2x} dydx + \int_{x=x_M}^{x_N}\int_{y=0}^{3\sqrt{1-\frac{x^2}{25}}} dydx - \int_{x=0}^{x_N}\int_{y=0}^{\frac{1}{4}x^2} dydx \\ &= \int_0^{x_M} 2x\,dx + \int_{x_M}^{x_N}\left(3\sqrt{1-\frac{x^2}{25}}\right)dx - \int_0^{x_N}\frac{1}{4}x^2\,dx \\ &= \left[x^2\right]_{x=0}^{x_M} + I - \left[\frac{x^3}{12}\right]_{x=0}^{x_N} = I + x_M^2 - \frac{x_N^3}{12}. \quad (3)\end{aligned}$$

Avec le changement de variable $x = 5\sin t$,

$$\begin{aligned} I &= \int_{x_M}^{x_N}\left(3\sqrt{1-\frac{x^2}{25}}\right)dx = \int_{\arcsin\frac{x_M}{5}}^{\arcsin\frac{x_N}{5}} (3\cos t)\ 5\cos t\,dt \\ &= 15\int_{\arcsin\frac{x_M}{5}}^{\arcsin\frac{x_N}{5}} \cos^2 t\,dt = 15\int_{\arcsin\frac{x_M}{5}}^{\arcsin\frac{x_N}{5}} \frac{1+\cos 2t}{2}\,dt \\ &= \frac{15}{2}\left[t + \frac{\sin 2t}{2}\right]_{\arcsin\frac{x_M}{5}}^{\arcsin\frac{x_N}{5}}.\end{aligned}$$

On a $\sin(2\arcsin u) = 2\sin(\arcsin u)\cos(\arcsin u) = 2u\sqrt{1-u^2}$, donc

$$\begin{aligned} I &= \frac{15}{2}\left(\arcsin\frac{x_N}{5} - \arcsin\frac{x_M}{5}\right) + \frac{15}{4}\left[\frac{2x_N}{5}\sqrt{1-\frac{x_N^2}{25}} - \frac{2x_M}{5}\sqrt{1-\frac{x_M^2}{25}}\right] \\ &= \frac{15}{2}\left(\arcsin\frac{x_N}{5} - \arcsin\frac{x_M}{5}\right) + \frac{3}{2}\left(x_N\sqrt{1-\frac{x_N^2}{25}} - x_M\sqrt{1-\frac{x_M^2}{25}}\right).\end{aligned}$$

Il suffit de reporter cette valeur dans (3) pour obtenir la valeur exacte de $\mathcal{A}$. Avec la calculatrice, on trouve $\mathcal{A} = 0,3996$, soit une valeur approchée de $0,39$ à 10^{-2} près par défaut.

Exercice 132 *Calculer les intégrales doubles suivantes en utilisant un changement de variables. Les nombres réels a, b, α, β sont strictements positifs et $\alpha < \beta$.*

1) $\displaystyle\iint_D (x^2+y^2)\,dxdy \quad D = \{(x,y)\in\mathbb{R}^2 \mid 2 \le \frac{x^2}{a^2} + \frac{y^2}{b^2} \le 4\}$,

2) $\displaystyle\iint_D \frac{dxdy}{(x^2+y^2)^{\frac{3}{2}}} \quad D = \{(x,y)\in\mathbb{R}^2 \mid x+y>1, x^2+y^2<1, x<y\}$.

Solution :

1) Utilisons le changement de variables $\varphi(\rho,\theta) = (a\rho\cos\theta, b\rho\sin\theta) = (x,y)$. On a

$$2 \leq \frac{x^2}{a^2} + \frac{y^2}{b^2} \leq 4 \Leftrightarrow \sqrt{2} \leq \rho \leq 2$$

et le déterminant du jacobien de φ vaut

$$\det J(\varphi; (\rho,\theta)) = \begin{vmatrix} a\cos\theta & -a\rho\sin\theta \\ b\sin\theta & b\rho\cos\theta \end{vmatrix} = ab\rho.$$

Donc

$$\begin{aligned} I = \int\int_D (x^2+y^2)\,dxdy &= \int_{\rho=\sqrt{2}}^{2}\int_{\theta=0}^{2\pi} \rho^2\left(a^2\cos^2\theta + b^2\sin^2\theta\right) ab\rho\, d\theta d\rho \\ &= ab\left(\int_{\rho=\sqrt{2}}^{2} \rho^3\,d\rho\right) \times A = 3abA \end{aligned}$$

avec

$$A = \int_0^{2\pi} \left(a^2\cos^2\theta + b^2\sin^2\theta\right) d\theta.$$

Puisque

$$\begin{aligned} a^2\cos^2\theta + b^2\sin^2\theta &= a^2\frac{1+\cos 2\theta}{2} + b^2\frac{1-\cos 2\theta}{2} \\ &= \frac{a^2+b^2}{2} + \frac{a^2-b^2}{2}\cos 2\theta, \end{aligned}$$

on trouve

$$A = \left(a^2+b^2\right)\pi + \frac{a^2-b^2}{2}\left[\frac{\sin 2\theta}{2}\right]_0^{2\pi} = \left(a^2+b^2\right)\pi$$

et $I = 3ab\left(a^2+b^2\right)\pi$.

2) Faisons un changement de coordonnées polaire :

$$\begin{cases} x = \rho\cos\theta \\ y = \rho\sin\theta \end{cases} \quad \text{où } \rho > 0 \text{ et } \theta \in]-\pi,\pi[.$$

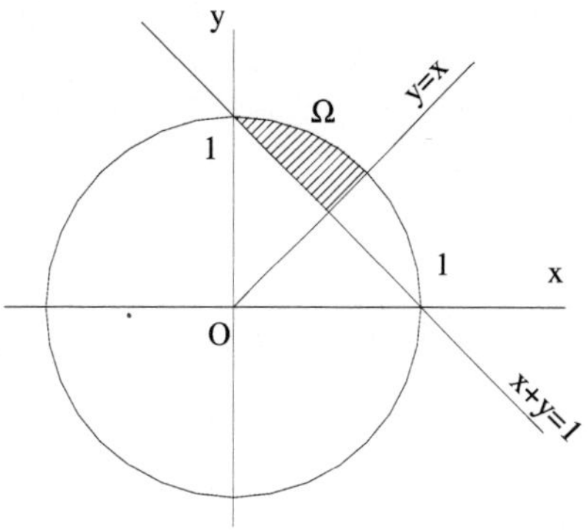

Le dessin nous montre que $\pi/4 < \theta < \pi/2$, de sorte que $\sin\theta + \cos\theta > 0$ et

$$\left\{\begin{array}{l} x+y>1 \\ x^2+y^2<1 \\ x<y \end{array}\right. \Leftrightarrow \left\{\begin{array}{l} \rho > \dfrac{1}{\sin\theta+\cos\theta} \\ \rho<1 \\ \cos\theta<\sin\theta \end{array}\right. \Leftrightarrow \left\{\begin{array}{l} \dfrac{1}{\sin\theta+\cos\theta} < \rho < 1 \\ \dfrac{x}{4} < \theta < \dfrac{x}{2} \end{array}\right. \qquad (*)$$

$(*)$ détermine une partie D du plan des (ρ, θ), et

$$\begin{aligned} \iint_\Omega \frac{dxdy}{(x^2+y^2)^{\frac{3}{2}}} &= \iint_D \frac{\rho\, d\rho d\theta}{\rho^3} \\ &= \int_{\theta=\pi/4}^{\pi/2} \int_{\rho=1/(\sin\theta+\cos\theta)}^{1} \rho^{-2}\, d\rho d\theta \\ &= \int_{\pi/4}^{\pi/2} \left[-\frac{1}{\rho}\right]_{\rho=1/(\sin\theta+\cos\theta)}^{1} d\theta \\ &= \int_{\pi/4}^{\pi/2} (-1+\sin\theta+\cos\theta)\; d\theta = 1-\frac{\pi}{4}. \end{aligned}$$

Remarque : Explicitons $(*)$ sans utiliser de dessin. Posons

$$(I) \left\{\begin{array}{l} x+y>1 \\ x^2+y^2<1 \\ x<y. \end{array}\right.$$

Puisque ρ est positif,

$$(I) \quad \Leftrightarrow \quad \begin{cases} \rho(\sin\theta+\cos\theta) > 1 \\ \rho < 1 \\ \cos\theta < \sin\theta \end{cases}$$

$$\Leftrightarrow \quad \begin{cases} \dfrac{1}{\sin\theta+\cos\theta} < \rho < 1 \\ \sin\theta+\cos\theta > 0 \\ \sin\theta-\cos\theta > 0 \end{cases}$$

$$\Leftrightarrow \quad \begin{cases} \dfrac{1}{\sin\theta+\cos\theta} < \rho < 1 \\ \sin\left(\theta+\frac{\pi}{4}\right) > 0 \\ \sin\left(\theta-\frac{\pi}{4}\right) > 0 \end{cases} \quad \Leftrightarrow \begin{cases} \dfrac{1}{\sin\theta+\cos\theta} < \rho < 1 \\ k2\pi < \theta+\frac{\pi}{4} < k2\pi+\pi \\ k2\pi < \theta-\frac{\pi}{4} < k2\pi+\pi. \end{cases}$$

Puisque $\theta \in]-\pi,\pi[$, on obtient

$$(I) \quad \Leftrightarrow \quad \begin{cases} \dfrac{1}{\sin\theta+\cos\theta} < \rho < 1 \\ 1 < \sin\theta+\cos\theta \\ -\frac{\pi}{4}+k2\pi < \theta < \frac{3\pi}{4}+k2\pi \\ \frac{\pi}{4}+k2\pi < \theta < \frac{5\pi}{4}+k2\pi \end{cases}$$

$$\Leftrightarrow \quad \begin{cases} \dfrac{1}{\sin\theta+\cos\theta} < \rho < 1 \\ 1 < \sqrt{2}\sin\left(\theta+\frac{\pi}{4}\right) \\ -\frac{\pi}{4} < \theta < \frac{3\pi}{4} \\ \frac{\pi}{4} < \theta < \pi \text{ ou } -\pi < \theta < -\frac{3\pi}{4} \end{cases} \quad \Leftrightarrow \begin{cases} \dfrac{1}{\sin\theta+\cos\theta} < \rho < 1 \\ \sin\frac{\pi}{4} < \sin\left(\theta+\frac{\pi}{4}\right) \\ \frac{\pi}{4} < \theta < \frac{3\pi}{4}. \end{cases}$$

Comme

$$\begin{aligned} \sin\frac{\pi}{4} < \sin\left(\theta+\frac{\pi}{4}\right) \quad &\Leftrightarrow \quad \frac{\pi}{4}+k2\pi < \theta+\frac{\pi}{4} < \frac{3\pi}{4}+k2\pi \\ &\Leftrightarrow \quad k2\pi < \theta < \frac{\pi}{2}+k2\pi \\ &\Leftrightarrow \quad 0 < \theta < \frac{\pi}{2}, \end{aligned}$$

on obtient finalement le résultat escompté :

$$(I) \Leftrightarrow \begin{cases} \dfrac{1}{\sin\theta+\cos\theta} < \rho < 1 \\ \frac{\pi}{4} < \theta < \frac{\pi}{2}. \end{cases}$$

On remarquera l'intérêt d'avoir fait un bon dessin dès le début pour préparer le changement de variable !

Exercice 133 *(Examen de septembre 1998)*
Soit $\Omega = \{(x,y) \in \mathbb{R}^2 \,/\, x > 0,\ y > 0,\ x^3 + y^3 < 1\}$.

1) Montrer que Ω *est un ouvert borné de* $\mathbb{R}^2$.

2) Soit la fonction

$$\begin{array}{rccl} \psi: & \Omega & \to & \mathbb{R}^2 \\ & (x,y) & \mapsto & (u,v) = (x^3, y^3). \end{array}$$

Montrer que ψ *est un difféomorphisme de classe* C^1 *de* Ω *sur* $U = \psi(\Omega)$*. On déterminera* U *que l'on représentera dans le plan* (u,v).

3) Calculer l'intégrale double $\iint_\Omega x^2 y^2 (1 - x^3 - y^3)\, dxdy$.

Solution :

1) Posons

$$\begin{array}{rccl} f: & \mathbb{R}^2 & \to & \mathbb{R} \\ & (x,y) & \mapsto & x \end{array}; \quad \begin{array}{rccl} g: & \mathbb{R}^2 & \to & \mathbb{R} \\ & (x,y) & \mapsto & y \end{array}; \quad \begin{array}{rccl} h: & \mathbb{R}^2 & \to & \mathbb{R} \\ & (x,y) & \mapsto & x^3 + y^3. \end{array}$$

Alors $\Omega = f^{-1}(\mathbb{R}_+^*) \cap g^{-1}(\mathbb{R}_+^*) \cap h^{-1}(]-\infty, 1[)$ est ouvert comme l'intersection de trois ouverts, à savoir les images réciproques des l'ouverts $\mathbb{R}_+^*$ et $]-\infty, 1[$ par les trois fonctions continues f, g, h. L'ensemble Ω est borné puisque pour tout $(x,y) \in \Omega$, x et y sont positifs donc

$$\begin{array}{l} x^3 \leq x^3 + y^3 \leq 1 \Rightarrow 0 < x \leq 1 \\ y^3 \leq x^3 + y^3 \leq 1 \Rightarrow 0 < y \leq 1 \end{array}$$

et donc $\|(x,y)\| = \sqrt{x^2 + y^2} \leq \sqrt{2}$.

2) La fonction ψ est de classe C^∞ sur Ω puisque ses fonctions coordonnées sont polynomiales. Si $(u,v) \in U$ il existe $(x,y) \in \Omega$ tels que $(u,v) = (x^3, y^3)$ et donc

$$u > 0,\ v > 0 \text{ et } u + v < 1 \quad (*)$$

Réciproquement, si (u,v) vérifie $(*)$ il suffit de définir $(x,y) = (\sqrt[3]{u}, \sqrt[3]{v})$ pour obtenir l'égalité $(u,v) = \psi(x,y)$ avec $(x,y) \in \Omega$.
En conclusion $U = \psi(\Omega) = \{(u,v) \in \mathbb{R}^2 \,/\, u > 0,\ v > 0 \text{ et } u + v < 1\}$. L'application $\psi : \Omega \to U$ est bijective puisque

$$(u,v) = \psi(x,y) \Leftrightarrow (x,y) = (\sqrt[3]{u}, \sqrt[3]{v})$$

et sa bijection réciproque $\psi^{-1}(u,v) = (\sqrt[3]{u}, \sqrt[3]{v})$ est de classe C^∞. L'application ψ est donc un difféomorphisme de classe C^1 de Ω sur U. L'ouvert U est l'intérieur du triangle de sommets $(0,0)$, $(1,0)$, $(0,1)$ et se représente facilement dans le plan (u,v).

3) Un changement de variable permet d'écrire

$$\begin{aligned} I &= \iint_{\Omega} x^2y^2\left(1-x^3-y^3\right)dxdy \\ &= \iint_{U} x^2y^2\left(1-u-v\right)\left|J\left(\psi^{-1};(u,v)\right)\right| dudv \end{aligned}$$

où

$$\left|J\left(\psi^{-1};(u,v)\right)\right| = \frac{1}{\left|J\left(\psi;(x,y)\right)\right|} = \frac{1}{\left|\det\begin{pmatrix} 3x^2 & 0 \\ 0 & 3y^2 \end{pmatrix}\right|} = \frac{1}{9x^2y^2}.$$

Par conséquent

$$\begin{aligned} I &= \frac{1}{9}\int_{u=0}^{1}\int_{v=0}^{1-u}\left(1-u-v\right)dvdu = \frac{1}{9}\int_{u=0}^{1}\left[(1-u)\,v-\frac{v^2}{2}\right]_{v=0}^{1-u} du \\ &= \frac{1}{18}\int_0^1 (1-u)^2\,du = \frac{1}{18}\int_{u=0}^{1}\left[-\frac{(1-u)^3}{3}\right]_0^1 = \frac{1}{54}. \end{aligned}$$

Exercice 134 *(Examen de septembre 2000) Soient a et b des nombres réels tels que $0 < a < b$ et soit*

$$\Omega = \left\{(x,y)\in\mathbb{R}^2\,/\,0<x<y,\quad a<xy<b \text{ et } y^2-x^2<1\right\}.$$

1) Interpréter Ω comme une intersection d'images réciproques de l'intervalle $]0,+\infty[$ par 5 fonctions polynômes p_i $(i=1,...,5)$. En déduire que Ω est un ouvert de $\mathbb{R}^2$.

2) Montrer que Ω est borné.

3) Soit la fonction

$$\begin{array}{llll} \varphi: & \Omega & \to & \mathbb{R}^2 \\ & (x,y) & \mapsto & (u,v)=\left(xy,y^2-x^2\right). \end{array}$$

Montrer que φ est injective (On pourra utiliser la représentation complexe des éléments de $\mathbb{R}^2$).

4) Calculer le déterminant du Jacobien

$$\frac{D(u,v)}{D(x,y)} = \det J\left(\varphi;(x,y)\right).$$

En déduire que φ est un difféomorphisme de classe C^∞ de Ω sur $\Delta = \varphi(\Omega)$.

5) Calculer l'intégrale double

$$\iint_\Omega \left(y^2 - x^2\right)\left(x^2 + y^2\right) dxdy.$$

Solution :

1) Posons $p_1(x, y) = x$, $p_2(x, y) = y - x$, $p_3(x, y) = xy - a$, $p_4(x, y) = b - xy$, $p_5(x, y) = 1 - y^2 + x^2$. Les fonctions polynomiales p_i sont définies et continues sur $\mathbb{R}^2$ et à valeurs réelles. On a

$$\Omega = \bigcap_{i=1}^{5} p_i^{-1}(]0, +\infty[).$$

Chacun des ensembles $p_i^{-1}(]0, +\infty[)$ est un ouvert de $\mathbb{R}^2$ comme image réciproque de l'ouvert $]0, +\infty[$ par l'application continue p_i, et Ω sera un ouvert comme intersection finie d'ouverts de $\mathbb{R}^2$.

2) On a $0 < x < y$ et $xy < b$ donc $x^2 < xy < b$. Si $(x, y) \in \Omega$, on déduit

$$x^2 + y^2 \leq x^2 + \left(1 + x^2\right) = 2x^2 + 1 \leq 2b + 1.$$

La partie est donc bornée : elle est incluse dans la boule fermée de centre $(0, 0)$ et de rayon $\sqrt{2b + 1}$.

3) Si $z = x + iy \in \mathbb{C}$, alors $z^2 = x^2 - y^2 + i2xy$. Montrer que φ est injective revient à montrer l'implication

$$\varphi(x, y) = \varphi\left(x', y'\right) \Rightarrow (x, y) = \left(x', y'\right). \quad (*)$$

Posons $z' = x' + iy' \in \mathbb{C}$. On a

$$\varphi(x, y) = \varphi\left(x', y'\right) \Leftrightarrow \left(xy, y^2 - x^2\right) = \left(x'y', y'^2 - x'^2\right) \Leftrightarrow z^2 = z'^2 \Leftrightarrow z = \pm z'.$$

Ici (x, y) et (x', y') appartiennent à Ω. Les nombres x, y, x', y' sont donc des réels strictement positifs et l'égalité $z = \pm z'$ n'est possible que si $z = z'$. On a bien montré l'implication $(*)$.

4) Les fonctions composantes de φ sont polynomiales, donc φ est de classe C^∞ sur l'ouvert Ω. Le Jacobien de φ en (x, y) est

$$J(\varphi; (x, y)) = \begin{pmatrix} y & x \\ -2x & 2y \end{pmatrix}$$

d'où

$$\frac{D(u,v)}{D(x,y)} = \det J(\varphi;(x,y)) = 2\left(x^2+y^2\right).$$

Ce déterminant ne s'annule en aucun point de Ω, et φ est de classe C^∞ sur Ω. Le Théorème d'inversion local montre que φ est un C^∞-difféomorphisme local de φ sur l'image $\Delta = \varphi(\Omega)$ Comme φ est injective, ce difféomorphisme sera global, autrement dit φ sera un difféomorphisme de classe C^∞ de Ω sur Δ.

5) La fonction $(x,y) \mapsto \left(y^2-x^2\right)\left(x^2+y^2\right)$ est continue sur $\mathbb{R}^2$ et l'adhérence $\overline{\Omega}$ est un fermé borné, c'est-à-dire un compact de $\mathbb{R}^2$. Par conséquent l'intégrale

$$I = \iint_\Omega \left(y^2-x^2\right)\left(x^2+y^2\right) dxdy$$

est bien définie. Le C^∞-difféomorphisme φ permet d'effectuer un changement de variable. On obtient

$$I = \iint_\Delta v\left(x^2+y^2\right)\frac{1}{\det J(\varphi;(x,y))}\,dudv = \iint_\Delta \frac{v}{2}\,dudv.$$

Déterminons Δ. On a

$$\begin{cases} 0 < x < y \\ a < xy < b \\ y^2-x^2 < 1 \end{cases} \Rightarrow \begin{cases} a < u < b \\ 0 < v < 1. \end{cases}$$

Réciproquement, si $a < u < b$ et $0 < v < 1$ peut-on trouver $(x,y) \in \Omega$ tel que $\varphi(x,y) = uv$? On a

$$\varphi(x,y) = (u,v) \Leftrightarrow \begin{cases} xy = u \\ y^2-x^2 = v \end{cases} \Leftrightarrow \begin{cases} y = \frac{u}{x} \\ x^4+vx^2-u^2 = 0. \end{cases}$$

Le discriminant de l'équation bicarrée ci-dessus vaut $\delta = v^2+4u^2 > 0$, donc

$$x^2 = \frac{-v \pm \sqrt{v^2+4u^2}}{2}.$$

Comme x^2 est positif, on déduit $x^2 = \frac{-v+\sqrt{v^2+4u^2}}{2}$, et puisque $x > 0$,

$$x = \sqrt{\frac{-v \pm \sqrt{v^2+4u^2}}{2}}.$$

Ainsi

$$(x,y) = \left(\sqrt{\frac{-v \pm \sqrt{v^2+4u^2}}{2}}, \frac{u}{\sqrt{\frac{-v\pm\sqrt{v^2+4u^2}}{2}}}\right)$$

vérifie bien $\varphi(x,y) = (u,v)$ avec

$$\begin{cases} 0 < x < y & (1) \\ a < xy < b & (2) \\ y^2 - x^2 < 1. & (3) \end{cases}$$

En effet, (2) et (3) sont évidents, on a clairement $0 < x$, et l'inégalité $x < y$ est vraie puisque

$$\begin{aligned} x < y \quad &\Leftrightarrow \quad x < \frac{u}{x} \Leftrightarrow x^2 = \frac{-v + \sqrt{v^2 + 4u^2}}{2} < u \\ &\Leftrightarrow \quad \sqrt{v^2 + 4u^2} < 2u + v \\ &\Leftrightarrow \quad v^2 + 4u^2 < (2u+v)^2 \Leftrightarrow 0 < 4uv. \quad \text{(vrai)}. \end{aligned}$$

En conclusion, on a montré que Δ est le rectangle :

$$\Delta = \left\{(u,v) \in \mathbb{R}^2 \,/\, a < u < b \text{ et } 0 < v < 1\right\}$$

et l'on obtient

$$I = \int_{u=a}^{b} \left(\int_{v=0}^{1} \frac{v}{2} \, dv \right) du = \int_{u=a}^{b} \frac{1}{4} du = \frac{b-a}{4}.$$

Exercice 135 *(Examen de juin 2004, première session)*
Soit D la partie du plan définie par

$$D = \{(x,y) \in \mathbb{R}^2 \ / \quad 0 \leq y \leq x, \quad (x-1)^2 + (y-1)^2 \leq 2\},$$

et f la fonction $f : D \longrightarrow \mathbb{R}$ définie par

$$f(x,y) = \frac{x^2 + y^2}{x + y} \quad si \ (x,y) \neq (0,0), \ et \ \ f(0,0) = 0.$$

1) Dessiner D, puis exprimer D comme une intersection d'images réciproques de fonctions que l'on déterminera soigneusement.

2) Montrer que D est un compact de $\mathbb{R}^2$ et vérifier que f est continue sur D.

3) On veut calculer l'intégrale double $I = \iint_D f(x,y)\, dxdy$ en utilisant les coordonnées polaires.

a) Déterminer le jacobien associé à ce changement de variables.

b) Déterminer l'ensemble Δ qui caractérise D en coordonnées polaires.

c) Calculer l'intégrale I.

Solution :

1) D est l'intersection du disque de centre $(1,1)$ et de rayon $\sqrt{2}$, et des demi-plans fermés d'équations $0 \leq y$ et $y \leq x$. Posons

$$g: \begin{array}{ccc} \mathbb{R}^2 & \to & \mathbb{R} \\ (x,y) & \mapsto & (x-1)^2+(y-1)^2 \end{array}$$

$$p_2: \begin{array}{ccc} \mathbb{R}^2 & \to & \mathbb{R} \\ (x,y) & \mapsto & y \end{array} \quad \text{et} \quad h: \begin{array}{ccc} \mathbb{R}^2 & \to & \mathbb{R} \\ (x,y) & \mapsto & x-y. \end{array}$$

On a $D = g^{-1}([0,2]) \cap p_2^{-1}([0,+\infty[) \cap h^{-1}([0,+\infty[)$. Les applications g, p_2 et h sont polynomiales, donc de classe C^∞ sur tout $\mathbb{R}^2$.

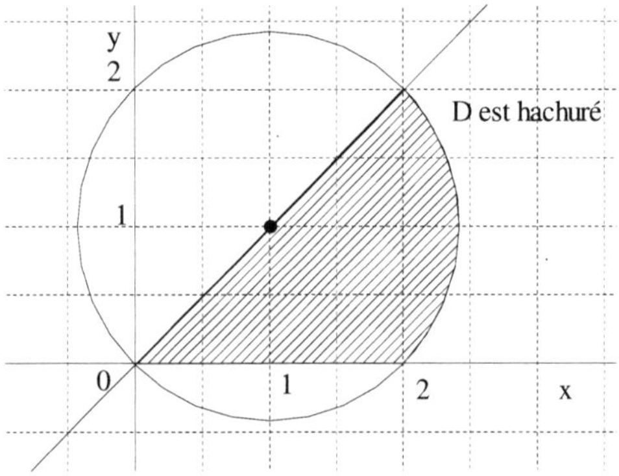

2) • D est fermée comme l'intersection de trois fermés de $\mathbb{R}^2$, à savoir les images réciproques (par des aapplications continues) des intervalles fermés de $\mathbb{R}$ obtenus à la question précédente. Pour pouvoir affirmer que D est compacte, il reste seulement à s'assurer que D est une partie bornée de $\mathbb{R}^2$: c'est évident, puisque D est incluse dans le disque $(x-1)^2+(y-1)^2 \leq 2$ de centre $(1,1)$ et de rayon $\sqrt{2}$.

• L'application f est continue sur $\mathbb{R}^2 \setminus \{(x,y) \in \mathbb{R}^2 \ / \ x+y=0\}$ comme toute fonction rationnelle sur son ensemble de définition. Comme

$$D \cap \{(x,y) \in \mathbb{R}^2 \ / \ x+y=0\} = \{(0,0)\},$$

f sera continue sur $D \setminus \{(0,0)\}$. La continuité en $(0,0)$ ne pose pas de problème particulier puisque

$$\forall (x,y) \in D \quad 0 \leq f(x,y) \leq x+y \leq 2\,\|(x,y)\|_2 .$$

3.a) Le changement de variable polaire $\varphi(r,\theta) = (r\cos\theta, r\sin\theta) = (x,y)$ admet le jacobien

$$J(\varphi;(r,\theta)) = \begin{pmatrix} \cos\theta & -r\sin\theta \\ \sin\theta & r\cos\theta \end{pmatrix},$$

et la valeur absolue du déterminant de ce jacobien est $|\det(J(\varphi;(r,\theta)))| = r$.

3.b) On ne s'inquiète pas des frontières de Δ (elles n'interviendront pas dans le calcul de l'intégrale).

$$(r,\theta) \in \Delta \quad \Leftrightarrow \quad \begin{cases} 0 \leq r\sin\theta \\ r\sin\theta \leq r\cos\theta \\ (r\cos\theta - 1)^2 + (r\sin\theta - 1)^2 \leq 2 \end{cases}$$

$$\Leftrightarrow \quad \begin{cases} 0 \leq \theta \leq \pi \\ \theta = 0 \text{ ou } 1 \leq \operatorname{cotan}\theta \\ r^2 - 2r\sin\theta - 2r\cos\theta \leq 0 \end{cases}$$

$$\Leftrightarrow \quad \begin{cases} 0 \leq \theta \leq \pi/4 \\ r \leq 2(\sin\theta + \cos\theta). \end{cases}$$

3.c) Pour tout $(x,y) \in D\backslash\{(0,0)\}$,

$$f(x,y) = \frac{x^2+y^2}{x+y} = \frac{r}{\sin\theta + \cos\theta},$$

donc

$$I = \iint_\Delta f(\varphi(r,\theta))\, r dr d\theta = \int_{\theta=0}^{\pi/4} \int_{r=0}^{2(\sin\theta+\cos\theta)} \frac{r^2}{\sin\theta+\cos\theta} dr d\theta.$$

On calcule

$$\begin{aligned} \int_{r=0}^{2(\sin\theta+\cos\theta)} \frac{r^2}{\sin\theta+\cos\theta} dr &= \frac{1}{3}\left[\frac{r^3}{\sin\theta+\cos\theta}\right]_{r=0}^{2(\sin\theta+\cos\theta)} \\ &= \frac{8}{3}(\sin\theta+\cos\theta)^2 = \frac{8}{3} + \frac{8}{3}\sin 2\theta, \end{aligned}$$

d'où

$$I = \int_0^{\pi/4} \left(\frac{8}{3} + \frac{8}{3}\sin 2\theta\right) d\theta = \frac{2\pi}{3} + \frac{8}{3}\left[-\frac{\cos 2\theta}{2}\right]_0^{\pi/4} = \frac{2\pi}{3} + \frac{4}{3}.$$

Exercice 136 *(Examen de juin 2004, seconde session)*
On considère la partie $D = \left\{(x,y) \in \mathbb{R}^2 \,/\, |x| \leq 1,\ (y+x^2)(y-2x^2) \leq 0\right\}$.

1) Représenter D.

2) Montrer que D *est compacte.*

3) Vérifier que la fonction f *qui à* (x,y) *associe le réel* $f(x,y) = \dfrac{x}{(2+y)^2}$

est intégrable sur D.

4) Calculer la valeur de l'intégrale double

$$I = \iint_D f(x,y)\ dxdy.$$

Solution :

1) L'ensemble D a été hachuré sur la figure.

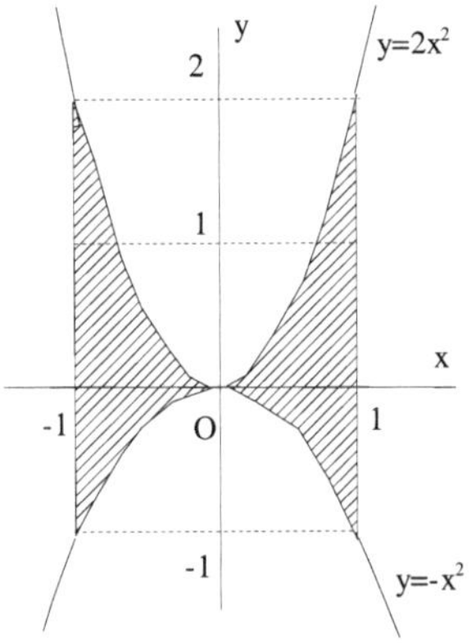

L'inéquation $|x| \leq 1$ décrit la bande de frontière les droites verticales d'équations $x = \pm 1$. Comme

$$(y+x^2)(y-2x^2) \leq 0 \Leftrightarrow \left(\begin{cases} y \leq -x^2 \\ y \geq 2x^2 \end{cases} \text{ou} \begin{cases} y \geq -x^2 \\ y \leq 2x^2 \end{cases} \right) \Leftrightarrow -x^2 \leq y \leq 2x^2,$$

D est la partie du plan située entre les droites verticales $x = \pm 1$, au dessus de la parabole $y = -x^2$ et en dessous de la parabole $y = 2x^2$.

2) La partie $D = \{(x,y) \in \mathbb{R}^2 \ / \ |x| \leq 1,\ -x^2 \leq y \leq 2x^2\}$ est bornée, puisque incluse dans le rectangle $\{(x,y) \in \mathbb{R}^2 \ / \ |x| \leq 1 \text{ et } |y| \leq 2\}$. Elle est fermée comme l'intersection d'images réciproques d'intervalles fermés de $\mathbb{R}$ par des applications continues (car polynomiales), à savoir :

- l'image réciproque de $[-1,1]$ par l'application $(x,y) \mapsto x$,
- l'image réciproque de $[0,+\infty[$ par l'application $(x,y) \mapsto y + x^2$,
- l'image réciproque de $[0,+\infty[$ par l'application $(x,y) \mapsto 2x^2 - y$.

Ainsi D est une fermé borné de $\mathbb{R}^2$, c'est-à-dire un compact de $\mathbb{R}^2$.

3) La fonction f est définie sur $\mathbb{R}^2$ privé de la droite $y = -2$ qui ne coupe pas D. Elle est donc définie et continue sur le compact D, donc intégrable sur ce compact.

4)

$$I=\int_{x=-1}^{1}\int_{y=-x^2}^{2x^2}\frac{x}{(2+y)^2}\,dydx=0$$

puisqu'on intègre une fonction paire sur l'intervalle $[-1,1]$.

Remarque : Le calcul de I ne pose pas de problème :

$$\begin{aligned} I &= \int_{x=-1}^{1}\int_{y=-x^2}^{2x^2}\frac{x}{(2+y)^2}\,dydx=\int_{x=-1}^{1}\left[\frac{-x}{2+y}\right]_{y=-x^2}^{2x^2}dx \\ &= \int_{-1}^{1}\left(\frac{-x}{2+2x^2}+\frac{x}{2-x^2}\right)dx \\ &= \left[-\frac{1}{4}\ln\left(2+2x^2\right)-\frac{1}{2}\ln\left(2-x^2\right)\right]_{-1}^{1}=0. \end{aligned}$$

Exercice 137 ***Calcul de*** $\int_{-\infty}^{+\infty}e^{-x^2}\,dx$

1) Soient $R>0$ *et* $B(R)=\left\{(x,y)\in\mathbb{R}^2\,/\,x^2+y^2\leq r^2\right\}$. *Calculer*

$$I(R)=\iint_{B(R)}e^{-x^2-y^2}\,dxdy.$$

En déduire que l'application $f:(x,y)\mapsto e^{-\left(x^2+y^2\right)}$ *est intégrable sur* $\mathbb{R}^2$ *et calculer*

$$I=\iint_{\mathbb{R}^2}e^{-x^2-y^2}\,dxdy.$$

2) Montrer que l'intégrale impropre $\int_{-\infty}^{+\infty}e^{-x^2}\,dx$ *est convergente, puis déterminer sa valeur. On pourra faire intervenir des carrés de la forme*

$$C(R)=\left\{(x,y)\in\mathbb{R}^2\,/\,-R\leq x\leq R\ et\ -R\leq y\leq R\right\}.$$

3) Calculer

$$S=\int_{-\infty}^{+\infty}e^{-\frac{x^2}{2}}\,dx.$$

Solution :

Rappel : Soit $f:A\to\mathbb{R}$ une fonction intégrable sur tous les compacts de A. Une suite exhaustive de compacts de A est une suite de compacts $(K_n)_{n\in\mathbb{N}}$ inclus dans A et telle que pour tout compact K de A il existe $n\in\mathbb{N}$ tel que $K\subset K_n$.
La fonction f admet une intégrale généralisée sur A si et seulement si la limite $\lim_{n\to+\infty}\int_{K_n}|f|$ existe. Danc ce cas, la limite $\lim_{n\to+\infty}\int_{K_n}f$ existe aussi et

ne dépend pas de la suite exhaustive de compacts de A utilisée pour la définir. C'est cette limite qui est notée $\int_A f$.

1) La fonction $f(x,y) = e^{-(x^2+y^2)}$ est continue sur $\mathbb{R}^2$, donc intégrable sur tout compact de $\mathbb{R}^2$. Faisons un changement de variable en polaire. On obtient :

$$I(R) = \int_{\theta=0}^{2\pi} \int_{\rho=0}^{R} e^{-\rho^2} \rho \, d\rho d\theta = 2\pi \left[-\frac{1}{2} e^{-\rho^2} \right]_0^R = \pi \left(1 - e^{-R^2} \right).$$

La suite $(B(n))_{n \in \mathbb{N}^*}$ est une suite exhaustive de compacts et

$$\lim_{n \to +\infty} I(n) = \pi.$$

Cela montre que f est intégrable sur $\mathbb{R}^2$ et que

$$I = \iint_{\mathbb{R}^2} e^{-x^2-y^2} \, dxdy = \pi.$$

2) • L'intégrale $\int_{-\infty}^{+\infty} e^{-x^2} \, dx$ converge au voisinage de $+\infty$ puisque

$$e^{-x^2} = o\left(\frac{1}{x^2} \right)$$

(cela provient de $\lim_{x \to +\infty} x^2 e^{-x^2} = 0$). Au voisinage de $-\infty$, on peut voir la convergence en faisant un changement de variable. En effet, si $\lambda \in \mathbb{R}_-$,

$$\int_{\lambda}^{0} e^{-x^2} \, dx = \int_{-\lambda}^{0} e^{-u^2} \, (-du) = \int_{0}^{-\lambda} e^{-u^2} \, du$$

et $\lim_{\lambda \to -\infty} \int_0^{-\lambda} e^{-u^2} \, du$ existe d'après la convergence de $\int_0^{+\infty} e^{-x^2} \, dx$.

• La suite $(C(n))_{n \in \mathbb{N}^*}$ est aussi une suite exhaustive de compacts de $\mathbb{R}^2$, donc

$$\lim_{n \to +\infty} \iint_{C(n)} e^{-x^2-y^2} \, dxdy = \iint_{\mathbb{R}^2} e^{-x^2-y^2} \, dxdy = \pi.$$

On a

$$\begin{aligned}
\iint_{C(n)} e^{-x^2-y^2} \, dxdy &= \int_{x=-n}^{n} e^{-x^2} \left(\int_{y=-n}^{n} e^{-y^2} \, dy \right) dx \\
&= \left(\int_{x=-n}^{n} e^{-x^2} dx \right) \left(\int_{y=-n}^{n} e^{-y^2} \, dy \right) \\
&= \left(\int_{x=-n}^{n} e^{-x^2} dx \right)^2.
\end{aligned}$$

En faisant tendre n vers $+\infty$ dans cette égalité, on obtient

$$\int_{-\infty}^{+\infty} e^{-x^2}\, dx = \sqrt{\pi}.$$

Remarque : L'intégrale double généralisée ne dépend pas de la suite exhaustive de compacts utilisée pour la définir. Vérifions-le à nouveau ici (le raisonnement est transposable dans le cas général). Le carré

$$C(R) = \left\{(x, y) \in \mathbb{R}^2 \,/\, -R \leq x \leq R \text{ et } -R \leq y \leq R\right\}$$

contient la boule $B(R)$, et se trouve inclus dans la boule $B(R\sqrt{2})$ (faire un dessin). Comme l'intégrant $e^{-x^2-y^2}$ est positif, on déduit

$$\iint_{B(R)} e^{-x^2-y^2}\, dxdy \leq \iint_{C(R)} e^{-x^2-y^2}\, dxdy \leq \iint_{B\left(R\sqrt{2}\right)} e^{-x^2-y^2}\, dxdy.$$

Les bornes de cet encadrement tendent vers π quand R tend vers $+\infty$, donc

$$\lim_{R\to+\infty} \iint_{C(R)} e^{-x^2-y^2}\, dxdy = \pi.$$

3) Si $t = x/\sqrt{2}$,

$$S = \int_{-\infty}^{+\infty} e^{-\frac{x^2}{2}}\, dx = \sqrt{2} \int_{-\infty}^{+\infty} e^{-t^2}\, dt = \sqrt{2\pi}.$$

6.2 Intégrales triples

Exercice 138 *Soit $a \in \mathbb{R}_+^*$. On définit les ensembles*

$$D = \{(x, y, z) \in \mathbb{R}^3 / x^2 + y^2 + z^2 \leq 1\}$$

et

$$E = \{(x, y, z) \in \mathbb{R}^3 / 0 \leq x \leq 2a, 0 \leq y \leq x, y \leq z \leq x\}.$$

Calculer les valeurs des intégrales suivantes :

$$I = \iiint_D (ax + by + cz)^2\, dxdydz,$$

$$J = \iiint_E xyz\, dxdydz.$$

Solution :

1) On développe $(ax+by+cz)^2$ pour obtenir

$$I = a^2 I_{x^2} + b^2 I_{y^2} + c^2 I_{z^2} + 2abI_{xy} + 2acI_{xz} + 2bcI_{yz} \quad (1)$$

en posant $I_{x^2} = \int\int\int_D x^2\, dxdydz$, $I_{xy} = \int\int\int_D xy\, dxdydz$, etc. Les rôles de x, y, z étant identiques, on a $I_{x^2} = I_{y^2} = I_{z^2}$ et $I_{xy} = I_{xz} = I_{yz}$, et tout revient à calculer les deux intégrales I_{x^2} et I_{xy}.

$$\begin{aligned} I_{x^2} &= \int_{x=-1}^{1} \int_{y=-\sqrt{1-x^2}}^{\sqrt{1-x^2}} \int_{z=-\sqrt{1-x^2-y^2}}^{\sqrt{1-x^2-y^2}} x^2\, dzdydx \\ &= \int_{x=-1}^{1} x^2 \left(\int_{y=-\sqrt{1-x^2}}^{\sqrt{1-x^2}} 2\sqrt{1-x^2-y^2}\, dy \right) dx \\ &= \int_{x=-1}^{1} x^2 S\, dx \quad (2) \end{aligned}$$

où, pour tout x fixé,

$$\begin{aligned} S &= 2\int_{y=-\sqrt{1-x^2}}^{\sqrt{1-x^2}} \sqrt{1-x^2-y^2}\, dy \\ &= 2\sqrt{1-x^2} \int_{y=-\sqrt{1-x^2}}^{\sqrt{1-x^2}} \sqrt{1-\left(\frac{y}{\sqrt{1-x^2}}\right)^2}\, dy. \end{aligned}$$

Par le changement de variables

$$\frac{y}{\sqrt{1-x^2}} = \cos t,$$

on obtient

$$\begin{aligned} S &= 2\sqrt{1-x^2} \int_{\pi}^{0} \sqrt{1-\cos^2 t} \left(-\sin t \times \sqrt{1-x^2}\right) dt \\ &= 2\left(1-x^2\right) \int_0^{\pi} \sin^2 t dt \\ &= 2\left(1-x^2\right) \int_0^{\pi} \frac{1-\cos 2t}{2} dt = \left(1-x^2\right) \left[t - \frac{\sin 2t}{2}\right]_0^{\pi} = \pi\left(1-x^2\right). \end{aligned}$$

En remplaçant dans (2),

$$I_{x^2} = \pi \int_{x=-1}^{1} x^2 \left(1-x^2\right) dx = \pi \left[\frac{x^3}{3} - \frac{x^5}{5}\right]_{-1}^{1} = \pi \left(\frac{2}{3} - \frac{2}{5}\right) = \frac{4\pi}{15}. \quad (3)$$

Calculons maintenant I_{xy}. On a

$$I_{xy} = \int_{x=-1}^{1} x \left(\int_{y=-\sqrt{1-x^2}}^{\sqrt{1-x^2}} 2y\sqrt{1-x^2-y^2}\, dy \right) dx$$

et l'on remarque que l'intégrale $\int_{y=-\sqrt{1-x^2}}^{\sqrt{1-x^2}} 2y\sqrt{1-x^2-y^2}\,dy$ est nulle puisque la fonction $y \mapsto 2y\sqrt{1-x^2-y^2}$ est impaire. Ainsi $I_{xy} = 0$, et il suffit de tout reporter dans (1) pour obtenir

$$I = \frac{4\pi}{15}\left(a^2 + b^2 + c^2\right).$$

2)

$$\begin{aligned} J &= \int_{x=0}^{2a} x \int_{y=0}^{x} y \int_{z=y}^{x} z\,dzdydx \\ &= \int_{x=0}^{2a} x \int_{y=0}^{x} y \left(\frac{x^2}{2} - \frac{y^2}{2}\right) dydx \\ &= \int_{x=0}^{2a} x \left[\frac{x^2y^2}{4} - \frac{y^4}{8}\right]_{y=0}^{x} dx = \int_0^{2a} \frac{x^5}{8}\,dx = \frac{4}{3}a^6. \end{aligned}$$

Exercice 139 *(Examen de juin 1997)* ***Volume d'un ellipsoïde***

On se donne trois réels a, b et c strictement positifs.

1) Montrer que l'ensemble $U = \left\{(\rho,\theta,t) \in \mathbb{R}^3 \,/\, \rho > 0,\ 0 < \theta < 2\pi\right\}$ *est ouvert.*

2) Soit φ *l'application de* U *dans* $\mathbb{R}^3$ *définie par*

$$\varphi(\rho,\theta,t) = (a\rho\cos\theta, b\rho\sin\theta, ct).$$

Expliquer sommairement pourquoi φ *est de classe* C^1 *sur* U*, puis écrire la matrice jacobienne* $J(\varphi;(\rho,\theta,t))$ *de* φ *en* $(\rho,\theta,t) \in U$.

3) Soit $S = \left\{(x,y,z) \in \mathbb{R}^3 \,/\, y = 0 \text{ et } x \geq 0\right\}$. *Démontrer que* φ *induit une bijection de* U *sur* $\mathbb{R}^3 \backslash S$.

4) Montrer que la partie

$$\Omega = \left\{(x,y,z) \in \mathbb{R}^3 \,/\, \frac{x^2}{a^2} + \frac{y^2}{b^2} + \frac{z^2}{c^2} \leq 1\right\}$$

est bornée. En utilisant le changement de variable $\varphi : U \to \mathbb{R}^3$*, calculer le volume de* Ω*, autrement dit la valeur de l'intégrale triple*

$$V = \iiint_\Omega dxdydz.$$

Solution :

1) Les projections $p_1 : (\rho, \theta, t) \mapsto \rho$ et $p_2 : (\rho, \theta, t) \mapsto \theta$ sont continues sur $\mathbb{R}^3$, de sorte que les images réciproques $p_1^{-1}(\mathbb{R}_+^*)$ et $p_2^{-1}(]0, 2\pi[)$ d'ouverts de $\mathbb{R}$ par ces applications soient des ouverts de $\mathbb{R}^3$. U est ouvert comme l'intersection de ces deux ouverts.

2) φ est de classe C^1 sur U car ses applications coordonnées sont des fonctions de classe C^1 (et même C^∞) sur U. On a

$$J(\varphi; (\rho, \theta, t)) = \begin{pmatrix} a\cos\theta & -a\rho\sin\theta & 0 \\ b\sin\theta & b\rho\cos\theta & 0 \\ 0 & 0 & c \end{pmatrix}.$$

3) Il est évident que $\varphi(U) \subset \mathbb{R}^3 \backslash S$, la seconde coordonnée $b\rho\sin\theta$ de $\varphi(\rho, \theta, t)$ ne pouvant jamais s'annuler lorsque $0 < \theta < 2\pi$ sauf lorsque $x < 0$ (c'est-à-dire lorsque $\theta = \pi \ (2\pi)$). Pour montrer que $\varphi : U \to \mathbb{R}^3 \backslash S$ est bijective, il reste à prouver que n'importe quel élément (x, y, z) de $\mathbb{R}^3 \backslash S$ possède un unique antécédent par φ dans U. Puisque $\rho > 0$,

$$\varphi(\rho, \theta, t) = (x, y, z) \Leftrightarrow \left\{ \begin{array}{l} a\rho\cos\theta = x \\ b\rho\sin\theta = y \\ ct = z \end{array} \right. \Leftrightarrow \left\{ \begin{array}{l} \rho = \sqrt{\frac{x^2}{a^2} + \frac{y^2}{b^2}} \\ \cos\theta = \frac{x}{a\rho} \\ \sin\theta = \frac{y}{b\rho} \\ t = \frac{z}{c}. \end{array} \right. \qquad (*)$$

Comme $\left(\frac{x}{a\rho}\right)^2 + \left(\frac{y}{b\rho}\right)^2 = 1$ il existe un et un seul réel θ appartenant à $[0, 2\pi[$ tel que $\cos\theta = x/a\rho$ et $\sin\theta = y/b\rho$. De plus la condition $y \neq 0$ impose $\theta \neq 0$, d'où $\theta \in]0, 2\pi[$. Les conditions $(*)$ déterminent donc un unique triplet (ρ, θ, t) appartenant à U.

4)

$$\frac{x^2}{a^2} + \frac{y^2}{b^2} + \frac{z^2}{c^2} \leq 1 \Rightarrow \frac{x^2}{a^2} \leq 1 \Rightarrow x^2 \leq a^2 \Rightarrow |x| \leq a$$

En procédant de la même manière, on obtient

$$\frac{x^2}{a^2} + \frac{y^2}{b^2} + \frac{z^2}{c^2} \leq 1 \Rightarrow |x| \leq a, \ |y| \leq b, \ |z| \leq c,$$

donc pour tout $(x, y, z) \in \Omega$,

$$\|(x, y, z)\|_\infty = \mathrm{Sup}(|x|, |y|, |z|) \leq \mathrm{Sup}(a, b, c)$$

et Ω est bornée. Le changement de variable dans l'intégrale donne

$$V = \iiint_{\Omega} dxdydz = \iiint_{\Omega'} \left| \frac{D\varphi(x,y,z)}{D(\rho,\theta,t)} \right| d\rho d\theta dt$$

avec

$$\begin{aligned} \Omega' &= \left\{(\rho,\theta,t) \in U \,/\, \rho^2 + t^2 \leq 1\right\} \\ &= \left\{(\rho,\theta,t) \in \mathbb{R}^3 \,/ 0 < \rho < \sqrt{1-t^2},\, 0 < \theta < 2\pi\,,\, -1 \leq t \leq 1\right\}. \end{aligned}$$

La valeur absolue du jacobien de φ est

$$\left| \frac{D\varphi(x,y,z)}{D(\rho,\theta,t)} \right| = \left| \det \begin{pmatrix} a\cos\theta & -a\rho\sin\theta & 0 \\ b\sin\theta & b\rho\cos\theta & 0 \\ 0 & 0 & c \end{pmatrix} \right| = abc\rho$$

donc, en utilisant le théorème de Fubini,

$$\begin{aligned} V &= \int_{t=-1}^{1} \int_{\theta=0}^{2\pi} \int_{\rho=0}^{\sqrt{1-t^2}} abc\rho \, d\rho d\theta dt \\ &= 2\pi abc \int_{t=-1}^{1} \left[\frac{\rho^2}{2}\right]_{\rho=0}^{\sqrt{1-t^2}} dt = \pi abc \int_{t=-1}^{1} 1 - t^2 \, dt = \frac{4\pi}{3} abc. \end{aligned}$$

Remarque : Si Ω est la boule de rayon R, alors $a = b = c = R$ et l'on retrouve la formule classique donnant le volume d'une boule :

$$V = \frac{4\pi R^3}{3}.$$

Exercice 140 ***Volume d'une boule de*** $\mathbb{R}^n$

Soit $V_n(R)$ le volume de la boule $B_n(R)$ de rayon R et d'origine O dans $\mathbb{R}^n$. Montrer que

$$V_n(R) = \frac{\pi^{\frac{n}{2}} R^n}{\left(\frac{n}{2}\right)!} \text{ si } n \text{ est pair, et } V_n(R) = \frac{2(2\pi)^{\frac{n-1}{2}} R^n}{1.3.5...n} \text{ si } n \text{ est impair.}$$

Indication : On pourra effectuer le changement de variables

$$\varphi(r,\theta,x_3,...,x_n) = (r\cos\theta, r\sin\theta, x_3,...,x_n)$$

dans l'intégrale

$$V_n(R) = \iiint_{B_n(R)} dx_1 dx_2 ... dx_n.$$

Solution :

On va montrer la formule par récurrence sur n. La formule est vraie pour $n = 0, 1, 2$ ou 3. Supposons $n \geq 3$. On a

$$V_n(R) = \iiint_{B_n(R)} dx_1 dx_2 ... dx_n = \iiint_\Omega r\, dr d\theta ... dx_n$$

par le changement de variable

$$\varphi(r, \theta, x_3, ..., x_n) = (r\cos\theta, r\sin\theta, x_3, ..., x_n)$$

puisque la valeur absolue du jacobien de φ est

$$|J(\varphi; (r, \theta, x_3, ..., x_n))| = \left|\det \begin{pmatrix} \cos\theta & -r\sin\theta & 0 \\ \sin\theta & r\cos\theta & 0 \\ 0 & 0 & I \end{pmatrix}\right| = r.$$

Ici $\varphi(\Omega) = B_n(R)$ et Ω sera défini par $r^2 + x_3^2 + ... + x_n^2 \leq R^2$. Donc

$$\begin{aligned} V_n(R) &= \int_{r=0}^{R} \int_{\theta=0}^{2\pi} \iiint_{B_{n-2}(\sqrt{R^2-r^2})} r\, dx_3 dx_4 ... d\theta dr \\ &= 2\pi \int_{r=0}^{R} V_{n-2}(\sqrt{R^2 - r^2}) r\, dr. \end{aligned}$$

Si n est impair, l'hypothèse récurrente entraine

$$V_n(R) = 2\pi \int_0^R \frac{2(2\pi)^{\frac{n-3}{2}}}{1.3.5...(n-2)} \left(R^2 - r^2\right)^{\frac{n-2}{2}} r\, dr = \frac{2(2\pi)^{\frac{n-1}{2}}}{1.3.5...(n-2)} \frac{R^n}{n}$$

et la propriété est acquise au rang n. Si, par contre, n est pair, on trouve

$$V_n(R) = 2\pi \int_0^R \frac{\pi^{\frac{n-2}{2}} \left(R^2 - r^2\right)^{\frac{n-2}{2}}}{\left(\frac{n-2}{2}\right)!} r\, dr = \frac{2\pi^{\frac{n}{2}}}{\left(\frac{n-2}{2}\right)!} \left[\frac{\left(R^2 - r^2\right)^{\frac{n}{2}}}{-n}\right]_{r=0}^{R} = \frac{\pi^{\frac{n}{2}} R^n}{\left(\frac{n}{2}\right)!}$$

et l'on peut encore conclure.

Chapitre 7

Annexe : Théorème des fonctions implicites

7.1 Fonctions implicites

Les Théorèmes[1] de ce paragraphe et du suivant sont démontrés dans ([10], III.8.5) et peuvent être étudiés dans leurs énoncés et leurs applications dans le précis de mathématiques ([6], p. 96).

Théorème 141 ***(Fonction implicite définie par une seule équation)*** *Soient Ω un ouvert de $\mathbb{R}^n$, $f : \Omega \subset \mathbb{R}^n \to \mathbb{R}$ une application de classe C^k (où $k \geq 1$) sur Ω, et $a = (a_1, ..., a_n) \in \Omega$. On suppose que*

$$f(a) = 0 \quad et \quad \frac{\partial f}{\partial x_n}(a) \neq 0.$$

Il existe alors un voisinage ouvert U de $(a_1, ..., a_{n-1})$, un voisinage ouvert V de a_n, et une application $\varphi : U \to V$ de classe C^k telle que

1) $\forall x = (x_1, ..., x_n) \in U \times V \quad f(x) = 0 \Leftrightarrow x_n = \varphi(x_1, ..., x_{n-1}),$

2) $\forall x \in U \times V \quad \dfrac{\partial f}{\partial x_n}(x) \neq 0,$

[1]Utilisez franchement le Théorème des fonctions implicites (et celui d'inversion locale) comme des "boîtes noires". Leurs démonstrations sont délicates, et l'objectif est ici *seulement* de mémoriser les hypothèses et les conclusions de ces théorèmes pour les utiliser. Que vous prépariez un examen ou un concours comme le CAPES ou l'agrégation, la connaissance de l'énoncé du Théorème est (en fait) la seule connaissance exigible ! C'est pourquoi vous la retrouvez ici, en annexe.

3) $\forall (x_1, ..., x_{n-1}) \in U \quad \forall i \in \mathbb{N}_{n-1} \quad \frac{\partial \varphi}{\partial x_i}(x_1, ..., x_{n-1}) = -\dfrac{\dfrac{\partial f}{\partial x_i}(x)}{\dfrac{\partial f}{\partial x_n}(x)}$.

Théorème 142 ***(Fonction implicite définie par plusieurs équations)*** *Soient Ω un ouvert de $\mathbb{R}^n$, $f : \Omega \subset \mathbb{R}^n \times \mathbb{R}^p \to \mathbb{R}^p$ une application de classe C^k (où $k \geq 1$) sur Ω, et $a = (a_1, ..., a_{n+p}) \in \Omega$. On suppose que*

$$f(a) = 0 \quad \text{et} \quad \frac{D(f_1, ..., f_p)}{D(x_{n+1}, ..., x_{n+p})}(a) = \det\left(\frac{\partial f_i}{\partial x_{n+j}}(a)\right)_{i,j \in \mathbb{N}_p} \neq 0$$

où l'on note $f = (f_1, ..., f_p)$. Il existe alors un voisinage ouvert U de $(a_1, ..., a_n)$, un voisinage ouvert V de $(a_{n+1}, ..., a_{n+p})$ et une application $\varphi : U \to V$ de classe C^k telle que

1) $\forall x \in U \times V \quad f(x) = 0 \Leftrightarrow (x_{n+1}, ..., x_{n+p}) = \varphi(x_1, ..., x_{n-1})$,

2) $\forall x \in U \times V \quad \dfrac{D(f_1, ..., f_p)}{D(x_{n+1}, ..., x_{n+p})}(x) \neq 0$,

3) La matrice jacobienne $J = J(\varphi; (x_1, ..., x_n))$ de φ au point $(x_1, ..., x_n) \in U$ est $J = -Q^{-1}P$ où

$$Q = \left(\frac{\partial f_i}{\partial x_{n+j}}(x)\right)_{i,j \in \mathbb{N}_p} \quad \text{et } P = \left(\frac{\partial f_i}{\partial x_j}(x)\right)_{i \in \mathbb{N}_p, j \in \mathbb{N}_n}$$

et où toutes les dérivées partielles sont calculées au point

$$x = (x_1, ..., x_n, x_{n+1}, ..., x_{n+p}) = (x_1, ..., x_n, \varphi(x_1, ..., x_n)).$$

Remarques : L'hypothèse "f est de classe C^k avec $k \geq 1$" est affaiblie dans [10] où l'on remplace aussi les espaces $\mathbb{R}^n$ et $\mathbb{R}^p$ par des Banach, mais dans ce cas le Théorème est plus difficile à retenir. Les deux versions données ici sont de toutes façons celles qui sont le plus largement employées. On notera que le Théorème du point fixe est la clef de la démonstration du Théorème des fonctions implicites.

7.2 Conséquences

Rappelons qu'un homéomorphisme linéaire est une application linéaire continue bijective et d'inverse continue.

Théorème 143 ***(Théorème d'inversion local)*** *Soient E et F deux espaces de Banach, Ω un ouvert de E et $f : \Omega \subset E \to F$ une application de classe C^k*

$(k \geq 1)$ sur Ω. On suppose que $a \in \Omega$ et que la différentielle $df(a)$ est un homéomorphisme linéaire. Alors il existe un voisinage ouvert U de a et un voisinage ouvert V de $b = f(a)$ tels que la restriction $f : U \to V$ soit un C^k-difféomorphisme de U sur V.

Preuve : La fonction

$$\begin{array}{rccc} F: & E \times F & \to & F \\ & (x,y) & \mapsto & f(x) - y \end{array}$$

est différentiable au voisinage de (a,b) et sa différentielle $\partial_1 F(a,b) = df(a)$ est un homéomorphisme linéaire. On peut appliquer le Théorème des fonctions implicites à F : il existe un voisinage ouvert U de a dans E, un voisinage ouvert V de b dans F et une application $\varphi : V \to U$ de classe C^k tels que

$$\forall (x,y) \in U \times V \quad f(x) = y \Leftrightarrow x = \varphi(y)$$

Cela signifie bien que $f|_U : U \to V$ est bijective d'inverse φ de classe C^k. ■

Théorème 144 ***(Critère de difféomorphie)***
Soit f est une application ***injective*** *de classe C^k $(k \geq 1)$ d'un ouvert Ω d'un Banach E dans un Banach F. Il y a équivalence entre :*
i) Pour tout $a \in \Omega$, l'application linéaire $df(a) : E \to F$ est un homéomorphisme linéaire,
ii) L'ensemble $f(\Omega)$ est ouvert et $f : \Omega \to f(\Omega)$ est un C^k-difféomorphisme de Ω sur $f(\Omega)$.

Preuve : i) $\Rightarrow$ ii) Le Théorème d'inversion locale montre que $f : \Omega \to f(\Omega)$ est un C^k-difféomorphisme local, autrement dit, pour tout $a \in \Omega$, il existe un voisinage ouvert U de a et V de $f(a)$ tels que $f|_U : U \to V$ soit un C^k-difféomorphisme.
Remarquons d'abord que $f : \Omega \to f(\Omega)$ est bijective. Si $b \in f(\Omega)$ notons a l'élément de Ω tel que $f(a) = b$. Avec les notations précédentes on trouve $V \subset f(\Omega)$, de sorte que $f(\Omega)$ soit un ouvert. L'application $(f|_U)^{-1} : V \to U$ est un C^k-difféomorphisme et coïncide avec f^{-1} sur V, et par conséquent f^{-1} est de classe C^k en b.

ii) $\Rightarrow$ i) Notons $g = f^{-1}$ le C^k-difféomorphisme réciproque.

$$\left.\begin{array}{l} g \circ f = Id \\ f \circ g = Id \end{array}\right\} \Rightarrow \left\{\begin{array}{ll} \forall x \in \Omega & dg(f(x)) \circ df(x) = Id_E \\ \forall y \in f(\Omega) & df(g(y)) \circ dg(y) = Id_F \end{array}\right.$$

montre que $df(x)$ est linéaire bijective continue d'inverse continue, et que $(df(x))^{-1} = dg(f(x))$. ■

Théorème 145 ***(Théorème de projection canonique)***
Soient n et m deux entiers naturels non nuls tels que $n > m$.
Soient $f : \Omega \subset \mathbb{R}^n \to \mathbb{R}^m$ une application de classe C^k (où $k \geq 1$) d'un ouvert Ω de $\mathbb{R}^n$ dans $\mathbb{R}^m$, et $a \in \Omega$ tel que $\operatorname{rg} df(a) = m$. Alors il existe un voisinage ouvert U de a dans $\mathbb{R}^n$, un ouvert V de $\mathbb{R}^n$ et un C^k-difféomorphisme $\varphi : U \to V$ tels que $f = p \circ \varphi$ sur U, où $p : \mathbb{R}^n \to \mathbb{R}^m$ désigne la projection canonique. Autrement dit le diagramme suivant est commutatif :

$$\begin{array}{ccc}
\mathbb{R}^n & & \mathbb{R}^n = \mathbb{R}^m \times \mathbb{R}^{n-m} \\
\cup & & \cup \\
U & \overset{\varphi}{\rightarrow} & V \\
 & \searrow & \downarrow p \\
 & f & \mathbb{R}^m
\end{array}$$

Preuve : Comme $\operatorname{rg} df(a) = m$ on peut supposer, quitte à permuter les coordonnées $x_1, ..., x_n$, que

$$\frac{D(f_1, ..., f_m)}{D(x_1, ..., x_m)}(a) = \det\left(\frac{\partial f_i}{\partial x_j}(a)\right)_{i,j \in \mathbb{N}_m} \neq 0.$$

L'application

$$\begin{array}{cccc}
\varphi : & \mathbb{R}^n & \to & \mathbb{R}^n = \mathbb{R}^m \times \mathbb{R}^{n-m} \\
 & x & \mapsto & (f(x), x_{m+1}, ..., x_n)
\end{array}$$

est de classe C^k. Si l'on note O la matrice nulle, I la matrice identité, et si l'on pose

$$A = \left(\frac{\partial f_i}{\partial x_j}(a)\right)_{i,j \in \mathbb{N}_m} \quad \text{et} \quad B = \left(\frac{\partial f_i}{\partial x_{m+j}}(a)\right)_{(i,j) \in \mathbb{N}_m \times \mathbb{N}_{n-m}},$$

la jacobienne $J(\varphi; a)$ de φ au point a s'écrit

$$J(\varphi; a) = \underbrace{\begin{pmatrix} A & B \\ O & I \end{pmatrix}}_{n} \begin{array}{l} \updownarrow m \\ \updownarrow n-m \end{array}$$

et par conséquent $\det J(\varphi; a) = \det A \neq 0$ et $d\varphi(a)$ sera bijective. Le Théorème d'inversion locale montre l'existence d'un voisinage ouvert U de a et d'un voisinage ouvert V de $\varphi(a)$ dans $\mathbb{R}^n$ tels que $\varphi : U \to V$ soit un C^k-difféomorphisme. Par construction $f = p \circ \varphi$ sur U. ■

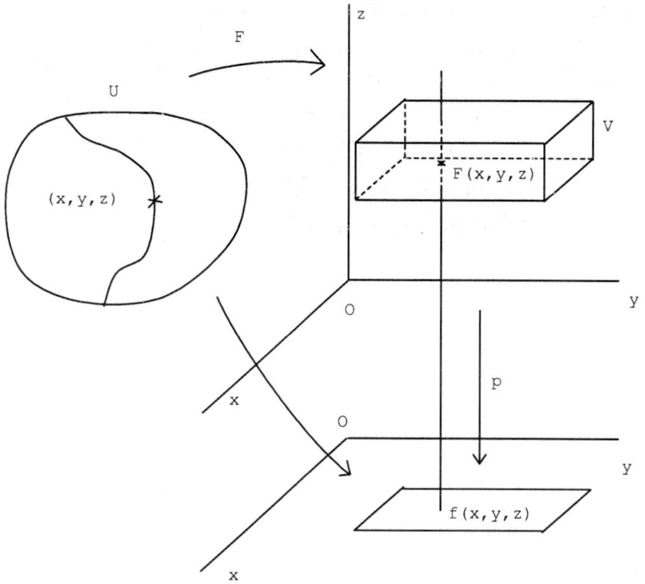

Cas où $n = 3$ et $m = 2$

Théorème 146 ***(Théorème d'injection canonique)***
Soient n et m deux entiers naturels non nuls tels que $n < m$.
Soient $f : \Omega \subset \mathbb{R}^n \to \mathbb{R}^m$ une application de classe C^k (où $k \geq 1$) d'un ouvert Ω de $\mathbb{R}^n$ dans $\mathbb{R}^m$, et $a \in \Omega$ tel $\operatorname{rg} df\,(a) = n$. Alors il existe un voisinage ouvert U de $(a, 0)$ dans $\mathbb{R}^m$, un voisinage ouvert V de $f\,(a)$ dans $\mathbb{R}^m$ et un C^k-difféomorphisme $\varphi : U \to V$ tels que $f = \varphi \circ i$ sur $i^{-1}(U)$, où $i : \mathbb{R}^n \to \mathbb{R}^m$ désigne l'injection canonique. Autrement dit le diagramme suivant est commutatif :

$$\begin{array}{ccc} & \mathbb{R}^n & & \\ & {\scriptstyle i}\downarrow & \searrow^{f} & \\ & U & \underset{\varphi}{\longrightarrow} & V \\ & \cap & & \cap \\ \mathbb{R}^n \times \mathbb{R}^{m-n} = & \mathbb{R}^m & & \mathbb{R}^m \end{array}$$

Preuve : Comme $\operatorname{rg} df\,(a) = n$ on peut supposer, quitte à permuter les fonctions coordonnées $f_1, ..., f_m$, que

$$\frac{D\,(f_1, ..., f_n)}{D\,(x_1, ..., x_n)}(a) = \det\left(\frac{\partial f_i}{\partial x_j}(a)\right)_{i,j \in \mathbb{N}_n} \neq 0.$$

La jacobienne $J(\varphi;(a,0))$ de l'application φ de classe C^k définie par

$$\begin{array}{rcl} \varphi : \mathbb{R}^m = \mathbb{R}^n \times \mathbb{R}^{m-n} & \rightarrow & \mathbb{R}^m \\ (x, x_{n+1}, ..., x_m) & \mapsto & (f_1(x), ..., f_n(x), f_{n+1}(x) + x_{n+1}, ..., f_m(x) + x_m) \end{array}$$

est

$$J(\varphi;(a,0)) = \begin{pmatrix} \left(\frac{\partial f_i}{\partial x_j}(a)\right)_{i,j\in\mathbb{N}_n} & O \\ \# & I \end{pmatrix},$$

donc $\det J(\varphi;(a,0)) = \det\left(\frac{\partial f_i}{\partial x_j}(a)\right)_{i,j\in\mathbb{N}_n} \neq 0$ et $d\varphi(a,0)$ sera bijective.

Le Théorème d'inversion locale montre l'existence d'un voisinage ouvert U de $(a,0)$ et d'un voisinage ouvert V de $f(a)$ dans $\mathbb{R}^m$ tels que $\varphi : U \rightarrow V$ soit un C^k-difféomorphisme. Et par construction $f = \varphi \circ i$ sur $i^{-1}(U)$. ■

Bibliographie

[1] H. Cartan, Cours de calcul différentiel, Collection Méthodes, Hermann, 1967.

[2] G. Christol, A. Cot et C.-M. Marle, Calcul différentiel, Ellipses, 1997.

[3] N. Demazure et V. Poenaru, Calcul différentiel, Palaiseau, Ecole Polytechnique, 1975.

[4] J. Dieudonné, Calcul infinitésimal, Hermann, 1971.

[5] P. Donato, Calcul différentiel pour la licence, Dunod, 2000.

[6] D. Guinin, F. Aubonnet & B. Joppin, Précis de mathématiques, Cours et exercices résolus, vol. 4 - Analyse 2, Bréal, 1993.

[7] G. J. U. Jameson, Topology and normed spaces, Chapman & Hall, 1974.

[8] H. Lehning, Cours de Mathématiques Supérieures et Spéciales, tome 4 : Analyse en dimension finie, Masson, 1986.

[9] B. El Mabsout, Calcul différentiel, Masson, 1984.

[10] E. Ramis, C. Deschamps, J. Odoux, Cours de Mathématiques Spéciales, Volume **3**, Topologie et Eléments d'Analyse, Masson, 1989.

[11] F. Rideau, Exercices de calcul différentiel, Hermann, 1979.

[12] V. Rohlin & D. Fuchs, Premier cours de topologie, Moscou, Mir, 1981.

[13] F. Rouvière, Calcul différentiel, Cassini, 1999.

[14] L. Schwartz, Calcul différentiel et équations différentielle, Hermann, 1992.

[15] L. Todjihounde, Calcul différentiel : cours et exercices corrigés, Cepaduès, 2004.

Achevé d'imprimer en France
Protection IDDN